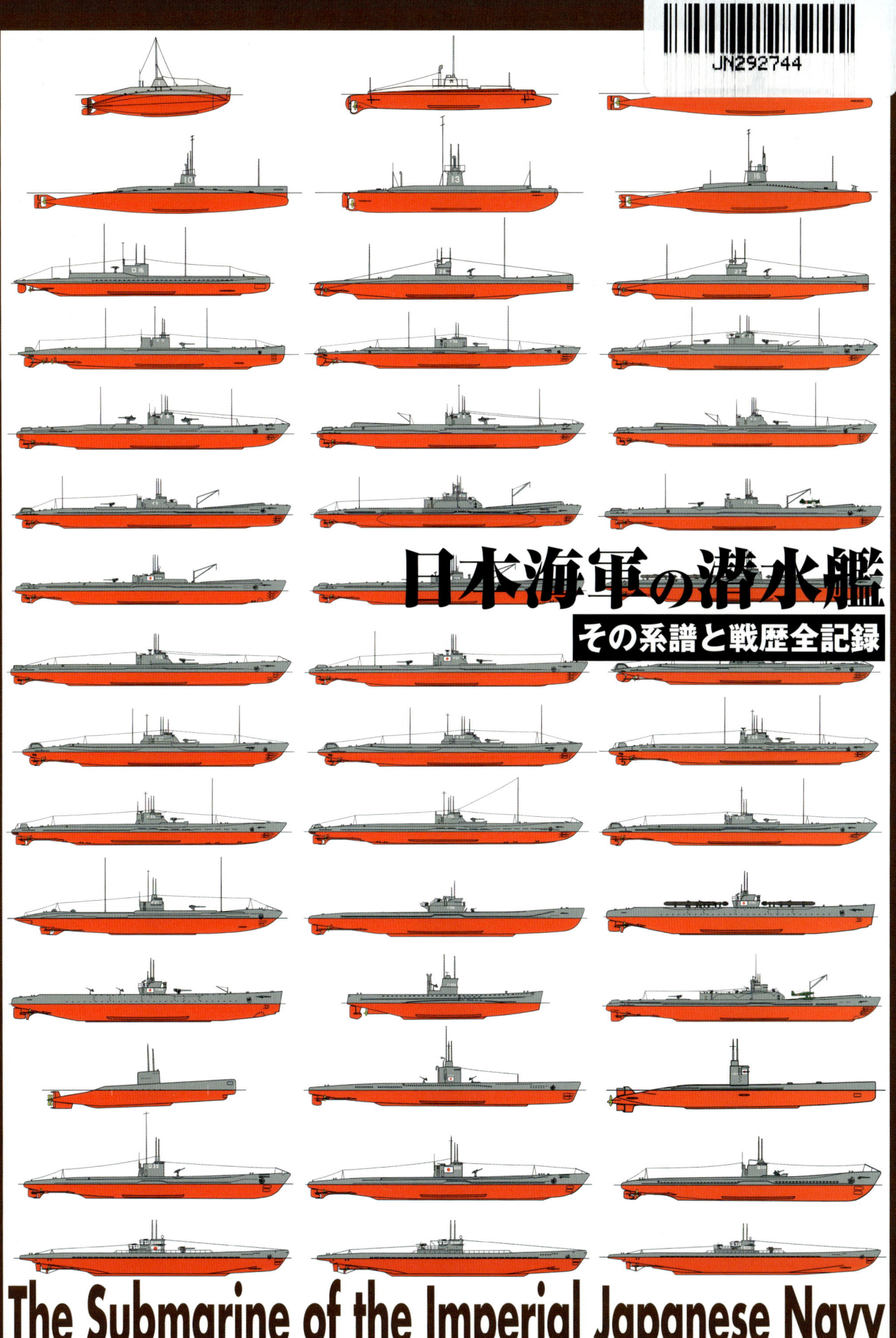

日本海軍の潜水艦
その系譜と戦歴全記録

The Submarine of the Imperial Japanese Navy

はじめに

　日本海軍77年の歴史の中で、潜水艦が登場するのは約半分の40年間である。

　すなわち明治38年8月1日に我が国初の潜水艦（当時は潜水艇）が軍艦旗をかかげてより、昭和20年8月の終戦までの期間であった。その間、黎明期は外国の潜水艦を購入し、まずは船体、ついで機関と順を追って国産化を進め、終戦までの間に241隻の潜水艦を保有した。

　しかしながら、日本海軍の潜水艦が実戦に投入されたのは太平洋戦争のみで、水上艦艇や航空機のように日清・日露や日中戦争においては実戦での活躍の機会はなかった。つまり、40有余年の短期間の間に世界に冠たる潜水艦部隊を編成し、わずか3年8カ月で消滅したことになる。

　太平洋戦争に参加した潜水艦は156隻、うち沈没した潜水艦は127隻にのぼり、乗員約1万1,000名が戦死した。潜水艦乗員の中枢を担った海軍兵学校60期から70期を卒業した士官では、じつは航空機よりも潜水艦配置の者の戦死率の方が高かったのである。

　日本海軍の潜水艦史を紐解く時、とかく潜水艦の作戦や運用の失敗を厳しく論ずる意見を読む機会が多い。無論、それは海軍潜水艦出身者や軍事専門家による回顧、分析であるがゆえ正しい教訓であり反省ではある。

　しかしその一方で、地味ながらも困難な任務を黙々と隠密裏にこなし、とくに太平洋戦争前半では、しばしば戦艦や空母の襲撃に成功、さらに偵察、母潜任務、輸送など多岐に渡る任務を遂行していた事実がある。

　当時、日本海軍が諸外国レベルより優れた潜水艦を多数保有していたこと、優秀な潜水艦乗員が活躍したことについてを知りえる資料は残念ながら少ない。

　本書は、日本海軍がどのような経緯で潜水艦を保有し、独自の発達をさせていったのか、また太平洋戦争でどのような活躍をしたのかをまとめたものである。特に各艦の特長や建造の背景、一艦一艦の戦歴についてはできるだけ詳細に書き記した。

　本書により、日本海軍潜水艦の失敗の面だけではなく、いかに困難な作戦に立ち向かい、知られざる活躍をしていたかについてご理解いただければ望外の幸福である。

勝目 純也

イラストで見る日本海軍潜水艦発達の系譜……………………… 4	

第1章　日本潜水艦の黎明
- ホランド型／ホランド型改 …………………………………… 12
- C1型／C2型 …………………………………………………… 16
- 川崎型 …………………………………………………………… 18
- C3型 ……………………………………………………………… 19

第2章　日本潜水艦の模索期
- S型 ……………………………………………………………… 21
- F1型／F2型 …………………………………………………… 22
- 海中1型／2型／3型 …………………………………………… 24
- L1型／L2型 …………………………………………………… 27
- 第1次世界大戦の戦利潜水艦 ………………………………… 29
- 海中4型 ………………………………………………………… 32
- 特中型 …………………………………………………………… 33
- 海大1型／2型 ………………………………………………… 34

第3章　太平洋戦争で活躍した日本潜水艦
1. 巡潜型
   - 巡潜1型／2型／3型 ………………………………………… 37
   - 甲型／甲型改1／甲型改2 …………………………………… 48
   - 乙型／乙型改1／乙型改2 …………………………………… 54
   - 丙型／丙型改 ………………………………………………… 84
2. 海大型
   - 海大3型a／3型b／4型／5型／6型a／6型b／7型 ……… 95
3. 機雷潜型 ……………………………………………………… 121
4. 潜補型
   - 潜補型 ………………………………………………………… 125
   - 丁型／丁型改 ………………………………………………… 127
   - 潜輸小型 ……………………………………………………… 134
5. 潜特型 ………………………………………………………… 137
6. 潜高型
   - 潜高型 ………………………………………………………… 140
   - 潜高小型 ……………………………………………………… 142
7. 呂号潜水艦
   - 海中5型 ……………………………………………………… 144
   - L3型／L4型 ………………………………………………… 146
   - 中型 …………………………………………………………… 152
   - 小型 …………………………………………………………… 158
8. 譲渡潜水艦 …………………………………………………… 164
9. 接収潜水艦 …………………………………………………… 168

第4章　小型潜水艇
- 特殊潜航艇／甲標的／蛟竜 ………………………………… 172
- 運貨筒／特型運貨筒／運砲筒 ……………………………… 179
- 回天 …………………………………………………………… 181
- 海竜／震海／邀撃艇 ………………………………………… 187

第5章　資料で見る日本潜水艦作戦
- 太平洋戦争における潜水艦作戦 …………………………… 190
- 巻末資料 ……………………………………………………… 200

日本海軍の潜水艦
その系譜と戦歴全記録

イラストで見る 日本海軍潜水艦発達の系譜

日本海軍潜水艦の歴史は40年。その間に様々な型式の潜水艦が導入、あるいは建造されたが、それはどのように発展していったのだろうか？
ここでその系譜について改めて整理してみよう。

※ここに掲げる系図は解釈のひとつであり、本書をよりわかりやすく読み進めていただくためのものです。

型式名
（計画/1番艦起工年 - 同取得・竣工年）

艦名

イラスト／胃袋豊彦

黎明期：明治38年～大正5年ころ

川崎造船の

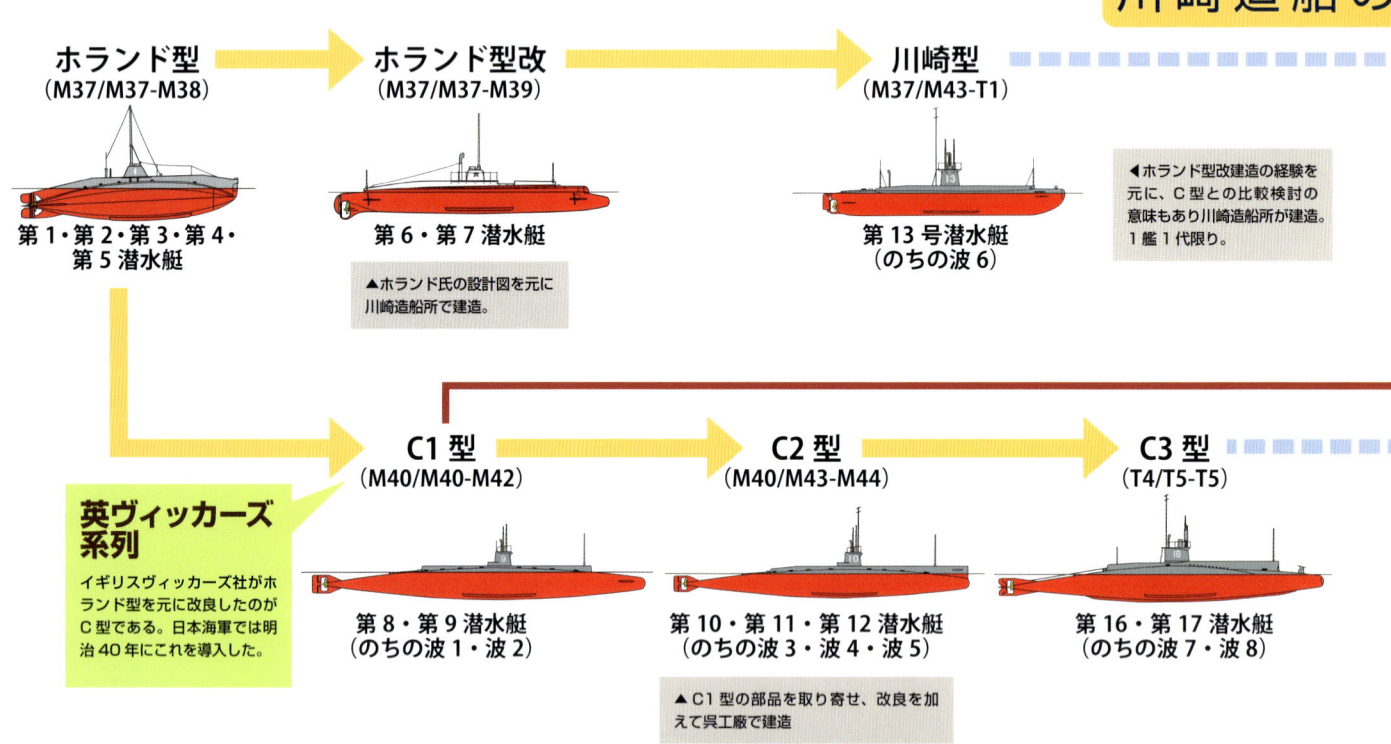

ホランド型（M37/M37-M38）
第1・第2・第3・第4・第5潜水艇

ホランド型改（M37/M37-M39）
第6・第7潜水艇
▲ホランド氏の設計図を元に川崎造船所で建造。

川崎型（M37/M43-T1）
第13号潜水艇（のちの波6）
◀ホランド型改建造の経験を元に、C型との比較検討の意味もあり川崎造船所が建造。1艦1代限り。

英ヴィッカーズ系列
イギリスヴィッカーズ社がホランド型を元に改良したのがC型である。日本海軍では明治40年にこれを導入した。

C1型（M40/M40-M42）
第8・第9潜水艇（のちの波1・波2）

C2型（M40/M43-M44）
第10・第11・第12潜水艇（のちの波3・波4・波5）
▲C1型の部品を取り寄せ、改良を加えて呉工廠で建造

C3型（T4/T5-T5）
第16・第17潜水艇（のちの波7・波8）

日本海軍潜水艦の類別と呼称について【その1】

あとから決められた伊、呂、波の類別

日本海軍にホランド型潜水艦が導入されたのは明治38年のこと。それからしばらくの間に導入されたいくつかの型は「潜水艇」と呼ばれていたが、大正8年になるとこれを「潜水艦」の呼称にあらため、水上の排水量1,000トン以上を1等潜水艦、1,000トン未満500トン以上を2等潜水艦、500トン未満を3等潜水艦と類別することが取り決められた。

ただしこれはあくまで形式上のもので艦名は以前のまま、たとえば第1潜水艇が第1潜水艦に、第8潜水艇が第8潜水艦にというように変更されただけであり、艦名表記を見ても1等、2等、3等のどの類別に属するものかはわからなかった。

第1次世界大戦後の大正13年には1等を伊号、2等を呂号、3等を波号の呼称とすることに改定し、第8潜水艦は波号第1潜水艦、第18潜水艦は呂号第1潜水艦と改称された（P.210参照）。

さらに伊号潜水艦については番号で個艦の型式上の区別ができるよう定められ、これにより伊1潜以降を巡潜型、伊21潜以降を機雷敷設型、伊51潜以降を海大型として呼称することになったのである（それまでに建艦されていた呂号、波号潜水艦はこの対象ではない）。

"伊号潜水艦"の名は日本海軍の潜水艦の代名詞となっていった。

潜水艦呼称と類別の推移

	明治38年～		大正8年～	大正13年～
呼称	潜水艇		潜水艦	潜水艦
類別	※とくになし	水上排水量1,000トン以上	1等潜水艦	伊号潜水艦
		水上排水量1,000トン未満～500トン以上	2等潜水艦	呂号潜水艦
		水上排水量500トン未満	3等潜水艦	波号潜水艦

日本海軍潜水艦の類別と呼称について【その2】

艦番号に100を加える

しかしその後、情勢の変化や建艦技術の進歩により前途したような呼称、型式分類では不都合なことが出てきた。

昭和に入り、巡潜系列が甲乙丙型へと発展し、甲型が伊9潜から、乙型・丙型が伊15潜から多数建造されると、たちまち機雷潜型を表す伊21潜の艦番号を突破してしまうこととなったのである。

そこで昭和13年に伊21潜～伊24潜の機雷潜各艦には艦名に100番を加え、伊121潜～伊124潜と改称された。さらに数年後には巡潜系列の新造艦が50番に及ぶこととなるのを見越して伊50番、60番、70番代の海大2型から6型の既存艦には昭和17年に同じく100を付加して呼称するよう変更された。これにより例えば伊53潜は伊153潜となった。

本書では、この規定変更がされる以前に事故沈没や撃沈などのために艦番号が改番されなかった艦（伊60潜など）はそのままとし、100を付加された潜水艦は改番前に実戦で活躍していても、混同を避けるため100番付きの艦番号で紹介している。

模索期：大正6年～大正12年ころ

※大正3年（1914）～大正7年（1918）第1次世界大戦

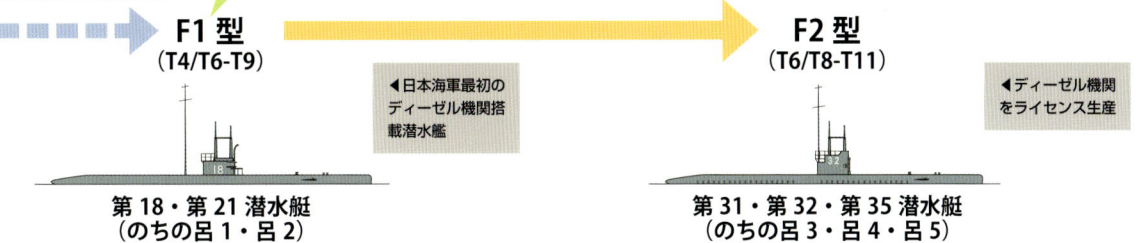

建造経験

伊ローレンチ型の導入
イタリアのフィアット社ローレンチ型のライセンスを取得して川崎造船が建造

F1型 (T4/T6-T9) → **F2型** (T6/T8-T11)

◀日本海軍最初のディーゼル機関搭載潜水艦

第18・第21潜水艇（のちの呂1・呂2）

◀ディーゼル機関をライセンス生産

第31・第32・第35潜水艇（のちの呂3・呂4・呂5）

三菱造船の流れ

英ヴィッカース社L型の導入
第1次大戦での戦訓をふまえてヴィッカース社で建造されたL型を三菱神戸造船所がライセンス生産。今日の自衛隊潜水艦建造の始祖的経験。

▼機関をライセンス生産化

L1型 (T6/T7-T9) → **L2型** (T6/T8-T10) → **L3型** (T9/T9-T11) → **L4型へ**

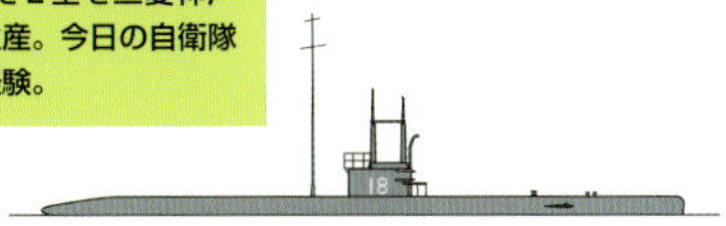

第25・第26潜水艦（のちの呂51・呂52）

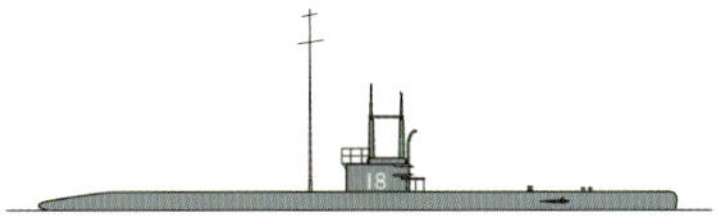

第27・第28・第29・第30潜水艦（のちの呂53・呂54・呂55・呂56）

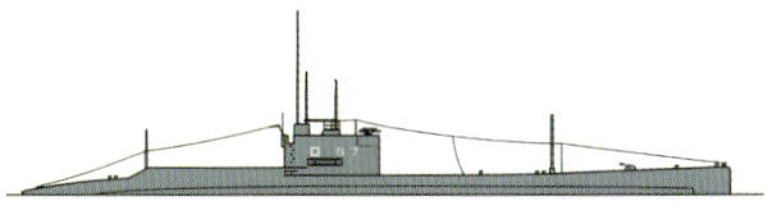

第27・第28・第29・第30潜水艦（のちの呂53・呂54・呂55・呂56）

仏ローブーフ型の導入
潜水艦先進国フランスのシュナイダー社開発によるローブーフ型を新規導入

呉工廠の流れ

▼同型艦10隻建造実績

S型 (M44/T2-T6) → **海中1型** (T5/T6-T8) → **海中2型** (T6/T7-T9) → **海中3型** (T6/T8-T9) → **海中4型へ**

第14・第15潜水艇（のちの波9・波10）

第19・第20潜水艦（のちの呂11・呂12）

▲S型を元にして日本で独自に設計したもの。艦隊随伴型潜水艦を目指して、やがて海大型へと発展する。

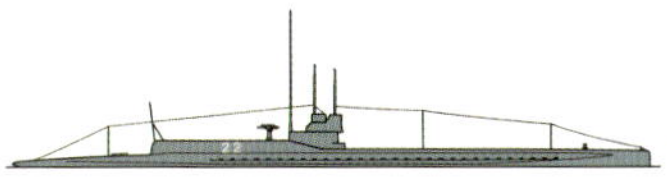

第22・第23・第24潜水艦（のちの呂14・呂13・呂15）

第34・第35・第36・第37・第38・第39・第40・第41・第42・第43潜水艦（のちの呂17・呂18・呂19・呂16・呂20・呂21・呂22・呂23・呂24・呂25）

▶海中3型と同時期に計画された、機関出力を半分に抑え、航続力を1.5倍としたもの。試行錯誤の1例。

特中型 (T7/T10-T12)

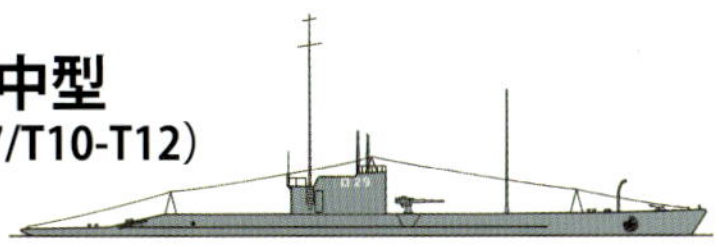

第1次世界大戦の戦利潜水艦取得とドイツ建艦技術の導入により確立した日本潜水艦3つの柱

第1次大戦後、これまで模索の域を出なかった日本海軍の潜水艦はようやくその方向性を3つに絞ることとなる。

まずは第1次世界大戦中、潜水艦戦において多大な戦果をあげた巡潜型である。巡潜とは"巡洋潜水艦"の略で、長大な航続距離を有して遠洋を行動、敵国沿岸及び敵艦船に対し作戦することを目的とする。これは日本海軍が一番注目していた型式の潜水艦であったが、戦利艦分配で実艦の割り当てを受けられず、ドイツ、クルップ・ゲルマニア社で建造されたUボート「U142」の設計図をその後に買収して川崎造船所で建造される。これが巡潜1型の伊号第1潜水艦である。

2つ目は、戦利艦として分配されたドイツUボート「U125」を模範とする機雷敷設潜水艦型である。いうなれば7隻の戦利潜水艦のなかで最も大型かつ注目された型式であったが、これも巡潜型同様、ドイツからの技術輸入でのちに4隻が建造された。伊21型(のちの伊121潜)がそれである。

3つ目はこれまでの海中型をベースとして日本海軍独自の発想から開発が進められた海大型である。海大型とは"海軍大型潜水艦"の略で、"艦隊に随伴できる水上速力向上"という点に心血が注がれた艦隊用高速潜水艦である。なお、潜水艦に求められた艦隊随伴能力とは、当時の米国主力艦の速度である約21ノットを上回る速力というものであった。海大型は3型の登場で初めて実用化の域に達したといえ、当時の米海軍に深刻な影響を与えた。

これら巡潜型、機雷潜型、海大型はすべて1,000トン以上の大型潜水艦であり、軍縮の制約を受けながらも日本海軍の基本戦略である"艦隊決戦前の敵主力部隊漸減撃破"の実現に向けてそれぞれが整備され、潜水部隊の主力を形成していく。

大戦終了後：大正12年〜大正末 | **ロンドン条約下**

巡潜型Uボート

〈巡潜系列〉遠洋作戦用（航続力重視）

巡潜1型 (T12/T12-T15)
伊1・伊2・伊3・伊4・伊5

◀ドイツ巡潜のコピー。伊5は航空機搭載

巡潜2型 (①/S7-S10)
伊6

機雷戦型Uボート

〈機雷潜型〉

機雷潜型 (T12/T13-S2)
伊21・伊22・伊23・伊24
(のちの伊121・伊122・伊123・伊124)

◀機雷潜型は大型潜水艦の3本柱として期待されたが、建艦時のコピー失敗や太平洋の戦場には不向きとの理由でのちの建艦は続かなかった。

L3型 → **L4型** (T7/T10-T12)
呂60・呂61・呂62・呂63・呂64・呂65・呂66・呂67・呂68

▶熟成され、太平洋戦争初期まで第一線で使用

海中3型 → **海中4型** (T7/T10-T12)
第68・第69・第70・第71潜水艦
(のちの呂29・呂30・呂31・呂32)

大正13年新類別制定
- 伊号潜水艦：1,000トン以上
- 呂号潜水艦：1,000トン未満500トン以上
- 波号潜水艦：500トン未満

〈海大型系列〉艦隊戦闘用（速度重視）

海大1型 (T7/T10-T13) 伊51
→ **2型** (T7/T11-T14) 伊52（のちの伊152）
→ **海大3型a** (T12/T13-S2) 伊153・伊154・伊155・伊158
→ **海大3型b** (T12/T15-S3) 伊156・伊157・伊159・伊60・伊63
→ **4型** (T12/T15-S4) 伊61・伊162・伊164

→ **海大5型** (S2/S5-S7) 伊165・伊166・伊67
→ **海大6型a** (①/S6-S9) 伊168・伊169・伊70・伊171・伊172・伊73
→ **海大6型b** (①/S9-S13) 伊174・伊175

〈艦隊型補助戦力〉

海中5型 (①/S8-S10)
呂33・呂34

離島防衛用水中高速艦

71号艦 (③/S12-S13)

▶実験目的で1艦だけ試作

建艦計画と年次
① 計画：昭和 5 年
② 計画：昭和 8 年
③ 計画：昭和 12 年
④ 計画：昭和 14 年
臨 計画：昭和 15 年
急 計画：昭和 16 年
追 計画：昭和 16 年
改⑤ 計画：昭和 17 年
戦 計画：昭和 18 年

太平洋戦争期：昭和16年～昭和20年

戦時急造に即した形態

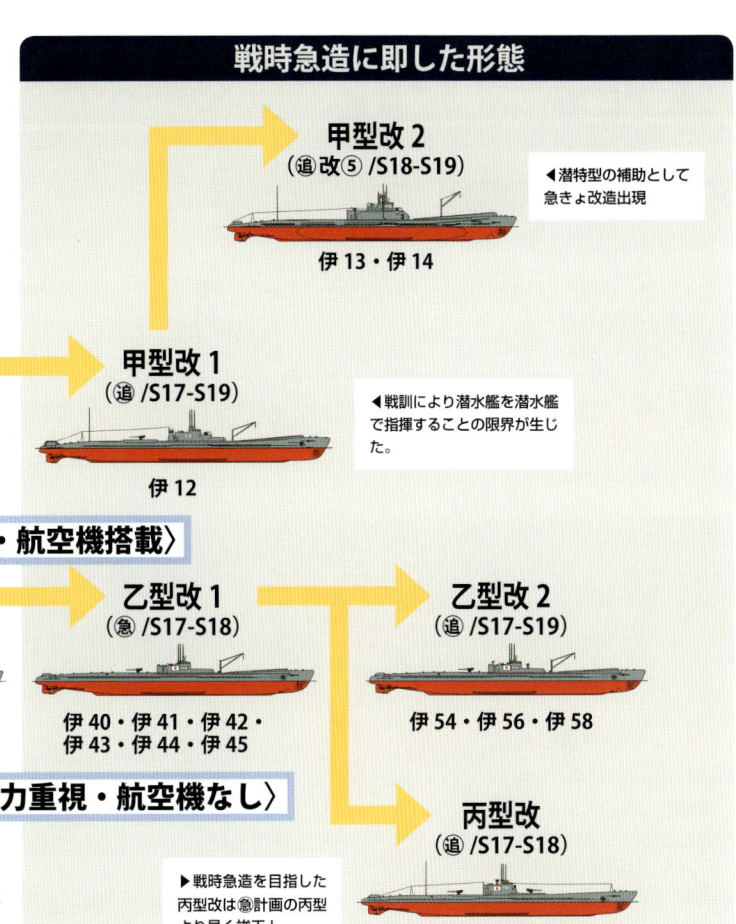

甲型改2（追改⑤/S18-S19）伊13・伊14
◀潜特型の補助として急きょ改造出現

甲型改1（追/S17-S19）伊12
◀戦訓により潜水艦を潜水艦で指揮することの限界が生じた。

乙型改1（急/S17-S18）伊40・伊41・伊42・伊43・伊44・伊45

乙型改2（追/S17-S19）伊54・伊56・伊58

丙型改（追/S17-S18）伊52・伊53・伊55
▶戦時急造を目指した丙型改は急計画の丙型より早く竣工！

〈旗艦型・航空機搭載〉

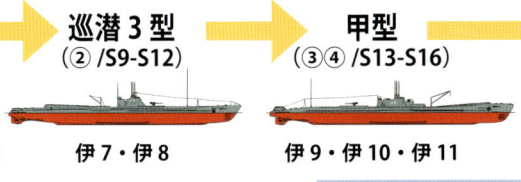

巡潜3型（②/S9-S12）伊7・伊8

甲型（③④/S13-S16）伊9・伊10・伊11

〈偵察能力重視・航空機搭載〉

乙型（③④/S13-S15） 
伊15・伊17・伊19・伊21・伊23・伊25・伊26・伊27・伊28・伊29・伊30・伊31・伊32・伊33・伊34・伊35・伊36・伊37・伊38・伊39

〈攻撃力重視・航空機なし〉

丙型（③急/S12-S15）
伊16・伊18・伊20・伊22・伊24・伊46・伊47・伊48

条約明け

海大7型（④/S15-S17） 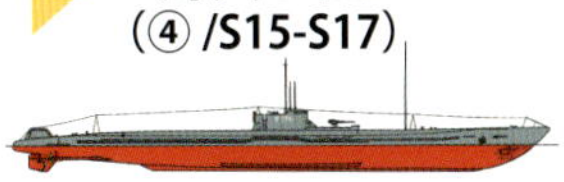
伊176・伊177・伊178・伊179・伊180・伊181・伊182・伊183・伊184・伊185

中距離型

中型（臨急追/S16-S18） 
呂35・呂36・呂37・呂38・呂39・呂40・呂41・呂42・呂43・呂44・呂45・呂46・呂47・呂48・呂49・呂50・呂51・呂52・呂53・呂54・呂55・呂56

局地・離島防衛

小型（臨追/S16-S17） 
呂100・呂101・呂102・呂103・呂104・呂105・呂106・呂107・呂108・呂109・呂110・呂111・呂112・呂113・呂114・呂115・呂116・呂117

【太平洋戦争期に新たに生まれた系列】

■ 潜特型（改⑤/S18-S19）
水上攻撃機2機を搭載する攻撃型潜水艦→3機搭載に変更

伊400・伊401・伊402

■ 丁型／丁型改（改⑤戦/S18-S19）
特別陸戦隊上陸作戦用→輸送用に目的変更
伊361・伊362・伊363・伊364・伊365・伊366・伊367・伊368・伊369・伊370・伊371・伊372／伊373

■ 潜補型（追/S18-S20）
飛行艇に対する洋上補給基地→離島輸送用に変更

伊351

■ 潜輸小型（S19/S19-S19）
近距離離島への局地輸送用

波101・波102・波103・波104・波105・波106・波107・波108・波109・波111

■ 潜高型（戦/S19-S20）
水中速力・水中航続力の向上を狙う 
伊201・伊202・伊203

■ 潜高小型（S19/S20-S20）
本土決戦沿岸防衛用

波201・波202・波203・波204・波205・波207・波208・波209・波210・波216

太平洋戦争参加主要潜水艦大きさ比較

イラスト/胃袋豊彦

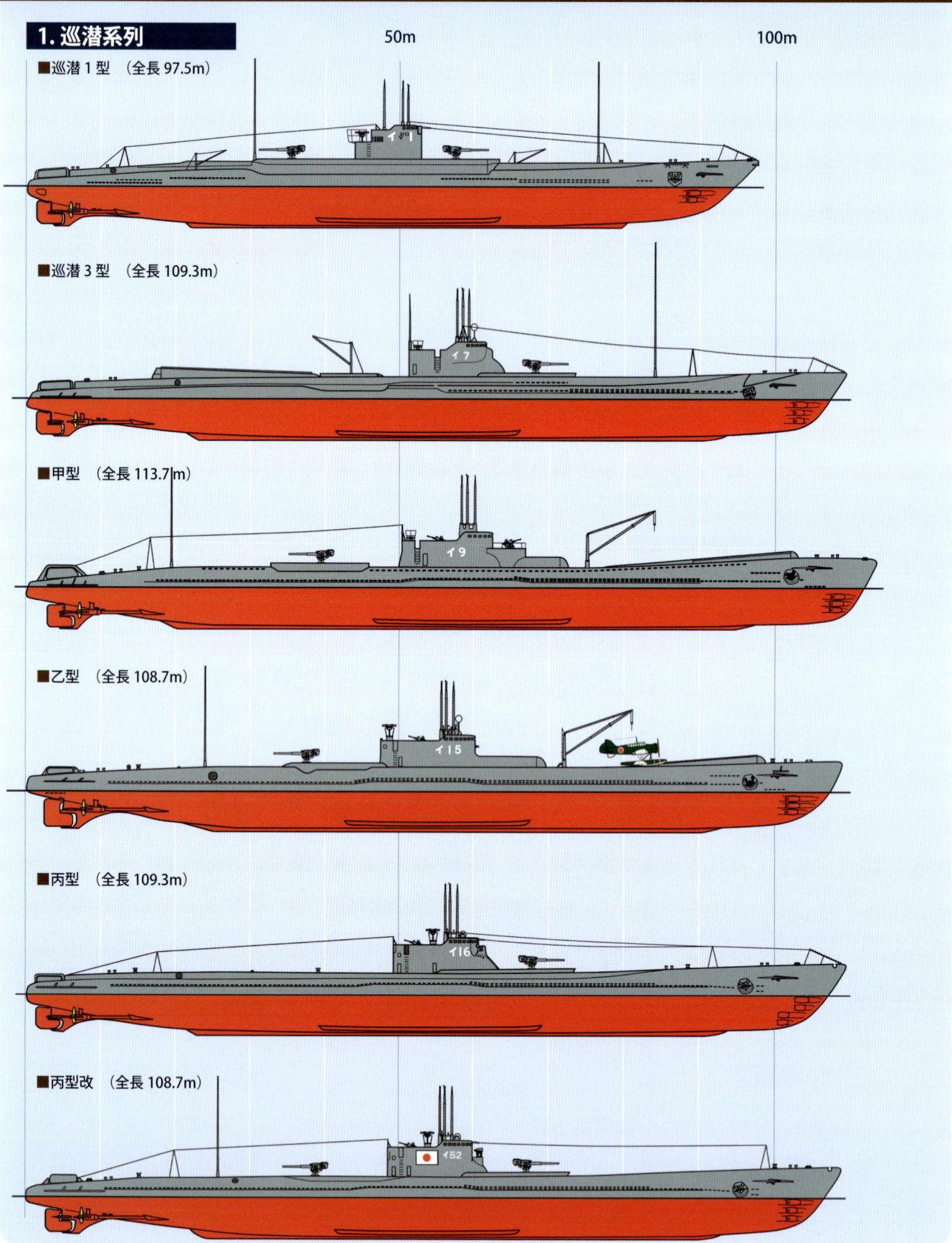

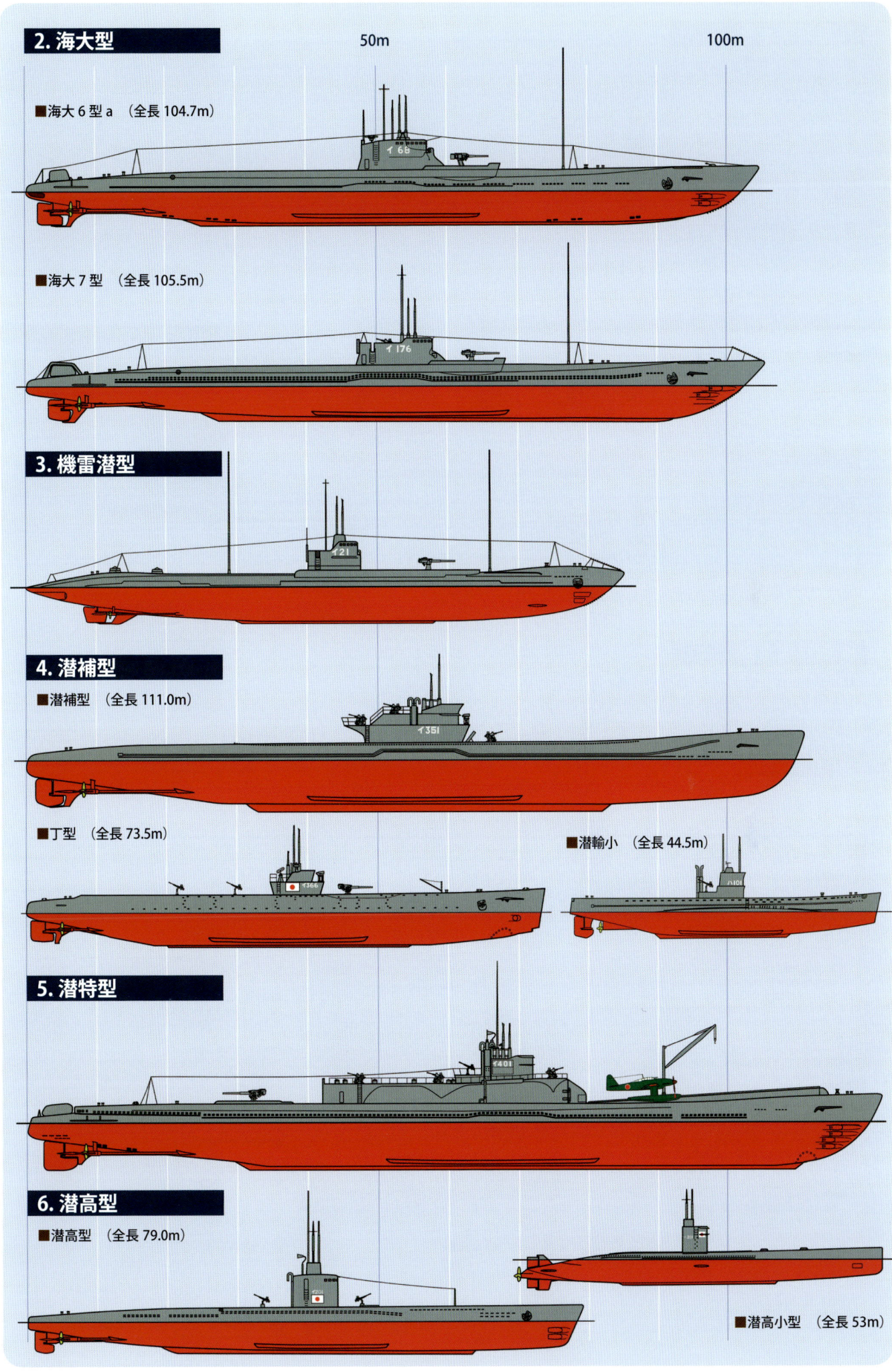

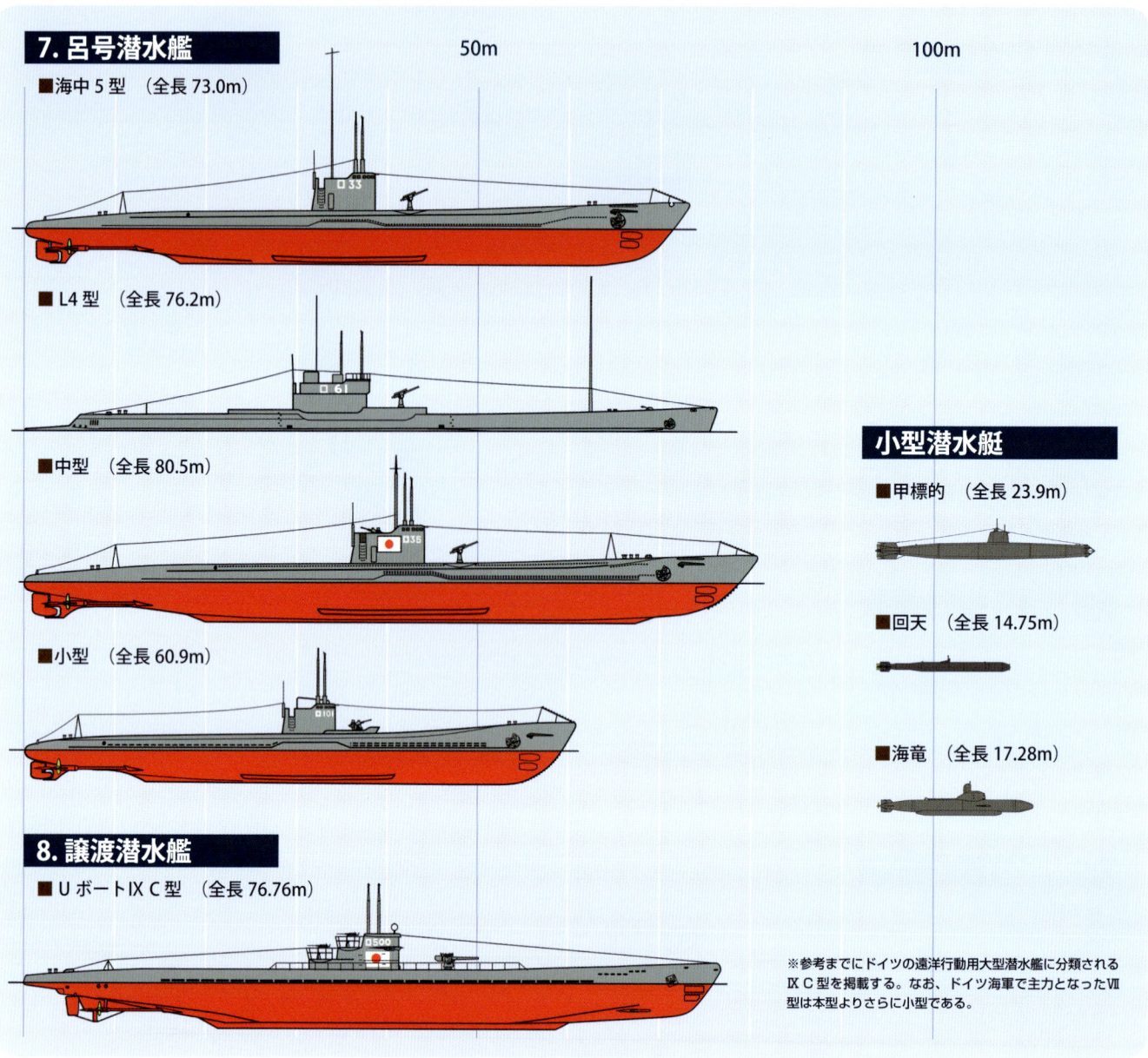

日本海軍潜水艦用語集
本書の用語は日本海軍で慣例的に使われていたものに準拠した。その中でとくに潜水艦に関する用語についてここで解説する。

● **潜水部隊（せんすいぶたい）略記号 SSB**
作戦の要求に従い、軍隊区分された潜水艦の部隊を言う。通常は潜水戦隊がそのまま潜水部隊となり、例えば第１潜水戦隊が第１潜水部隊となるため、その指揮も潜水戦隊司令官の海軍少将がそのまま執る。また構成される潜水部隊が潜水戦隊の編成と異なる場合は、甲乙丙などを使用して甲潜水部隊などと称した。

● **先遣部隊（せんけんぶたい）**
連合艦隊兵力部署における潜水部隊の呼称。潜水艦を中心として編成され、主に敵要地に哨戒を目的とした潜水艦部隊。指揮官は海軍中将の司令官で、その中で主に複数の潜水隊や潜水艦で同様の任務で活動する部隊を先遣支隊と言い、これにも甲乙丙を使用し、例えば甲先遣支隊などと区分した。

● **潜水戦隊（せんすいせんたい）略記号 Ss**
旗艦潜水艦と３個潜水隊、計10隻で編成されるのが標準的で、指揮官は司令官と称し海軍少将が指揮をとる。司令官の下に先任参謀、通信参謀、機関参謀の３人の幕僚が長官を補佐し、司令部付きの通信、暗号、主計の下士官兵がいる。

● **潜水隊（せんすいたい）略記号 Sg（潜水艦は S）**
主に３隻の潜水艦で編成される。指揮官は海軍大佐で司令である。潜水隊には司令部はなく隊司令が乗組む潜水艦を司令潜水艦と言った。

● **露頂（ろちょう）**
潜航した状態で潜望鏡などを水面に出すこと。露頂深度とは潜望鏡深度を指す。

● **全没（ぜんぼつ）**
完全に潜水艦の船体を水面下に潜らせた状態。潜水艦乗りは「潜る」あるいは「潜航する」などと言い、「沈む」とは言わない。

● **侵洗（しんせん）**
潜水艦（あるいは潜水艇・潜航艇）の船体は水中にあるが、艦橋・司令塔が水上にあることを言う。被発見されやすい。

● **冷走（れいそう）と熱走（ねっそう）**
回天の推進機関は九三式魚雷の機関というものがあり、高圧の純酸素と白灯油（ケロシン）が燃料室に噴射し、火管によって点火すると高温燃焼する。この高圧ガスに海水を霧状にして噴射すると高圧高温蒸気を発生する。この蒸気により２気筒のピストンを作動させ推進力を生みだすのである。燃料室で完全に燃焼すると所定の回転が出て希望速力がえられるが、これを「熱走」といい、反対に火がつかなくて空気圧のみで推進器がまわり速力が出ない状態を「冷走」と言う。「冷走」のままで「熱走」しないと回天は発進できない。

● **特眼鏡（とくがんきょう）**
甲標的や回天で使用する小型の潜望鏡。甲標的の場合は長さが3mだった。

● **荒天通風筒（こうてんつうふうとう）**
主機関の給気筒で、通常艦橋両舷から機械室に至る。通風筒が閉鎖すると赤ランプが点灯して知らせる。

● **司令塔（しれいとう）**
潜水艦の艦橋部に司令塔があり、潜水艦が攻撃を行なう時に艦長、航海長、砲術長が配置され攻撃指揮を執る場所である。

● **発令所（はつれいじょ）**
潜水艦の潜航や浮上、航行についての命令を出す場所であり、水雷長（先任将校）が配置していた。そのため先任将校を潜航指揮官とも言った。

● **シュノーケル（水中充電装置）**
潜水艦が半潜航状態（露頂状態）にあるとき海面に出した給排気筒からディーゼル機関を稼働させるため空気を取り入れる装置である。

● **ツリム**
原語はトリム（TRIM）。日本海軍の潜水艦ではツリムと言う。潜航したとき前後が水平でありかつ、浮力と重さが丁度一致した状態を「ツリム良し」と表現する。

● **水測（すいそく）**
ソーナーのこと。水中で音響をとらえ目標の存在や動静、位置などを知る。水中では電波はほとんど伝達されないので、目標探知には音響が頼りである。

● **電測（でんそく）**
レーダーのこと。電波探信儀（レーダー）と電波探知機（逆探）がある。

● **襲撃（しゅうげき）**
潜水艦で攻撃することを襲撃という。その結果敵を沈めた場合は「撃沈」、撃沈できず損傷を与えた場合は「撃破」といった。

● **散開線（さんかいせん）**
待敵方向に対し、潜水艦を一定の間隔で横一線に配列し、敵の動静を哨戒し撃破することに相当するが、しかし艦隊からの敵の情勢変化より頻繁に散開線を変更させるため潜水艦への負荷や犠牲が多く、また一定間隔で配備するため一度探知されると、続けて探知されることから線ではなく面で配備する散開面配備に変化した。

● **先任将校（せんにんしょうこう）**
潜水艦には艦長についでの副長という配置はなく、水雷長がNo.2で副長と言われた。その責務は誠に重大で、浮上・潜航を司る「潜航指揮官」でもあった。水雷長が下士官出身の掌水雷長の場合、兵学校出の航海長が「先任将校」を務めた。（先任将校が潜航指揮官となるのは総員配置の時、哨戒直の時は哨戒長が行なう）

● **どん亀（どんがめ）**
日本海軍の潜水艦の愛称。その乗員を「どん亀のり」などと称した。当初の潜水艦は水中を数ノットしか航行できず、また潜航や浮上動作が緩慢であったことなどから自嘲ぎみに使われだしたようであるが、それはやがてどんな過酷な状況下にあっても職務を全うする覚悟と誇り、そして心意気を表す意味となっていった。なお、海上自衛隊では同様の用語として"鉄鯨"が使われている。

第1章

▶明治38年1月13日に横須賀でホランド型潜水艇が初めて組み立て着手したところで、早々に第1潜水艇隊が編成された。写真は、10月1日最後に完成した第4、第5潜水艇の編入により編成完結した第1潜水艇隊。左から第1潜水艇から第5潜水艇の順に繋留されている。〔写真提供／大和ミュージアム〕

　明治時代末になって新たに登場した潜水艦という艦種は日本海軍にとっても魅力的なものであった。しかしその見識については全くの白紙状態であったため、まずアメリカ、イギリスなどから技術導入することからスタートしていった。
　第1章では、日露戦争期間中に急遽導入されたホランド型、ホランダ改からC型、川崎型までの6つの型式を紹介する。
　当時の潜水艦は冬の東京湾でも訓練が困難なほど凌波性・航続力に欠けるものであったが、のちの日本潜水艦の長きにわたる独自の発展と開発が始まった歴史的な時期でもあった。

日本潜水艦の黎明

ホランド型

第1潜水艇・第2潜水艇・第3潜水艇・第4潜水艇・第5潜水艇

■導入決定まで

　日本海軍が最初に潜水艦に感心を抱いたのは明治31年（1898年）。公式な記録ではないが、個人の資格で同年10月に巡洋艦「笠置」の回航員、佐々木高志海軍中尉が米国フィラデルフィアで、また同年末に米国サンフランシスコで巡洋艦「千歳」の同じく回航員、木佐木幸輔大機関士（※）がホランド型潜水艇を見学して将来の兵器として採用すべきと進言している。

　その後の明治33年になされた、米国駐在の井出謙治海軍少佐による外国駐在員報告が潜水艦調査の正式なものとされている。その内容は「ホランド型潜航水雷艇に関する報告」なるもので、さらに翌年ホランド艇に関する詳細な報告を海軍省に送った。

　海軍省から「潜航艇注文に関しその条件を調査せよ」との命令を受けた井出少佐は、早速ホランド社と交渉にいたったが、ホランド社は5隻以上の発注でしか注文は受けないと主張した。しかし交渉の結果、4隻の注文で発注に応じさせることに成功し、明治34年度第3期海軍拡張案においてホランド艇4隻の建造費を計上した。ところが当時はまだ潜水艇の必要性を認識する機運になく議決されず、交渉中止の命令が下された。明治35年、井出少佐は帰国している。

　その後一旦は頓挫した潜水艦導入も思わぬ展開で再開する。

　明治37年（1904年）2月10日、日本はロシアに対し宣戦布告、日露戦争勃発である。戦況は開戦から陸・海軍ともに連戦連勝、我が連合艦隊は旅順港内に引きこもっていたロシア艦隊と対峙していた。

　5月15日、戦艦「初瀬」「敷島」「八島」、軽巡「笠置」、通報艦「竜田」にて旅順港封鎖の任務についていたが老鉄山の南東にさしかかった時、「初瀬」が機雷に触雷、3番艦「八島」も触雷し両艦ともに沈没してしまった。

　この時日本艦隊は両艦が機雷に触れて沈んだとは思わず、ロシアの潜水艇に攻撃されたと思い、海面を射撃したという。これより1ヶ月前、ロシア艦隊旗艦「ペトロパヴロウスク」が日本の敷設した機雷で沈没、司令官マカロフ中将以下600名が戦死している。この時、ロシアも日本が潜水艇で攻撃してきたのではないかと疑問を抱いたという。期せずして両国が幻の潜水艇の脅威をいだいたのである。

　5月は日本海軍にとって悲運の月であった。水雷艇第14号、通報艦「宮古」が相次いで触雷沈没、防護巡「吉野」は装甲巡「春日」と衝突して沈没、さらに通報艦「竜田」は座礁、駆逐艦「暁」が触雷、砲艦「大島」が「赤城」と衝突して沈没と、甚大な損害は今後の戦局に重大な影響を及ぼす結果となった。

　大本営はただちに戦力の補充を計画しなくてはならなかった。そしてついに潜水艇5隻をアメリカのエレクトリック・ボート社に注文することになったのである。

▲大正5年2月8日呉工廠での第1潜水艇。乗員と比較すると本艇がいかに小型であったかがわかる。ホランド型は5艇建造されたが、年代により塗装が異なっており、竣工時は濃い灰色で司令塔に漢数字で艇番号が書かれていた。その後衝突防止のため白色塗装となり、明治45年にはアラビア数字表記に、大正4年に再び濃灰色に戻った。

※大機関士…のちの機関大尉

要目	
排水量	水上：103トン／水中：124トン
全 長	20.42m
全 幅	3.63m
吃 水	3.12m
機 関	オットー式ガソリン機関1基1軸 水上：180馬力／水中：70馬力
速 力	水上：8ノット／水中：7ノット
航続距離	水上：264浬／8ノット 水中：20浬／6.8ノット
燃 料	ガソリン2トン
乗 員	16名
兵 装	45cm魚雷発射管：艦首1門 魚雷2本
安全潜航深度	46m

■海軍潜水艇部隊発足

納期は10月13日に日本に発送。予算は臨時軍事費、艦艇補足費を使用し、製造費の総額は233万円であった。当時アメリカの汽船会社はロシアと交戦中の日本向け重量物の搭載を断っていたため、11月1日シヤトル出航予定の日本郵船汽船「神奈川丸」に搭載するしか手段がなく、契約を繰り上げて徹夜工事を続けた結果、「神奈川丸」は無事11月15日にシヤトルを出航、同月22日に横浜に到着した。

早速アメリカから技師、工員78名と材料が運ばれ、組み立て工事に着手したのは、12月5日であった。艤装員長小栗孝三郎中佐以外は誰一人として潜水艇がどんなものか全くわからない中での組み立て工事が始まった。組み立てが始まってから当分の間、潜水艇とは呼ばず、「特号艇」と呼び特別の許可を得ないものは一切出入りを禁ずる厳戒の秘匿体勢で工事は進んだ。しかしあまりにもアメリカでの積み込みを急がせたあまり、部品の一部に粗悪品が混っており、また潜水艇を全く知らずに組み立てる不慣れさとあいまって、工事は遅々として進まず、ロシア、バルチック艦隊は刻々とわが国に接近しつつあった。

明けて明治38年1月13日、横須賀海軍工廠において組み立て中の潜水艇は「第1、第2、第3、第4、第5潜水艇」と命名され、第1潜水艇隊を編成、横須賀鎮守府に籍をおいた。

明治38年7月31日、1号艇を政府が受領、横須賀鎮守府警備艇となる。しかし9月5日、日露講和条約が調印、ついに潜水艇は日露の闘いには間に合わなかった。10月1日、第5号艇を受領、第1潜水艇隊が誕生。

ここに日本海軍の潜水艦の歴史が始まった。

潜水艇隊が編成されてまもない10月23日、横浜沖において明治天皇御親閲の大観艦式が行なわれ、5隻の潜水艇は初めて国民の前にその姿を現した。

しかし実際の運用面では大変な苦労が必要だった。まずは潜水艦の基本である潜航であるが完全潜航までには約2分から約4分を要した。また後の潜水艦では当たり前になる潜舵が無いため潜航時には前部タンクに注水させ艦首を重くして潜航を始め、2～3度の俯角を与え、後は横舵のみで姿勢角を制御して潜航作業を維持していた。よってこの横舵を扱うのは極めて困難であった。操作を誤ると海面上に突如浮上したり、逆に深く潜行して危険な状態になったりした。

さらに艇長はようやく人が立てるスペースで長時間緊張を要する各種作業に追われ、自ら縦舵、舵輪を操り、たえず艇の安定、釣合いを保ち、さらに終始潜望鏡をのぞいていた。またその肝心の潜望鏡対物鏡も前方固定式で、前は正しく映るが、潜望鏡をまわして対物鏡が真横を見ると映像は横倒しになり、さらに背後を向いたときはさかさまに映るので目標を正しく識別することは極めて困難であった。

艇内生活も居住設備は一切なく、飲食などは母艦か陸上施設に頼る外はなく、演習や長い航海のときは缶詰類やビスケットで間に合わせたという。さらに深刻なのは水とトイレで、水はタンクがないので樽を持ち込み、トイレにいたっては小型の便器はあるものの排水する装置の故障が多く、できうる限り使用しないように努力したそうである。

上甲板も平らな鉄板と鉄鎖の簡単な手すりがあるのみで、しかも水面より1mくらいの高さしかなく、海が少しでも荒れれば波しぶきを被ることになり、さらに船体が波に乗らず艇の前部は海水に洗われ危険であったという。この外洋で行動できる能力を備えていなかったことが後に呉回航の主因となるのである。

第1潜水隊司令の小栗孝三郎海軍中佐は東京湾内での訓練は11月以後天候が徐々に悪くなり、冬には風、波とも荒く訓練に適さないと判断、呉への回航を上申し認められた。10月25日、まずは潜水母艦「豊橋」が第2潜水艇を、続いて駆逐艦「陽炎」が第3潜水艇を曳航して出港、館山、伊東、清水、御前崎、神戸などをたどり、天候により前進、停泊を繰り返しつつ、約3週間を費やして無事11月14日に呉へと入港。

しかし紀伊水道の波は激しく、11月以降の回航は困難と判断され、残りの3隻は翌明治39年春に潜水母艦「韓崎」に伴われ呉へ回航された（第2、第3潜水艇は明治39年6月29日に横須賀に復帰するが、再び呉に回航）。最終的には明治41年10月16日、全艇が呉鎮守府所属に変更され、呉鎮守府警備艇となる。

これより今日にいたるまで100年近く、呉が海軍潜水部隊ならびに戦後の海上自衛隊潜水艦部隊の故郷になるのである。

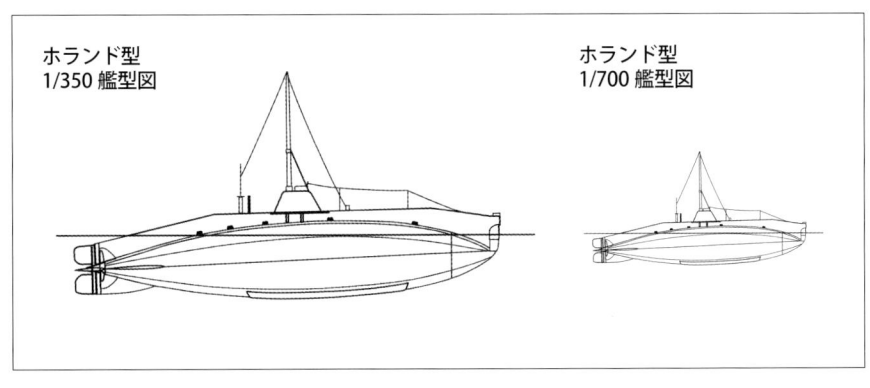

ホランド型

第1潜水艇 横須賀工廠で組み立て
　明治38年7月31日竣工
第2潜水艇 横須賀工廠で組み立て
　明治38年9月5日竣工
第3潜水艇 横須賀工廠で組み立て
　明治38年9月5日竣工
第4潜水艇 横須賀工廠で組み立て
　明治38年10月1日竣工
第5潜水艇 横須賀工廠で組み立て
　明治38年10月1日竣工

ホランド型改

第6潜水艇・第7潜水艇

　ホランド型潜水艇の設計者ジョン・P・ホランド氏は非常に厳しい性格の持ち主で、しばしば技術面で会社と対立し、ついにエレクトリック・ボート社を追われ失意の人となった。そんな折、日露戦争開戦と知ったホランド氏は旧知の井出謙治中佐にさらに優れた潜水艇が設計できたと売り込んできた。

　ちょうど「初瀬」「八島」触雷沈没直後の時期だったため、願わくは購入、建造したかったのであるが、しかしこの潜水艇はまだ図面の段階で一度も建造されたことはない。この難事業の説得を受けて起工に踏み切ったのは川崎造船所、松方幸次郎(父親は松方正義元勲)所長であった。井出中佐は艤装員長として神戸に着任。米国から来ている技師・工員がいずれも潜水艇建造の経験がなく、参考にならないとして全員を解雇。概略図2枚を頼りに、直接川崎造船所関係者と建造計画に入った。

　当然のこととして多くの困難があり、故障が頻発するなか努力を重ねてついに完成にこぎつけたのが明治39年12月で、第6潜水艇と第7潜水艇として竣工した。同時にホランド型改と称され第2潜水艇隊が編成された。

　このタイプは前型のホランド型に比べて小型であり、通常改型の場合、原型を強化拡大改良するケースが多い中で珍しいタイプとなった。排水量57トン、後に登場する甲標的や回天などの特殊艦を除くと日本海軍で最小の潜水艦となった。機関はホランド型のオットー式に代わってスタンダード式ガソリンエンジンを採用した。

　しかし機関の信頼性は低く、潜航深度も20mに制限されるなど性能的に問題は多かった。

▲大正5年2月5日呉工廠での第7潜水艇。ホランド改型は竣工時には司令塔がなかったのだが、明治41年に改良され写真のような艦型になった。ホランド型各艇は大正4年に白色から濃灰色に変更されたが、ホランド改の第6、第7潜水艇は小型のため白色のままだった。本艇は大正8年に第7潜水艦と改名された。

ホランド型改
第6潜水艇　川崎造船所　明治39年4月5日竣工
第7潜水艇　川崎造船所　明治39年4月5日竣工

要目	第6潜水艇	第7潜水艇
排水量	水上：57トン／水中：63トン	78トン／水中：95トン
全 長	22.25m	25.47m
全 幅	2.13m	2.43m
吃 水	2.27m	
機 関	スタンダード式ガソリン機関1基1軸 水上：250馬力／水中：22馬力	
速 力	水上：8.5ノット／水中：4.0ノット	
航続距離	水上：184浬／8ノット 水中：12浬／4ノット	
乗 員	16名	
兵 装	45cm魚雷発射管：艦首1門 魚雷1本	
安全潜航深度	30.5m	

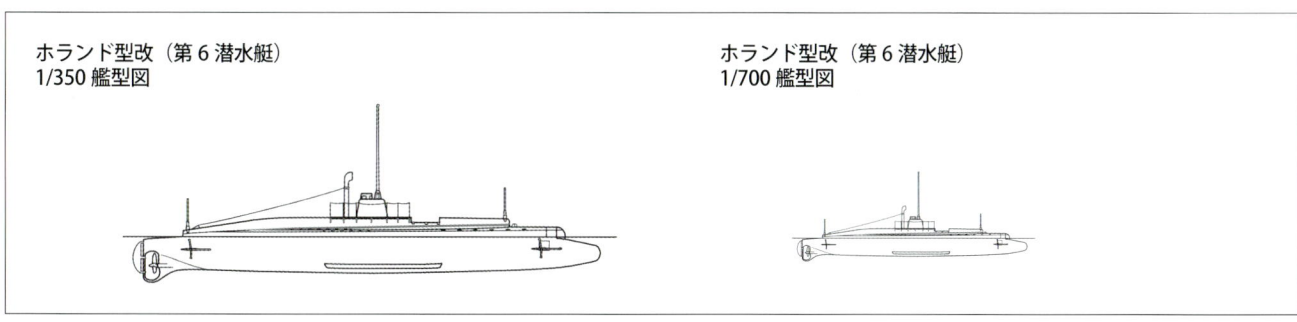

▲明治43年4月15日、岩国新湊沖でガソリン半潜航訓練中に沈没事故を起こし、引き上げられたのちに呉工廠で入渠中の第6潜水艇。佐久間艇長と乗員の最後まで職を全うした姿に当時多くの日本人が感銘し、後々まで潜水艦乗員の精神的規範ともなった。同艇はのち現役に復帰し、大正8年に第6潜水艦に改名。除籍後は終戦まで潜水学校に展示された。

ホランド型改（第6潜水艇）
1/350 艦型図

ホランド型改（第6潜水艇）
1/700 艦型図

C1型

第8潜水艇（波号第1）・第9潜水艇（波号第2）

　明治40年（1907年）6月、英国ヴィッカーズ社と5隻の潜水艇の購入契約が成立した。当初は同社が30隻以上の購入を望んだため折り合いがつかず、契約は難航したが山本権兵衛大将が英国を来訪した際に同社が5隻での条件をのんで契約が成立したものである。

　まず2隻は同社で建造し、カンガルー式特殊運搬船トランスポルター号で横須賀に輸送。この2隻がC1型で第8潜水艇と第9潜水艇と命名された。

　ただちに第3潜水艇隊が編成された。初代司令は松村純一中佐で両艇は司令塔の上に折りたたみ式の艦橋を設け、潜航の際にはこれをたたんで収めた。また周囲の支柱にキャンパスを展張することもできた。排水量はホランド型に比べて3倍以上もあり、発射管も2門搭載し、さらに潜望鏡は左右の取手によって自由自在に動かすことが可能となり、かつ正確に目標に指向することができるようになった。

　特に横舵の外に潜舵があるので潜航は非常に容易にかつ安全にできることが格段の進歩であり、さらに別に操舵員が居るので艇長自ら舵輪を握る必要がなくなった。

C1型
第8潜水艇（波号第1潜水艦）　ヴィッカーズ社　明治42年2月26日竣工
第9潜水艇（波号第2潜水艦）　ヴィッカーズ社　明治43年3月9日竣工

▲大正5年12月26日、呉で撮影された第8潜水艇で、大正12年6月に波号第1潜水艦と改称された。司令塔の上に折りたたみ式の艦橋を設置している。艦内も広くなり潜舵、横舵、縦舵を有する実用型潜水艦の第1歩と言える潜水艦である。

要目	
排水量	水上：286トン／水中：321トン
全長	43.3m
全幅	4.14m
吃水	3.43m
機関	ヴィッカーズ式ガソリン機関1基1軸 水上：600馬力／水中：300馬力
速力	水上：12ノット／水中：8.5ノット
航続距離	水上：660浬／12ノット 水中：60浬／4ノット
乗員	26名
兵装	45cm魚雷発射管：艦首2門 魚雷2本
安全潜航深度	30.5m

C1型　1/700 艦型図

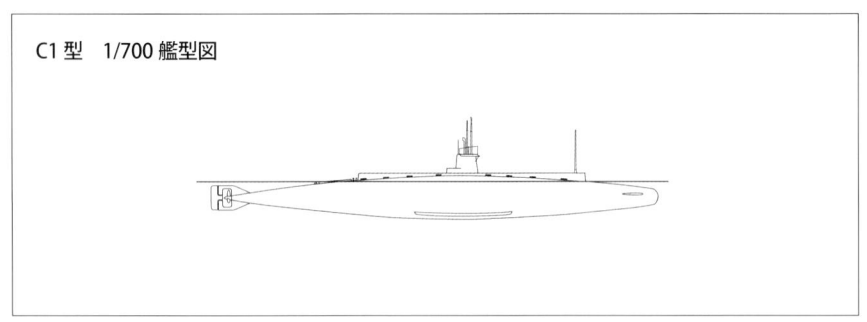

C2型

第10潜水艇（波号第3）・第11潜水艇（波号第4）・第12潜水艇（波号第5）

　明治40年（1907年）6月に英国のヴィッカーズ社と購入契約が成立した5隻の潜水艇のうち同社で建造された2隻は第8潜水艇と第9潜水艇と命名され、C1型と呼称されたが、残りの3隻はC2型と呼ばれる。

　C2型は英国から機関及び潜望鏡とジャイロコンパスを輸入した以外、船体と兵器はすべて国産品を使用して呉工廠で建造された。凌波性を改善するため上部構造物を艦首まで延長し、司令塔と艦橋を大型化している。

　のち、大正元年（1912年）に行なわれた海軍大演習で「河内」「薩摩」「出雲」を廃艦にする戦果をあげたことで潜水艇の価値が認められ、沿岸防御用としての戦力を有していることを立証したのである。

C2型
第10潜水艇（波号第3潜水艦）　呉工廠　明治44年8月21日竣工
第11潜水艇（波号第4潜水艦）　呉工廠　明治44年8月26日竣工
第12潜水艇（波号第5潜水艦）　呉工廠　明治44年8月31日竣工

▲大正6年1月24日呉での波号第3潜水艦。撮影当時は第10潜水艇と称していたので、司令塔に10の数字が見えるが、さらに大正8年に第10潜水艦と改称された。C1型までの葉巻型の型状に対して艇首部分が伸び、凌波性が向上した船体になっているのがわかる。司令塔と重なって見えるのは運送船「労山」、画面左奥には同じC2型の第11潜水艇が見える。

要目	
排水量	水上：291トン／水中：320トン
全　長	43.33m
全　幅	4.14m
吃　水	3.43m
機　関	ヴィッカーズ式ガソリン機関1基1軸
	水上：600馬力／水中：300馬力
速　力	水上：12ノット／水中：8.5ノット
航続距離	水上：660浬／12ノット
	水中：60浬／4ノット
乗　員	26名
兵　装	45cm魚雷発射管：艦首2門
	魚雷2本
安全潜航深度	30.5m

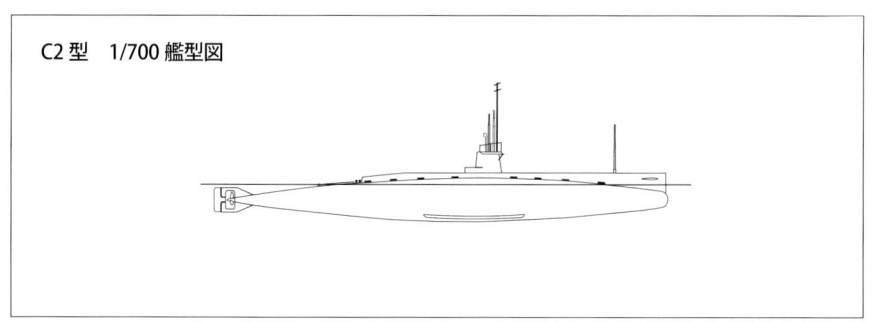

C2型　1/700 艦型図

川崎型

第13潜水艇（波号第6）

　ホランド型での経験を活かし、川崎造船所が海軍の指導の下に建造したもので、日本人が最初に設計した歴史的潜水艇である。同時期のC型との比較検討も実施する目的でもあった。

　しかし結果としてC型より優位な点はなく、逆に複動式のガソリン機関の故障が多く、速力も10ノットと低速であった。

　まだまだ潜水艦の国産化の道は遠かったのである。

川崎型
第13潜水艇（波号第6潜水艦）川崎造船所　大正元年9月30日竣工

▲大正6年1月11日、呉で撮影された第13潜水艇、のちの波号第6潜水艦（大正8年に潜水艦となる）。司令塔上に折り畳み式の艦橋を設置できるようになっていた。魚雷発射菅は上下2段構造で、発射時は発射菅前扉が外方向に90度回転するようになっている。司令塔で乗員がマストを見上げている姿が印象的。写真右に戦艦「扶桑」が見える。

要目	
排水量	水上：304トン / 水中：335トン
全　長	38.63m
全　幅	3.84m
吃　水	3.05m
機　関	スタンダード複動式ガソリン機関1基1軸
	水上：1,160馬力 / 水中：300馬力
速　力	水上：10ノット / 水中：8ノット
航続距離	水上：560浬/10.8ノット
	水中：60浬/4ノット
乗　員	26名
兵　装	45cm魚雷発射管：艦首2門
	魚雷2本
安全潜航深度	30.5m

川崎型　1/700 艦型図

C3型

第16潜水艇（波号第7）・第17潜水艇（波号第8）

　川崎型の失敗により、独自の開発を断念した海軍は、フランスなど潜水艦先進国からの技術導入を引き続き計画していたが、おりからの第1次世界大戦の激化によりヨーロッパからの技術輸入は困難な情勢となった。よってC1型、C2型と同じ船体に魚雷発射管を倍数装備し攻撃力増大を図ったC3型を呉工廠で建造した。

　しかしこの増設された発射管は艦外式であったため、艦内からの再装填が行なえず予備魚雷を搭載することが困難で攻撃力は決して高いとは言えなかった。苦心の末に竣工したC3型であったが、すでに英国からのL型や海中型が竣工しつつある中で旧式艦であることは否めず、短い期間でしか活躍ができなかった。

　しかし、将来の国粋技術化に向けて部品その他を国内で製造し自給を試みた、日本海軍潜水艦史においては画期的な型式であったことは忘れてはならない。

C3型
第16潜水艇（波号第7潜水艦）呉工廠　大正5年10月31日竣工
第17潜水艇（波号第8潜水艦）呉工廠　大正6年2月20日竣工

▲撮影時期が定かではないが、司令塔に16とあるので大正12年以前の撮影と考えられる第16潜水艇。その後第16潜水艦を経て、波号第7潜水艦となった。画面右方向、艦首先端にある突起物は潜舵とその支柱。外装された魚雷発射管が特長的である。マストから前後にかけて信号旗が多数掲揚されているが、満艦飾にしては煩雑すぎるように思える。上空の飛行機は青島攻撃に活躍したモーリス・ファルマン機であろうか？（ただし後で写真に焼き付けたものであると言われている）保全上、当時は公表された写真には背景を消し、飛行機を焼き付けるという処理が複数見られる。

要目	
排水量	水上：290トン／水中：323トン
全長	43.73m
全幅	4.14m
吃水	3.43m
機関	ヴィッカース式ガソリン機関1基1軸
	水上：600馬力／水中：300馬力
速力	水上：12ノット／水中：8.5ノット
航続距離	水上：660浬／12ノット
	水中：60浬／4ノット
乗員	30名
兵装	45cm魚雷発射管：艦首2門・水上2門
	魚雷4本
安全潜航深度	30.5m

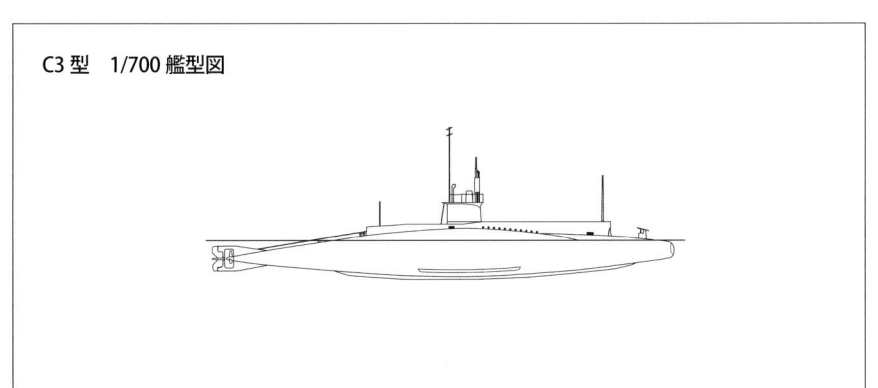

C3型　1/700 艦型図

第2章

◀大正6年3月8日呉、秋月沖で公試中の第15潜水艇（大正8年に第15潜水艦と改称）、のちの波号第10潜水艦。フランスのシュナイダー社から導入したローブーフ型の潜水艦で、第1次世界大戦中に建造されたため、ドイツの脅威が迫る中、竣工が急がれた。結局試運転を満足に済ませないまま、運搬船カンガルー号に搭載されて日本に到着した。

　大正時代に入ると、当時の潜水艦先進国であるヨーロッパ各国、フランス、イタリア、イギリスの技術が積極的に導入され、日本海軍の潜水艦もS型、F型、L型と発展していった。

　さらに第1次世界大戦の敗戦国であるドイツからの戦利潜水艦には大きな影響を受けた。それにより日本独自の設計である海中型の開発整備も進み、ついには大型潜水艦である海大型の建造着手に至った。

　本章ではこうした外国潜水艦の導入などいくつかの試行錯誤を重ねながら、日本独自の潜水艦開発に進んでいく模索期を紹介する。

日本潜水艦の模索期

S型

第14潜水艇（波号第9潜水艦）・第15潜水艇（波号第10潜水艦）

　フランス、シュナイダー社の最新式潜水艦、ローブーフ型潜水艇である。この艇はフランスの造船官ローブーフ氏設計による複殻式潜水艇で、これまでのガソリン機関ではなく重油を燃料とする石油機関を採用していた。

　厳密に言うと第14潜水艇は2代目で、初代は大正4年（1915年）7月8日に進水していたが、第1次世界大戦勃発によりフランスの強い要望で翌年の大正5年にフランス海軍に売却されている。

　よって第15潜水艇は売却を避けるため大正5年6月にフランスの特殊運搬船「カンガルー号」で呉に到着後、呉工廠で残工事を実施し、大正6年7月に竣工している。第14潜水艇はフランスに売却した初代第14潜水艇の代艦として呉工廠で建造され、第15潜水艇より遅れて竣工している。

　同艇は複殻構造を採用したため、外殻と内殻の間にタンクを充当させることができ、燃料積載の増大による航続力向上や浮力が大きく、水上航走の安定がこれまでの潜水艇より容易になった。また艦内のスペースにも余裕ができ充電可能な発電機や乗員の居住スペースにもゆとりが生まれ、ある程度母艦の支援に頼らず行動できる最初の潜水艦となった。

　しかし速度性能や運動能力が実用には不適とされ、わりと早い段階で沿岸防衛用の防備戦隊や訓練潜水艦として使用され、短い生涯を終えた。

S型
第14潜水艇（波号第9潜水艦）呉工廠　大正9年4月20日竣工
第15潜水艇（波号第10潜水艦）シュナイダー社　大正6年7月20日竣工

▲第14潜水艦時代の撮影である。厳密に言うと本艦は2代目で、初代14潜水艇は建造中に第1次世界大戦が勃発し、フランスの強い要望で売却された。石油機関を利用し水上速力16.5ノットを発揮した潜水艦であるため、必要に迫られたからであろう。艦首にあるL字型のダビットは魚雷搭載用のものである。

要目	波9	波10
排水量	水上：480トン	水上：450トン
	水中：737トン	水中：665トン
全長	58.6m	56.7m
全幅	5.18m	5.21m
吃水	3.25m	3.10m
機関	シュナイダー石油機関2基2軸	
	水上：2,000馬力／水中：850馬力	
速力	水上：16.5ノット　水上：17ノット	
	水中：10ノット	
航続距離	水上：2,050浬／10ノット	
	水中：60浬／4ノット	
乗員	39名	
兵装	45cm魚雷発射管：艦首2門・水上2門	
	魚雷8本	
安全潜航深度	40m	

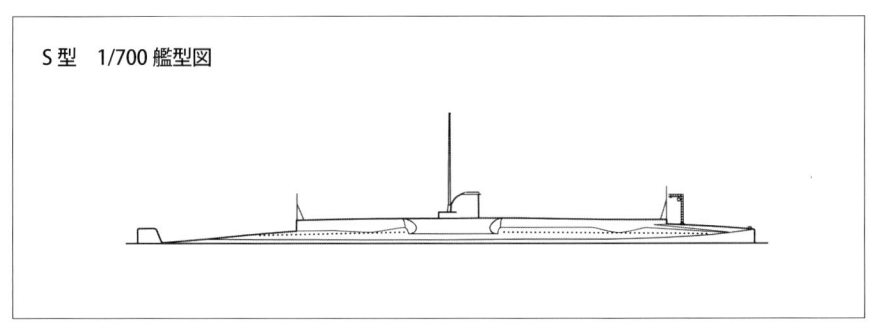

S型　1/700 艦型図

F1型

第18潜水艦（呂号第1）・第21潜水艦（呂号第2）

　F型はイタリアのフィアット社、ローレンチ型潜水艦である。川崎造船所がフィアット型ディーゼルの製造特許権もあわせて取得して、まず川崎建造所で2隻が建造されF1型となった。

　ローレンチ型は当時の代表的な複殻型潜水艦であり、単機出力1,300馬力の機関を2基搭載し、水上速力18ノット、魚雷発射管5門の強力装備が特長だった。しかしながら、船体のガーター式構造による不具合が発生し、潜航深度20mで船体の区画ごとに変形の差が生じる結果となり、潜航性能も不良だった。

　従ってF1型は実戦用潜水艦に適さないという結論に達して2隻の建造にとどまり、F2型が登場する。

F1型
第18潜水艦（呂号第1潜水艦）川崎造船所　大正9年3月31日竣工
第21潜水艦（呂号第2潜水艦）川崎造船所　大正9年4月20日竣工

▲大正9年、淡路沖で公試中の第21潜水艦、後の呂号第2潜水艦である。フィアット式ディーゼル2基2,600馬力により水上速力17.8ノットを発揮する高速潜水艦であるため、海上を力強い姿で航行している。しかしながら船体構造上の欠陥から潜航深度が20m以下と浅くて艦隊任務に適さず、昭和9年に特務艦「朝日」の沈没潜水艦救難実験に使用された。

要目	
排水量	水上：689トン／水中：1,047トン
全長	65.58m
全幅	6.07m
吃水	4.19m
機関	フィアット式ディーゼル2基2軸
	水上：2,600馬力／水中：1,200馬力
速力	水上：17.8ノット／水中：8.2ノット
航続距離	水上：3,500浬／10ノット
	水中：75浬／4ノット
乗員	43名
兵装	短7.5cm単装砲1門
	45cm魚雷発射管：艦首3門・艦尾2門
	魚雷8本
安全潜航深度 50m	

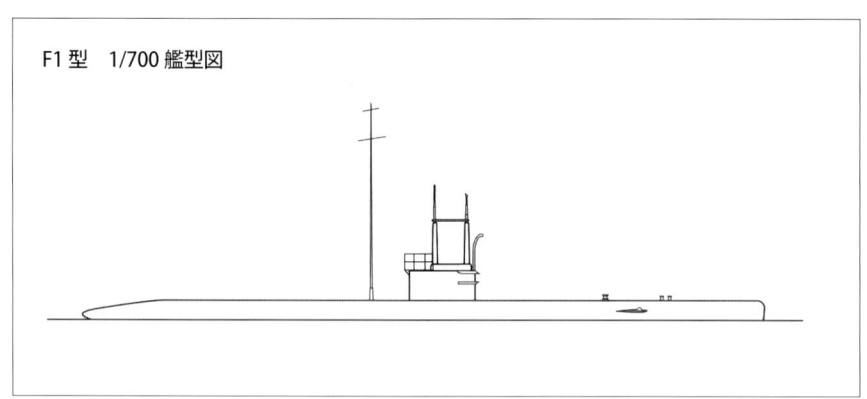

F1型　1/700艦型図

F2型

第31潜水艇（呂号第3）・第32潜水艇（呂号第4）・第33潜水艇（呂号第5）

　大きな期待を持って導入したF1型の不良を受け、すでに建造に着手していた3から5番艦に改良を加えて完成したのがF2型である。主な改良は船体の強度を増し、川崎造船所がライセンス生産をしたフィアット式ディーゼルを搭載したこと。

　しかしながら、予定の性能を発揮できず速力は逆にF1型よりも3ノット低下してしまう結果となり、艦隊に随伴できる能力がないと判断されて鎮守府の警備艦として使用されるに留まった。

F2型
第31潜水艇（呂号第3潜水艦）川崎造船所 大正11年7月15日竣工
第32潜水艇（呂号第4潜水艦）川崎造船所 大正11年5月5日竣工
第33潜水艇（呂号第5潜水艦）川崎造船所 大正11年3月9日竣工

▲第32潜水艦時代の写真で大正11年から13年頃と推定される。竣工時艦橋は開放式であったが、後に艦橋部分を乗員の胸の高さに金属のブルーワークで囲んだ。写真に見える艦橋の乗員から、ブルーワークの高さがわかる。同型は特に機関の故障が多く、欠陥の多い潜水艦で10隻建造される予定が結局5隻に留まっている。

要目	
排水量	水上：689トン / 水中：1,047トン
全長	65.58m
全幅	6.07m
吃水	4.04m
機関	フィアット式ディーゼル2基2軸
	水上：2,600馬力 / 水中：1,200馬力
速力	水上：14.3ノット / 水中：8ノット
航続距離	水上：3,500浬/10ノット
	水中：75浬/4ノット
乗員	43名
兵装	45cm魚雷発射管：艦首3門・艦尾2門
	魚雷8本
安全潜航深度	30m

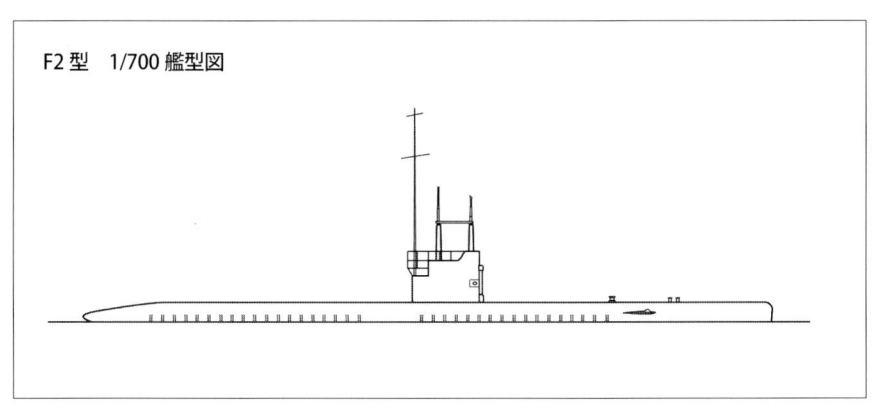

F2型　1/700艦型図

海中1型

第19潜水艦（呂号第11）・第20潜水艦（呂号第12）

　海中1型はフランスから輸入したS型をタイプシップとし、日本で初めて設計された艦隊随伴型航洋潜水艦である。

　速力は当時の最高水上速力18ノットを実現させるべく、スイスの1,300馬力ズルザー式2号ディーゼルを搭載し、公試運転では当時のディーゼルエンジンでは最高速度となる19ノットを記録した。

　しかし、就役直後から機関故障に悩まされ、大正10年の台湾方面長期巡航訓練では1型は2隻とも落伍している。後にこのズルザー式機関は海大型に採用されていくが、度重なる故障で多年に渡り造機関係者、潜水艦機関科員を悩ますことになる。

海中1型
第19潜水艦（呂号第11潜水艦）　呉工廠　大正8年7月31日竣工
第20潜水艦（呂号第12潜水艦）　呉工廠　大正8年9月18日竣工

▲大正8年、呉沖で公試中の第19潜水艦、後の呂号第11潜水艦。艦上には多数の工廠関係者が艦の航走状態を見守っている。諸外国の潜水艦を参考に日本海軍が初めて設計した航洋型の潜水艦で、特に公試運転ではディーゼル潜水艦として世界水準の19ノットを記録した。しかし機関のトラブルに悩まされ、艦隊に随伴できる潜水艦の実現はまだ困難な状況にあった。司令塔前方両舷に水上発射管を装備している。

要目	
排水量	水上：720トン／水中：1,030トン
全長	69.19m
全幅	6.35m
吃水	3.43m
機関	ズルザー式2号ディーゼル2基 水上：2,600馬力／水中：1,200馬力
速力	水上：18.2ノット／水中：9.1ノット
航続距離	水上：4,000浬／10ノット 水中：85浬／4ノット
乗員	46名
兵装	28口径8cm高角砲1門 45cm魚雷発射管：艦首4門・舷側2門 魚雷10本
安全潜航深度	30m

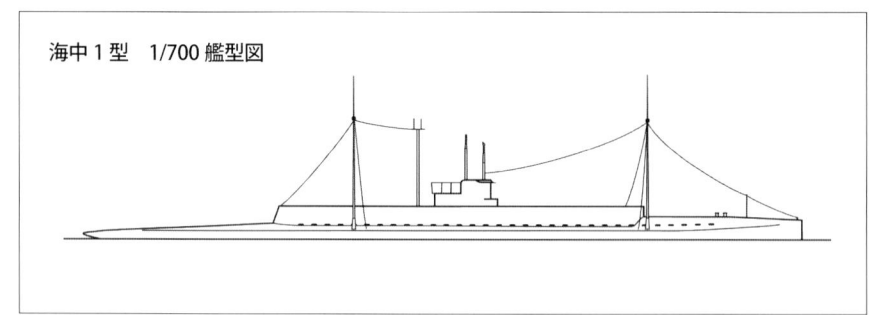

海中1型　1/700 艦型図

海中2型

第22潜水艦（呂号第14）
第23潜水艦（呂号第13）
第24潜水艦（呂号第15）

▲呂号第14潜水艦の第22潜水艦時代の大正10年2月から大正13年に撮影されたと思われる1葉。艦橋後方に乗員が整列していることから、出入港の時の可能性が大きい。本型は、海中1型と機関が同じで燃料搭載量を増加したため、速度が低下してしまった。

　海中2型は海中1型の実績を確認する前に建造されたため1型の改正を施すことが不完全で、最も必要とされた航洋性能や凌波性能の向上は依然として期待に即したものではなかった。
　その中において1型からの改良点は、艦橋前方にある上部構造物内にある旋回式発射管が潜航時に使用できないことから撤去し、発射管の位置を一段下げたことである。その他にも航続力を高めるため燃料搭載量を増大させ、1型の4,000浬から6,000浬に増えている。
　しかしながら、排水量増大に対して機関出力が同じなため速力が低下、艦隊に随伴する高速潜水艦への期待は達成できず3隻で建造は終わっている。

海中2型
第22潜水艦（呂号第14潜水艦）　呉工廠　大正10年2月17日竣工
第23潜水艦（呂号第13潜水艦）　呉工廠　大正9年9月30日竣工
第24潜水艦（呂号第15潜水艦）　呉工廠　大正10年6月30日竣工

要目	
排水量	水上：740トン／水中：1,003トン
全長	70.1m
全幅	6.1m
吃水	3.68m
機関	ズルザー式2号ディーゼル2基
	水上：2,600馬力／水中：1,200馬力
速力	水上：16.5ノット／水中：8.5ノット
航続距離	水上：6,000浬／10ノット
	水中：85浬／4ノット
燃料	重油：75トン
乗員	46名
兵装	28口径8cm高角砲1門
	45cm魚雷発射管：艦首4門・舷側2門
	魚雷10本
安全潜航深度	45.7m

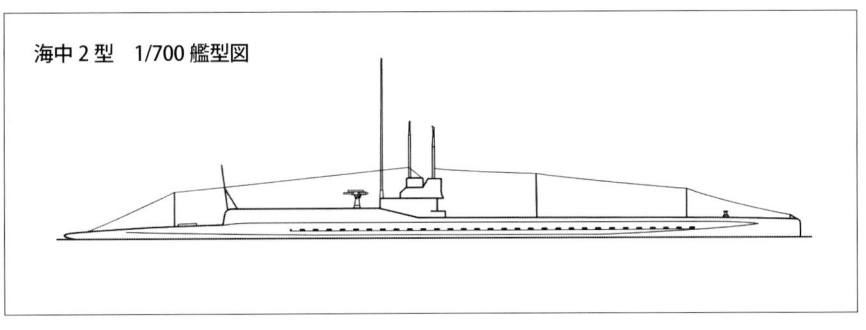

海中2型　1/700 艦型図

海中3型

呂16（第37潜水艦）・呂17（第34潜水艦）・呂18（第35潜水艦）・呂19（第36潜水艦）・呂20（第38潜水艦）・呂21（第39潜水艦）・呂22（第40潜水艦）・呂23（第41潜水艦）・呂24（第42潜水艦）・呂25（第43潜水艦）

　海中3型は大正6年度と7年度の計画で計10隻が建造され、これまでの潜水艦のなかでは最も同型艦の数が多い。またこれまで呉工廠、川崎造船所で建造されてきた潜水艦が、横須賀工廠、佐世保工廠でも建造されることになり、潜水艦という艦種の開発・建造への自立が一段と躍進した型式でもある。

　しかし、性能面では安全潜航深度が増大した以外は大きな改良点がなく、用兵側が希望している航洋性向上、水上速力向上は果たせなかった。

▲大正11年7月20日、横須賀沖で公試中の第40号潜水艦時代の写真。艦橋後方には多数の公試関係者が見える。海中3型は1型、2型に対して安全潜航深度が増大した以外は大きな改善点がなく、まだ艦隊に随伴できる潜水艦にはなりえなかった。しかしながら合計10隻の同型艦を建造されたことは、性能水準がこれまでの艦より高かったことを物語っている。

海中3型

艦名	建造所	竣工
呂号第16潜水艦（第37潜水艦）	呉工廠	大正11年4月29日竣工
呂号第17潜水艦（第34潜水艦）	呉工廠	大正10年10月20日竣工
呂号第18潜水艦（第35潜水艦）	呉工廠	大正10年12月15日竣工
呂号第19潜水艦（第36潜水艦）	呉工廠	大正11年3月15日竣工
呂号第20潜水艦（第38潜水艦）	横須賀工廠	大正11年2月2日竣工
呂号第21潜水艦（第39潜水艦）	横須賀工廠	大正11年2月2日竣工
呂号第22潜水艦（第40潜水艦）	横須賀工廠	大正11年10月10日竣工
呂号第23潜水艦（第41潜水艦）	横須賀工廠	大正12年4月28日竣工
呂号第24潜水艦（第42潜水艦）	佐世保工廠	大正9年11月30日竣工
呂号第25潜水艦（第43潜水艦）	佐世保工廠	大正10年10月25日竣工

要目

排水量	水上：772トン／水中：997トン
全長	70.1m
全幅	6.12m
吃水	3.70m
機関	ズルザー式2号ディーゼル2基 水上：2,600馬力／水中：1,200馬力
速力	水上：16.5ノット／水中：8.5ノット
航続距離	水上：6,000浬／10ノット 水中：85浬／4ノット
燃料	重油：75トン
乗員	46名
兵装	28口径8cm高角砲1門 45cm魚雷発射管：艦首4門・舷側2門 魚雷10本
安全潜航深度	45.7m

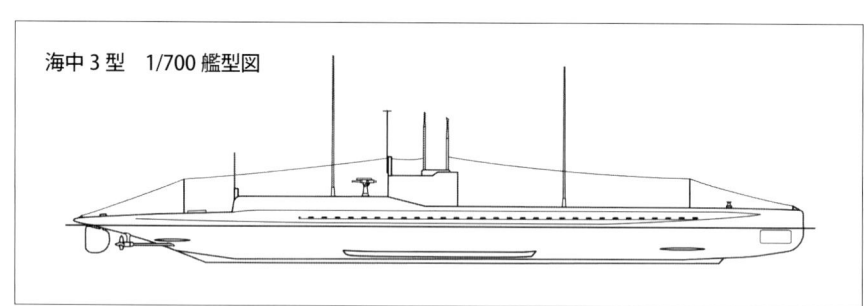

海中3型　1/700艦型図

L1型

呂号第51潜水艦（第25潜水艦）・呂号第52潜水艦（第26潜水艦）

　L1型は三菱造船所が海軍の要請により、イギリスのヴィッカーズ社から製造権を取得した艦である。

　第1次世界大戦中にもかかわらず、日英同盟の恩恵によりイギリスで実用性の高いL型の技術供与が可能だったことが幸いだった。さらに建造に際してはヴィッカーズ社から各種の潜水艦技術者が派遣され三菱神戸造船所で、技術指導を受けている。これより川崎、三菱での潜水艦建造は今日の海上自衛隊潜水艦建造まで続いている。

　L1型で特筆すべき部分は機関であるヴィッカーズ式で、ディーゼルの信頼性が高い点である。ズルザー式より出力が劣るものの長時間の運転にも故障がなく、機関のトラブルに悩まされることが少なくなったこともあり高い評価を得た。

L1型
呂号第51潜水艦（第25潜水艦）三菱神戸造船所　大正9年6月30日竣工
呂号第52潜水艦（第26潜水艦）三菱神戸造船所　大正9年11月30日竣工

▲大正9年7月5日、イギリスのヴィッカーズ社から製造権を取得して建造された艦で、写真は三菱神戸造船所で引渡しを受け、呉に向かって出港中の姿。艦上では乗員が綺麗に整列しているのが見える。司令塔に25の数字が読めるのは、竣工時は第25潜水艦と命名されたからである。ヴィッカーズ社の機関は当時ズルザー式より信頼性が高かった。

要目	
排水量	水上：886トン／水中：1,076トン
全長	70.59m
全幅	7.16m
吃水	3.9m
機関	ヴィッカーズ式ディーゼル2基2軸
	水上：2,400馬力／水中：1,600馬力
速力	水上：17ノット／水中：10.2ノット
航続距離	水上：5,500浬／10ノット
	水中：80浬／4ノット
乗員	45名
兵装	短8cm単装砲1門
	6.5mm単装機銃1挺
	45cm魚雷発射管：艦首4門・艦尾2門
	魚雷10本
安全潜航深度	60m

L1型　1/700 艦型図

L2型

呂号第53潜水艦（第27潜水艦）
呂号第54潜水艦（第28潜水艦）
呂号第55潜水艦（第29潜水艦）
呂号第56潜水艦（第30潜水艦）

▲昭和初期の撮影と考えられ、司令塔には竣工時に命名された第30潜水艦から、呂号第56潜水艦に艦名が変更されていることがわかる。艦首右舷にある「4」の表記は隊名で大正14年から書かれるようになった。その数字の上に見える突起物は昭和初期に導入されたKチューブという水中聴音器。艦首にあるノコギリ状のものは防潜網を切る網切器で通常は陸揚げ保管されていたので、平時で装着された写真は珍しいといえる。

　L2型は、1型と同じ年度の計画艦であるが、先に起工していた1型の建造実績に基づき、改正を行なっている。
　一番大きな違いは、1型の機関がイギリスからの輸入品であったところを、2型は三菱造船所がヴィッカーズ社からライセンス生産したディーゼルを搭載したことである。電池の国産品の採用とあわせて、より国産化に向かった型式となった。
　こののち本型はL3型を経てL4型へと発展していくが、L3型については呉防備戦隊所属として、またL4型については第7潜水戦隊に配備されてともに太平洋戦争の開戦を迎えているため、その戦歴とともに第3章で詳述する。

L2型
呂号第53潜水艦（第27潜水艦）　三菱神戸造船所　大正10年3月10日竣工
呂号第54潜水艦（第28潜水艦）　三菱神戸造船所　大正10年9月10日竣工
呂号第55潜水艦（第29潜水艦）　三菱神戸造船所　大正10年11月15日竣工
呂号第56潜水艦（第30潜水艦）　三菱神戸造船所　大正11年1月16日竣工

要目	
排水量	水上：893トン／水中：1,076トン
全長	70.59m
全幅	7.16m
吃水	3.94m
機関	ヴィッカース式ディーゼル2基2軸
	水上：2,400馬力／水中：1,600馬力
速力	水上：17.3ノット／水中：10.4ノット
航続距離	水上：5,500浬／10ノット
	水中：80浬／4ノット
乗員	45名
兵装	短8cm高角砲1門
	6.5mm単装機銃1挺
	45cm魚雷発射管：艦首4門・舷側2門
	魚雷10本
安全潜航深度	60m

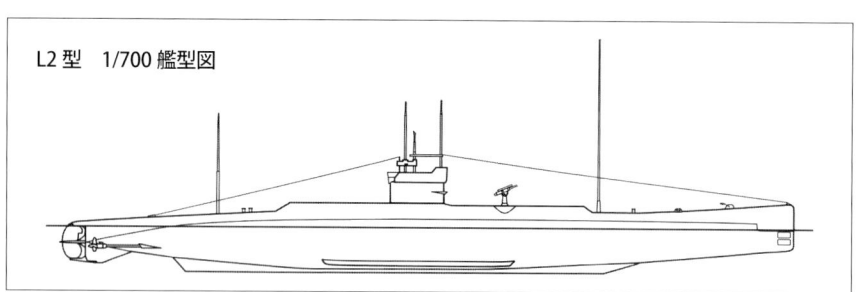

L2型　1/700 艦型図

第1次世界大戦の戦利潜水艦
○一・○二・○三・○四・○五・○六・○七

▲マルタ島で撮影されたもので、すでに軍艦旗が掲揚され、「六」の艦番号が書かれている。漢数字の六は○六（まるろく）ではなく、この時期は6号艦と言われていた。最後は佐世保港部の桟橋となった

　第1次世界大戦がドイツの降伏に終わると、連合国は176隻にものぼるドイツの潜水艦を接収した。そのうち日本海軍に分配されたのは7隻で、特務艦隊を派遣して長駆ヨーロッパまでこれを受領するため出向くこととなった。この艦隊は第2特務艦隊の装甲巡洋艦「日進」、工作艦「関東」と第22駆逐隊の「桂」「楓」「梅」「楠」、第23駆逐隊の「榊」「松」「杉」という編成で、大正7年12月26日に横須賀を出港、馬公、シンガポール、コロンボ、アデン、スエズ運河を経由し、ポートセットを経て実に38日間を要して翌大正8年2月12日マルタに到着した。

　復路は「日進」と第22駆逐隊の護衛により、1号艇、3号艇、5号艇、7号艇の潜水艦が先発隊として大正8年4月6日に出港。2日遅れで「関東」、第23駆逐隊、潜水艦2号艇、4号艇、6号艇の後発隊が出港。5月31日にシンガポールで合流ののち出港し、6月23日に無事横須賀に帰着した。到着後には一般公開が実施され、戦利品として広く国民に周知された。

　その後各艦は○一（まるいち）から○七と称されて詳細に調査実験が行なわれ、その結果「他国の潜水艦に比べ、ドイツ潜水艦は極めて装備が優秀」と評価された。なかでも特に大型機雷潜の○一、沿岸哨戒型の○六、○七が注目された。

　この影響を受け、日本海軍の大型潜水艦（伊号潜水艦）は巡潜型と機雷潜型、そして日本海軍オリジナルの海大型の3本柱で発展していくこととなる。

　なお、これら戦利潜水艦各艦は長期間に渡り調査・研究が行なわれた後、戦利艦配分規定に基づき大正10年から11年にかけて解体されている。

※各艦の要目はP.210巻末資料参照

▼日本海軍が戦利潜水艦の中で最も関心を寄せた機雷潜水艦である。艦は機雷敷設機能に加えて航続距離の大きさにも着目され、本型をベースとして伊21型が設計・建造された。本写真では迷彩が施されているが、戦利潜水艦を強調するため引き渡しの際の塗装をそのままにしている。

○一（旧ドイツ潜水艦U125）
（大正7年9月4日ブローム・ウント・フォス社で建造）

　本艦はドイツ海軍が大戦末期に建造した大型機雷敷設潜水艦UE III型である。7隻の戦利潜水艦の中で日本海軍の関心が最も高かった艦で、本型をモデルとし、のちにドイツ技術者の協力を得て、機雷潜型（伊21潜型）を建造している。

　大正10年、横須賀工廠で解装され、最終的に兵装、機関、艦橋が撤去されて大正13年から潜水艦学校の桟橋として利用された。更に大正14年からは横須賀工廠で工作艦「朝日」の釣瓶式潜水艦救難装置の枕錘船として使用された。

　昭和6年8月、雑役船に編入、その後昭和10年解体処分。

回航員	
艦長	木内達蔵少佐（兵31期）
士官乗組員	春日末章大尉（兵37期）、橋本愛次大尉（兵39期）、原田覚中尉（兵41期）、戸坂雅信機関中尉（機16期）、阿部千秋機関大尉（機21期）

▼のちの第2次世界大戦の時もそうであったが、第1次大戦でもドイツは中型潜水艦の大量投入による通商破壊戦を大きな狙いとしていた。しかし日本海軍においては太平洋が主戦場の想定であるため、本級は小型で参考にならないと判断された。のちに日本国内で回航中に荒天により行方不明になり、約2年後にハワイ、ホノルル西方でアメリカ商船に発見されるという数奇な運命を辿っている。

〇二（旧ドイツ潜水艦 U46）
（大正4年12月17日ダンチッヒ工廠で竣工）

　量産型中型潜水艦MS型で、U46は大戦中51隻の撃沈を数える殊勲艦である。本型は航続力や耐久性などの基本性能が優れた潜水艦で、その後の日本海軍の潜水艦建造に少なからぬ影響を与えた。
　〇一同様、大正14年に横須賀工廠で潜水艦救難用枕鎚船に改造されたが、呉に回航中に志摩半島東南端にある大王崎付近で暴風のため流失し、行方不明となった。
　その後の昭和2年8月、ホノルル西方でアメリカ商船に発見され自沈処分された。

回航員	
艦長	米山順吾少佐（兵33期）
士官乗組員	三村（杉沼）親比大尉（兵37期）、広瀬末人大尉（兵39期）、古宇田武郎中尉（兵41期）、藤永柴郎中尉（兵42期）、広瀬昔一機関大尉（機17期）

▼〇二と同型艦である。〇二がダンチッヒ工廠に対して、〇三がゲルマニア造船所のため細部において差異が認められたそうであるが、詳細は不明。本艦はU55時代に61隻の撃沈を誇る武運艦である。

〇三（旧ドイツ潜水艦 U55）
（大正5年6月8日ゲルマニア造船所で竣工）

　〇二同様、MS型に属し、本艦も大戦中は61隻撃沈の戦果をあげている。
　大正10年に佐世保工廠で解装工事を行ない、大正12年に雑役船に編入され橋船として使用された。

回航員	
艦長	鋤柄五造大尉（兵37期）
士官乗組員	福原一郎大尉（兵37期）、柴田瀧三郎中尉（兵41期）、北野網雄機関大尉（機20期）

▼小型機雷敷設潜水艦。〇五同様、小型でありながら航続力があり航洋性が高かったが、機関出力が小さく速力が遅かったこともあり、日本で発展することはなかった。その後潜水学校の教材として使用された。

〇四（旧ドイツ潜水艦 UC90）
（大正7年7月15日ブローム・ウント・フォス社で竣工）

　排水量が約500トンのUCⅢ型の小型機雷敷設艦。小型ながら航続力、航洋性に優れ運動性能も良好であったが、いかんせん小型に過ぎ、日本海軍には適さなかった。
　大正13年から大正15年まで潜水学校で使用され、その後売却された。

回航員	
艦長	有本明大尉（兵37期）
士官乗組員	阿部弘毅大尉（兵39期）、辻村武久中尉（兵42期）、魚住治策中尉（兵42期）、梅田正澄機関大尉（機21期）

▼写真では船体が黒く塗装されているように見えるが強い逆光で撮影されているので、詳細が不明。ドイツは潜水艦による機雷敷設が熱心で、本型のような小型の機雷敷設艦も多数建造された。〇五は調査を終えたのち、大正10年に東京湾で爆弾や魚雷の効果を計る実験艦として生涯を終えている。

〇五（旧ドイツ潜水艦 UC99）
（大正7年9月20日ブローム・ウント・フォス社で竣工）

〇四同様 UC Ⅲ型に属する。大正10年に横須賀で解装。同年10月に爆弾・魚雷の効果実験用に使用され処分された。

回航員	
艦長	河村文平大尉（兵37期）
士官乗組員	加賀屋要吉大尉（兵39期）、三戸壽中尉（兵42期）、赤坂功機関大尉（機21期）

▼大量に建造された沿岸用の小型潜水艦。迷彩塗装がそのままに戦争末期に2隻の商船を撃沈した姿をとどめている。本型は排水量が約500トン強の沿岸洋小型潜水艦である。

〇六（旧ドイツ潜水艦 UB125）
（大正7年5月18日ヴェーザー社で竣工）

UB Ⅲ型と称される沿岸用の小型潜水艦である。

〇一の大型機雷潜と並んで、戦利潜水艦の中で最も関心があったタイプで、呂号潜水艦「海中型」の代艦として研究・検討された。しかし技術導入に時間がかかること、イギリス製「L型」の整備が進んでいたこともあり実用化に至らなかった。

大正10年に佐世保工廠で解装、その後は佐世保港務部桟橋として使用された。

回航員	
艦長	澤野源四郎大尉（兵35期）
士官乗組員	関本織之助大尉（兵38期）、福澤常吉中尉（兵42期）、鍋島俊策中尉（兵42期）、竹下英五郎機関大尉（機20期）

▼〇六と同型艦でありながら〇七とは艦橋の形状が異なるのがわかる。また備砲も〇六が8.8cmに対し、〇七は10.5cm砲を搭載している。後の呂号潜水艦、小型に類する型式であるが、当時は艦隊決戦用の潜水艦整備が重視されていたため、本型を元に日本で開発・建造されることはなかった。

〇七（旧ドイツ潜水艦 UB143）
（大正7年10月3日ヴェーザー社で竣工）

〇六と同じく、UB Ⅲ型に属する潜水艦である。大正10年に横須賀工廠で解装、その後大正13年から横須賀工廠の交通用桟橋として使用された。

回航員	
艦長	野辺田重興少佐（兵32期）
士官乗組員	横山弥太郎大尉（兵38期）、古木百蔵中尉（兵41期）、小野胖機関大尉（機20期）

海中4型

呂号第26潜水艦（第45潜水艦）
呂号第27潜水艦（第58潜水艦）
呂号第28潜水艦（第62潜水艦）

▲昭和2年度大演習時の呂号第28潜水艦。昭和2年秋、大演習で赤軍第3潜水戦隊に編入され九州沿岸で停泊中の姿。艦尾後方には同戦隊の旗艦軽巡「木曽」が見える。海中型は本型で飛躍的な進歩を遂げた。最も大きな改良点は航洋性の向上で、艦橋も大型となり雷装も強化された。しかしその大型化により水上速度が低下し、中型潜水艦の限界を感じ、以後日本海軍は大型の潜水艦である海大型、巡潜型の開発に心血を注ぐのである。

　海中4型は、これまでの1型から3型までの改善や、第1次世界大戦で分配を受けたドイツUボートの技術を参考にしたため、急激な進歩を遂げた。
　従来までの課題とされた航洋性の不足を改善するため予備浮力を増大し、凌波性向上のため艦橋を大型化し潜舵や縦舵・横舵の強化が図られた。よって就役後の評価は高く、特に凌波性と潜航性能はこれまでの潜水艦とは異なった優れた性能を発揮するに至った。
　しかしながら、依然ズルザー式機関の性能の不調で3型までの速力より低下し、16ノットに留まった。これにより艦隊随伴型の潜水艦を中型で実現することはこれ以上困難と判断され、これ以後大型潜水艦である海大型に移行。
　中型潜水艦の整備は総合的に優秀とされたL4型に託されることになった。

海中4型
呂号第26潜水艦（第45潜水艦）　佐世保工廠　大正12年1月25日竣工
呂号第27潜水艦（第58潜水艦）　横須賀工廠　大正13年7月31日竣工
呂号第28潜水艦（第62潜水艦）　佐世保工廠　大正12年11月30日竣工

要目	
排水量	水上：805トン／水中：1,080トン
全　長	74.22m
全　幅	6.12m
吃　水	3.73m
機　関	ズルザー式2号ディーゼル2基 水上：2,600馬力／水中：1,200馬力
速　力	水上：16ノット／水中：8.5ノット
航続距離	水上：6,000浬／10ノット 水中：85浬／4ノット
乗　員	46名
兵　装	28口径8cm高角砲1門 6.5mm機銃1挺 53cm魚雷発射管：艦首4門
安全潜航深度	45.7m

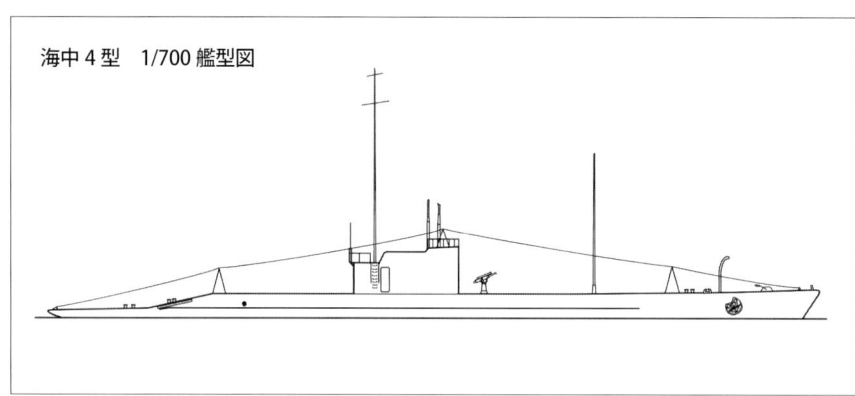

海中4型　1/700 艦型図

特中型

呂号第29潜水艦（第68潜水艦）
呂号第30潜水艦（第69潜水艦）
呂号第31潜水艦（第70潜水艦）
呂号第32潜水艦（第71潜水艦）

▲竣工時は第70潜水艦と呼称されていたが、大正12年8月21日淡路島沖で公試中に事故のため沈没した。その後引揚げを行ない、いったん解体した後、大正13年2月から建造が始められ、昭和2年5月10日に竣工した。写真はこののちの昭和3年佐世保において撮影されたもの。後方の駆逐艦は「樅」型の「蓬」の可能性が高い。昭和2年に呂31潜に改名、昭和20年5月に除籍された。

要目	
排水量	水上：852トン／水中：886トン
全長	74.22m
全幅	6.12m
吃水	3.73m
機関	ズルザー式ディーゼル2基
	水上：1,200馬力／水中：1,200馬力
速力	水上：13ノット／水中：8.5ノット
航続距離	水上：9,000浬／10ノット
	水中：85浬／4ノット
乗員	44名
兵装	12cm単装砲1門
	6.5mm単装機銃1挺
	53cm魚雷発射管：艦首4門
	魚雷8本
安全潜航深度 45.7m	

　特中型は海中3型や4型と並行して進められ、海中型の機関出力を半分にして、その分燃料を増載して航続距離の増大を図った点が特長の型式である。
　潜航性能は海中4型同様良好であったが、航続距離に関してはさほど大きな違いはなく、機関出力低下と排水量の増大により速力が13ノットに留まり、艦隊には編入されず鎮守府の警備艦として配属された。

特中型
呂号第29潜水艦（第68潜水艦）川崎造船所　大正12年9月15日竣工
呂号第30潜水艦（第69潜水艦）川崎造船所　大正13年4月29日竣工
呂号第31潜水艦（第70潜水艦）川崎造船所　昭和2年5月10日再竣工
　　　　　　　　　　　　　　　　　　（大正12年8月21日公試中に事故沈没　浮揚解体）
呂号第32潜水艦（第71潜水艦）川崎造船所　大正13年5月31日竣工

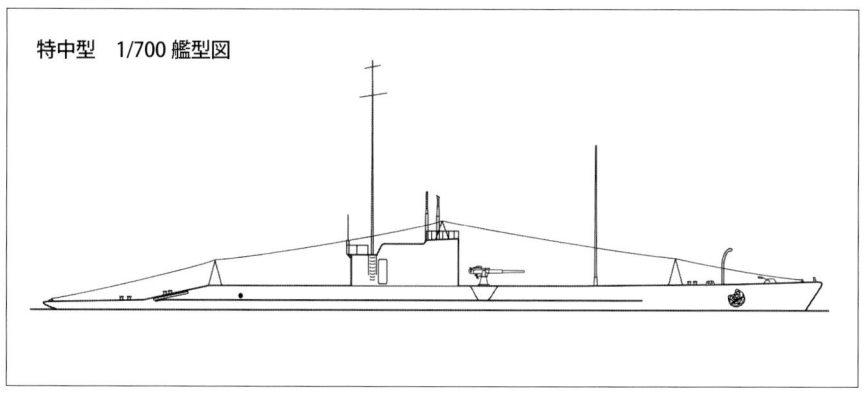

特中型　1/700 艦型図

海大1型

伊号第51潜水艦

　伊51潜は大正7年の八六艦隊案により計画された日本海軍最初の大型一等潜水艦である。
　型式名の"海大型"とは海軍大型潜水艦の略で、文字通り大型の潜水艦として計画建造され、その主たる目的の"艦隊に随伴できる水上速力向上"という点に心血が注がれたと言ってよい。八六艦隊につぐ八八艦隊計画による主力艦の建造計画に伴い、艦隊用大型高速潜水艦の実現が強い要望となっていたのである。
　潜水艦に求められた艦隊随伴能力とは、当時米国の主力艦の速度である約21ノットを上回る能力というものであった。しかし当時の造艦技術で20ノットの水上速力を実現するためには6,000馬力の機関が必要だった。
　起工は大正13年6月20日、呉工廠で建造された。魚雷発射管は艦首に6門、艦尾に2門で備砲は12cm単装砲1門を装備。
　20ノットの水上速力を実現するため、スイスのズルザー社に単基3,000馬力の機関製造を依頼していたが、開発には期間を要するため、従来の海中型で採用していた1,300馬力のズルザー式2号ディーゼルを4基搭載した4軸を採用。この機関配置により内殻をメガネ型に並べる多殻式船体（円を3つ横に並べた断面形状）となるなど、他国の潜水艦に類例を見ない潜水艦となり、このために艦の前後で円形に戻すなど艦型の決定に非常に苦労したにもかかわらず、速力は目標に達することはできなかった。またこのほか水中機動性に劣り、機関も故障が多く高速発揮が困難で実績が思わしくなかったこと、もともと試験艦的意味あいが強かったこともあり同型艦は建造されなかった。
　竣工からわずか5年後の昭和3年には早くも艦隊任務から外れ、以後は練習潜水艦として、あるいは航空兵装など新装備の実験艦として開戦前年まで活躍。昭和15年4月1日除籍。太平洋戦争中は佐伯湾に係留され、航空隊の爆撃標的に使用された。
　本艦は実用期間こそ短かったが日本海軍の大型高速潜水艦発達の基礎となった、歴史的潜水艦である。

▲昭和2年撮影の海軍省公表写真。本艦は日本海軍が独自の考えで建造を進めてきた艦隊随伴用大型高速潜水艦の幕開けとも言うべき存在である。海大1型は機関に高出力なものがなく、機関を4基積載し、類例のない4軸となっていた。上空を飛行しているのは国民に広く親しまれた三菱一三式艦上攻撃機（合成）。

要目	
排水量	水上：1,390トン／水中：2,430トン
全長	91.44m
全幅	8.81m
吃水	4.60m
機関	ズルザー式2号ディーゼル4基4軸
	水上：5,200馬力／水中：2,000馬力
速力	水上：18.4ノット／水中：8.4ノット
航続距離	水上：20,000浬／10ノット
	水中：100浬／4ノット
燃料	重油：508トン
乗員	70名
兵装	45口径12cm単装砲1門
	53cm魚雷発射管：艦首6門・艦尾2門
	魚雷24本
安全潜航深度	45.7m

海大1型
伊号第51潜水艦　呉工廠　大正13年6月20日竣工

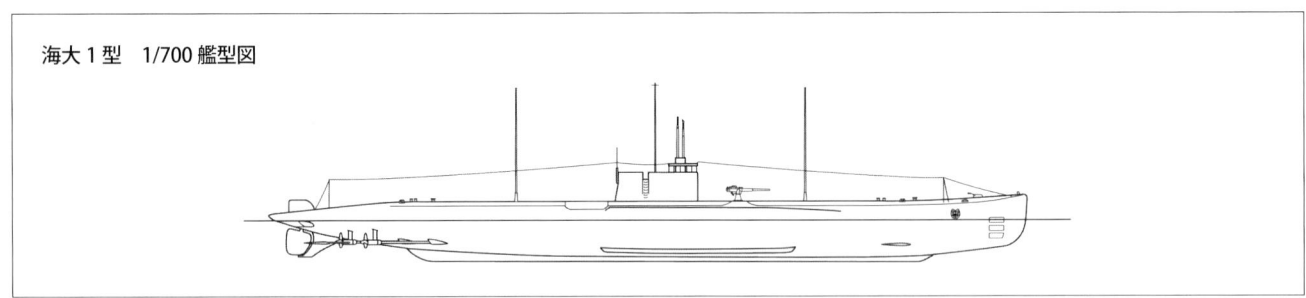

海大1型　1/700艦型図

海大2型

伊号第 152 潜水艦

　本艦は海大1型より1年後に建造された。機関にはズルザー社に開発を依頼していた、3,400馬力のエンジン、ズルザー式3号ディーゼルが完成したためこれを採用し2基搭載、大正14年5月20日呉工廠で竣工した。

　しかしながら本機関はまだ試験段階であったためピストン部の欠陥などによる故障が続発し、日本海軍が計画する水上速力22ノット以上発揮はおろか実用速力20ノットにも達せず、依然として実験潜水艦の域を出ることはできなかった。海大2型も海大1型と同様、同型艦はなく1隻のみの建造となっている。

　昭和3年には伊51潜と同様防備隊に編入され、以後は訓練艦として使用された。昭和10年には機関学校の訓練潜水艦となり、昭和16年に再び呉に配備となり潜水学校の訓練潜水艦となった。

　開戦後も引き続き練習任務に使われ実戦に出撃することはなく、昭和17年5月20日に100番を付与されて伊152潜と改名され、同年8月1日除籍(予備艦となる)。その後も係留訓練艦として使用され終戦まで残存。戦後、播磨造船所で解体された。

海大2型
伊号第52潜水艦（伊号第152潜水艦）　呉工廠　大正14年5月20日竣工

▲竣工まもない大正14年6月18日に江田島秋月沖を全力公試運転中の伊52潜。穏やかな瀬戸内で凌波性を向上させるタートルバック式の艦首から、美しいウエーキが流れている。本型も実用水上速度が目標とする20ノットに届かず、試験艦の域を出なかった。

要目	
排水量	水上：1,390トン / 水中：2,500トン
全　長	100.85m
全　幅	7.64m
吃　水	5.14m
機　関	ズルザー式3号ディーゼル2基2軸
	水上：6,000馬力 / 水中：2,000馬力
速　力	水上：20.1ノット / 水中：7.7ノット
航続距離	水上：10,000浬／10ノット
	水中：100浬／4ノット
燃　料	重油：230トン
乗　員	58名
兵　装	45口径12cm単装砲1門
	8cm単装高角砲1門
	53cm魚雷発射管：艦首6門・艦尾2門
	魚雷16本
安全潜航深度 45.7m	

海大2型　1/700 艦型図

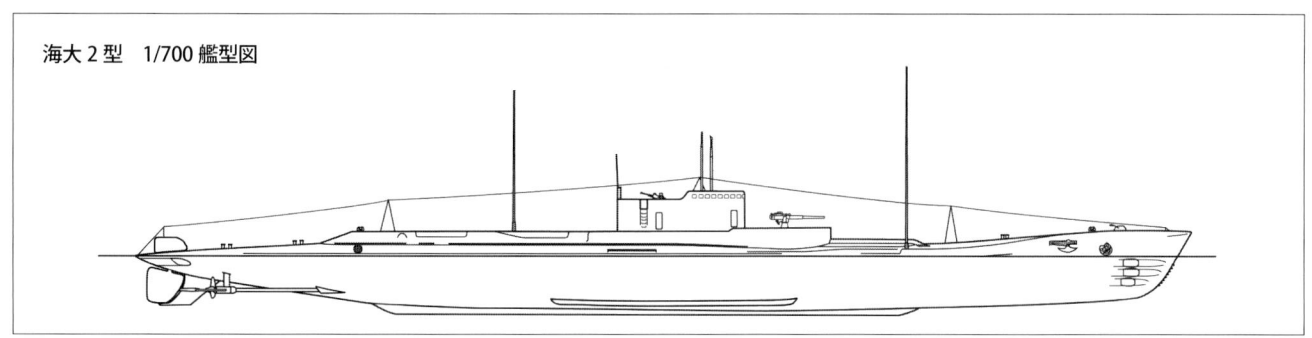

第3章

◀昭和19年11月18日、回天特別攻撃隊菊水隊として、大津島を発ってウルシー泊地攻撃に向う伊47潜。艦橋前には22号電探が装備され、その後方艦橋前に逆探知機が見え、日の丸の上には菊水マークが入った長旗がなびいている。

　日本海軍の潜水艦はドイツUボートの技術を吸収し、軍縮条約の影響を受けた巡潜型、海大型、機雷潜型、海中5型を経て、軍縮条約明けには甲、乙、丙型が建造され、目覚ましい発展を遂げた。
　やがて太平洋戦争の開戦を迎え、その戦中には潜補型や丁型、また当時では世界最大の潜水艦となる潜特型などそれぞれに特徴のある型式が登場した。
　本章ではこれら30タイプの潜水艦の特長とともに、太平洋戦争に参加した150隻あまりの各艦の苛烈な戦いの様子を紹介する。
　また、これまであまり知られていなかった、ドイツからの譲渡潜水艦や接収潜水艦についてもここにあわせて収録した。

太平洋戦争で活躍した日本潜水艦

巡潜1型

伊1・伊2・伊3・伊4・伊5（同型艦5隻）

　巡潜型は大正12年度艦艇補充計画で建造された、日本海軍では遠洋作戦に使用可能な初めての潜水艦である。この補充計画は、ワシントン軍縮条約の結果、主力艦の保有を制限されることとなったため、補助艦艇の整備を新しく見直したものである。

　巡潜とは"巡洋潜水艦"の略で、遠洋に行動し、敵国沿岸及び敵艦船に対し作戦行動することを目的とした艦種で、長期間行動できる航続力、居住性を重視された。

　巡潜1型の原型はドイツ、クルップ・ゲルマニア社で建造されたUボート「U142」である。本来ならば実物を戦利艦として手に入れたかったが、後述する機雷潜型の潜水艦しか分配を受けられなかったため、その設計図を買収して川崎造船所で建造されたものだ。その建造にあたって川崎造船所はゲルマニア社、ウェザー社から技術者10名を招聘し、海軍も当時潜水艦設計の第一人者テッヘル博士を日本に招いた。

　巡潜1型は魚雷発射管と備砲の口径を日本の制式に変更した以外は、原型の設計を踏襲した。すなわち、50cm魚雷発射管を53cm発射管に変更、15cm砲を14cm砲に変更した以外は、オリジナルの設計をそのまま採用しているため、その艦容は第1次世界大戦のドイツ潜水艦に酷似している。

　機関はラウンシェンバッハ式2号ディーゼル2基を搭載し、水上6,000馬力で18.8ノット、10ノットで2万4,000浬の長大な航続力である。これは米西海岸まで往復しても余りある航続距離でありアメリカ海軍の渡洋作戦に大きな影響を与えた。主砲は40口径14cm単装砲2基を装備し、当時のいずれの潜水艦よりも強大で、内殻、司令塔には被弾に対する防御を有していた。

　同型艦5隻のうち伊1潜、伊2潜、伊3潜は大正15年に竣工したが、伊4潜は昭和4年にやや遅れて竣工している。伊4潜は先の3隻に対して、内殻の長さを1m延長して冷却機を装備しており、主機は国内でライセンス生産したものを搭載した。

　最終番艦の伊5潜は昭和2年の予算で建造され、竣工が昭和7年と遅くなった。本艦は後部に水上偵察機を1機装備し、日本海軍における射出機装備の最初の艦となったので、巡潜1型改とも言われている。

▲昭和初期、第2潜水戦隊所属の伊1潜。ドイツの巡洋潜水艦をベースにゲルマニア造船所の技術者を招聘して建造された本型は、ドイツの潜水艦に艦容が酷似している。艦橋はこの時期露天式であったので、天幕を張っている。備砲は艦橋前後に14cm砲を2門搭載しており、写真では2門とも右舷に旋回しているが、砲員が居ない。

要目		
排水量	水上：1,970トン／水中：2,791トン	
全長	97.50m	
全幅	9.22m	
吃水	4.94m	
機関	ラウシェンバッハ式2号ディーゼル2基2軸	
	水上：6,000馬力／水中：2,000馬力	
速力	水上：18.8ノット	（水中：18ノット）
	水中：8.1ノット	
航続距離	水上：24,400浬／10ノット	
	水中：60浬／3ノット	
燃料	重油：545トン	（重油：580トン）
乗員	60名	（68名）
兵装	40口径14cm	（12.7cm
	単装砲2門	単装高角砲2門）
	7.7mm機銃1挺	
	53cm魚雷発射管：艦首4門・艦尾2門	
	魚雷22本	（魚雷20本）
最大潜航深度	75m	

※（　）の数字は伊5を表す

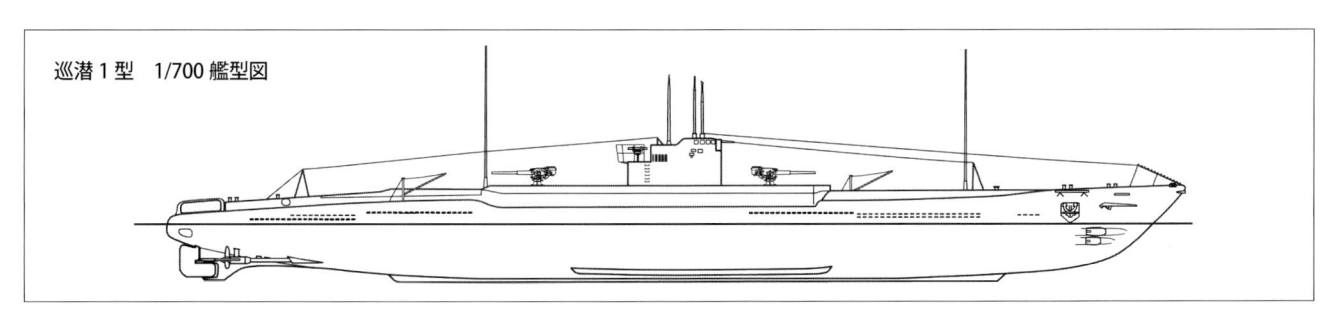

巡潜1型　1/700艦型図

伊号第1潜水艦
（巡潜1型）

艦長名	海兵期	着任	離任
春日　篤　少佐	37	T15.3.10	S2.7.29
春日末章　少佐	37	S2.7.29	S3.12.10
中邑元司　少佐	39	S3.12.10	S5.11.15
佐藤四郎　少佐	43	S5.11.15	S6.12.1
長井　満　少佐	45	S6.12.1	S8.11.1
今里　博　少佐	45	S8.11.1	S11.2.15
大竹寿雄　中佐	45	S11.2.15	S11.12.1
宮崎武治　中佐	46	S11.12.1	S12.10.5
浜野元一　少佐	47	S12.10.5	S14.11.20
加藤良之助　中佐	48	S14.11.20	S15.10.30
大谷清教　中佐	49	S15.10.30	S16.8.25
安久榮太郎　少佐	50	S16.8.25	S17.10.31
坂本榮一　少佐	57	S17.10.31	S18.1.29

　伊1潜は巡潜1型の1番艦として大正15年3月10日神戸川崎造船所で竣工した。艤装員長は春日篤少佐（兵37期）で初代艦長となる。これ以降伊1潜は撃沈されるまで春日艦長を含め13人が艦長の任についた。

　大正15年8月1日、第2潜水戦隊第7潜水隊に編入された。支那事変が勃発した昭和12年には、南支部隊（第9戦隊）として海州湾以南沿岸の敵艦船の攻撃。連合艦隊司令長官直轄として北支部隊（第2艦隊）と第3艦隊の作戦支援。さらには陸軍の上海派遣軍第2梯団の輸送護衛、揚子江の警備、再度南支部隊に編入され、香港を中心とした航洋船舶の監視を実施した。

　昭和16年8月25日、艦長に安久榮太郎中佐（兵50期）が着任。第2潜水戦隊第7潜水隊先遣部隊として開戦を迎える。ハワイ作戦カウアイ島とオアフ島の間のD2西哨区へ同型艦の伊2潜、伊3潜とともに配備され、哨戒を担当した。12月11日にカウアイ島カハラ岬で空母らしきものを発見したが雷撃の機会はなく、カウアイ水道南方に商船を攻撃したが効果はなかった。12月31日ハワイ島ヒロ湾を砲撃。伊1潜はハワイ作戦では大きな戦果はなく昭和17年2月1日にクェゼリン経由で横須賀に帰着、12日間の短い整備・休息を行なった。

　安久艦長は、酒のうえでの奇行の逸話が多く残っているが、この時も第2潜水戦隊の潜水艦長以上が軍令部に呼ばれていた前日に行方不明になり、先任将校坂本金美少佐（兵61期）が横須賀中の飲み屋を探している。しかし安久艦長は出港したら一滴も酒を口にせず、黙々と命令を守り勇敢だったという。

　昭和17年2月8日南方部隊（南西方面攻略作戦を担当する部隊）に編入、スターリング湾を経由し、ジャワ攻略作戦に策応して、ジャワ島南方海域、豪州北西海面を行動するが右舷クランクシャフト故障のため横須賀に帰着。それでも行動中シャーク湾でオランダ商船「シアンター」を撃沈する。4月1日付けで、機関長が田淵了機関大尉（機40期）から武藤慶吾機関大尉（機42期）に変わる。武藤機関長は後に安久艦長と呂64潜で再び同じ艦に乗り、運命を共にする。

　故障が癒えた6月10日北方部隊に編入。翌日アリューシャン列島南方海面のK散開線の哨区に着くため横須賀を出港。7月先遣部隊に復帰、8月から9月にかけて舞鶴第4特別陸戦隊と連合訓練を行ない、後部備砲を撤去し大発1隻を搭載した。10月にはデントレカストー諸島グッドイナフ島ラビにあった佐世保第5特別陸戦隊の派遣隊、月岡部隊の救出を行なうためラバウルを出港、10月3日に現地に到着、陸戦隊員71名、遺骨13柱を収容した。

　10月31日、安久艦長に変わり伊1潜最後の艦長、坂本榮一少佐（兵57期）が着任する。

　そして運命の昭和18年1月24日、ガタルカナル島（以後ガ島）輸送任務に従事する。後甲板は舞鶴陸戦隊との共同奇襲のため14cm砲を降ろし、大発1隻を乗せられるように改造されていたが、ここにゴム袋に詰めた米、味噌、おこわ、餅、稲荷すし、カレーライス、ハム、ソーセージなどの缶詰を載せた大発を積み出撃した。そして1月29日の1830、カミンボ岬沖に半潜航で接近中、後方よりニュージーランド哨戒艇「カイウイ」「モア」の追跡を受けた。直ちに糧食の揚搭を止め潜航するも爆雷攻撃を受け、後部予備室、全部発射管室に浸水したため浮上し、敵哨戒艇と魚雷艇各2隻と砲戦に入った。しかし被弾が多く、さらに敵哨戒艇が伊1潜の左舷後部に追突し、砲撃を浴びせてきたので、坂本艦長、砲術長、砲員の大部分が戦死、柔道3段の航海長酒井利美中尉（兵68期）が抜刀、敵哨戒艇に乗り込もうとするが舷が高く目的が果せなかった。結局3回も体当たりされた伊1潜は満身創痍となり、それでも敵哨戒艇に何発か14cm砲弾を命中させた。2040総員退艦、カミンボに擱座、艦首を水上に出し沈没した。生存者の先任将校是枝貞義大尉（兵64期）ほか65名は海岸に集結した。

　1月31日、是枝大尉指揮の爆破隊以外の生存者は駆逐艦により引き揚げる。2月2日、陸軍第1船団の協力の下、駆逐艦から爆雷をもらい爆破作業を行なうが、なお艦全体の5分の1は水面に露出しており、10日に第26航空戦隊第582航空隊の艦爆9機が、戦闘機20機に守られ爆撃。これも命中弾1発のみで目的が達せられなかった。さらに13日、是枝大尉の誘導の下、伊2潜で雷撃処分を試みようと現場に到着したが、ついに船体を発見できなかった。

　この執拗な処分には理由がある。退艦の際持ち出した暗号書が1箱足りずに艦内に残っていたのである。伊1潜の暗号帳紛失の報告を受けた軍令部は、直ちに暗号と乱数表を更新したが、米軍暗号専門家は伊1潜から押収した資料をヒントに今までの分析を再確認したという。

　戦後の昭和53年にニューギニア航行のパイロットが偶然潜水艦らしきものが珊瑚礁に沈んでいるのを発見、後に沈没調査を行なった結果、伊1潜と確認された。その模様はテレビ番組で特集され後日、放映された。

　伊1潜の戦死者は坂本艦長以下27名、今もガ島カミンボ岬沖の珊瑚礁で艦と共に眠っている。

伊号第2潜水艦
（巡潜1型）

　伊2潜は巡潜型の2番艦として、大正15年7月24日に神戸川崎造船所で竣工。初代艦長は6月20日より艤装員長も務めた渡部徳四郎少佐（兵37期）で、以後昭和19年5月に沈没するまで同艦は13人の艦長が歴任した。

　就役後の8月1日、伊1潜とともに第2艦隊第2潜水戦隊第7潜水隊に編入された。昭和12年の支那事変においては、朝鮮西岸海州湾以南沿岸の敵艦船攻撃、北支部隊と第3艦隊への作戦支援、陸軍上海派遣軍の輸送護衛など伊1潜、伊3潜と行動を共にしている。

　日米開戦前の昭和16年7月31日、艦長に稲田洋少佐（兵51期）が着任。ハワイ作戦では、カウアイ島、オアフ島間のカウアイ水道、D2西哨区に伊1潜、伊3潜と共に配備された。その後クェゼリン経由で昭和17年2月1日に横須賀に帰着。

　南方部隊に編入され、2月12日に横須賀を出港、パラオ、スターリング湾を経由し、3月1

伊号第2潜水艦歴代艦長			
艦長名	海兵期	着任	離任
渡部徳四郎少佐	37	T15.7.24	S2.11.15
小林三良少佐	37	S2.11.15	S3.12.10
香宗我部譲少佐	38	S3.12.10	S5.11.15
秋山勝三少佐	40	S5.11.15	S6.12.1
今和泉喜次郎少佐	44	S6.12.1	S9.10.22
久米幾次少佐	46	S9.10.22	S11.12.1
深谷惣吉中佐	46	S11.12.1	S12.11.15
遠藤敬勇中佐	49	S12.11.15	S13.12.15
藤井明義中佐	49	S13.12.15	S16.7.31
稲田　洋少佐	51	S16.7.31	S18.3.16
森永正彦少佐	59	S18.3.16	S18.4.15
板倉光馬大尉	61	S18.4.15	S18.12.20
山口一生少佐	61	S18.12.20	S19.4.7

日豪州西岸でオランダ輸送船「パリギィ」、10日後の3月11日は英国貨客船「チルカ」を撃沈した。6月10日、横須賀に帰着後、北方部隊に編入され、一転してアリューシャン列島南方海面の散開線哨戒に従事した。

さらに横須賀に戻り、再び外南洋部隊に編入され、9月27日、飢餓に苦しむガ島への輸送作戦に協力することとなった。11月29日、ガ島西部のカミンボ岬に物資を揚陸。引き続き12月5日、20トン揚陸。昭和18年1月27日、さらに同島に15トン揚陸したが敵哨戒艇の妨害を受けて、潜水艦に搭載された大発内の米、燃料の一部は揚陸できなかった。2月15日、伊1潜捜索のためラバウル発、ブーゲンビル島の近くにあるショートランド島経由で、ガ島西部のカミンボ岬付近を捜索するも発見できず、退避中に爆雷攻撃を受けたが無事帰還。その後はトラックを経て内地に向かい、3月5日横須賀に到着した。

16日、艦長が森永正彦少佐（兵59期）に代わり、さらに4月15日、再び艦長の交代があり、板倉光馬大尉（兵61期。6月1日少佐に進級）が着任。

その半月前の4月1日、第7潜水隊はアリューシャン方面を担当する第5艦隊に編入され、伊2潜は早速、幌筵に向かい、キスカ島輸送に従事することになる。6月4日にキスカに入港、弾薬、機銃弾などの物資を陸揚げし、守備隊42名と遺骨13柱を収容した。6月8日幌筵着。

6月11日に再びキスカ輸送に従事し、17日には、キスカ島南西において濃霧の中から突然砲撃を受け、左舷短艇庫に被弾した。昭和18年にもなると米軍のレーダーが威力を見せ始め、北太平洋の輸送作戦で、暗夜や霧の中を行動中の伊7潜、伊9潜、伊24潜が未帰還になっているので伊2潜も危ないところであった。しかし、翌6月18日にはキスカに物資を揚陸できた。弾薬・食料を届け、人員40名を収容、6月22日に幌筵に無事帰着を果たす。6月29日ケ号作戦に協力。7月5日にはアムチトカ島でまた濃霧中にもかかわらず砲撃を受け、以後18時間以上追躡された。

8月11日横須賀に一旦戻り、10月から2カ月に渡りアリューシャン方面で交通破壊戦を実施。輸送船1隻撃沈を報ずるが確認がとれない。

12月20日艦長が山口一生少佐（兵61期）に交代。昭和19年2月1日第6艦隊直率となる。3月19日横須賀経由でトラックに到着、ニューギニア、ヒクソン湾の輸送任務に就く。しかし、北に南にと輸送作戦に奮闘した伊2潜も4月4日ラバウルを経てトラックに帰る途中、消息不明となった。

米側の資料によると4月7日、ラバウル北方イサベル水道ハノバー島東方で僚艦3隻と哨戒中であった米駆逐艦「ソーフレー」がソーナーで探知、爆雷攻撃2回を行ない、8分後に深海での大爆発音2回を数えたという。

山口艦長以下、110名戦死。（喪失認定　5月4日）

伊号第3潜水艦（巡潜1型）

伊3潜は、巡潜1型の3番艦として、大正15年11月30日に神戸川崎造船所で竣工。初代艦長は5月1日、艤装員長として着任した荻野仲一郎少佐（兵37期）である。伊3潜の艦長は竣工から沈没まで全部で14名が歴任する。

就役後の12月1日、第1潜水戦隊第7潜水隊に編入された。第7潜水隊に先に編入されていた、伊1潜、伊2潜に伊3潜が加わったことで、正規の3隻編成ができあがった。当時、この大型潜水艦3隻を揃えた第7潜水隊の名は、他国からも注視の的となり海軍部内でも有名だった。

昭和12年の支那事変の際には南支部隊（第9戦隊）に編入されて海州湾以南沿岸の敵艦船攻撃を命ぜられ、8月には連合艦隊に編入された。連合艦隊司令長官の直率下で第2艦隊（北支部隊）、第3艦隊の作戦支援を実施した。さらに陸軍上海派遣軍の輸送護衛、揚子江哨戒任務などに従事した。

太平洋戦争開戦時の艦長は殿塚謹三中佐（兵50期）で、昭和16年11月16日に横須賀を出航、ミッドウェー北方を経てハワイに向かい、カウアイ島とオアフ島間のカウアイ水道、D哨戒区に伊1潜、伊2潜と共に配備された。12月31日にカウアイ島ナウイリウイリを砲撃、建物を炎上させた。

▼昭和5年、横須賀で撮影された伊3潜。艦首の8は、昭和5年に新設された第8潜水隊所属であることを表す。艦首の網切器が装備されていない。網切器は陸上に保管されていて必要に応じて都度、装着されていた。

伊号第3潜水艦歴代艦長			
艦長名	海兵期	着任	離任
荻野仲一郎 少佐	37	T15.5.1	S3.1.15
関野 明 少佐	38	S3.1.15	S3.12.15
道野 清 少佐	41	S3.12.15	S4.6.1
原田 覚 少佐	41	S4.6.1	S7.12.1
石崎 昇 中佐	42	S7.12.1	S8.11.15
魚住治策 中佐	42	S8.11.15	S9.11.1
松村 翆 少佐	48	S9.11.1	S11.12.1
松尾義保 少佐	47	S11.12.1	S12.12.1
石川信雄 少佐	49	S12.12.1	S13.11.15
小林 一 中佐	48	S13.11.15	S14.4.24
井浦祥二郎 少佐	51	S14.4.24	S15.7.26
木梨鷹一 少佐	51	S15.7.26	S15.11.5
殿塚謹三 少佐	50	S15.11.5	S17.5.20
戸上一郎 中佐	51	S17.5.20	S17.12.7

その後横須賀に帰投、南方部隊に編入され、パラオ経由でセレベス島スターリング湾に到着。昭和17年2月22日にジャワ攻略作戦に策応してジャワ南方豪州西岸を行動、貨物船や潜水艦を発見、攻撃するも戦果がなかった。3月には印度洋機動作戦に協力、コロンボを偵察し、4月7日イギリスの貨物船「エルムデール」を撃沈する。さらに翌日同じくイギリスの貨物船「フルタラ」を撃沈し先遣部隊に復帰する。

5月1日、シンガポールを経由して横須賀に帰着。5月20日、戸上一郎中佐（兵51期）に艦長が交代。6月10日北方部隊に編入。翌11日に横須賀を出港、アリューシャン列島南方海面散開線にて哨戒行動の後、再び先遣部隊に編入された。8月1日に横須賀に帰着。9月24日に外南洋部隊に編入され、ショートランド島を発し、挺身輸送部隊として、ガ島輸送作戦を実施する。

10月10日、先遣部隊に復帰、ソロモン諸島南東海面に配備された。そして11月から12回に及ぶのべ13隻の潜水艦による「丸通」と言われたガ島輸送に伊3潜も3度参加し、第5回目の28日に20トンの揚陸に成功。第8回目の12月3日は敵魚雷艇のため中止、そして運命の第12回目、12月9日はガ島北西端のカミンボ岬が目的地だった。同艦は9日夜、カミンボ海岸沖3浬に到着、敵影を見なかったので潜水艦後部に搭載している食糧を積んだ大発を発進させようとしていた。

しかし実はその時、アメリカ海軍第3魚雷艇隊の魚雷艇「PT44」と「PT59」がパトロールをしていたのである。伊3潜に気づいた「PT59」は、マーク8型の魚雷2本を発射してきた。夜6時に伊3潜は艦尾に魚雷を受け、砲術長と3名の下士官が爆風で海に投げ飛ばされた後、あっという間に沈没、戸上一郎艦長以下、90名が戦死した。空母、戦艦をも撃沈・撃破できる潜水艦は、暗夜の輸送任務中のような時に突然攻撃を受ければ相手が魚雷艇でも敵わない。生存者4名はガ島に泳ぎ着いて救助された。

第6艦隊は伊3潜沈没により、今後の輸送作戦における研究会を、旗艦「香取」の艦上で開いた。当然潜水隊司令、潜水艦長は潜水艦を輸送作戦に使うことは反対だったので議論は白熱した。司令、艦長が輸送作戦反対を艦隊に詰め寄った時、第6艦隊司令長官小松輝久中将（兵37期。北白川宮輝久王）は静かに「いかなる犠牲を払っても餓死しかけているガ島の陸軍に食糧を送る」との決意を語ったと伝えられている。

伊3潜の沈没により一時中止される12月9日までに潜水艦による輸送は12回実施され、参加潜水艦延べ13隻で弾薬・食糧194トンを揚陸した。しかしその補給量は、ガ島の約1万5,000名に必要とされる弾薬・食糧のわずか2日分でしかなかった。

伊号第4潜水艦（巡潜1型）

伊号第4潜水艦歴代艦長			
艦長名	海兵期	着任	離任
高塚省吾 中佐	38	S4.12.24	S5.4.1
古宇田武郎 中佐	41	S5.4.1	S6.12.1
中岡信喜 中佐	45	S6.12.1	S7.10.5
寺岡正雄 少佐	46	S7.10.5	S10.11.15
横畠定一 少佐	46	S10.11.15	S11.6.30
水口兵衛 中佐	46	S11.6.30	S12.12.1
小林 一 少佐	48	S12.12.1	S13.11.15
江見哲四郎 少佐	50	S13.11.15	S16.10.31
中川 肇 中佐	50	S16.10.31	S17.6.15
川崎陸郎 少佐	51	S17.6.15	S17.11.6
上野利武 少佐	56	S17.11.6	S17.12.20

伊4潜は昭和4年12月24日神戸川崎造船所で竣工した。伊4潜は先の3艦に対し、内殻の長さを1m延長し、冷却機を装備、さらに主機はスイスのラウンシェンバッハ式2号ディーゼルのライセンスを得て国産化されたものが搭載された。また司令塔は伊1潜から伊3潜まで司令塔の外側に防弾板を装備していたが、伊4潜は防弾板自体形成する直接防御甲板構造になっていた。

初代艦長は昭和4年5月10日に艤装員長に着任していた高塚省吾中佐（兵38期）が務めた。同艦はラバウル南東で昭和18年1月に沈没するまで11名の艦長が歴任する。

対米開戦直前の昭和16年10月31日に艦長は中川肇中佐（兵50期）に代わり、伊5潜、伊6潜と共に第2潜水戦隊第8潜水隊に所属し、ハワイ作戦に向かった。12月14日、オアフ島東方でノルウェー商船「ホーエ・マーチャント」を撃沈。

横須賀に一旦帰投した後、昭和17年2月南方部隊内潜水部隊に編入。2月23日セレベス島スターリング湾から印度洋に出撃、ジャワ攻略作戦に策応して敵艦船の攻撃を下令され、2月28日バリ島南西でオランダ船「バン・ホー・ガン」を撃沈。3月3日グァム・ココス島砲撃、4月6日アメリカ船「ワシントン」を撃沈。さらにコロンボ沖で帆船を砲撃で大破させた。5月1日シンガポール経由で横須賀に帰着。

6月11日、横須賀で整備を終えて、第2潜水戦、旗艦伊7潜、伊1潜、伊2潜、伊3潜と共にアリューシャン列島南方に進出した。その後8月15日に艦長川崎陸郎少佐（兵51期）が着任。9月トラック経由でソロモン作戦に参加、27日アメリカ貨物船「アルヘナ」に損傷を与えた。11月6日、艦長上野利武少佐（兵56期）が着任。その後、ガ島第1期輸送作戦に参加。計12回の輸送任務の中で11月30日の第7回目と12月8日の第11回目の揚陸に成功。

12月16日、パプアニューギニア、ブナに対する輸送作戦に向かったが、陸上と連絡がとれず断念してラバウル帰投中の12月20日に米潜水艦「シードラゴン」の雷撃により撃沈された。上野艦長以下90名が戦死した。（喪失認定　昭和18年1月5日）

伊号第5潜水艦（巡潜1型）

巡潜1型の最後の同型艦、伊5潜は昭和7年7月31日に神戸川崎造船所で竣工。先の4艦と異なり、後部に水偵1機を搭載した。そのために備砲は14cm単装砲2基から12.7cm単装高角砲に変更された。水偵は艦橋後方甲板上の格納筒に分解収納された。初代艦長は昭和6年12月1日に艤装員長に着任した佐藤四郎少佐（兵43期）である。

伊5潜はハワイ、印度洋、アリューシャン、パプアニューギニア・ラエ輸送、再び北方に向かいキスカ撤収作戦、ニューブリテン島スルミ輸送と地味な作戦をこなした。昭和19年7月サイパン東方で沈没するまで14名の艦長が歴任する。

▲昭和7年4月から5月に撮影された、川崎造船所で艤装工事中の伊5潜。本艦は巡潜1型の最終番艦で、艦橋後方左右舷に飛行機格納筒を設け、小型水偵を搭載したことから巡潜1型改ともいえる存在である。射出機の完成が遅れたため、当初はデリックで水上機を洋上に降ろして自力で発進していた。昭和8年6月に射出機の搭載工事が実施されている。〔写真提供/大和ミュージアム（2枚とも）〕

▶昭和18年6月、幌筵水道を航行中の伊5潜。艦橋後部の偵察機格納筒、カタパルトが撤去されているのがわかる。右手後方の潜水艦は海大6型の伊171潜、霧に包まれて艦名まで判然としないが、その奥には乙型の潜水艦が2隻見える。さらに右手に遠望される艦は第1潜水戦隊旗艦として北方水域で活躍した特設潜水母艦「平安丸」と推定する。

伊号第5潜水艦歴代艦長

艦長名	海兵期	着任	離任
佐藤 四四郎 少佐	43	S7.7.31	S9.7.16
貴島 盛次 少佐	44	S9.7.16	S8.8.25
佐藤 四四郎 少佐	43	S8.8.25	S8.11.15
竹崎 馨 少佐	45	S8.11.15	S11.12.1
岩上 英寿 中佐	46	S11.12.1	S12.12.1
内野 信二 少佐	49	S12.12.1	S13.12.15
清水 太郎 中佐	48	S13.12.15	S14.11.15
西野 耕三 中佐	48	S14.11.15	S15.10.19
七宇 恒雄 中佐	49	S15.10.19	S17.2.5
中村 乙二 中佐	52	S17.2.5	S17.2.28
宇都木 秀次郎 少佐	52	S17.2.28	S17.10.31
関戸 好密 少佐	57	S17.10.31	S18.4.20
森永 正彦 少佐	59	S18.4.20	S19.4.30
土居 誉重 少佐	60	S19.4.30	S19.7.16

対米戦前、昭和15年10月19日、艦長が七宇恒雄中佐（兵49期）に代わる。11月15日、第2潜水戦隊第8潜水隊に編入され、ハワイ作戦に参加。昭和17年2月2日に横須賀に帰投。艦長が中村乙二中佐（兵52期）に交代。

11日横須賀を出港、ミクロネシア諸島・パラオ、スターリング湾を経てチモール島西部のクーパンに向かう途中の2月25日、チモール島西方海面において、第21航空戦隊第3航空隊の零戦に誤掃射を受け、中村艦長は重傷を追う（伊6潜も誤射を受けるが損害軽微）。2月28日急遽、艦長に宇都木秀次郎少佐（兵52期）が着任。3月25日、スターリング湾から印度洋方面へ出撃。5月1日シンガポールを経由して横須賀に帰投。

6月17日、横須賀を出港しアリューシャン作戦に参加。その間、霧中において何も敵艦影らしきものを見ずして、突然至近弾数発を受けた。これより半年後の9月以降、ソロモン海域で敵のレーダーに苦しめられるのだが、伊5潜の霧中の突然の攻撃はその前触れとなった。横須賀に帰投し修理した後ソロモン方面作戦参加のため再び南下。10月31日、新しく艦長が関戸好蜜少佐（兵57期）に交代する。昭和18年3月9日横須賀を出港、以降ラバウルからラエ輸送に9回も従事し、無事成功を果たす。4月20日に森永正彦少佐（兵59期）に艦長が交代する。

7月6日、横須賀経由で再びアリューシャン方面へ出撃。昭和19年1月29日南東方面部隊に編入。2月1日サイパンに到着、横鎮第5特別陸戦隊と連合訓練を行なう。2月22日ラバウルを出港、スルミ輸送に従事する。

3月26日に横須賀に戻り、艦長土居誉重少佐（兵60期）が着任。6月3日にサイパン、6月5日にカロリン諸島ポナペ島輸送に従事し、7月19日、トラックより横須賀に人員物件を輸送中、消息を絶った。

米側の資料によれば、ハンターキラーグループの米護衛駆逐艦「ワイマン」と「レイノルズ」にレーダー探知を受け、ヘッジホッグの2回にわたる攻撃を受け、多数の爆発音の後、浮遊物が確認された。

第7潜水隊司令楢原省吾大佐（兵48期）、土居艦長以下、130名が戦死した。

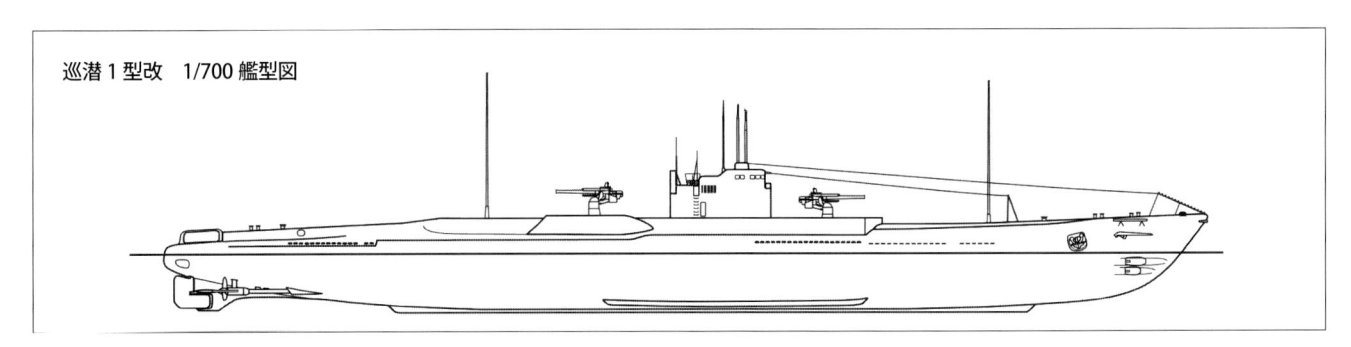

巡潜1型改　1/700 艦型図

巡潜2型

伊号第6潜水艦（同型艦1隻）

巡潜2型は昭和6年の第1次補充計画、通称①計画で1隻のみ建造された。

巡潜1型より水上速力の向上と索敵能力の向上が求められた。その大きな違いは、機関が巡潜1型のラウシェンバッハ式に対して、艦本式1号甲7型ディーゼルを装備したこと。このエンジンは、昭和5年から開発に着手していた国産機関で、昭和6年に完成させた1気筒600馬力の複動式ディーゼル機関で、巡潜2型では7気筒型として、2基水上8,000馬力、21ノットを記録した。しかもこれまでの外国製の機関に比べて、機関重量が軽量で、ズ式3号が1基69トン、ラ式2号が73トンに対して59トンと非常に軽量かつ、大出力のディーゼル機関であった。さらに伊5潜の船体図を改正して、より水中抵抗の少ない艦形にしたことも速力のアップにつながった。

新造時から飛行機の射出機、呉式1号3型射出機を装備した最初の潜水艦でもあり、索敵能力の向上が図られた。水偵格納筒は、2基が司令塔後方両舷に各1基備えられ、水中抵抗を軽減するため、昇降式とした。搭載水上偵察機は太平洋戦争で活躍する「零式小型水上偵察機」の前身機である複葉の「九一式小型水上偵察機」が搭載された。魚雷発射管や備砲は巡潜1型と同じである。その他には安全潜航深度を増大するため、内殻構造材板厚を22mmとして安全潜航深度を巡潜1型より5m増大させ80mとした。

巡潜2型は伊6潜1隻のみで同型艦はない。

▲昭和10年頃と推定される伊6潜。海軍省公表写真。同艦は竣工時からカタパルトを装備しており、艦橋後部両舷に航空機格納筒があった。写真ではその格納筒が上昇しており、水偵用のクレーンで水上偵察機を収容中であると思われる。伊6潜は開戦まもなく「サラトガ」を撃破したことで有名であるが、殊勲艦もサイパンで味方艦に体当たりされ沈没した。

要目	
排水量	水上：1,900トン／水中：3,061トン
全 長	98.50m
全 幅	9.06m
吃 水	5.31m
機 関	艦本式1号甲7型ディーゼル2基2軸
	水上：8,000馬力／水中：2,600馬力
速 力	水上：21.0ノット／水中：7.5ノット
航続距離	水上：20,000浬／10ノット
	水中：65浬／3ノット
燃 料	重油：580トン
乗 員	68名
兵 装	12.7cm高角砲1門／13mm機銃1挺
	7.7mm単装機銃1挺
	53cm魚雷発射管：艦首4門・艦尾2門
	魚雷17本
航空兵装	射出機1基
	小型水偵1機
安全潜航深度	80m

巡潜2型　1/700艦型図

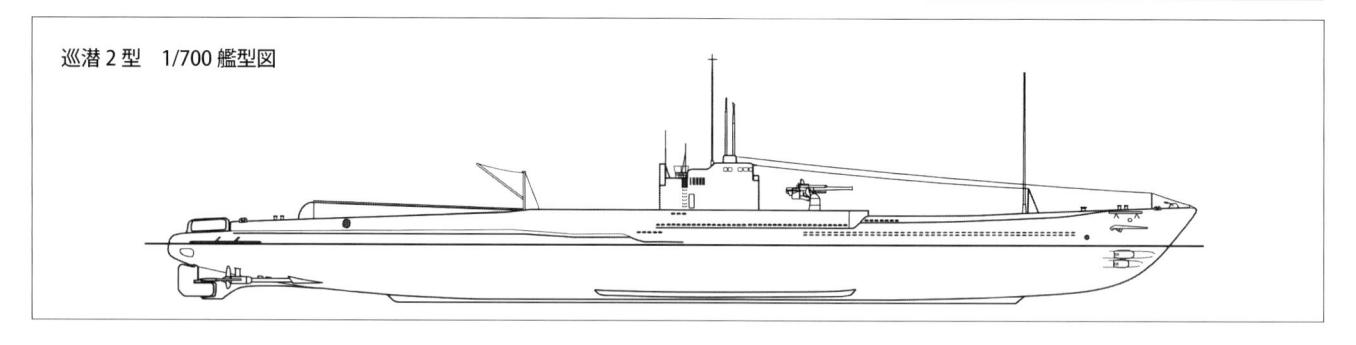

伊号第6潜水艦（巡潜2型）

伊6潜は巡潜2型として昭和10年5月15日に神戸川崎造船所で竣工した。初代艦長は、昭和9年8月25日、艤装員長に着任していた貴島盛次中佐（兵44期）で、昭和19年7月サイパン東岸で沈没するまで12名の艦長が歴任する。

対米開戦時の艦長は稲葉通宗少佐（兵51期）でハワイ作戦に参加。昭和17年1月になり、第2潜水戦隊のみがハワイを監視していた。この時、伊6潜は原因不明の燃料漏洩による燃料不足に悩まされていた。10日、伊18潜がハワイの西550浬で米空母を発見した。第2潜戦司令官は7隻の麾下潜水艦を北から伊1潜、伊4潜、伊6潜、伊5潜、伊3潜、伊2潜、伊7潜の順に配備して30浬に渡る散開線を敷いた。

12日午後、散開線のほぼ中央に位置する伊6潜がオアフ島南西500浬のジョンストン島の北東270浬の地点でアメリカ空母「サラトガ」を発見する。稲葉艦長は5分に1回潜望鏡を出して観測したが、一向に距離は2万m以内に縮まらない。このままの距離と体勢では雷撃ができない。何故なら伊6潜の速力は6ノットが限度であるのに対し、「サラトガ」は14ノットで航行している。魚雷の最大射程は7,000mだから、とても届かない。

ところが日没後、突如として「サラトガ」は伊6潜に艦首を向けたる形で内方に大変針し方位角が30度になった。距離は次第に近づいたが、それでも4,300m以内にはならない。稲葉艦長は1本でもいいから命中して欲しいとの願いをこめて4,300mから開角3度で前部魚雷3本を発射した（前部発射管4門のうち1門故障）。命中を期することができる距離ではない。しかし3分も過ぎた頃、明瞭な命中音が聞こえた。開戦以来、ずっと攻撃の機会を狙ってきた敵空母に、魚雷を遂に命中させることができたのである。

開角3度で4,300mの距離から発射すると、目標到達地点では魚雷と魚雷の間隔は、おおよそ230mくらいになる。「サラトガ」の全長は220mだから2本命中することは考えにくい。しかし実際、2本が命中した。驚くべきことに魚雷が何かの理由で偏斜し、「サラトガ」の同じ場所に2本命中したのである。「サラトガ」は沈没することなく自力で真珠湾に寄港することができたが、修理を終えて再び戦線に復帰するまでに約5ヶ月かかった。伊6潜は2月2日に無事横須賀に帰投。2月14日にジャワ南方に出撃、印度洋方面で活躍し4月2日ボンベイ沖でイギリス船「クランロス」、4月7日イギリス船「パハダー」貨物船2隻を相次いで撃沈した。

5月1日にシンガポールを経由して横須賀に帰投。23日、中村省三少佐（兵54期）に艦長が代わる。6月20日、アリューシャン方面へ出撃のため横須賀を出港。

8月23日には横須賀に戻り、修理・整備作業を実施。12月15日に井筒紋四郎少佐（兵57期）に艦長が代わる。昭和18年2月16日に豪州東岸の交通破壊戦と機雷敷設を行ない、4月4日以降、ラバウルからラエ輸送を9回実施した。

5月20日艦長が下瀬吉郎少佐（兵58期）に交代。7月2日に再度北方に向かい、キスカ撤退作戦を援護した。その後横須賀に帰投、10月30日には今度はラバウルに進出して、パプアニューギニア・シオへ4回、ニューブリテン島イボキに3回輸送作戦に従事。昭和19年2月にラバウルからパプアニューギニアマヌス島に陸兵、歩兵砲や弾薬を輸送し横須賀に帰投。5月27日に最後の艦長、普門正三少佐（兵63期）が着任。

6月15日、第6艦隊司令長官と幕僚を救出すべくサイパン島に向かったが、八丈島付近で信じられない悲劇が待っていた。6月14日に小笠原の父島から内地に向かっていた美保丸船団という軍需品を運ぶ船団があった。その中の特設運送艦「豊川丸」が浮上した潜水艦を発見、これを敵潜水艦と思い、体当たりと機銃掃射、さらに爆雷攻撃をおこなって撃沈したのだが、これが伊6潜であったという説がある。

普門艦長以下104名が戦死した。結局、サイパン島から第6艦隊司令部救出のため3隻の貴重な潜水艦が失われ、司令部自体ものちに玉砕した。（喪失認定　6月30日）

伊号第6潜水艦歴代艦長

艦長名	海兵期	着任	離任
貴島誠次 中佐	44	S10.5.15	S10.5.25
長井武夫 少佐	47	S10.5.25	S11.12.1
岡田有作 中佐	47	S11.12.1	S12.11.15
大山豊次郎 中佐	48	S12.11.15	S14.11.1
永井宏明 中佐	48	S14.11.1	S15.10.30
楢原省吾 中佐	51	S15.10.30	S16.1.31
稲葉通宗 少佐	51	S16.1.31	S17.5.23
中村省三 少佐	54	S17.5.23	S17.12.15
井筒紋四郎 少佐	57	S17.12.15	S18.5.20
下瀬吉郎 少佐	58	S18.5.20	S19.4.30
篠原茂夫 大尉	62	S19.4.30	S19.5.27
普門正三 少佐	63	S19.5.27	S19.6.15

▶昭和10年8月1日、大演習中に伊勢湾外で駆逐艦「暁」と衝突し横須賀に帰投した伊6潜。写真の説明書きにある第1潜望鏡、第2潜望鏡、昇降式短波空線檣が折れ曲がった姿が痛々しい。

巡潜3型

伊号第7潜水艦・伊号第8潜水艦（同型艦2隻）

　昭和9年の第2次補充計画、②計画で巡潜2隻の建造予算が成立して建造された。これが巡潜3型である。これまでドイツのゲルマニア型の影響を受けていたのに対し、日本海軍独自の設計による最初の巡潜型である点が大きな特長である。

　具体的には後の甲型の母体とも言うべき、潜水戦隊旗艦能力を備えるため、通信能力や司令官室、幕僚室、作戦室などの居住区を拡大強化し、発令所上部には電信室が設けられたこと。機関は巡潜2型よりさらに高出力な艦本式1号甲10型ディーゼルを装備し、1万1,200馬力、水上速力23ノットを達成した。

　航空艤装は巡潜2型と同様で、伊7潜が呉式1号2型改を、伊8潜が呉式1号4型の射出機を司令塔後方に装備し、艦尾より水偵を発進させる最後の艦となった。

　艦尾の魚雷発射管を廃止、艦首6門のみとし、搭載魚雷数は20本である。また備砲は、14cmの連装砲を装備した。連装砲を装備した潜水艦というのはあまり他例がなく、日本海軍潜水艦では唯一本型だけである。また安全潜航深度も100mに強化された。

▲昭和14年4月12日有明湾を出港し、鹿児島湾に向う途中で撮影された伊8潜。前甲板では搭載艇の搬出作業を行っている。ゲルマニア型の影響を脱却した日本海軍独自の巡潜型で、本艦は開戦後ドイツに派遣され、唯一往復路完全成功を果たした武運艦である。

要目	
排水量	水上：2,231トン／水中：3,583トン
全　長	109.30m
全　幅	9.10m
吃　水	5.26m
機　関	艦本式1号甲10型ディーゼル2基2軸
	水上：11,200馬力／水中：2,800馬力
速　力	水上：23.0ノット／水中：8.0ノット
航続距離	水上：14,000浬／16ノット
	水中：60浬／3ノット
燃　料	重油：800トン
乗　員	80名
兵　装	40口径14cm連装砲1基2門
	13mm連装機銃1基2挺
	53cm魚雷発射管：艦首6門
	魚雷20本
航空兵装	射出機1基
	小型水偵1機
安全潜航深度	100m

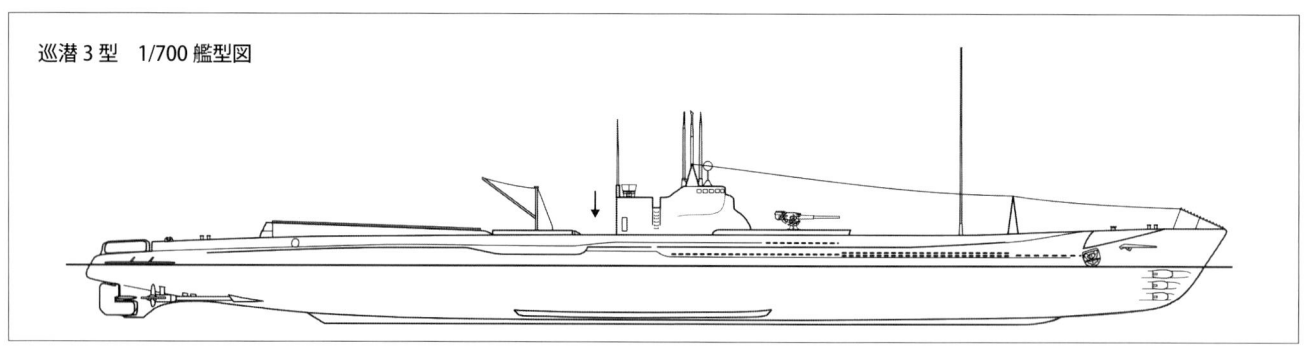

巡潜3型　1/700 艦型図

※伊8潜は遣独作戦の際、ドイツで20mm4連装機銃1基を↓の位置に搭載して帰国した（P.47写真参照）

伊号第7潜水艦（巡潜3型）

伊号第7潜水艦歴代艦長

艦長名	海兵期	着任	離任
寺岡正雄 中佐	46	S12.3.31	S12.12.20
藤本 伝 中佐	48	S12.12.20	S13.6.29
岩上英寿 中佐	46	S13.6.29	S13.11.15
岡本義助 中佐	47	S13.11.15	S14.10.20
石川信雄 中佐	48	S14.10.20	S15.10.30
永井宏明 中佐	48	S15.10.30	S16.8.20
小泉馨一 中佐	49	S16.8.20	S18.3.16
長井勝彦 少佐	57	S18.3.16	S18.3.21

▼伊7潜同型艦の伊8潜。艦橋後部にある飛行機格納筒が開き、呉式1号4型射出機上には複葉の九六式小型水上偵察機が見えるが、飛行機用クレーンの状態から水上機を揚収したばかりと推定される。九六水偵が雲型塗りわけ迷彩塗装なのが興味深い。

巡潜3型の第1艦、伊7潜は昭和12年3月31日、呉工廠で竣工。初代艦長は、昭和11年9月21日に艤装員長に着任した寺岡正雄中佐（兵46期）で、キスカ島で最後を遂げるまで8名の艦長が歴任した。

日米開戦には昭和16年8月20日に着任した小泉馨一中佐（兵49期）で臨み、第2潜水戦隊の旗艦として、第7、第8潜水隊を指揮してハワイ作戦に向かった。ハワイ作戦では、12月17日真珠湾飛行偵察を行ない、横須賀に帰着している。その後昭和17年2月23日、ジャワ攻略作戦に参加、同島南方方面を行動。3月4日、オランダ貨物船「メーア」を撃沈し、ついで印度洋機動作戦に協力、4月3日、イギリス商船「グレンシール」を撃沈して横須賀に帰投した。

6月10日、今度は北方部隊に編入、翌11日横須賀を発し、ウナラスカ島方面を行動、7月15日アメリカ貨物船「アルカタ」を撃沈して横須賀に帰投。

8月20日第6艦隊直率となり、31日第7潜水隊に編入。9月8日、横須賀を発ち再び南方に向かい、ガ島南方海面に進出した。10月13日エスピリットサント島飛行偵察を実施、湾内に多数の輸送船、駆逐艦の在泊を報告。翌14日夜、エスピリットサント飛行場を14発砲撃した。その後10月23日に再びエスピリットサント飛行場に砲撃を加え、31日に同飛行場の飛行偵察を命ぜられ、まず11月7日に潜航偵察を実施。11月11日サンタクルーズ諸島バニコロ島を飛行偵察後、横須賀に無事帰投。

昭和18年3月16日、艦長に長井勝彦少佐（兵57期）が着任。4月1日、第7潜水隊は第5艦隊に編入され、キスカ島への輸送任務に従事する。5月27日、ケ号作戦が発令されて、アッツ島、キスカ島の守備隊は撤退することとなり、潜水艦による撤収作戦が行なわれた。この輸送作戦に参加した潜水艦は計13隻で、伊7潜はその第1便として、5月27日キスカ湾から出港、人員60名、6月9日、人員101名の収容に成功した。

そして最後の輸送任務は6月15日幌筵を出航し、キスカ島に向かった。21日、伊7潜がキスカ島七夕湾に潜入し、物資の陸揚げを開始しようとした時、濃い濃霧にもかかわらず、突然近距離から砲撃を受けた。急速潜航中に司令塔に被弾命中。第7潜水隊司令玉木留次郎大佐（兵45期）、長井艦長以下5名が戦死、指揮を引き継いだ先任将校、花房義夫大尉（兵67期）は沈座して、敵が去るのを待った。しばらくして、敵艦が湾外に去ったのを聴音で確認して、伊7潜は浮上。艦内に搭載された弾薬、食糧等の輸送物資を陸揚げすることに成功した。この時点では、伊7潜は艦橋こそ大破しているが、航海にも潜航にも支障がないことが確認された。

花房大尉はひとまず、艦を沈座させ、乗組員の疲労回復と敵が湾口から去るのを待った。23日午後9時、伊7潜は沈座から浮上すると、全速力で水上航走を行なったが、2125には早くも敵レーダーに探知され、再び霧の中より砲撃を受けた。そして敵弾が司令塔に命中、花房大尉は戦死、また他の1弾が舷側にも命中し、潜航できない状態となった。

代わって指揮を執る、新藤尚男砲術長（兵70期）は敵の放火を浴びながら、泊地に引き返す他なしと判断、浸水が激しく、舵も利かぬ状況であるため、高速で二子岩に座礁、生存者43名は守備隊に収容され、伊7潜の船体は守備隊によって翌日処分された。（喪失認定 6月22日）

伊号第8潜水艦
（巡潜3型）

艦長名	兵学	着任	離任
後藤 汎 中佐	48	S13.12.5	S14.11.15
清水太郎 中佐	48	S14.11.15	S16.10.31
江見哲四郎 中佐	50	S16.10.31	S17.7.25
内野信二 中佐	49	S17.7.25	S19.1.15
有泉龍之介 中佐	51	S19.1.15	S19.12.1
篠原茂夫 少佐	62	S19.12.1	S20.3.31

巡潜型の最終艦である伊8潜は、昭和13年12月5日、神戸川崎造船所で竣工した。初代艦長は5月20日に艤装員長に着任した後藤汎中佐（兵48期）である。沖縄で沈没するまで同艦の艦長は6名が歴任する。

昭和16年10月31日に江見哲四郎中佐（兵50期）が着任し、対米開戦時は第3潜水戦隊の旗艦としてハワイ作戦ではオアフ島西方海面おいて作戦指揮を執った。昭和17年1月12日米西海岸に向かい、サンフランシスコ西方海域は悪天候のため偵察ができず、2月7日シアトルを偵察する。

3月2日呉着、修理を受けて4月26日に横須賀を出港するも、5月6日クェゼリン付近で味方機の誤爆を受けて、メインタンクにひびが入り航行不能となり再び呉に入港、修理を受けた。

7月10日南西方面艦隊付属となり、7月25日、内野信二中佐（兵49期）に艦長が変わる。8月20日第6艦隊に編入。

9月15日呉を出港、トラック島を経て第1監視部隊に編入され、ニューヘブリディズ諸島方面の作戦に従事する。11月2日同諸島のエファテ島を飛行偵察、12月4日乙潜水部隊としてブインを発し、ガ島、6日カミンボに21トンの物資を揚陸。昭和18年1月23日、ハワイとフィジーのほぼ中間に位置するキリバス領カントン島飛行場を砲撃、さらに1月31日カントン礁内の飛行艇母艦を砲撃、数弾の命中を認めた。続いて、サモア島、フィジー島を偵察後、トラック島を経て3月21日呉に帰着した。

そして、6月1日、大海指第232号により、訪独任務のため呉を出港。シンガポール、ペナンを経由して、7月1日と6日に伊10潜より燃料補給を受け、ドイツに向けて出発した。今回の伊8潜の訪独には特別な任務が託されていた。

当時、日本海軍はドイツから印度洋における潜水艦による通商破壊戦を強く望まれていたが、太平洋方面の作戦を考慮すると多くを印度洋には割けない。それであれば、短期建造が可能な中型潜水艦のモデルとしてドイツがUボート2隻を無償提供するから、これを多数建造して通商破壊戦を実施して欲しいと提案してきた。ただし1隻はドイツ海軍で回航するが、もう1隻は日本海軍で回航することに定められた。伊8潜は予備魚雷を陸揚げして、ドイツから最新鋭のUボートを回航する乗組員50名を便乗させた。他の便乗者を含めると、56名となり、60日以上作戦行動するため艦内は糧食だけで大変な混雑となったのである。

ドイツへの航海で最も難関とされているのが、喜望峰から大西洋に抜けるアフリカ南端沖のローリング・フォーティーンと言われている荒天海域である。喜望峰には英軍の飛行哨戒基地があるため迂回せざるをえなく、1年中台風と言われている強い西風の中を進まなくてはならない。

伊8潜も西に進むに従い、風波は激しくなる一方で、上部構造はいたるところ破損し、なかでも左舷飛行機格納筒付近の上部構造物側板が波に叩かれ穴があき、波が飛行機格納筒を直撃し始めた。潜水艦には工作力は殆どないので、乗組員が決死の覚悟でワイヤーやロープで破口を網状に縛り波の勢いを減ずることに成功した。そして敵の哨戒圏にやや近くなるが、針路を変更し10日ぶりに暴風圏からの脱出に成功。大西洋に無事進出、8月20日についにドイツ潜水艦と会合に成功した。そして8月31日にブレスト湾に進入、ドイツ潜水艦長の案内で港奥のブンカーに入った。

1ヶ月強における乗組員の休養と整備も整い、10月5日多くの貴重な軍事物資と便乗者を乗せて、日本に向かった。後甲板にはドイツ海軍の最新式20mm4連装機銃を装備された。人員は日本人8名、ドイツ人4名、軍事物資は主な物として、潜水艦用電波探信儀、陸上用電波探信儀、急降下爆撃機用照準器、エリコン20mm機銃、ダイムラーベンツ魚雷艇エンジンなど56点にも及んだ。

12月5日シンガポール着、21日呉に無事到着を果たし、前後5回の訪独潜水艦の中で唯一往路・復路任務完遂の潜水艦となった。

▼昭和18年8月30日、遣独潜水艦で唯一往復路成功した伊8潜が、長く厳しい航海を終えてブレスト湾に無事進入した姿をドイツ側に撮影された写真。艦橋後部には暴風帯で有名なローリングフォーティスで受けた損傷箇所が見える。艦橋後部の格納筒が上昇状態になっていることから帰国時に撮影されたものと解説した写真集があったが、これは誤りで、本写真はドイツが制作し日本側に贈呈された「訪独記念アルバム」に掲載されていたもので、帰国時では有り得ない。

▶長い航海を終え、昭和18年8月31日ブレストのブンカーに入港する伊8潜。日独両国歌吹奏後、内野艦長の音頭で万歳三唱した。これに和して陸上からも「ウラー」の三唱があったという。ドイツから譲渡される予定のUボート回航員も便乗してドイツに到着した。

　昭和19年1月15日、有泉龍之介中佐（兵51期）が艦長として着任。2月21日呉を出航し印度洋交通破壊戦を実施。3月26日マルダイブ諸島西方でオランダ船「チサラク」を撃沈。3月30日、イギリス船「シティ・オブアデレード」を撃沈。6月29日チャゴス東方においてイギリス船「ネローラ」を撃沈。続いて7月2日チャゴス東方においてアメリカ船「ジーン・ニコレット」を撃沈する。

　7月中旬、マダガスカル島東方で呂501潜と会合する予定であったが会合できなかった。呂501潜はドイツから譲渡された2隻目のUボート「U-1224」であったが、5月13日大西洋ベルデ岬諸島北西で撃沈されていた。

　12月1日篠原茂夫少佐（兵62期）が最後の艦長として着任、昭和20年3月20日、南西諸島方面に向けて佐伯を出航。28日、沖縄本島周辺に配備を命じられた。30日夜、見張員が近づいてくる米駆逐艦を発見、急速潜航するもそれから4時間に渡り8回に及ぶ執拗な爆雷攻撃を受けた。この激しい爆雷攻撃で、艦内の諸計器が破損、後部兵員室に浸水をきたし、やっとその修理ができたものの、水深150mで艦首を上にして15度くらいに傾いてしまった。そのため、艦内の汚水が後部に流れ、2次電池を侵してガスが発生。すでに艦内の諸動力は停止、いずれ爆雷攻撃を受け沈没はまぬがれない最悪の状態に陥った。

　篠原艦長は最後の手段として浮上砲戦を決意、ただちに浮上し砲戦、機銃戦を開始した。しかし敵の砲弾の直撃で砲術長以下、砲員は続々戦死、艦橋は直撃を受けて大破、そしてついに敵艦に挟撃される形となり敵弾が集中、まもなく1名の生存者を残し、伊8潜は沖縄の海に128名の乗組員と共に艦尾から沈没した。

　沈みつつある伊8潜から最後まで火を噴いていたのは、ドイツで装備された、あの20mm4連装機銃だったという。（沈没認定　4月15日）

▶復航を前にして、艦橋後方へドイツで装備された20mm4連装機銃（2cm Flak38 Vierling）を背にして記念写真に納まる伊8潜の乗組員たち。中央、双眼鏡をかけているのが内野信二艦長で、その右の士官が大竹砲術長（兵70期。その後伊46潜の航海長として戦死）。この機銃員は対空戦闘訓練ためミミザン対空機銃学校に出張した。平服は山中通訳、その右がジコフスキー兵曹、シュミット少尉でともに指導員。画面下両側に、航空機格納筒の丸い天井が見えている。

甲型

伊9・伊10・伊11（同型艦3隻）

　甲型は昭和12年、③計画として2隻、昭和14年の④計画で1隻、計3隻建造された、巡潜3型の後継として旗艦潜水艦の機能と飛行機搭載能力を有した大型潜水艦である。

　主機も日本海軍が開発した中で最高出力の物となる艦本式2号10型ディーゼルを装備し水上速力23ノットの高速を発揮でき、燃料搭載量も巡潜3型より15%増大して航続力1万6,000浬となった。

　水偵格納庫、射出機などの航空兵装は巡潜型と異なり艦橋前方に設けられ、水偵の組立、発進がさらに迅速になった。兵装は14cm砲に加え25mm連装機銃2基も搭載され、魚雷発射管は九五式53cmを艦首に6門装備、魚雷18本を搭載した。

▲昭和18年9月2日ペナンを出撃する伊10潜。佐世保鎮守府所属の司令潜水艦で、優秀な乗組員が乗組んで実施したインド洋やアデン湾での通商破壊戦において多大な戦果を挙げた。その活躍の様子は記録映画「轟沈」で描かれた。後甲板に見える白地に三角形のマークは味方識別用である。

要目

排水量	水上2,434トン／水中4,150トン
全長	113.7m
全幅	9.55m
吃水	5.36m
機関	艦本式2号10型ディーゼル2基2軸
	水上：12,400馬力／水中：2,400馬力
速力	水上：23.5ノット／水中：8.0ノット
航続距離	水上：16,000浬／16ノット
	水中：90浬／3ノット
燃料	重油：928トン
乗員	100名（旗艦時は114名）
兵装	40口径14cm単装砲1門
	25mm機銃連装2基4挺
	53cm魚雷発射管：艦首6門
	魚雷18本
	九三式探信儀1基
	九三式聴音機1基
航空兵装	射出機1基
	零式小型水上偵察機1機
安全潜航深度	100m

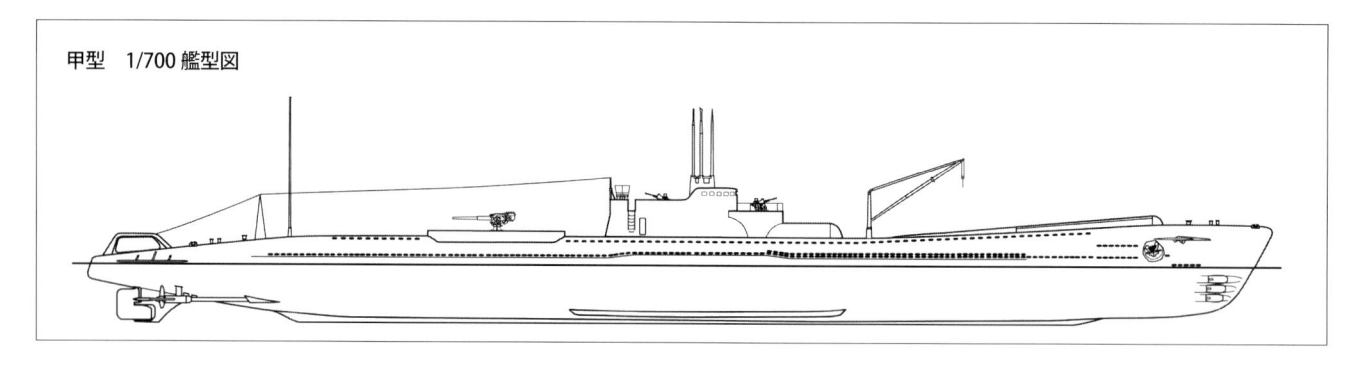

甲型　1/700艦型図

伊号第9潜水艦（甲型）

伊号第9潜水艦歴代艦長

艦長名	海兵期	着任	離任
大山豊次郎 中佐	47	S16.2.13	S16.7.31
藤井明義 中佐	49	S17.7.31	S18.6.13

甲型1番艦である伊9潜は昭和16年2月13日、呉工廠で竣工した。初代艦長は昭和15年12月20日に艤装員長に着任した大山豊次郎中佐（兵47期）で、歴代艦長はその後昭和16年7月31日に交代した藤井明義中佐（兵49期）の2名である。

ハワイ作戦には第1潜水戦隊の旗艦として、司令官佐藤勉少将（兵40期）指揮の下に参加。12月12日ハワイ北東でアメリカ貨物船「ラハイナ」を撃沈。翌17年1月11日にクェゼリンに帰投した。2月8日再びハワイ南方を行動し14日にはハワイ飛行偵察を敢行、無事帰投を果たしたが収容時に偵察機が破損した。

3月1日K作戦（二式大艇ハワイ爆撃作戦）に参加し、3月21日に横須賀に帰投。

5月20日北方部隊に編入、アリューシャン攻略作戦に参加。5月25日、アリューシャン列島キスカ島、アムチトカ島飛行偵察を実施。続けて26日アダック島、カナガ島飛行偵察も成功させ、翌6月16日コジアク島への飛行偵察も実施した。

その後先遣部隊に復帰、横須賀経由で8月15日ソロモン諸島南東の配備に就いた。25日、敵戦艦、駆逐艦を発見追跡中、爆雷攻撃を受けて損傷、トラックに帰投した。

10月31日、戊潜水部隊となりニューカレドニア、ヌーメア飛行偵察を行ない空母、巡洋艦などの在泊を確認した。さらにエスピリットサント島に11月12日飛行偵察を敢行するも、密雲のため在泊艦船の確認ができなかった。

11月19日、乙潜水部隊に編入され、これよりガ島への輸送作戦に従事する。11月24日から翌年1月30日までカミンボに計4回の輸送任務を遂行した。

昭和18年5月、再び北方部隊に編入、29日にはキスカ輸送を行なう。6月1日、アッツ、キスカ島間で3時間にわたる敵哨戒艇の追跡を受けながらも、3日キスカ島に無事到着。弾薬、食糧を揚陸、人員79名を収容して幌筵に帰還した。

そして6月10日、再度キスカ島に向かったが13日、キスカ島警戒中の駆逐艦「フレージャー」にレーダー探知される。距離は約6,300m、「フレージャー」は速力を上げて伊9潜に向かう。ところが伊9潜は一旦潜航するも何故か再び浮上する。さらにレーダーとソナーで追い詰めた「フレージャー」は照明弾を発射、ただちに砲撃と機銃攻撃を行ない、さらに爆雷も投下した。その後大きな爆発音、泡と重油が水面に浮かんできた。

伊9潜の最後である。藤井艦長以下、101名全員が戦死した。（喪失認定　6月15日）

伊号第10潜水艦（甲型）

伊号第10潜水艦歴代艦長

艦長名	海兵期	着任	離任
栢原保観 中佐	49	S16.10.31	S17.9.15
山田 隆 中佐	49	S17.9.15	S18.4.15
殿塚謹三 中佐	50	S18.4.15	S19.1.18
中島清次 中佐	54	S19.1.18	S19.7.4

甲型2番艦、伊10潜は昭和16年10月31日、川崎重工で竣工した。初代艦長は7月31日に艤装員長に着任した栢原保観中佐（兵49期）である。伊10潜は歴代4名が艦長を務める。

11月30日フィジィー諸島スバ飛行偵察して、ハワイ作戦に参加。10日ハワイ南方でパナマの貨物船「ドネレール」を撃沈。先遣部隊に編入され、米西海岸の交通破壊戦に従事する。

その後3月10日8潜戦に編入され、ペナンに進出、5月20日南アフリカ、ダーバン飛行偵察、30日と31日マダガスカル島ディエゴスワレス飛行偵察を実施し、特殊潜航艇の攻撃を支援。そして6月からアフリカ南東部とマダガスカル島の間にあるモザンビーク海峡にて交通破壊戦を開始する。この間での伊10潜の活躍は目覚しく、6月5日からアメリカ船「メルビン・H・ベーカー」撃沈。6月6日パナマ船「アトランティック・ガルク」を撃沈。6月8日にはイギリス船「キングラッド」を撃沈。補給再開後、モザンビク海峡で交通破壊戦を実施し、6月28日イギリス船「クイーンビクトリア」、6月30日にはアメリカ船「エクスプレス」、7月6日にはギリシャ船「ヒンフ」、7月8日にはイギリス船「ハーチスメアー」を撃沈した。さらに7月9日にオランダ船「アルチバ」を撃沈。計8隻撃沈という多大な戦果を挙げてペナンに帰投した。8月上旬に横須賀に帰投、修理を実施。

9月15日、山田隆中佐（兵49期）に艦長が交代、10月21日横須賀を出港、ソロモン方面に向かう。ソロモン方面の交通破壊戦を実施、昭和18年1月30日アメリカ貨物船「サミュエル・ゴンパース」を撃沈、続いて3月1日アメリカ船「ガルクウェーブ」を撃破。3月5日にトレス諸島を偵察し、3月21日佐世保に帰投。

4月15日に殿塚謹三中佐（兵50期）が新艦長として着任。6月2日に呉を出港し、ペナンを基地とした印度洋交通破壊戦を実施。遣独に向かう伊8潜に前後2回の燃料を補給した後、7月22日ノルウェー船「アルサイデス」を撃沈してペナンに帰投。9月2日にペナンを出港、インド洋交通破壊戦を実施、9月14日にノルウェーのタンカー「ブラモア」を撃沈。9月20日紅海に入り口バブ・エル・マンデブ海峡にあるペリム島飛行偵察を実施。引き続き交通破壊戦を実施し、9月24日にはアメリカ船「エリアス・ホーエ」を撃沈。10月2日にはノルウェー船「ストービケン」を撃沈。10月5日にノルウェータンカー「アンナ・コウディーン」を撃破する。10月24日にイギリス船「コンゲラ」を撃沈し、10月30日にペナンに帰着する。12月上旬、シンガポール経由で佐世保に無事帰投する。

昭和19年1月16日、中島清次中佐（兵54期）に艦長が交代。2月3日トラックに向けて佐世保を出港した。2月17日トラックで空襲を受け、死傷者5名出る。6月12日にマーシャル群島、米艦隊の泊地であるメジュロ環礁の飛行偵察に成功したが、水偵を破損。6月24日サイパン島の第6艦隊司令部の救出に向かうが、そのまま消息を絶った。

アメリカ側の記録によれば、7月4日、サイパン東方において、アメリカ駆逐艦「ダビット・W・テーラー」、護衛駆逐艦「ビドル」のソーナー探知とヘッジホッグ、爆雷攻撃を受け水中爆発の後、沈没したとある。

中島艦長以下103名が戦死した。（喪失認定　7月2日）

伊号第11潜水艦
（甲型）

伊号第11潜水艦歴代艦長

艦長名	海兵期	着任	離任
七宇恒雄 中佐	49	S17.5.16	S18.7.7
田上明次 中佐	51	S18.7.7	S18.10.10
伊豆寿一 中佐	51	S18.10.10	S19.3.20

　伊11潜は、昭和17年5月16日、甲型3番艦として川崎重工で竣工。初代艦長は、2月20日に艤装員長に着任した七宇恒雄中佐（兵49期）である。伊11潜は沈没するまで3人の艦長が歴任する。

　竣工後1ヶ月にも満たない6月7日呉を出撃。クェゼリン経由で7月9日から豪州方面の交通破壊戦を実施、7月20日シドニー沖にてギリシャ船「G・S・リバース」、アメリカ船「コーストファーマー」を撃沈した。つづいて7月22日ツーフォード湾灯台付近でアメリカ船「ウイリアム・デームス」を撃沈した。8月20日、トラックを出港、ソロモン方面の監視任務を行ない、敵機と交戦をして損傷を受けて潜航不能となり呉に帰投した。

　昭和18年1月からトラックを基地として、豪州東方海面の交通破壊戦を実施。2月21日ヌーメア飛行偵察実施、収容時水偵を損傷させる。6月10日トラックに帰着。

　7月7日、田上明次中佐（兵51期）に艦長が交代する。20日エイピリトサント付近で豪州軽巡「ホバート」を雷撃、損傷を与え、7月25日、ヌーメアを再度飛行偵察。8月11日アメリカ船「マッシニー・ライオン」を撃破、9月26日トラック経由で呉に帰投。

　10月10日最後の艦長、伊豆寿一中佐（兵51期）が着任する。12月4日、呉を出港、トラックを経由してエリス諸島方面、フナフチを潜行偵察し、昭和19年1月11日、エリス島、サモア島方面に移動を命ぜられたが、その後消息不明となった。

　アメリカ側資料では該当する記録がなく、沈没の原因は判っていない。伊豆艦長以下114名全員が戦死。（喪失認定　3月20日）

▼昭和17年9月6日、ガ島東方で空母を襲撃後、敵の制圧を2日間に渡り受け、無事制圧を逃げ切り浮上した際に、生還を祝して後甲板で万歳三唱する乗員。各員の満面な笑みが印象的である。幸運に恵まれた伊11潜も、昭和19年11月エリス諸島で沈没した。

甲型改1

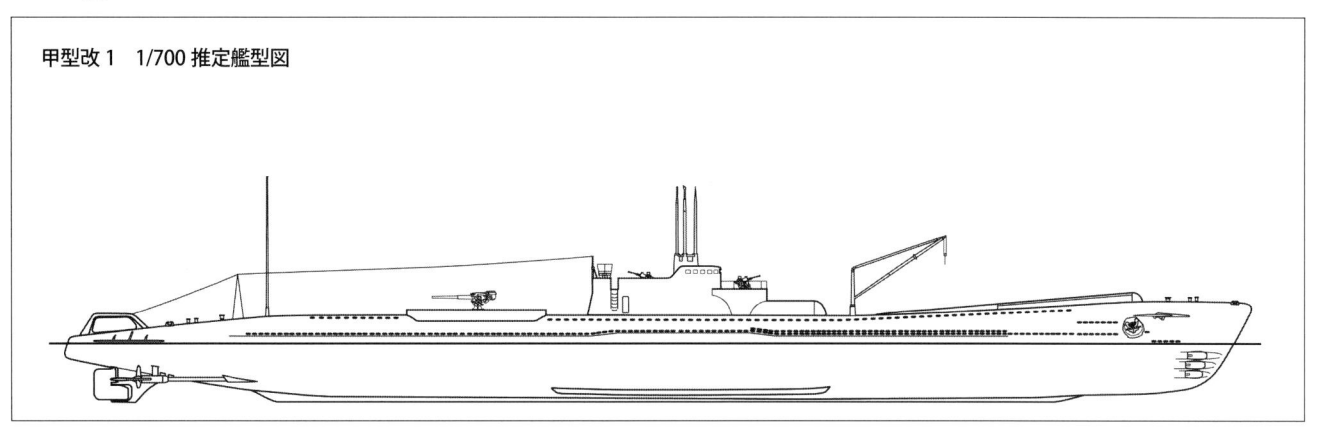

甲型改1　1/700 推定艦型図

伊号第12潜水艦（同型艦1隻）

　太平洋戦争開戦目前に計画された建造計画、㊤計画で甲型2隻が追加された。

　それまでの甲型に装備された2サイクル複動の艦本式2号10型複動式ディーゼルは1基6,200馬力と出力が大きく、国産の機関としては最高の水準に達していた。しかし、当時の造機能力では複動機械を戦時量産することは困難であった。また2サイクル複動エンジンはシリンダーに重油の燃えカスが溜まることから半月に1度は分解清掃しなくてはならない欠点があった。

　そこで甲型改1では、速力は低下するが比較的量産・保守が容易な4サイクル単動の艦本式22号10型単動式ディーゼルを搭載することとなった。このため、甲型の水上速力が23.5ノットであったのに対し、甲型改1は水上速力17.7ノットに低下した。しかし航続距離は甲型が1万6,000浬であったのに対し、甲型改1は2万2,000浬と大幅に延長された。これは機関が小型軽量になったためと、機関室前部に燃料タンクが設置されたことによる。

　2番艦伊13潜は潜特型（伊400潜型）の建造数が縮小されたため、その隻数を補う目的のため、水上攻撃機2機を搭載できるように改良され、甲型改2に変更された。

　よって甲型改1は伊号第12潜水艦1隻だけの建造となったが、同艦についての図面や写真が残されておらず、甲型とのどのような外観の差があるのか不明である。（上図は甲型と同様としたもの）

要目	
排水量	水上：2,390 トン / 水中：4,172 トン
全　長	113.7m
全　幅	9.55m
吃　水	5.36m
機　関	艦本式22号10型ディーゼル2基2軸
	水上：4,700馬力 / 水中：1,200馬力
速　力	水上：17.7ノット / 水中：6.2ノット
航続距離	水上：22,000 浬 / 16 ノット
	水中：75 浬 / 3 ノット
燃　料	重油：917 トン
乗　員	98 名（旗艦時 112 名）
兵　装	40口径14cm 単装砲 1 門
	25mm 機銃連装 2 基 4 挺
	53cm 魚雷発射管：艦首 6 門
	魚雷 18 本
航空兵装	零式小型水上偵察機 1 機
	射出機 1 基
安全潜航深度	100m

伊号第12潜水艦（甲型改1）

伊号第12潜水艦歴代艦長			
艦長名	海兵期	着任	離任
工藤兼男 中佐	56	S19.5.25	S20.1.31

　伊12潜は昭和19年5月25日、神戸川崎造船所で竣工した。初代艦長は、3月5日に艤装員長に着任した工藤兼男中佐（兵56期）で、同艦は最初の出撃で撃沈されたため、歴代の艦長は工藤艦長1名である。

　10月4日第6艦隊直率となり、アメリカ本土西岸、ハワイ、タヒチ、マーシャル東方海面の交通破壊戦を行なうため、内海西部発。日本海、津軽海峡を経て10月7日、函館仮泊。

　仮泊地出撃以後消息がなく、通信情報その他で、以下の戦果が当時第6艦隊で確認されていた。10月30日輸送船2隻撃沈（戦後の調査でアメリカ船「ジョン・A・ジョンソン」）。12月下旬にタンカー及び輸送船を撃沈したとされているが、詳細は不明。

　アメリカ側資料によれば、11月3日にアメリカ沿岸警備船「ロック・フォード」及び敷設駆逐艦「アーデン」が潜水艦を発見、追跡撃沈とある。もしこの撃沈された艦が伊12潜であれば、12月末のタンカーと輸送船の撃沈は他艦により挙げられた戦果となる。

　伊12潜は最初の出撃で消息を絶っていることもあり、図面や写真が現在のところ1枚も発見されていない。甲型との違いは機関だけであるので、外観上差異はないと思われるが、最後の行動と共に伊12潜は謎につつまれている。（喪失認定　昭和20年1月31日）

▼3隻停泊した左から伊400潜、中央が伊401潜、一番外側が伊14潜。終戦後の撮影で、左に横付けしているのはアメリカ潜水母艦「プロテウス」である。3艦が揃ったのは昭和20年8月31日の横須賀であるが、この写真が撮影された日は特定できていない。

甲型改2

伊号第13潜水艦・伊号第14潜水艦（同型艦2隻）

　甲型改1の2番艦、伊13潜と、昭和17年の改⑤計画で建造されることになった伊14潜、伊15潜（2代）、伊1潜（2代）は当初、伊12潜と同様に低出力の機関を搭載される予定であった。しかし前述のようにこれら各艦は、潜特型の隻数減を補うために水上攻撃機「晴嵐」を2機搭載できるように改められた。これが甲型改2である。

　飛行機格納筒、司令塔の配置などの艦橋部分の形状は潜特型に準じているため、外観は潜特型とよく似ている。また、水上攻撃機を発進させる射出機やクレーンは潜特型と同じものを装備していた。こうした各種装備により排水量が増大、バルジを装着したため、速力は甲型改1より低下している。

　しかし予定通り建造竣工できたのは、伊13潜、伊14潜のみで、伊15潜（2代目）は川崎重工において工程90％で終戦となり翌21年4月に紀州沖で海没処分。伊1潜（2代目）は同じく川崎重工において工程70％で終戦となり、昭和20年9月18日台風により沈没した。

要目	
排水量	水上：2,620トン / 水中：4,762トン
全　長	113.70m
全　幅	11.70m
吃　水	5.89m
機　関	艦本式22号10型ディーゼル2基2軸
	水上：4,400馬力 / 水中：600馬力
速　力	水上：16.7ノット / 水中：5.5ノット
航続距離	水上：21,000浬/16ノット
	水中：60浬/3ノット
乗　員	108名
兵　装	40口径14cm単装砲1門
	25mm3連装機銃2基
	25mm単装機銃1挺
	53cm魚雷発射管：艦首6門
	魚雷12本
航空機	特殊攻撃機「晴嵐」2機
安全潜航深度	100m

甲型改2　1/700 艦型図

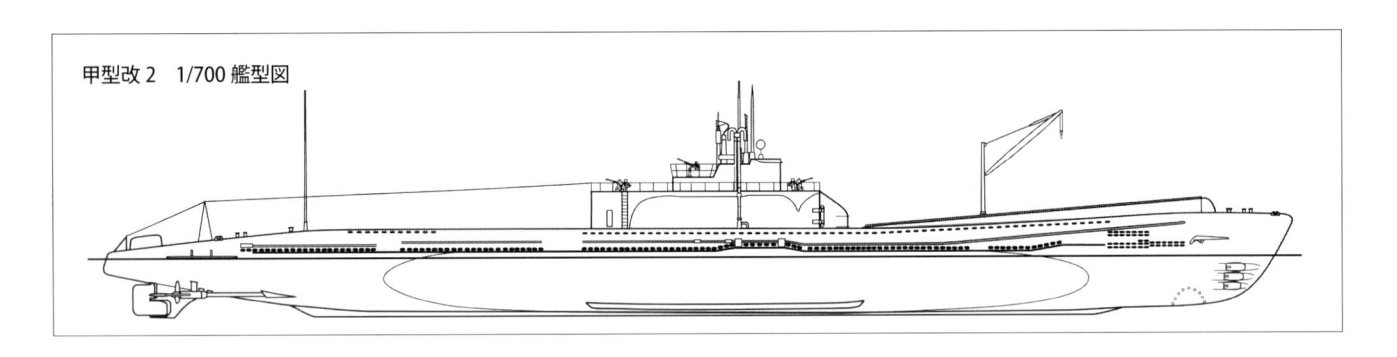

伊号第13潜水艦
（甲型改2）

伊号第13潜水艦歴代艦長

艦長名	海兵期	着任	離任
大橋勝夫 中佐	53	S18.2.4	S20.7.16

　伊13潜は昭和19年12月16日、神戸川崎造船所で竣工した。初代艦長は艤装員長に着任した大橋勝夫中佐（兵53期）で、歴代艦長は大橋艦長1名である。

　翌17日から内海西部で訓練に従事し、昭和20年5月28日、鎮海に入港して燃料を搭載した後、6月1日七尾湾に入港。舞鶴を経由して7月4日、「光」作戦実施のため、トラック島に輸送するための艦上偵察機「彩雲」2機を大湊に搭載した。

　「光」作戦とは、ウルシー環礁に伊400潜、伊401潜の「晴嵐」による特攻奇襲作戦「嵐」作戦を成功させるために、ウルシーを偵察させる「彩雲」をトラック島に輸送する作戦である。「彩雲」は敵戦闘機より早い高速偵察機として開発され、「我に追いつくグラマンなし」の電文で知られている。廃墟となったトラック島に秘かに「彩雲」を潜水艦で進出させ、「嵐」作戦が成功するよう、ウルシー環礁のアメリカ艦隊の動静を偵察するのである。

　7月11日、伊13潜はトラックに向けて出港したが、16日朝、浮上中のところを護衛空母1隻、駆逐艦5隻からなる対潜部隊のアベンジャー雷撃機に発見されてしまう。同機はすかさずロケット弾を発射。さらに対潜爆弾、ソノブイ投下、ついには新兵器である対潜用音響ホーミング魚雷まで投下する。このホーミング魚雷は大西洋のドイツUボートに効果があったもので、潜水艦のスクリュー音に向かって追尾する性能を有していた。やがて油が浮いてきて、ソノブイからのスクリュー音も聞こえなくなる。そして海底から爆発音があり、伊13潜は2度と浮上することはなかった。

　大橋艦長以下、140名全員戦死。太平洋戦争中もっとも戦死者の多い潜水艦となった。
（喪失認定　8月1日）

伊号第14潜水艦
（甲型改2）

伊号第14潜水艦歴代艦長

艦長名	海兵期	着任	離任
清水鶴造 中佐	58	S18.5.18	終戦

　甲型改2の2番艦である伊14潜は昭和20年3月14日、神戸川崎造船所で竣工した。艦長は艤装員長に着任していた清水鶴造中佐（兵58期）である。伊14潜の歴代艦長は清水艦長1人である。

　第6艦隊第1潜水戦隊に編入、3月15日呉を出航、訓練に従事した。5月28日鎮海に入港し燃料搭載後、6月1日七尾湾に入港。6月22日舞鶴に入港し再度燃料を搭載し7月2日舞鶴発。

　7月4日に大湊に入港し「彩雲」2機を搭載、直ちに出港予定だったが、スクリュープロペラの軸受けが過熱してしまい、修理のためにドック入りを余儀なくされてしまう。

　7月14日修理を終えて大湊を出港。8月4日無事トラックに入港。「彩雲」を揚陸して15日の終戦をトラックで迎えた。

　その後内地に向けて帰還途中、27日アメリカ駆逐艦に捕獲され、29日相模湾に入港。9月15日除籍後、10月に横須賀から佐世保に回航。

　昭和21年5月28日ハワイ近海でアメリカ軍による調査後、海没処分された。

▶艦首から艦橋方向を臨んだ1葉。長大なカタパルトレールが印象的だ。ご覧のようにカタパルトはやや右寄りにオフセットして設置されていた。

乙型

**伊15・伊17・伊19・伊21・伊23・
伊25・伊26・伊27・伊28・伊29・
伊30・伊31・伊32・伊33・伊34・
伊35・伊36・伊37・伊38・伊39**
（同型艦20隻）

▲昭和15年9月15日、広島湾黒神島沖を終末全力水上運転中の伊15潜。艦の前方に装備された射出機や飛行機格納筒など、乙型の特長が良くわかる写真である。乙型は1番艦の伊15潜以下同型艦が20隻建造され、太平洋戦争の潜水艦主力を形成した。

要目	
排水量	水上：2,198トン／水中：3,654トン
全長	108.7m
全幅	9.30m
吃水	5.14m
機関	艦本式2号10型ディーゼル2基2軸
	水上：12,400馬力／水中：2,000馬力
速力	水上：23.6ノット／水中：8.0ノット
航続距離	水上：14,000浬／16ノット
	水中：96浬／3ノット
燃料	重油：774トン
乗員	94名
兵装	40口径14cm単装砲1門
	25mm機銃連装1基2挺
	53cm魚雷発射管：艦首6門
	九五式魚雷17本
航空兵装	零式小型水上偵察機1機
安全潜航深度	100m

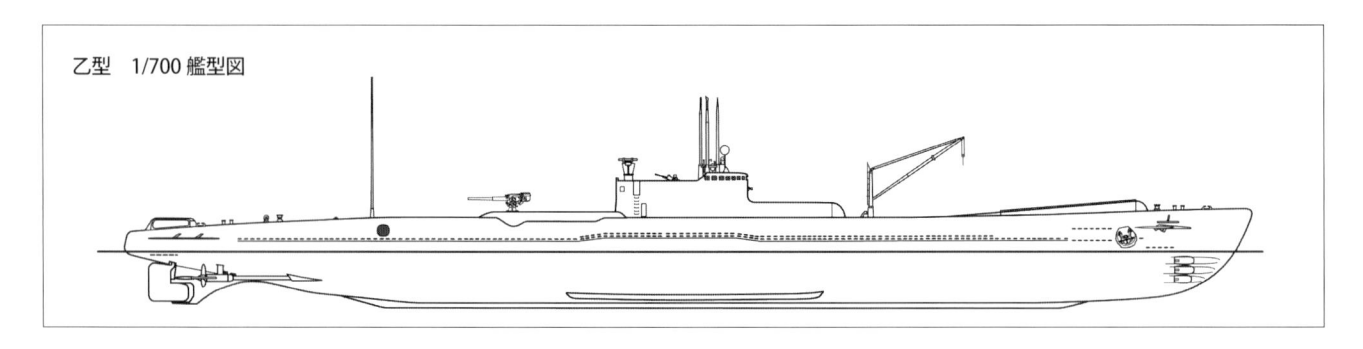

　乙型は甲型の旗艦施設を除いた高速、長航続距離の大型潜水艦で、昭和12年の第3次補充計画、③計画で6隻、続く昭和14年の軍縮条約失効後の軍備計画、第4次補充計画、④計画で14隻が建造された。

　乙型は太平洋戦争で活躍した日本の潜水艦の中で最も同型艦が多く、主力を形成した。水上偵察機を1機有し、格納庫、射出機は甲型と同様前甲板に配備した。艦型が甲型より少し小型化しているため、燃料搭載量が少なく16ノットで1万4,000浬と航続距離は少なくなっているが、機関は同じく大出力の艦本式2号10型ディーゼルを搭載しているので水上速力は23.6ノットを誇った。

乙型　1/700 艦型図

伊号第15潜水艦（乙型）

伊号第15潜水艦歴代艦長			
艦長名	海兵期	着任	離任
大山豊次郎 中佐	47	S15.9.30	S15.12.20
石川信雄 中佐	49	S15.12.20	S17.11.10

　乙型第1番艦、伊15潜は昭和15年9月30日、呉工廠で竣工した。初代艦長は昭和14年12月1日に艤装員長に着任していた大山豊次郎中佐（兵47期）である。
　昭和15年12月20日、石川信雄中佐（兵49期）に艦長が代わり、対米開戦を迎える。ハワイ作戦では、第6艦隊第1潜水戦隊第1潜水隊として、ハワイ北方の散開配備に就いた。その後米空母を追躡し、そのままアメリカ西海岸、サンフランシスコ沖で交通破壊戦を実施。昭和17年1月11日、クェゼリンに入港、第2潜水隊に編入。同日、クェゼリンはアメリカ空母艦上機の奇襲を受けたが、急速潜航して難を逃れた。
　2月20日、ラバウル北方海面に来襲する敵機動部隊邀撃のため出撃。3月4日、フレンチフリゲートで第1次K作戦に向かう飛行艇の燃料補給に協力する。K作戦とは川西二式飛行艇2機によりハワイを空襲する作戦で、第1潜水戦隊5隻の潜水艦が協力した。伊9潜は誘導の電波を発信し、伊23潜は飛行艇の搭乗員を救出するため活動、伊15潜、伊19潜、伊26潜は飛行艇への燃料補給が目的だった。伊15潜は偵察機を搭載するための格納筒を改造し、燃料タンクとして使用した。
　3月4日の夕刻、伊15潜と伊19潜は浮上して、吹流しを目印に待機する。伊26潜は予備として付近を警戒していた。やがて2機の飛行艇は無事到着し、給油を成功させた。その後、2機の飛行艇はハワイに到達するも天候悪化により爆撃効果不充分であったが、無事帰還している。
　3月21日横須賀に帰着。5月20日、北方部隊に編入、カナダ湾、アダック島を偵察した。5月26日第2機動部隊の前路哨戒を行ない、アリューシャン列島南方の哨戒配備に就く。6月19日にはダッチハーバーを潜航偵察。
　6月30日、先遣部隊に復帰。横須賀を経由し、ソロモン諸島方面の配備に向かう。9月15日、伊19潜が襲撃した空母「ワスプ」の沈没を確認後、9月25日トラック着。
　10月5日トラックを出港、第2監視部隊、さらに直率潜水部隊に編入。10月22日ソロモン諸島のさらに南、インディスペンサブル環礁においてR方面航空部隊（Rは「ラバウル」の意味。ショートランドを含むラバウル方面へ進出した水上偵察機部隊を統合し、作戦運用していた）への補給任務を遂行。
　その後、乙潜水部隊に編入されるも、11月3日以降連絡なく、消息不明。一説には、サンクリストバル島付近でアメリカ掃海艇の砲撃と爆雷攻撃を受け沈没したとある。
　石川艦長以下、98名全員戦死。（喪失認定　12月5日）

伊号第17潜水艦（乙型）

伊号第17潜水艦歴代艦長			
艦長名	海兵期	着任	離任
西野耕三 中佐	48	S16.1.24	S17.7.15
原田毫衛 少佐	52	S17.7.15	S18.8.19

　伊17潜は乙型2番艦として昭和16年1月24日横須賀工廠で竣工した。初代艦長は西野耕三中佐（兵48期）で昭和15年6月1日に同艦の艤装員長に着任していた。歴代の艦長は西野中佐と、原田少佐の2名である。
　太平洋戦争開戦時は、第1潜水戦隊第1潜水部隊に所属し、先遣部隊として昭和16年11月21日ハワイに向けて横須賀を出港した。12月8日ハワイ北方への散開配備後、敵空母を追躡。そのまま先遣支隊としてアメリカ西海岸で交通破壊戦を実施。12月18日メンドシナ沖でアメリカ船「サモア」を撃沈。12月21日同じくメンドシナ沖においてアメリカタンカー「ラレー・ドネー」を撃沈した。昭和17年1月11日マーシャル諸島クェゼリン着。クェゼリン基地は環礁で、熱帯樹が生えた小島が列をなしていた。のちに日本軍約3,400人の守備隊が玉砕している。
　つかの間の休息を得た伊17潜は2月1日、第2潜水隊に編入、クェゼリンを発し再びアメリカ西海岸に向かう。伊17潜には特別な任務が与えられていた。敵国の注意を西海岸に牽制するため陸上砲撃を実施するよう命じられたのである。2月20日サンディゴ沖に到達すると、日中は潜航して待機、潜望鏡で監視を続けた。そして24日1130、現地時間23日1910、サンタバーバラ油田地帯に艦砲射撃を行なった。アメリカ本土初砲撃である。陸岸との距離約4,000mで急速浮上。次々と40口径14cm砲が発射を繰り返す。
　後の伊400潜の艦長で、この時に伊17潜の先任将校であった南部伸清水雷長は砲撃時には艦内配置であったにもかかわらず、世紀の砲撃をこの目で見なくてはと艦橋に上がり頭だけを出して見物したそうである。「真っ暗で当たっているのかどうか、わからなかった」と以前語ってくれた。砲撃は全部で17弾発射したが通常弾（榴弾）ではなく徹甲弾だったため、あまり大きな火災をもたらすことはできなかった（アメリカ本土砲撃は3潜水艦で3回実施）。その後、3月1日タンカーと翌2日に商船の撃沈を報じたが確認がとれない。アメリカ本土砲撃と交通破壊戦で戦果を挙げた伊17潜は横須賀に帰着。
　2ヶ月半の休息と整備をすませ5月15日に横須賀を出港。北方部隊に編入、早速大湊経由でアッツ島偵察を行なっている。その後7月まで第2機動部隊の前路哨戒や、アリューシャン列島の哨戒任務をこなし、再び7月7日横須賀に帰投。
　7月15日、原田毫衛少佐（はらだ・はくえ、兵52期）に艦長が交代する。整備後の8月15日、今度はソロモン海域に進出。9月25日トラックに入港。11月22日ガ島輸送に従事し、12月8日横須賀に帰投した。
　昭和18年1月3日横須賀を出港、トラック、ラバウルを経由してガ島輸送を実施、ドラム缶10トンを揚陸。3月4日と6日には、ニューギニア東部北岸のクレチン岬沖で敵魚雷艇の攻撃を受けながらも八十一号作戦（輸送船8隻、護衛駆逐艦8隻で東部ニューギニアへ陸兵を輸送する作戦。しかし輸送船8隻全てと駆逐艦4隻が撃沈された。"ダンピール海峡の悲劇"と言う）の遭難者計190名を救助し、ラエに送り届けた。
　4月8日トラック着、乙潜水部隊に編入。南太平洋交通破壊戦に従事。5月23日ニューカレ

ドニア島ヌーメア南方でパナマ船「スタンバック・マニラ」を撃沈した。この船には油の他に魚雷艇6隻が積載されており、「PT165」「PT173」を共に撃沈（他の4隻は無事）した。太平洋戦争期間中、日本の潜水艦が魚雷艇を沈めた唯一の例となった。

6月12日トラック入港、7月25日出港、エスピリットサント島、ヌーメア偵察に向かう。8月10日、エスピリットサントの飛行偵察を実施する。

8月19日ヌーメア沖でアメリカ雑役船2隻とニュージーランド護送艦1隻の敵船団を発見したが、逆に敵のソーナーやヌーメア基地からの2機の水上偵察機に探知されてしまう。水偵からは爆雷が投下され、浮上せざるをえなくなった伊17潜に水偵は機銃掃射を繰り返した。ニュージーランドの護送艦も砲撃を加えてくる。

伊17潜も機銃で応戦するが、浮上砲戦の潜水艦ほど不利なものはない。もはや最後と「我ヌーメアニ突入セントス」の無電を第6艦隊司令部に打電する。艦橋にいる原田艦長は一旦潜航を命じたが、もはや困難と総員に艦上に上がるよう指示をする。しかし伊17潜は艦長以下12名を艦橋に残したまま、潜航してしまった。やがて伊17潜は垂直になり沈没、海底で爆発音が聞こえた。

戦死は原田艦長以下97名、生存者は6名と記録にある。（喪失認定　10月24日）

伊号第19潜水艦（乙型）

伊号第19潜水艦歴代艦長

艦長名	海兵期	着任	離任
楢原省吾 中佐	48	S16.4.28	S17.7.15
木梨鷹一 少佐	51	S17.7.15	S18.10.10
小林茂男 少佐	56	S18.10.10	S18.11.26

伊19潜は乙型3番艦として、三菱神戸造船所で昭和16年4月28日竣工。初代艦長は楢原省吾中佐（兵48期）で、1月31日に艤装員長として着任していた。歴代艦長は楢原中佐、木梨鷹一少佐、小林茂男少佐の3名である。

11月26日、単冠湾（ひとかっぷわん）を出港、機動部隊の前路を警戒し、ハワイ作戦後に先遣部隊として行動、12月22日にアメリカ西海岸でタンカー「H・M・ストーレー」を撃破、さらに12月25日にはカリフォルニア沖でアメリカ船「アブサロカ」を撃破した。

翌17年2月5日、クェゼリンで航空燃料補給設備の工事を行ない、K作戦（二式大艇による真珠湾奇襲作戦）に参加。3月4日フレンチフリゲート環礁で二式大艇に燃料を補給した。その後横須賀に帰着、5月20日北方部隊に編入。ただちに27日ウムナク島ニコルスキーを潜航偵察、さらに29日ダッチハーバーを潜航偵察した。6月30日先遣部隊に復帰、7月7日横須賀に帰着した。

7月15日、木梨鷹一少佐（兵51期）が艦長として着任する。8月15日横須賀を出港、ソロモン諸島南東方面の配備に就いた。それより遡ること約1週間前の8月7日、連合軍ガ島上陸の報告が入り、これに対し大本営、連合艦隊は印度洋交通破壊戦をやめて潜水部隊主力をソロモンに集中、アメリカ機動部隊捕捉撃滅を企図したためである。

9月8日、連合艦隊司令長官は先遣部隊指揮官に潜水部隊の全力をソロモン及びニューギニア方面に集中するように命令した。これにより先遣部隊指揮官は全潜水艦をソロモン諸島方面に集中、特にサンクリストバル島南東海面に散開線を張った。13日、索敵機が敵機動部隊を発見、第1潜水部隊はK散開線に東から伊9潜、伊31潜、伊24潜、伊21潜、伊26潜、伊19潜、伊15潜、伊17潜、伊23潜の順に配備した。

伊19潜は15日0950、サンクリストバル島南東において音源を探知し、1050に敵部隊が潜望鏡の視野に入った。空母を含む敵部隊とわかってもその距離は1万5,000mもあり、さらに敵の針路は遠ざかる一方であった。

しかし、ここからの伊19潜の襲撃行動は幸運に満ちたものになっていく。それより15分後の1105、敵は270度方向に変針していた。ただこの態勢でも距離があまりに遠く、まだ魚雷は発射できない。理想的な射点、すなわち標準射点の距離は800mから1,500mである。いくら魚雷の射程があってもこれほどの遠距離では正確な雷撃はできない。

ところが、その18分後の1123に敵が130度方向に針路を変更した。これなら伊19潜はその前程に向かえばさらに距離は近づく。1143の態勢では方位角が90度に近く、まだ良い姿勢ではない。方位角90度ということは、その時点が最近接距離であり、以後は距離が遠ざかることを意味する。魚雷を発射しても、命中する時に方位角は小さくなり命中率が低下するのである。

そして幸運はさらに続く。敵は130度から170度に変針して、方位角は90度から55度になり、距離は約900mと絶好の態勢になった。木梨艦長は敵速を12ノットと判定し、魚雷6本を発射した。

戦果は信じられないものとなった。まず3本が空母「ワスプ」に命中。これは同艦の爆弾庫、航空用ガソリンタンク付近に命中したため誘爆を繰り返した。しかも消火設備も破壊され防火作業も進まず、30分後総員退艦、味方駆逐艦の魚雷の処分を受けて沈没、559名が死傷した。日本海軍の潜水艦が単独で、ついに長年の宿願であったアメリカ海軍正規空母を撃沈した。そしてこれが最初で最後の正規空母単独撃沈となる。

さらに「ワスプ」の東方約10km地点に空母「ホーネット」の部隊がおり、「ワスプ」を逸れた3本の魚雷のうち1本が戦艦「ノースカロライナ」に命中し損傷、他の1本は駆逐艦「オブライエン」に命中した。「ノースカロライナ」には長さ9.6m、高さ5.4mの穴が開き、浸水量は駆逐艦1隻分にも及び9ヶ月間の修理を余儀なくされた。「オブライエン」は大破しながらも基地に到着し、応急修理後さらに本格的な修理のために航行中、突如船体が切断されて沈没した。撃沈と同じ結果である。

つまり1回の襲撃で6本発射した魚雷のうち5本が命中し空母と駆逐艦を撃沈、戦艦を撃破という驚異的な戦果を挙げたのである。アメリカ軍側も当初は2隻の潜水艦から魚雷を射たれたと

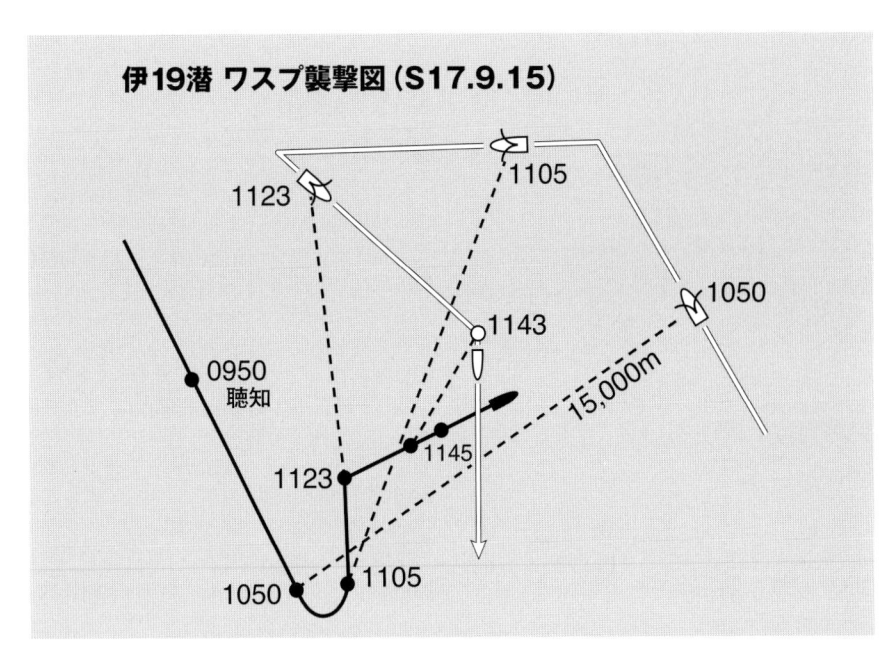

伊19潜 ワスプ襲撃図（S17.9.15）

思っていた。しかも、伊19潜に隣接して散開線配備にあった伊15潜が「ワスプ」が沈没する状況を確認、報告した。艦隊への攻撃でこのように敵の沈没が確認できるのは珍しいケースである。

大殊勲（ただし当時は戦艦と駆逐艦に命中したとはわからず）の伊19潜は9月25日トラック着、10月19日ニューカレドニア島ヌーメアを飛行偵察。11月22日からショートランドよりガ島カミンボに3度、ゴム袋やドラム缶に食糧約52トンを積んで輸送に成功した。

昭和18年1月25日横須賀に帰投。修理・休養を終えて3月24日横須賀を出港、トラックを経て南太平洋方面交通破壊戦を実施。5月1日スバ周辺でアメリカ船「フォスベ・A・ハースト」を撃沈。翌2日アメリカ船「ウイリアム・ウイリアムズ」撃破。16日にスパ南東でアメリカ船「ウイリアム・K・バンダービルト」を撃沈した。6月6日トラック着、第1潜水部隊に編入。

7月4日トラックを出港、南太平洋交通破壊戦を実施。8月14日、フィジー諸島西方にてアメリカ船「M・H・デヤング」を撃沈。

10月10日、艦長が小林茂男少佐（兵56期）に代わる。11月17日、真珠湾の飛行偵察に成功。19日、ギルバート方面に向かったが26日タラワ島の西南でアメリカ駆逐艦の爆雷攻撃を受けて沈没。小林艦長以下104名全員が戦死した。（喪失認定 2月2日）

伊号第21潜水艦（乙型）

伊号第21潜水艦歴代艦長

艦長名	海兵期	着任	離任
入江 達 中佐	51	S16.7.15	S16.10.31
松村寛治 中佐	50	S16.10.31	S18.3.16
稲田 洋 中佐	51	S18.3.16	S18.11.27

伊21潜は乙型4番艦として、昭和16年7月15日に神戸川崎造船所で竣工。初代艦長は1月30日に艤装員長に着任していた入江達中佐（兵51期）である。同艦の歴代艦長は全部で3名。

10月31日に、早くも2代目艦長、後に二階級特進する松村寛治中佐（兵50期）が着任する。松村中佐は山口県出身で、海兵卒業以後、潜水艦勤務一筋の生粋のもぐり屋である。最初に潜水艦長を務めたのは昭和10年の呂65潜で、さらに呂66潜、呂61潜の艦長を歴任して伊21潜の艦長に着任した。松村中佐は艦長時代、撃沈した敵船乗組員に乾パンを与えたり、敵病院船を発見した際に乗員からの「わが病院船も攻撃されたので攻撃すべき」との意見に対し「敵がどんな仕打ちをしようとも国際法を守る」と攻撃を許可しなかった人である。

11月20日横須賀を出港、22日単冠湾に入港し機動部隊に合同。26日ハワイに向け出港し、機動部隊前路警戒任務に就く。ハワイ作戦後、アメリカ西海岸で交通破壊戦に参加、12月23日エステロ湾にてアメリカタンカー「モンテベロ」を擱坐、続いてアメリカタンカー「アイダホ」を撃破する。昭和17年1月11日クェゼリン着。

1月下旬呉に帰投の後、休養整備を終えて、東方先遣支隊に編入され呉を出港。東方先遣支隊とは、昭和17年3月10日に編成された第8潜水戦隊（以下、8潜戦）の軍隊区分で、甲先遣支隊、乙先遣支隊、丙先遣支隊で編成され、乙、丙が同一方面に作戦行動するとき東方先遣支隊といった（P.193「第2段作戦初期、第8潜水戦隊の活躍」参照）。

4月27日トラックを経てポートモレスビー攻撃作戦に協力後、ヌーメアを監視。5月5日アメリカ船「ジョン・アダムス」を撃沈。続いて5月7日にギリシャ船「チロエ」を撃沈。5月19日スパ飛行偵察、5月24日オークランド飛行偵察、5月29日シドニー飛行偵察を実施する。搭乗員は予科練1期（のちの乙種予科練1期）の伊藤 進少尉で技量・経験とも最優秀、終戦までの総飛行時間は6,000時間を数える。少尉はのちに戦闘機に転科し厚木の302空で「雷電」の分隊長として活躍、「B-29」を5機撃墜する。

伊藤少尉が飛んだ偵察は、特殊潜航艇特別攻撃の事前偵察である。しかしあいにく夜半から雲が増し、風が強くなってきた。風に向かって艦が航行すると、さらにピッチングが大きくなり、カタパルトからの発艦は益々困難になる。しかしこの偵察は明日に延期することは許されない。0245、ピッチングの山の瞬時にあわせてうまく発艦に成功。高度500mでシドニーに向かった。そしてガーデン島付近で大型艦2隻が停泊しているのを発見。幸い照射を受けつつも射撃

を受けずに帰途についた。しかし、波が荒く水偵は着水の際、転覆。伊藤少尉らは必死の救出で助かったが機体は放棄された。その偵察結果を受け、5月31日にシドニーへの特殊潜航艇の特別攻撃が実施された。

6月8日ニューカスル島飛行場に34発の砲撃を実施。6月11日にパナマ貨物船「グエートメール」を撃沈してクェゼリン経由で7月12日横須賀に無事帰投する。

8月23日横須賀を出港、ソロモン諸島南東海面の配備に就く。10月2日、エスピリットサント飛行場を偵察。11月8日ヌーメア南方でアメリカ船「エドガー・アラン・ポー」を撃破。12月21日、トラックを出港、26日ガ島輸送で物資15トンを揚陸、昭和18年1月3日糧食20トン、便乗者37名をブナ、マンバレ河口に揚陸を果たした。

この後、豪州東岸方面で交通破壊戦に従事、昭和18年1月17日、シドニー東方でオーストラリア船「カリンゴー」を撃沈。1月18日、アメリカタンカー「モビルーペ」を擱坐。1月22日にはシドニー東方でアメリカ船「ピーター・H・バーネット」を撃破する。1月25日に再度シドニー飛行偵察を実施。2月8日シドニー南方でイギリス船「アイアン・ナイト」撃沈。2月10日にはアメリカ船「スターキング」を撃沈する。3月3日、トラックを経て横須賀に帰着。

3月16日、最後の艦長稲田洋中佐（兵51期）に代わる。松村中佐は「潜水学校教官兼呉工廠潜水艦部部員水雷学校教官航海学校教官工機学校教官工作学校教官」という恐ろしく長い職名に転勤する。なお、松村中佐は昭和19年5月に海軍大佐に昇進、9月12日第34潜水隊司令となり、9月19日に伊177潜に乗艦して出撃、パラオ海域で消息不明となり戦死と認定された。昭和20年4月25日、前年11月18日付けで二階級特進し海軍中将となっている。

昭和18年5月、伊21潜は稲田艦長指揮の下、北方部隊に編入。21日キスカ輸送を実施、兵器・弾薬を揚陸し60名を収容した。7月5日、キスカ撤退作戦であるケ号作戦に協力。8月5日原隊復帰し、第1潜水部隊に編入。

トラックを経て10月8日スパ飛行偵察を成功させ、のちフィジー諸島方面で行動し、11月11日アメリカ船「ケープ・サン・ジュアン」を撃沈。

ところが、11月19日ギルバート方面に向かい、27日、タラワ北西で敵情を報告したのち、消息不明となる。

アメリカ側の資料に該当なしとするも、一説にはタラワ南で、アメリカ哨戒機の攻撃を受け沈没とある。

稲田艦長以下、101名が戦死した。（喪失認定　12月24日）

伊号第23潜水艦（乙型）

伊23潜は、乙型5番艦として昭和16年9月27日、横須賀工廠で竣工した。初代艦長は同年5月15日に艤装員長として着任していた、柴田源一中佐（兵51期）である。

11月20日横須賀を出港、単冠湾を経て機動部隊の前路警戒任務に就く。ハワイ作戦後、アメリカ西海岸で交通破壊戦を実施。12月21日、モンテレー湾口でアメリカタンカー「アギワールド」を大破擱坐させ、続く24日、モンテレー湾でアメリカ船「ドロシィ・フィリップス」を撃破。昭和17年1月11日クェゼリンに帰着。

2月8日、オアフ島南方海面で監視中消息不明となる。アメリカ側の該当資料もなく、沈没原因はわからない。

柴田艦長以下、96名は全員戦死と認定された。（喪失認定　2月28日）

伊号第23潜水艦歴代艦長

艦長名	海兵期	着任	離任
柴田源一 中佐	51	S16.9.27	S17.2.28

伊号第25潜水艦（乙型）

伊25潜は乙型の6番艦として、昭和16年10月15日、三菱神戸造船所で竣工した。初代艦長は、4月28日に艤装員長として着任していた、沈着冷静と言われた田上明次少佐（兵51期）である。伊25潜の歴代艦長は全部で2名である。

開戦時にはハワイ北方海面で散開配備につき、伊6潜発見の敵空母部隊を追って、アメリカ西海岸で交通破壊戦を実施した。12月20日、アメリカのタンカー「エミディオ」を撃沈。さらに12月27日、コロンビアでアメリカのタンカー「コネティカット」を撃破。クェゼリンに帰着した後、翌年の昭和17年2月13日イギリス船「デリイモーア」を撃沈。2月17日には、シドニーの飛行偵察を実施している。

ちなみに伊25潜は日本海軍の潜水艦の中で、最も多く飛行偵察を実施した潜水艦である。シドニーの後、2月26日豪州ビクトリア州メルボルン、3月1日には豪州タスマニア州ホバート、8日はニュージーランドの首都ウェリントン、13日には同じくニュージーランド最大の都市オークランド、17日はフィジー、19日はフィジー諸島スバ、5月27日には北方部隊に編入後アラスカ州コジアック、9月には後に詳しくふれるがオレゴン州空爆を2回、昭和18年には2月にニューカレドニア島に近いエスピリットサント島、8月に同じくエスピリットサント島と合計11回成功させている。

そして伊25潜の活躍と言えば、アメリカ本土オレゴン州への砲撃と空爆であろう。アメリカ本土砲撃は、昭和17年6月21日イギリス船「フォート・カモスン」を撃沈した後、翌22日、ワシントン州との州境を流れるコロンビア河の河口に位置するオレゴン州アストリアを砲撃した。アメリカ本土を砲撃した潜水艦は全部で3隻である。伊17潜がカリフォルニア州エルウッド油田。伊26潜がカナダのバンクーバ島の無線局、そして伊25潜である。3隻3回の砲撃とも発射弾数は偶然17発である。

そしてもう一つがアメリカ本土空爆である。伊25潜は6月30日、先遣部隊に復帰、7月7

伊号第25潜水艦歴代艦長

艦長名	海兵期	着任	離任
田上明次 少佐	51	S16.10.15	S18.7.15
小比賀眩 中佐	53	S18.7.15	S18.10.24

日に横須賀に復帰。8月15日に第6艦隊直率となり、アメリカ西海岸の作戦を命ぜられ、横須賀を出港する。航海は順調で9月オレゴン州ブランコ岬沖に到達、しかし海が荒れていて飛行機の組み立ても発艦もできない。波の静まるのを待ち、遂に9日、海上はしだいに穏やかになり発艦作業は順調に行なわれた。水偵には76kg焼夷爆弾2発が積み込まれた。先任将校の合図でカタパルトから射出された後30分、オレゴンの山林に達した小型水偵は2弾を投下、爆発と白い花火が飛び散る、機は無事帰艦して収容作業に入った。

その後、再び焼夷弾攻撃を決意したが、またしても天候に恵まれず海上は荒れ模様が続いた。そして9月29日、やっと海上は平穏となり、夜がふけるのを待って発進した。月夜の飛行を続け、森林地帯に再び2発の焼夷弾を投下、火を噴くのを確認して無事帰艦することに成功した。投下された小型焼夷弾は小規模な山火事を引き起こしたが、想定したような大火災にはならなかった。アメリカ本土への航空爆撃はこれが最初であり、最後となった。

10月4日、ブラームス岬でアメリカのタンカー「カムデン」を撃沈。つづいて7日、コロンビア河付近でアメリカのタンカー「ラリイ・ポニイ」を撃沈する。その後伊25潜は内地に帰投することになった。

10月10日、アメリカ本土から500浬離れた所でマスト2本を発見する。もしや大型艦ではと接近してみると、それは2隻の潜水艦が単縦陣で航行していた所であった。惜しむらくは、伊25潜にはもう残りの魚雷は1本しかない。この貴重な1本を先頭の潜水艦に発射、見事に命中し敵潜水艦はわずか20秒で轟沈した。あと1隻残っているが魚雷が無くては仕方がない。諦めて横須賀に帰投した。

伊25潜が沈めた潜水艦はソ連の潜水艦「L16」だった。それは戦後に判明したことだが、この時期日本はソ連とは戦争状態になっていなかった。それではソ連は何故日本政府に抗議をしなかったのであろうか。実はソ連はこれをアメリカの潜水艦に撃沈されたものと思い込んでいた。当時ソ連は中立国であったがアメリカの支援を受けていて、ドイツに対して警戒を強めていた時期である。アメリカに抗議して支援を凍結されては困ると判断し、そのまま封印してしまったのである。よって日本政府は抗議を受けることはなかった。10月24日、伊25潜は無事横須賀に帰投。

12月1日横須賀を出港、ラバウルを基地としてニューギニア島ブナの輸送作戦を実施。12月17日、25日、昭和18年1月5日は糧食25トンを揚陸、便乗者70名を乗せ、昭和18年1月8日にはラバウルからラエに向っていた際にアメリカ戦闘機に撃沈された「日竜丸」の第51師団（北関東の兵、「基」兵団）の生存者117名を救助する。1月11日にブナ輸送を実施し、13日には揚陸を完了し、37名の便乗者を収容する。1月17日トラックに帰着した。

2月7日、前述のようにエスピリットサント島に飛行偵察を実施した後、3月29日南太平洋方面交通破壊戦を実施する。5月18日、フィジー島付近でアメリカのタンカー「H・M・ストーリー」を撃沈。

7月15日、艦長が小比賀勝中佐（兵53期）に交代する。8月23日最後の飛行偵察をエスピリットサント島で行ない、戦艦3隻を含む大部隊を発見する。その後9月16日、スバ飛行偵察を命ぜられたが消息不明となる。

アメリカ側にも該当資料がなく沈没経緯は不明である。アメリカ本土を爆撃し、数々の飛行偵察を成功させ、商船6隻、敵潜水艦1隻を撃沈した伊25潜は第2潜水隊司令宮崎武治大佐（兵46期）、小比賀艦長と共に乗員100名全員が戦死した。（喪失認定 10月24日）

伊号第26潜水艦（乙型）

伊26潜は昭和16年11月6日、乙型7番艦として呉工廠で竣工した。初代艦長は横田稔中佐（兵51期）が着任し、同艦の歴代艦長は3名である。

開戦時は第1潜水戦隊4潜水隊に配備されており、昭和16年11月19日横須賀を出港、北太平洋に向かい、キスカ、アダック、ダッチハーバー方面の偵察任務を行なった。12月8日、アメリカ船「シントルダ・オルソン」を撃沈。12月13日、先遣支隊となりアメリカ西海岸、フラッター岬方面に配備された。

昭和17年2月5日、南太平洋マーシャル群島の中心、クェゼリン礁に入港。クェゼリンは元ドイツ領で第1次世界大戦後、日本の委任統治領になっていた。当時は単にハワイ・アメリカ本土方面への前進基地だけではなく、オーストラリア、ニュージーランド、フィジー、サモアなどへの偵察任務の基地としても使用されており、潜水艦基地隊約200名が進出していた。ここで二式大艇によるハワイ爆撃を実施するK作戦支援のため、乙型に装備される艦橋前方の水上偵察機格納筒の内部に航空燃料15,000リットルを収容するタンクを増設（伊15潜と伊19潜も同様の改造）。

3月1日、K作戦のためフレンチフリゲート環礁に向かい、3月4日夕刻、伊15潜、伊19潜は補給を開始、伊26潜は予備であったため、補給中周囲を警戒した。5月16日無事横須賀に帰着。

5月20日北方部隊に編入。5月31日、シアトル沖に配備、6月8日にアメリカ船「コースト・トレーダー」を撃沈。6月21日、カナダのバンクーバ島にある、濃霧の時に船舶が衝突しないように電波を発信する無線羅針局を砲撃。7月7日横須賀に帰着。

8月10日、第4潜水戦隊解隊のため第2潜水戦隊に配備。8月15日横須賀出港、ソロモン諸島方面に向かう。8月31日夜明けに、サンクリストバル島東方で突如、水平線に異様な物を発見する。ガスタンクのような巨大なものであった。実はそれは空母「サラトガ」の煙突だった。

伊号第26潜水艦歴代艦長

艦長名	海兵期	着任	離任
横田 稔 中佐	51	S16.11.6	S18.8.23
日下敏夫 少佐	53	S18.8.23	S19.8.1
西内正一 少佐	60	S19.8.1	S19.11.21

「サラトガ」は伊6潜に昭和17年1月に雷撃を受けており、修理を終えて戦線に復帰していた。

ここから戦艦、巡洋艦、駆逐艦に護られた「サラトガ」隊と伊26潜の死闘が始まる。応援で「サラトガ」隊に来ていた新戦艦「ノースカロライナ」、「サラトガ」は早くもレーダーで伊26潜を捉えていた。すぐさま駆逐艦に調査を命ずる。しかし伊26潜はすばやく潜航し、レーダーの反応は消えてしまう。

潜航した伊26潜は、まだ夜明けであるため太陽の昇り方も低いので、飛行機に透視される懸念は少ないと判断、できるだけ潜行深度を浅くして潜望鏡で敵発見に努めた。潜望鏡で敵を発見した横田艦長はただちに「魚雷戦用意」を命じた。しかしここで思わぬアクシデントが起きる。乙型は艦首に6本の魚雷発射管を装備しているが、最後の6番発射管が準備できない。魚雷1本準備不良のまま発射しなければならないと決意した時、全部の発射準備完了となった。

その間「サラトガ」は外方に変針したため、後方から発射する形となった6本の魚雷のうち1本は調整不良のためか水面をジャンプしてしまう。魚雷は水面からジャンプすると、本来水中で回転するはずのプロペラが水の抵抗を失い空転するので、過回転となりエンジンが損傷してまともに走れなくなってしまう。他5本のうち4本が回避されたがついに1本が「サラトガ」の煙突後部付近の船体に命中、修理に3ヶ月かかる大損傷を与えた。しかしその後が大変だった。護衛駆逐艦の執拗な反撃を受け、50発以上の爆雷で8時間にも及ぶ制圧を受けることになる。しかしなんとか耐え抜き、無事トラックに帰着した。

さらに伊26潜の活躍は続く。11月13日、サンクリストバル島西で今度はアメリカ軽巡洋艦「ジュノー」を撃沈する。「ジュノー」は第3次ソロモン海戦で損傷を受けていて、巡洋艦「サンフランシスコ」、軽巡洋艦「ヘレナ」と共に海戦後、南下中であった。伊26潜としては「サンフランシスコ」に向けて早速、魚雷6本を発射したいところだが、不幸にも数日前に水上機への補給作戦のためにインディスペンサブル礁に近づいた際に座礁したため、下部発射管3門が使用不能となっていた。やむなく残りの発射管から3本を発射。2本の魚雷は「サンフランシスコ」ではなく、さらに遠くにいた「ジュノー」の左舷前部火薬庫に命中、大爆発を起こしわずか7分で沈没してしまう。

それでも684名の乗員のうち約150名は海に飛び込み脱出に成功した。しかし信じられぬことに、ほかの艦はそのまま仲間を見捨てて立ち去ってしまう。結局数日後に救出に向かったが生存者はわずか7名であった。これは太平洋戦争中のアメリカ軍艦沈没中の中で三大惨事とされている（他は伊175潜が撃沈した護衛空母「リスカム・ベイ」で戦死650名、伊58潜が撃沈した重巡「インディアナポリス」で戦死900名）。余談だが、「ジュノー」にはサリバンという5人兄弟が乗っていて全員戦死した。これ以降アメリカ海軍は兄弟を同じ艦に乗せないようになったそうである。

12月9日、トラックを経て横須賀に帰着。昭和18年1月15日、横須賀を出港。トラックよりガ島輸送作戦に従事。1月28日にエスペランス岬に運貨筒（無人で潜水艦が曳航して物資を運ぶ無動力の潜航艇。揚陸地点で切り離され、陸上からの大発などで収容する。有人自走するものは「特型運貨筒」で別物である）の揚陸を成功させる。3月3日八十一号作戦（東部ニューギニア、ラエに輸送中の輸送船8隻が沈没し陸軍将兵3,000人が海没した。ダンピール海峡の悲劇とも言われる。）遭難者20名、8日にさらに54名を救助。4月11日ユーゴ船「レシナ」を撃沈。4月24日オーストラリア船「コウアラ」を撃沈。8月23日横須賀に帰着。

9月18日、日下敏夫少佐（兵53期）に艦長が交代。11月1日に日下艦長は中佐に進級。21日横須賀出港。ペナンを経て12月21日アラビア半島南東部オーマン湾で交通破壊戦を実施、28日アメリカ船「ロバート・T・ホーク」撃破。31日、イギリスタンカー「トーンズ」を撃破。昭和19年1月1日アメリカ船「アルバート・ギャランチン」を撃沈した。1月15日ペナンを経由してシンガポールに帰着。

2月27日、ペナンを出港し「よ輸送」を実施。「よ輸送」とは、インド独立運動ため日本陸軍の光機関が養成したインド人秘密工作員12名を密かにパキスタンのカラチに上陸させた作戦である。その後再びアラビア海で交通破壊戦を実施。3月13日アメリカタンカー「H・D・コリアー」を撃沈。21日、ノルウェーのタンカー「グレナ」を撃沈。2月19日にはアメリカ船「リチャード・ホベイ」を撃沈した。

5月に呉に戻り、6月にはサイパン島へ運貨筒を輸送、グアム島より飛行機搭乗員120名を収容した。

8月1日、最後の艦長、西内正一少佐（兵60期）が着任。10月13日、呉を出港、レイテ島東方海面で消息不明となった。

伊26潜は、「サラトガ」撃破、「ジュノー」撃沈、商船10隻を撃沈した武勲艦であったが、該当するアメリカ側の資料もなく、その最後の様子はわかっていない。

西内艦長以下、105名全員戦死。（喪失認定　11月21日）

伊号第27潜水艦（乙型）

伊号第27潜水艦歴代艦長

艦長名	海兵期	着任	離任
吉村　巌 中佐	51	S17.2.14	S17.8.15
北村惣七 少佐	55	S17.8.15	S18.2.23
福村利明 少佐	54	S18.2.23	S19.2.13

▼ペナン基地に在泊中の手前が伊29潜、奥が伊27潜である。同型艦でありながら2隻の塗装は異なり、手前の伊29潜は黒色に近い色に見える。飛行機格納筒にある複数の突起物が何であるか不明。

　伊27潜は乙型8番艦として、昭和17年2月24日、佐世保工廠で竣工した。初代艦長は吉村巌中佐（兵51期）で同艦の歴代艦長は3名である。
　昭和17年4月15日呉を出港、東方先遣支隊に配備される。5月17日トラックで特潜を搭載。5月31日、シドニー湾口7浬付近で特潜を発進（艇長：中馬兼四大尉、艇付：大森猛1曹。防潜網にからまり自爆戦死）。6月3日、特潜の捜索を断念しメルボルン方面の交通破壊戦を実施。4日タスマニア近海において、オーストラリア船「バロン」を撃破、さらにオーストラリア船「アイアン・クラウン」を撃沈後、25日クェゼリンに帰着した。
　8月15日艦長が北村惣七少佐（兵55期）に交代する。8月29日ペナンを出港し、ベンガル湾交通破壊戦を実施するが戦果はなかった。その後ペナン、シンガポールを経て再び交通破壊戦を実施、10月22日、イギリス船「オーシャン・ビンテージ」を撃沈する。
　昭和18年2月23日、福村利明少佐（兵54期）が伊27潜の3代目艦長として着任する。福村少佐は明治38年10月2日、熊本市に産まれ、大正15年3月に54期生として、68名中41番の成績で海軍兵学校を卒業した。大尉まで潜水艦の勤務はなかったが、昭和8年5月に初めて伊62潜の航海長に着任して以降は、潜水艦勤務一筋で活躍する。続いて昭和10年4月、伊71潜の艤装員から12月に同艦の航海長、翌年4月には伊69潜の航海長に着任。さらに同年12月には伊1潜の航海長、潜水母艦駒橋の航海長を経て、ついに昭和14年11月に少佐に進級と同時に呂34潜の艦長となり、3潜戦、6潜隊の参謀を務め、昭和17年11月に伊159潜の潜水艦長として実戦を経験。そして伊27潜の潜水艦長に着任したのである。
　昭和18年3月21日、イギリス船「フォート・マムフォード」を撃沈［④］。5月7日オランダ船「ベラキット」を撃沈［⑤］。6月3日、アメリカ船「モンタナ」を撃沈［⑥］。6月24日、イギリスタンカー「ブリティッシュ・ベンチャー」を撃沈［⑦］。6月28日マスカット湾内にてノルウエー船「パプ」を撃沈［⑧］。続いて7月5日にマスカット沖にてアメリカ船「アルコア・プロスペクター」を撃破。
　その後一度、ペナンに戻り再び、交通破壊戦を実施。9月7日アメリカ船「ライマン・スチュワート」を撃破［⑨］。9月10日イギリス船「ラーチバンク」を撃沈［⑩］。9月24日ペナンに帰着。
　10月30日マクヌゲ島を偵察し、翌日にはマルコルアトールを偵察。11月10日にペリム泊地を偵察後、イギリス船「サンボ」を撃沈［⑪］。11月18日にはイギリス船「サムブレッジ」を撃沈［⑫］。11月27日にセリム及びペリムの偵察を実施する。11月29日ギリシャ船「アシナ・リバノス」を撃沈［⑬］。12月2日には同じくギリシャ船「ニッサ」を撃沈［⑭］。続いて12月3日にイギリス船「フォート・コモサン」を撃破する［⑮］。12月17日、多大な戦果を挙げて無事ペナンに帰着。第14潜水隊が解隊され8潜戦直率となる。
　昭和19年2月4日ペナンを出港、12日、マルダイブ諸島南西で輸送船5隻、護衛艦艇3隻からなるイギリスKR8船団を攻撃、そのうちの1隻、兵員を満載したイギリス船「ケダイプ・イスメール」を撃沈［⑯］、乗っていた英国兵約1,000名以上が戦死した。

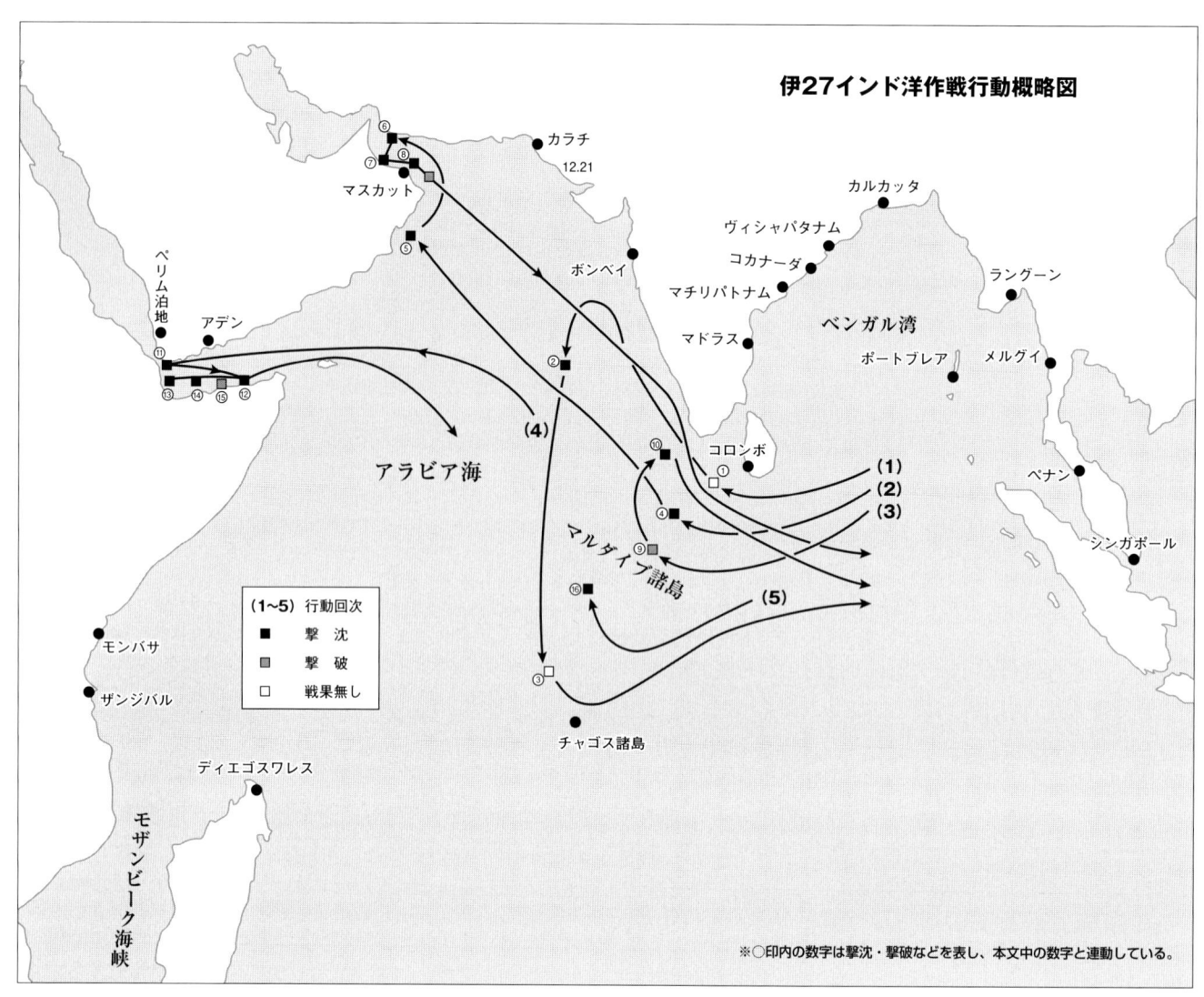

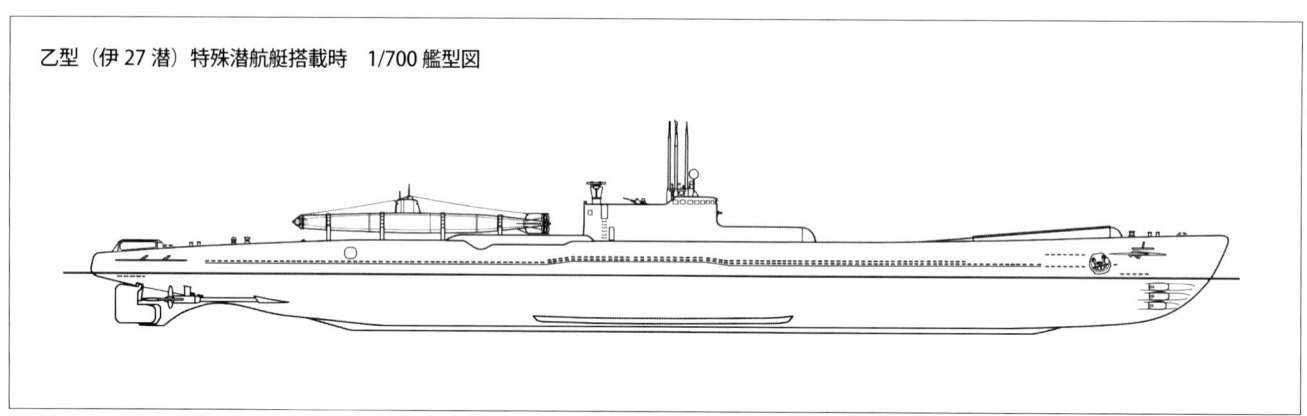

しかし、2隻の護衛駆逐艦「パラデン」と「ピータード」は爆雷を投下、損傷した伊27潜は浮上砲戦を挑んだが、「パラデン」の体当たり攻撃を受けて沈没し、福村中佐以下104名が戦死した。

伊27潜は13隻撃沈、4隻を撃破し、その撃沈数は日本海軍潜水艦では最高の戦果であった。約10ヶ月間5回に渡り、インド洋での交通破壊戦を実施して11隻を撃沈、3隻撃破を数えた福村少佐はその功績により戦死後、二階級特進の栄を受けた。（喪失認定　5月15日）

伊号第28潜水艦（乙型）

伊号第28潜水艦歴代艦長

艦長名	海兵期	着任	離任
矢島安雄 少佐	51	S17.2.6	S17.4.17

伊28潜は昭和17年2月6日、乙型9番艦として三菱神戸造船所で竣工した。初代艦長は矢島安雄少佐（兵51期）である。

2月24日、第6艦隊第8潜水戦隊第14潜水隊に配備され4月15日呉を出港、東方先遣支隊の一艦としてトラックを経由、ポートモレスビー攻略作戦に協力後、ガ島南西方面の散開配備についた。5月11日トラックに帰投を命ぜられた。伊22潜、伊24潜と共に次の特別攻撃のため特潜を受けとりに行くのである。しかしこの帰投指示の電文が解読され、アメリカ潜水艦の待ち伏せ受ける。

5月17日朝、そうとは知らない伊22潜、伊24潜はアメリカ潜水艦「トートグ」に、1時間おきに発見される。「トートグ」は太平洋戦争中、撃沈数第1位で25隻の日本艦船を沈めた戦歴を持つ。しかし、伊22潜、伊24潜に次々と雷撃するが魚雷は命中しなかった。魚雷の早爆が原因である。

そして3番目に発見した伊28潜には、失敗を反省しできるだけ近くまで接近、魚雷2本を発射。命中損傷するがすぐに沈没しない。伊28潜も魚雷2本を発射して応戦する。「トートグ」はさらに魚雷1本を発射、これが再び命中し大爆発を起こした伊28潜は沈没、船体の破片が雨のごとく降ってきたという。

矢島艦長以下88名が戦死。伊28潜は竣工後わずか99日間で失われた。（喪失認定 5月16日）

伊号第29潜水艦（乙型）

伊号第29潜水艦歴代艦長

艦長名	海兵期	着任	離任
伊豆寿一 中佐	51	S17.2.27	S18.10.10
木梨鷹一 中佐	51	S18.10.10	S19.7.26

伊29潜は乙型10番艦として、昭和17年2月27日横須賀工廠で竣工した。初代艦長は伊豆寿一中佐（兵51期）である。伊29潜の歴代艦長は2名である。

竣工当日に第6艦隊第8潜水戦隊第14潜水隊に編入され、4月15日には、東方先遣支隊として呉を出港トラックに向かった。

4月30日にはトラックを出港して、豪州東岸で交通破壊戦を実施。5月16日、貨物船を発見し、浮上砲撃するも相手は当時中立国であったソ連船だった。

5月23日にはシドニーに対し、伊29潜として最初で最後の飛行偵察を実施する。シドニー飛行偵察の結果は、湾内に戦艦1隻、大型駆逐艦または軽巡の在泊を認めた。この報告に基づき東方先遣支隊は、シドニーに特殊潜航艇（以下特潜）を投入することになる。

先遣部隊指揮官は、東方先遣支隊に対し、シドニー攻撃後、交通破壊戦実施の命令を発した。6月2日、豪州ブリスベーン沖において交通破壊戦を実施。ヌーメア、クェゼリンを経由して7月21日横須賀に帰着。

7月29日に横須賀を出港し、ペナンを経て印度洋交通破壊戦を実施。9月2日、イギリス船「ガスコン」を撃沈。9月10日には、イギリス船「アースフィールド」を撃沈。16日はイギリス船「オーシャン・オーナー」を攻撃したが雷撃だけではなかなか沈まず、14cm砲も撃って撃沈している。23日にアメリカ船「ポールルッケンバッハ」を撃沈した後、ペナン経由でシンガポールに向かった。

10月23日シンガポールを出撃し、ペナン経由で再び印度洋交通破壊戦を実施。11月23日、イギリスの大型客船「チラワ」を撃沈。10日後の12月3日にはノルウェーのタンカー「ベリタ」を撃沈する。昭和18年1月29日、ペナン経由でシンガポールに回航。2月7日、シンガポールを出港し、ペナン経由でベンガル湾方面へ出港。

3月7日、第8潜水戦隊、第14潜水隊司令が寺岡正雄大佐（兵46期）に替わり、4月5日、伊29潜は特殊任務のためペナンを出港する。特殊任務とはインド洋でドイツ潜水艦と落ち合い、インドの急進的独立運動家、スバス・チャンドラボースを収容することであった。

チャンドラボースはインド独立のため、第2次世界大戦勃発と共にソ連へ亡命。スターリンに協力を要請するが、断られたためドイツに亡命する。しかしヒトラー、ムッソリーニにも協力を拒否された。それでもドイツでインド旅団を編成、反英放送を送り続けていたが、日米戦が起きると、今度は日本に協力を要請。これを日本政府が承諾したため、ドイツから輸送潜水艦であるU180が印度洋に向かい、伊29潜と交流を行なうこととなった。

この特殊任務ではチャンドラボースを収容するだけでなく、日本からはのちにドイツからの譲渡艦呂501潜（U1224「さつき2号」）回航中に戦死する江見哲四郎中佐（兵50期、のち少将）と、潜水艦設計の第一人者でU234に便乗して日本に帰る途中、ドイツが降伏してしまい、Uボート艦内で自決を遂げた友永英夫技術少佐（のち中佐）をドイツに派遣することになっていた。

また、航空母艦や特潜の設計図、九三式魚雷、潜水艦自動懸吊装置等をドイツに送り、ドイツからは小型潜水艦の設計図や対戦車特殊弾、マラリアの特効薬キニーネを受け取った。これらの人員や物資の交換は波が荒れて大変な困難をともなったが4月28日に無事成功し、5月13日シンガポールに無事到着した。

5月29日、ペナン経由でアデン湾方面において交通破壊戦を実施。7月12日、イギリス船「ラマニ」を撃沈。8月19日、呉着。

10月10日、伊19潜でアメリカ正規空母「ワスプ」を撃沈した木梨鷹一中佐（兵51期）が新艦長として着任する。

そして11月5日、遣独潜水艦としてドイツに向けて出発する。ドイツに派遣された潜水艦は2年間で5隻、最初は伊30潜、続いて伊8潜、伊34潜、そして4番目が伊29潜、最後が伊52潜である。しかし遣独任務は過酷で往路で2隻、復路で2隻撃沈され、往復に成功したのは伊8潜のみだった。

11月14日シンガポールに立ち寄り、小島秀雄少将ら便乗者16名が乗艦、生ゴムやタングステンなどの戦略物資も搭載する。また軍令部の指示で、ドイツから帰着した伊8潜に搭載され

ていたドイツ海軍の新式電波探知機を譲り受けて、12月16日に出港。伊34潜の戦訓によりペナンに立ち寄ることなく、直接ロリアンまで片道約3ヶ月かけて向かった。

12月23日、インド洋中央部でドイツ油槽船と会合、燃料補給を受けた。喜望峰の暴風圏を突破し、昭和19年2月13日、アゾレス諸島南方で、ドイツ潜水艦と会合、3人の連絡員を乗艦させるとともに、最新式の電波探知機も受領した。3月11日についに無事ロリアンに到着した。

4月16日、ロリアンを出港、便乗者は小野田捨次郎大佐、巖谷英一技術中佐、野間口光雄技術少佐など14名とドイツ人4名の計18名。また後の秋水、橘花の元となるMe163、Me262の設計図なども持ち帰ることとなった。7月14日、シンガポールに無事到着。便乗者は全員シンガポールで退艦する。

22日シンガポールを出港、日本に向かったが、26日バシー海峡においてアメリカ潜の雷撃を受けて沈没し、上等兵曹1人を除いて、木梨艦長以下105名が戦死した。

アメリカ側の資料によれば、米潜「ソードフィッシュ」が浮上航走中の潜水艦を発見、4本雷撃し3本命中したとある。

あと一歩で日本に帰りつける無念の最後だった。木梨艦長は戦死後二階級特進、海軍少将となった。

▼昭和18年春、ペナンからインド洋に出撃中の伊29潜。基地の見送りに帽フレで応えている乗員の姿が見える。インド独立運動家チャンドラボーズを受け取るために出撃した際に撮影された可能性が高い。

▼昭和18年4月28日、マダガスカル島南西洋上で伊29潜はドイツUボートU180と会合し、インド独立運動指導者チャンドラボースとハッサンを収容した。この写真は無事伊29潜に収容された際に撮影された写真で、中央でメガネをかけている人物がボース、その後ろの髭を生やした人物がハッサン、手前が第14潜水隊司令、寺岡正雄大佐である。

▼遣独任務の命を受け、インド洋、大西洋を航行して無事ロリアンに到着し、ドイツブンカーに入港する伊29潜。本艦の艦長は1回の魚雷攻撃で空母「ワスプ」を撃沈、戦艦を撃破、駆逐艦を撃沈した木梨鷹一艦長で無事ロリアンに入港した。しかし帰路、シンガポールで便乗者を降ろしたのち、バシー海峡で敵潜水艦の待ち伏せにあい惜しくも沈没した。木梨艦長は二階級特進する。後甲板の14cm砲は撤去され、かわりに25mm連装機銃2基が搭載されているのがわかる。

伊号第30潜水艦（乙型）

伊号第30潜水艦歴代艦長

艦長名	海兵期	着任	離任
遠藤 忍 中佐	52	S17.2.28	S17.10.10

▼ロリアンに到着した伊30潜。船体の汚れからインド洋、大西洋を乗り越えてきた苦労の跡が見える。伊30潜は約2週間滞在した後、帰国の途についたが、途中ドイツ暗号機エニグマを降ろす命令を兵備局長が独断で命じたため、シンガポールに寄港した。その結果、シンガポール出港直後に機雷に触雷して沈没し、14名が戦死している。

伊30潜は乙型11番艦として、昭和17年2月28日呉工廠で竣工した。初代艦長は遠藤忍中佐（兵52期）で伊30潜の艦長は遠藤艦長一人である。

昭和17年3月10日、ただちに第6艦隊第8潜水戦隊第14潜水隊に編入された。同日、ウェーク島付近で米機動部隊が発見され、先遣部隊は邀撃を命じられた。伊30潜も呉を出港したが、会敵することなく20日に帰投した。

その後伊30潜は、伊10潜、伊16潜、伊18潜、伊20潜、特設巡洋艦「報国丸」、「愛国丸」とともにインド洋で作戦を実施する、甲先遣支隊に編入された。この時に甲先遣支隊に与えられた任務はペナンに進出して、母潜となる伊16潜、伊18潜、伊20潜は特潜を搭載、伊10潜と伊30潜は偵察を担当し、敵主要艦艇の在泊を確認したならば特潜を発進させ、第3夜まで収容に努める。特別攻撃終了後、伊30潜は遣独任務に他の潜水艦は交通破壊戦を実施するというものだった。

伊30潜は4月11日呉を出港、20日にペナンに進出した。22日、「愛国丸」とともにペナンを出港、27日「愛国丸」より洋上補給を受ける。5月7日、アデン湾飛行偵察、8日ジブチ飛行偵察、19日ザンジバル、ダレサルム飛行偵察を実施。その際荒天で無理に着水したため、フロートを折損してしまう。20日にはモンバサの潜航偵察を行ない、有力艦の所在は確認できなかった。

諸情報から甲先遣支隊は、マダガスカル島ディエゴスワレスに特潜を発進させることとなった。特潜攻撃支援の後、伊30潜は、マダガスカル島で交通破壊戦を実施したが敵を発見するに至らなかった。

伊30潜が遣独任務という困難な作戦を控えていながら、こうした特潜攻撃の偵察、交通破壊戦任務と何役も行なわなくてはならなかったのか疑問が残る。

6月16日、集合場所であるマダガスカル島東方に東方先遣支隊が全艦集結することになっていたが、同付近に英国艦隊が出没しているとの情報を得た。旗艦である伊10潜と「愛国丸」だけはすでに別の地点に移動していた。結果的に指揮官が部下を置いて安全な海域に移動した形となった。

18日、インド洋を後にして伊30潜は日本海軍の潜水艦としては初めてドイツへ出発する。アフリカ南端沖の難所として有名なローリング・フォーティーズ（咆える40度線）を必死の思いで抜け、大西洋を北上、8月5日ドイツ掃海艇と会合に成功し、ロリアンに無事到着。入港時はまだドイツの戦局にも余裕があった時期ということもあり、盛大な歓迎を受け、艦長以下幹部はベルリンに招待され、下級士官と下士官乗員はパリを見学している。

8月23日、ロリアンを出港。順調に航海は進み9月20日インド洋に出る。10月8日、ペナンに到着。10日ペナンを発し、内地に向かうところを兵備局長から「ドイツから持ち帰ったエ

ニグマ暗号機10基をシンガポールへ陸揚げするよう」と指示を受けた。ところが驚くべきことに、この命令は兵備局長の独断で、シンガポール寄港について軍令部は承知していなかった。伊30潜は13日朝、ケッペル商港内に入り投錨し、早速暗号機の引き渡しを終え1600には出港する予定となっていた。

その後に悲劇が起きる。出港後まもなく機雷に触れてしまうのである。信じられぬことに機雷源の掃海水道の情報が伊30潜にもたらされていなかった。触雷後、前部に水柱が上がり艦はたちまち前方に傾き沈没した。この事故による戦死者は下士官・兵14名であった。

士官は全員無事だったが、遠藤艦長はその後、伊43潜の艦長となり、トラック島北方で戦死、機関長中野實機関大尉（機40期）は伊11潜で戦死。水雷長の西内正一大尉（兵60期）は伊26潜の艦長となり戦死。佐々木惇夫中尉（兵66期）は伊184潜で戦死しており、生き残って終戦を迎えたのは通信長兼砲術長の竹内釮一中尉（兵69期）と軍医官の山本和典軍医中尉だけであり、その後いかに過酷な潜水艦戦が続いたかを物語っている。

▼昭和17年8月23日、遣独任務を終えロリアン港から出港する伊30潜。写真での船体が明るい色なのは、被発見を防ぐ意味でドイツ側の進言により従来の黒色系の塗粧からライトグレーに改めたため。遣独任務には5隻派遣されたが、伊30潜は最初に派遣された潜水艦である。

伊号第31潜水艦（乙型）

伊号第31潜水艦歴代艦長

艦長名	海兵期	着任	離任
井上規矩 少佐	51	S17.5.30	S18.5.14

伊31潜は乙型の12番艦として、昭和17年5月30日に横須賀工廠で竣工した。初代艦長は3月10日に艤装員長で着任していた井上規矩少佐（兵51期）で、伊31潜の艦長は歴代井上少佐1人である。

竣工するとただちに短期の訓練で実戦に投入され、8月15日には呉を出港した。9月11日ガ島東方のヌデニ島グラシオサ湾を飛行偵察、さらに翌日10発の砲撃を行なった。ヌデニ島にあった水上機母艦2隻は10cm砲で応戦。さらに照明弾を打ち上げられ伊31潜は射撃を中止し潜航せざるをえなくなってしまう。9月13日、ヌデニ島の南西にあるバニコロ島に敵が隠れているのではないかと疑い飛行偵察を命じた。しかしスコールが邪魔をして敵情を確認できず、しかも帰投時に着水のショックで水偵は転覆してしまう。10月6日トラックに帰投。

11月4日、フィジー諸島スバ、11日同じくフィジー諸島パゴパゴ島を飛行偵察。11月20日ショートランドに到着し、ここを基地としてガ島輸送に従事する。

昭和18年1月13日呉に帰投。2月1日北方部隊に編入。2月25日呉を出港、アッツ・キスカ島の輸送作戦に従事。4月15日、アッツ島の新しい指揮官（北海守備第2地区隊長）山崎保代陸軍大佐を幌筵で乗せ、3日後にアッツ島に送っている。この後、1ヶ月もたたぬうちにアッツ島は玉砕する。

5月12日、キスカ島に物資を揚陸し、アメリカ軍のアッツ島上陸の情報によりただちに同方面に急行した。上陸に備えて、戦艦「ペンシルバニア」が艦砲射撃を行なっていた。翌13日、伊31潜はその「ペンシルバニア」に魚雷を発射するが命中せず、逆に飛行艇に追われる結果となってしまった。そして駆逐艦2隻に爆雷を次々と投下され、ついに翌朝耐えることができず浮上。そこに敵駆逐艦2隻は12.7cm砲の射撃を開始、伊31潜は被弾、沈没してしまう。

井上艦長以下、95名が戦死した。（喪失認定　5月14日）

伊号第32潜水艦（乙型）

伊号第32潜水艦歴代艦長

艦長名	海兵期	着任	離任
池沢政幸 中佐	52	S17.4.26	S17.11.1
堀　武雄 大佐	50	S17.11.1	S19.1.10
井元正之 少佐	58	S19.1.10	S19.3.24

伊32潜は乙型の13番艦として、昭和17年4月26日、佐世保工廠で竣工した。初代艦長は、3月10日に艤装員長に着任していた池沢政幸中佐（兵52期）で、伊32潜の歴代艦長は全部で3名である。

5月30日に第1潜水戦隊第15潜水隊に編入されクェゼリンに進出する。6月29日、第3潜水部隊に編入されクェゼリンを出港、7月9日ニューヘブライズ諸島ポートビラを偵察する。8月28日豪州方面の交通破壊戦に従事し、豪州海岸を経てペナン着。10月6日漏油のためトラックを経由し10月14日呉に帰投した。

11月1日、艦長が堀武雄大佐（兵50期）に交代する。12月4日、修理を終えて呉よりラバウルに向かう。ラバウルを基地としてブナ輸送に従事。12月24日、マンバレ河口に弾薬22トン揚陸。昭和18年1月9日、マンバレ河口に揚陸後、便乗者43名を乗せた。1月14日、ラバウルを出港してブナ輸送に従事、22トンの物資を揚陸させる。6月10日トラックを経て呉に帰着。

7月30日運貨筒を曳航してラバウルに進出。運貨筒とは潜水艦の甲板に載せて発進させる有人の特型運貨筒や運砲筒とは違い、動力がなく無人で潜水艦に曳航させるもの。収容方法は沖合いに迎えに来た大発に曳航用のロープを手渡すというものである。そして9月5日、ラエに運貨筒を曳航、初めて成功させた。

その後第1潜水部隊に編入されヌーメア方面に向かう。10月20日、ヌーメア飛行偵察を実施。12月20日呉に帰投。

昭和19年1月10日、艦長が井元正之少佐（兵58期）に交代する。2月25日呉を出港、トラックを経由して、ウオッゼ作戦輸送及びマーシャル東方での交通破壊戦を実施。マーシャル諸島にあるウオッゼ島には、第64警備隊と陸軍の南洋第1支隊が孤立していた。そこで伊32潜は食糧輸送を実施する。

しかしこの間のウオッゼ島との連絡暗号が解読されていたらしく、アメリカ軍は3月23日、駆逐艦3隻、駆逐艇1隻をウオッゼ島沖に送ったのである。彼らは3昼夜ウオッゼ島守備隊から見えない距離で監視を続け、ついに3月24日、伊32潜はレーダーに捕らえられた。その距離は約9kmと近く、ただちに4隻は目標に向かう。距離2,700mで伊32潜はアメリカ駆逐艦に気がつき潜航する。駆逐艦はソーナーで探知をつづけヘッジホッグを4回発射、さらに駆逐艇からは新兵器マウストラップを発射された。マウストラップはヘッジホッグの簡易型で、ヘッジホッグが24連装なのに対し4連装で、そのかわり3倍の射程距離がある。このマウストラップも4回発射された。すると深海で爆発音が2回起こり、以降ソーナーには音が聞こえなくなった。

井元艦長以下106名全員が戦死した。

伊号第33潜水艦（乙型）

伊号第33潜水艦歴代艦長

艦長名	海兵期	着任	離任
小川綱嘉 中佐	50	S17.6.10	S19.5.4
和田睦雄 少佐	61	S19.5.4	S19.6.13

伊33潜は乙型の14番艦として、昭和17年6月10日三菱神戸造船所で竣工した。初代艦長は4月20日に艤装員長に着任していた小川綱嘉中佐（兵50期）である。

同日第6艦隊第1潜水戦隊第15潜水隊に編入された。約2ヶ月間の訓練を行なったのち、8月15日呉を出港、ソロモン諸島方面の作戦に従事することとなった。

9月25日トラックに入港。翌日6番発射管故障箇所の修理を受けるため、特設工作艦「浦上丸」の右舷に横付けになり修理作業が始まった。しかし長いうねりがあったため、伊33潜の掌水雷長の特務少尉は修理作業を容易にするには、注水して艦尾を下げ、艦首を上げるべきと考えた。そこで水雷長に了解を得て後部10番、11番メインタンクに注水を行なった。しかし艦尾が意外に沈下し後部繋留索が切断、さらに後甲板の魚雷搭載口が開いたままであったので、そこから海水が浸入し急激に艦尾から沈下していった。その結果約2分後には、完全に伊33潜は沈没してしまったのである。

艦尾の意外な沈下原因は、艦が満載状態であり、メインタンク注水量と予備浮力との関係に対する考慮が足りなかったことと、メインタンクに注排水する際、ハッチは必ず閉鎖すべきであるのにこれを実施しなかったことにあった。

潜水隊司令の貴島盛次大佐（兵44期）、小川艦長は工作艦「浦上丸」で工事の打ち合わせをしていたので難をまぬがれたが、阿部鉄也中尉（兵67期）以下33名が殉職した。

海軍省は引き揚げを命じ、第4艦隊でその作業にあたった。まずは潜水夫による殉職者の収容を実施し、掌水雷長である特務少尉の遺体は艦橋ハッチから半身以上も乗り出した形で発見された。彼は脱出可能であったにもかかわらず責任をとって艦と運命をともにした。

その後2度に渡る浮揚作業の結果、昭和17年12月29日完全浮揚に成功。引き続き特設運送船「三江丸」「日豊丸」に繋留され艦内に残された遺体の収容にあたり、艦内を清掃、消毒して「日豊丸」に曳航され呉に向かった。呉海軍工廠では、約1年2ヶ月の徹底的な修理工事を実施し、昭和19年4月1日付けで呉鎮守府に編入された。

5月4日、和田睦雄少佐（兵61期）が新艦長として着任。6月1日、訓練部隊の第11潜水隊に編入され2週間に渡り訓練を重ねていた。訓練の海域は伊予灘で6月13日は最後の訓練日であった。0700に出港し、伊予灘の訓練海面に到着後、試験潜航を実施することになった。最初は約30mの潜航を行ない特に異常はなかった。次に0800、艦長は急速潜航訓練を実施する命令を発した。0805、ハッチを閉め「ベント開け」で潜航が始まった。

しかしその後に異変が起きた。通常潜航の際、艦は2度ないし3度の角度で艦首を下げて潜航するが、逆に艦尾が下がって潜航していく。しかもその角度はどんどん急角度となった。原因は機械室の浸水である。ついに浸水を食い止めることはできず水深約60mの海底に着底した。

その後、艦首を上にして一旦は浮上するかに思えたが、完全に浮上することはできず、再び船体は海底に沈没した。

事故原因は、艦橋後部にある給気筒の頭部弁に直径5cm、長さ15cmの円材がはさまっており、それにより弁が完全に閉じず、ここから海水が浸入したものである。呉での工事の際、修理後の確認を怠ったため円材が挟まっていたことを確認できなかったのである。さらに頭部弁の配員が、弁閉鎖不充分であれば信号灯が点灯しないのを見逃したのか、報告をしなかったのか不明であり、また給気筒内殻弁が何故閉鎖されていなかったのかも不明だった。

その結果、艦橋にいた2名が沈む艦から脱出し奇跡的に助かったが、他の乗員は和田艦長以下102名が殉職した。

▲伊33潜は事故沈没を2回起こしているが、1回目は"33"名の犠牲者を出し、当時の潜水艦関係者から「末尾に"3"のつく数字の艦は運が悪い」とまで言われた。写真は伊33潜が2度目の事故から昭和28年7月に引き揚げられ愛媛県興居島御手洗海岸に繋留されている写真。飛行機格納筒の上に装備された22号電探に注意。本艦引き揚げ後、乗員の遺体を収容し調査に降りた技術者が酸欠によりまたしても"3"名亡くなっている。〔写真提供/大和ミュージアム〕

日本海軍では開戦以来、末尾「3」の数字の潜水艦が次々と戦没したため「3は運が悪い」と、ささやかれていた。伊33潜が竣工した時、潜水艦乗りからは「嫌な番号の潜水艦ができた」とささやかれていたそうである。それがなんと2度も悲運な沈没を起こし、1度目の殉職者は33名だった。2度目の事故沈没は水深が深いこと、戦局に余裕がないことから浮揚は断念された。

戦争が終わり、昭和28年に伊33潜は引き揚げられることになった。水深が深く潮流が激しい場所なので浮揚作業は困難を極めたが、7月9日浮揚に成功した。艦内から多数の遺体を収容した後、解体を前に再度調査が行なわれることになった。前部発射管室が浸水せず残っていたからである。浦賀ドックの調査員が艦内に入ることになった。元海軍の技術士官達である。ところがすでに遺体が搬出された後にもかかわらず、ハッチを開けて艦内に入った途端に倒れ、それを助けに降りた他の調査員も続けて倒れた。まだメタンガスが残っていたのである。

この不慮の事故で潜水艦設計の専門家を瞬時に失ってしまったが、なんとこの事故の犠牲者も3名だった。

伊号第34潜水艦（乙型）

伊号第34潜水艦歴代艦長			
艦長名	海兵期	着任	離任
殿塚謹三 中佐	50	S17.8.31	S18.3.20
入江 達 中佐	51	S18.3.20	S18.11.13

　伊34潜は乙型の15番艦として、昭和17年8月31日佐世保工廠で竣工した。初代艦長は、5月20日に艤装員長に着任していた殿塚謹三中佐（兵50期）である。伊34潜の艦長は歴代2名である。

　11月15日、北方部隊に編入。11月28日呉を出港し、大湊を経由して早くもキスカ島への輸送作戦に従事した。12月10日キスカ島着、即日出航。アダック、アトカ島北側を哨戒した。18年1月1日元旦に無事幌筵に帰投。再び6日に出港し、キスカ、アッツ島への輸送任務を実施。1月15日に幌筵に帰投した。1月20日、人員輸送のために幌筵を出港、キスカ島に向かった。25日、キスカ島輸送終了後、26日から29日までアムチトカ島東及び北、その後2月12日までにアダック島、アトカ島を哨戒、さらに22日から24日まで、アムチトカ島飛行場を偵察した。3月18日、幌筵経由で横須賀へ帰投。4月下旬まで修理・休養に従事した。

　3月20日、艦長が入江達中佐（兵51期）に交代する。4月25日横須賀出港、大湊経由で再び5月12日キスカ島に着。輸送物資陸揚げ後、アッツ島に向かったが同日アメリカ軍はアッツ島に上陸を開始。伊34潜は駆逐艦の爆雷攻撃を受けたが、29日無事幌筵に帰還した。同29日にアッツ島玉砕。

　5月30日キスカ島撤収作戦を発令。伊34潜は6月9日にキスカ島に到着、兵器弾薬、糧食を陸揚げし、人員を収容して幌筵に帰還した。17日、再び幌筵を出港したが、キスカ島撤収作戦、いわゆる「ケ」号作戦は、第1水雷戦隊による水上部隊で実施されることにより、潜水艦による任務がなくなり22日幌筵に戻った。7月18日、先遣部隊に復帰、7月29日に呉に到着、神戸での修理に入り、その後訪独任務を命ぜられる。

　昭和18年10月13日、呉を出航。22日にシンガポールに入港し訪独の準備を行なった。便乗者は、スペイン駐在武官に赴任予定の無着仙明海軍中佐、潜水艦担当の有馬正雄技術少佐、民間の技師2名の4名。積載物は、潜水艦のキールにバラストとして、生ゴム、錫、タングステン、阿片を搭載。11月11日、シンガポールを出港、ペナンに向かった。

　11月13日、ペナン島ムカ岬灯台沖でイギリス潜水艦「トウラス」の雷撃を右舷司令塔下方に受け沈没した。

　入江艦長以下、84名が戦死。便乗者有馬正雄技術少佐も戦死したが、後部発射管室の石垣壮治少尉以下14名が奇跡的に陸岸に泳ぎつき助かっている。

伊号第35潜水艦（乙型）

伊号第35潜水艦歴代艦長			
艦長名	海兵期	着任	離任
山本秀男 少佐	56	S17.8.31	S18.11.22

　伊35潜は、昭和17年8月31日、三菱神戸造船所で乙型16番艦として竣工。初代艦長は、5月23日に艤装員長に着任していた山本秀男少佐（兵56期）で、伊35潜の歴代艦長は山本少佐1人である。

　11月15日北方部隊に編入、11月28日呉を出港し、大湊に向かった。12月1日、大湊を出港、キスカ島に向かい9日キスカ島に着、即日出航。アダック島南方の哨戒配備に向かう。12月20日幌筵着、25日再び幌筵を出港、再びキスカ島への輸送任務に従事、昭和18年1月1日キスカ湾着、即日出港してアダック島北東海面に向かい、18日再びキスカ湾着。翌日キスカ発、アムチトカ島南方の哨戒に従事。2月15日、キスカ湾に到着後、北海守備隊参謀、藤井一美少佐をアッツ島へ輸送。2月24日、横須賀に帰着。

　3月27日に横須賀を出港、再び北方部隊に編入され幌筵からキスカ輸送任務に従事。4月9日キスカ湾着、糧食4トンほかを揚陸、13日幌筵に帰着。16日に幌筵を出港し、4月21日再びアッツ島着、幌筵に一旦戻り5月2日にはキスカ島に輸送を実施し、5月5日に幌筵に帰着。5月9日に再度幌筵を出港、キスカ輸送に向かっていたが途中、敵発見、攻撃のため輸送任務を中断してアッツ島方面に急行するが、逆に13日から14日にかけて爆雷攻撃を受けた。

　16日、敵軽巡洋艦に魚雷を発射したが効果がなかった。この軽巡洋艦だと思った敵は実は旧式ではあるが戦艦「ペンシルバニア」であった。残念ながら魚雷は後方をかすめ命中しなかった。敵駆逐艦の爆雷で損傷したために5月19日幌筵に帰投、6月2日には呉に帰着した。

　6月15日、先遣部隊に編入。今度は一転ウエーク島やハワイ監視任務を命ぜられた。さらに11月19日、ギルバート諸島タラワ、マキンに向かうよう命令が下され、早速翌20日、タラワ島南西で空母を含む敵大部隊を発見した。第53輸送船団12隻で、護衛は護送空母3隻を含む第53・6部隊であったが、この敵を攻撃することはできなかった。

　2日後の22日、伊35潜はタラワの北西で戦艦「テネシー」を旗艦とする第53・4部隊と遭遇する。すぐさまソーナーで探知され、駆逐艦「ミード」「フレーザー」の爆雷攻撃を受け、伊35潜は苦しくなって浮上してきた。そこで浮上砲戦が始まったが、駆逐艦「フレーザー」が司令塔後方に体当たりをしてきた。伊35潜はあえなく転覆、艦尾から沈んでいった。生存者が4名おり、うち1名は救助に向かったボートに発砲して来たので射殺されたという。

　山本艦長以下、92名が戦死した。（喪失認定　昭和19年1月10日）

伊号第 36 潜水艦（乙型）

伊号第 36 潜水艦歴代艦長

艦長名	海兵期	着任	離任
稲葉通宗 少佐	51	S17.9.30	S19.2.15
寺本 巌 少佐	神商15	S19.2.15	S20.2.5
菅昌徹昭 少佐	65	S20.2.5	終戦

▼昭和20年3月、飛行機格納筒を撤去して前甲板にも回天を搭載できるよう改造された。終戦後、呉において撮影された伊36潜の艦橋部。艦橋前部にあるラッパ状のものは22号電探で、対水上警戒レーダーである。伊36潜は終戦まで生き残った潜水艦のうち、最も作戦期間が長かった武運長久艦である。

　伊36潜は乙型の17番艦として、昭和17年9月30日横須賀工廠で竣工した。初代艦長は6月1日に艤装員長に着任していた稲葉通宗少佐（兵51期）である。
　伊36潜は日本海軍潜水艦の中で最も武運長久な艦といっても過言ではないだろう。何故なら終戦時の残存潜水艦を見ると、練習潜水艦や輸送任務の潜水艦を除き、第一線の作戦用潜水艦で健在だったのは8隻しか残っていなかった。伊14潜、伊36潜、伊47潜、伊53潜、伊58潜、伊400潜、伊401潜、伊402潜で、そのうち伊14潜と潜特型の伊400潜、伊401潜、伊402潜は昭和20年になって竣工した艦であった。
　よって幾多の闘いをくぐり抜けたのは伊36潜、伊47潜、伊53潜、伊58潜の4隻で、その中でも伊36潜は昭和17年9月竣工と最も古く、他の3隻はいずれも昭和19年の竣工だった。すなわち最も長い期間作戦に従事し、最後まで生き残った潜水艦なのである。
　昭和17年12月15日先遣部隊に編入、18日呉を出港、トラックに向かった。以後ラバウルからガ島、ニューギニア島ラエ、ブナ輸送に従事する。昭和18年1月1日、ガ島輸送に従事、カミンボに20トンの弾薬、食糧を揚陸。弾薬や、副食品、医薬品などは艦内に、米はドラム缶80本に詰め上甲板に並べる形であった。続けて1月8日同じくガ島カミンボに同様の方法で弾薬や食糧12トンを揚陸させる。1月11日ラバウルに着。
　1月14日に、今度はニューギニア島ブナ輸送に従事。17日ブナ西方のマンバレ河口に揚陸を完了し、便乗者47名を収容。便乗者と言っても全員病人である。さらに1月22日ニューギニア島ブナ輸送を実施、弾薬、糧食を揚陸。24日には、再びマンバレ河口揚陸完了後、便乗者39名を収容。1月28日、ニューギニア島ラエ輸送に従事。30日ラエに到着、食糧、弾薬23トンを揚陸。便乗者59名を収容。2月5日には再度マンバレ河口に向かい、食糧18トン、便乗者40名を収容した。2月16日、ラエに食糧弾薬45トン、便乗者90名を収容ラバウルに向かう。2月22日ラエに食糧40トン、便乗者は72名収容する。
　3月7日、苛酷なガ島、ニューギニア輸送を終え横須賀に帰投、約1ヶ月かけて修理・補給・休養を実施する。乗員は休養のため1週間交代で熱海温泉に出かけて鋭気を養った。
　4月6日出撃準備が整いトラックに向けて横須賀を出港するが、紀州岬の南端に大きな低気圧があり、やがて館山沖を通り、洲ノ崎を抜ける頃から段々と風波が強くなってきた。やがて本格的な台風に遭遇する。このような荒天の場合、潜水艦は潜航して静かに台風が過ぎ去るのを待つことができるのだが、この時伊36潜は充電が満足ではなかったため、潜航ができず水上状態でしのぐことになり、やがて荒れ狂う波に耐えていると大波が艦橋を襲い、あっという間に艦橋から浸水、機関が故障してしまう。9日横須賀にやむなく帰投。修理に約1ヶ月かかった。
　5月13日、北方部隊に編入。5月29日から運貨筒の曳航実験に協力。6月7日呉を出港、

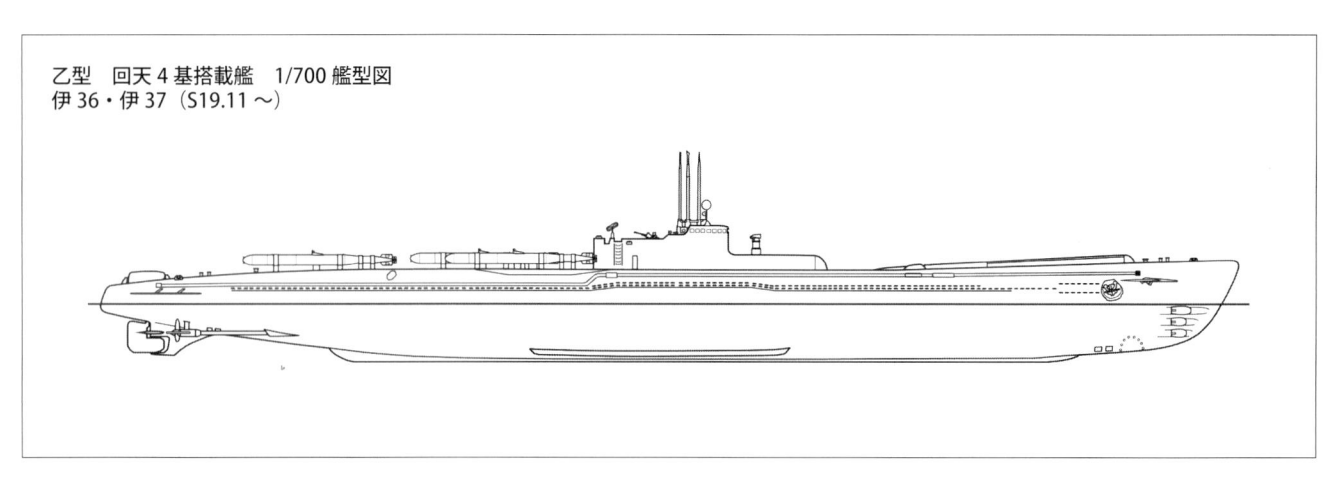

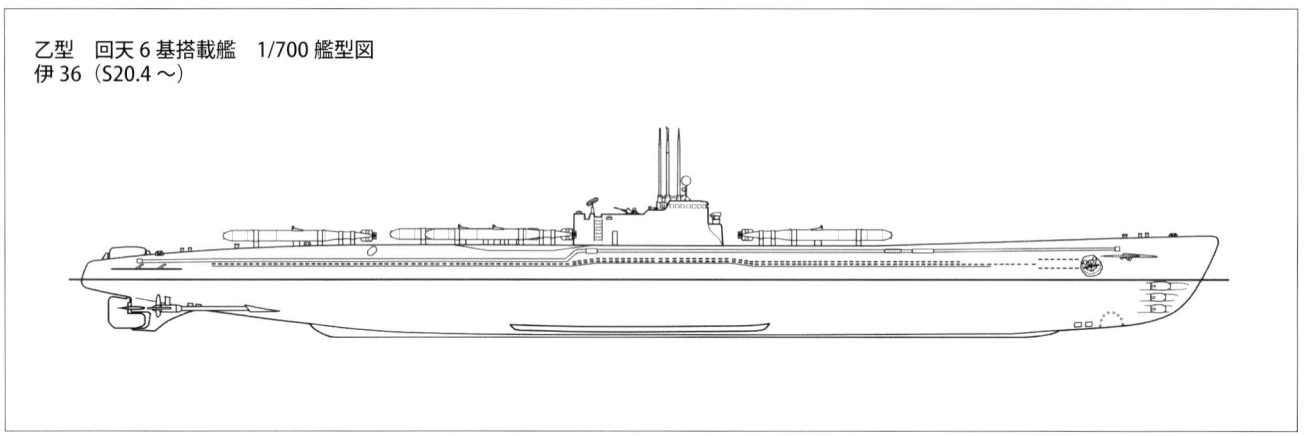

乙型　回天4基搭載艦　1/700艦型図
伊36・伊37（S19.11～）

乙型　回天6基搭載艦　1/700艦型図
伊36（S20.4～）

　13日幌筵に到着。今度は北の海で輸送作戦を実施する。アリューシャン作戦での特質はなんと言っても常に海上を覆う濃い濃霧で、平均視界は1,000mであった。しかしアメリカ軍はレーダーを実用化しており、伊36潜が北方部隊に編入されたこの時期にすでに伊31潜、伊24潜、伊9潜が消息を絶ち、その後伊7潜も撃沈された。6月14日キスカ島に糧食輸送に向かうが、敵の警戒が厳重で近寄れず、輸送を取りやめ「基地に帰投せよ」との命令を受け幌筵に帰投。8月10日横須賀に帰着。

　16日、ハワイ偵察を命ぜられ、乗員は熱海で休養後の9月8日横須賀を出港。10月17日ハワイ飛行偵察機を発進させるが、在泊艦船を詳細に報告後、未帰還。富永富佐男・大森卓二両飛行兵曹長は戦死して、それぞれ中尉に二階級特進した。11月1日、ハワイとフィジーのほぼ中間にあるカントン島に13発砲撃を実施。12月31日、南東方面部隊に編入され、ニューブリテン島スルミ輸送に従事。

　昭和19年1月16日佐世保に帰着。2代目艦長、寺本巌少佐（神戸商船15期）が着任。3月26日呉を出航、マーシャル諸島方面へ出撃。4月16日大型空母に雷撃、命中音を確認するがアメリカ側の記録に該当がない。4月22日、マーシャル諸島メジュロ島を飛行偵察、空母・戦艦の在泊を報告するが帰還が夜のため困難を極め、寺本艦長は艦位を知らせるため発光を実施、無事搭乗員を収容した。飛行機は回収するのに時間を要するため放棄、おりしも数十分後に敵の猛烈な爆雷攻撃を受けた。もし闇夜に光を出さなければ搭乗員の収容はできず、飛行機を放棄しなければ艦もろとも撃沈されるところであった。

　7月16日、トラックより便乗者を乗せ呉に帰着。9月、回天作戦にむけて連合訓練を実施。

　11月8日、第1次玄作戦菊水隊を乗せウルシーに向け出港。回天4基中3基故障、11月20日今西太一少尉（予備学3期）発進、大爆発音を聴取。11月30日呉着。

　12月30日第2次玄作戦金剛隊を乗せ出港。昭和20年1月12日、ウルシー環礁ソロン島において、加賀谷武大尉（兵71期）、都所静中尉（機53期）、本井文哉少尉（機53期）、福本百合満（ふくもと・ゆりみつ）上曹が搭乗の回天4基発進、発進後4回の大爆発音聴取。1月21日呉着。

　2月5日3代目艦長菅昌徹昭少佐（兵65期）が着任。3月2日、神武隊として呉を出撃したが作戦中止となる。4月16日、第6次玄作戦天武隊として光基地発。4月27日、沖縄方面において八木悌二中尉（機54期）、安部英雄2飛曹（甲飛13期）、松田光雄2飛曹（甲飛13期）、海老原清三郎2飛曹（甲飛13期）が搭乗の回天4基を発進。輸送船3隻撃沈。5月1日呉着。

　6月4日玄作戦轟隊としてマリアナ諸島へ出撃。6月24日、雷撃によりアメリカLSTを撃沈。6月28日マリアナで池淵信夫中尉（予備学3期）、久家実少尉（予備学4期）、柳谷秀正1飛曹（甲飛13期）が搭乗の回天3基を発進。7月6日呉着。

　8月15日終戦。8月27日、総員上甲板にて天幕を張り、残念会とお別れ会を実施。

　昭和21年4月1日マストに桜の花を飾り、長崎県の五島キナイ島沖で爆破処分された。

伊号第37潜水艦
（乙型）

伊号第37潜水艦歴代艦長

艦長名	海兵期	着任	離任
大谷清教 中佐	49	S18.3.10	S18.12.27
中川 肇 中佐	50	S18.12.27	S19.5.10
河野昌道 中佐	52	S19.5.10	S19.10.11
神本信雄 中佐	56	S19.10.11	S19.11.19

　伊37潜は昭和18年3月10日、乙型の18番艦として呉工廠で竣工した。初代艦長は前年の12月20日に艤装員長として着任した大谷清教中佐（兵49期）である。

　2ヶ月の訓練ののち、5月25日呉を出港、ペナン経由でマダガスカル島北東海面からペルシャ湾を行動した。6月16日、イギリスのタンカー「サン・アーネスト」、6月19日にはアメリカ船「ヘンリー・ノックス」を撃沈。その後ペナンから、シンガポールへ回航し、再びペナンに戻る途中盲腸炎の患者が出て引き返す。

　南西方面艦隊に編入の後、モザンピク海峡方面に向かい、10月11日にはマダガスカル島ディゴスワレスの飛行偵察を実施した。このディゴスワレスは1年前に特殊潜航艇が攻撃を行ない、戦艦に損傷を与えた場所である。10月23日、ギリシャ船「ファネロメニ」を撃沈した後、11月17日、アフリカのモンバサの飛行偵察を行なう。以前、インドから退却してきたイギリス空母「イラストリアス」が停泊していたことがあったからであろう。しかし今回は有力な敵艦船はいなかった。11月27日、ノルウェーのタンカー「スコオシア」を撃沈。

　12月27日、中川肇中佐（兵50期）に艦長が交代する。昭和19年2月10日、ペナンを出港し、再びマダガスカル方面に向かい、2月22日イギリスのタンカー「ブリテッシュ・チバリ」を撃沈。25日にはイギリス船「スーテ」、29日にはイギリス船「アスコット」を撃沈した。

　その後伊37潜は修理のためシンガポールへ回航中、4月27日ペナン水道で機雷に触れ爆発、損傷する。この機雷はインドにいる米第7爆撃団の「B-24」から投下されたマーク13型機雷で、パラシュートで投下するタイプである。幸い沈没には至らずペナンに引き返した。

　5月10日、艦長が河野昌道中佐（兵52期）に交代する。9月9日、呉に帰投、修理及び回天搭載工事を実施。

　10月11日、最後の艦長神本信雄中佐（兵56期）が着任。11月8日、初めての回天特別攻撃隊菊水隊4基を搭載して大津島を出港、パラオ方面に向かった。

　しかし11月19日0858、パラオ諸島コッソル水道西口で浮上中発見され、駆逐艦「コンクラン」「マッコイ・レイノルズ」のソーナーにより探知、続けてヘッジホッグ、爆雷を投下され沈没した。

　神本艦長以下116名全員が戦死。回天搭乗員、上別府宜紀大尉（兵70期）、村上克巴中尉（機53期）、宇都宮秀一少尉（予備学3期）、近藤和彦少尉（予備学3期）も母艦と運命を共にした。
（喪失認定　12月6日）

▼伊37潜の後甲板に搭載された特四式内火艇。特四は米軍のLVTを参考に開発された上陸作戦用の水陸両用装軌車である。潜水艦に搭載しマーシャル諸島を奇襲攻撃する龍巻作戦が立案されたが、潜水艦から発進する実験を行なった結果、エンジン音が激しい、履帯（キャタピラ）は石などの障害物に当たると外れやすいなど検討の余地が多く、作戦は中止となっている。

伊号第38潜水艦（乙型）

伊号第38潜水艦歴代艦長

艦長名	海兵期	着任	離任
安久榮太郎 中佐	50	S18.1.31	S19.3.15
当山全信 少佐	59	S19.3.15	S19.4.27
下瀬吉郎 中佐	58	S19.4.27	S19.11.12

　伊38潜は乙型19番艦として、昭和18年1月31日佐世保工廠で竣工した。初代艦長は、前年12月5日艤装員長に着任していた、安久榮太郎中佐（兵50期）である。安久艦長は度々紹介しているが、実戦向きの艦長で今日でも潜水艦出身者から尊敬を集めている。

　3ヶ月の基礎訓練のち、5月8日運砲筒を搭載して呉を出港、トラックに向かう。運砲筒とは、大砲を載せる自走式の舟艇で、特殊潜航艇の搭乗員が操縦する特型運貨筒、無人で動力のない運貨筒とは異なる。運砲筒は、双胴で後部に魚雷2本を並べて装着され、その魚雷のエンジンで推進する。速度は約5.7ノット。搭載量は約15トン、陸軍用の大砲を潜水艦で輸送揚陸することを目的としたのである。15cm榴弾砲（九六式や四年式榴弾砲）なら3門と弾薬が搭載できた。搭乗員は潜水艦に乗り、陸地に向かう時に甲板上にある運砲筒に乗り移る。

　5月14日無事トラックに到着。18日ラバウルに進出、そこで2回ほどラエに人員、糧食、弾薬などを運び、いよいよ6月11日運砲筒に砲を積んでラエ南方のサラモアに所在する野戦重砲連隊に無事届けた。この後12月22日までの伊38潜の輸送回数は23回に及び、その間爆撃や魚雷艇の攻撃を受けながらも糧食、弾薬753トンを輸送した。

　潜水艦にとって地味で危険な輸送任務は、誰しもが嫌う辛い任務であったが安久艦長は一言の不平や不満を司令部や乗組員に漏らしたことがなかったそうである。安久艦長の部下だった方の記憶によれば、上陸すると大酒を飲み、時には出港時間になっても帰艦しないなどエピソードが多いが、いったん出港すると一切酒を飲まず、どんな命令にも不平を一切いわず勇敢に作戦を遂行した。このたび重なる輸送作戦に対してもその功績を高く評価され、昭和19年3月古賀峯一聯合艦隊司令長官から感状を授与される。

　昭和19年1月7日呉に帰着、修理を終えて3月14日トラックに進出。

　3月15日、艦長が当山全信少佐（兵59期）に交代する。4月8日ニューギニア、ウエワク半島に第9艦隊司令部を輸送した。司令長官は遠藤喜一中将である（兵39期、のちにニューギニア、ホランジアで玉砕。戦死後海軍大将）。再度、ホランジア、ウエワクに輸送を行なったのち、4月27日呉に帰着。艦長が下瀬吉郎中佐（兵58期）に交代する。

　5月17日マーシャル諸島に向かい、6月28日サイパン島の第6艦隊司令部の救出を命ぜられるが不成功に終わった。佐世保、呉に帰着後、比島東方海面に向かいヤップ島とパラオ島のほぼ中間にあるクツウール島偵察を命ぜられた。

　しかし11月12日の夜、駆逐艦「ニコラス」はレーダーで伊38潜を発見、ただちに接近すると伊38潜は潜航したが、引き続きソーナーで探知を続けて爆雷攻撃を2回加えると海底で大爆発を起こした。

　下瀬艦長以下乗員110名が戦死した。（喪失認定　12月6日）

伊号第39潜水艦（乙型）

伊号第39潜水艦歴代艦長

艦長名	海兵期	着任	離任
田中万喜夫 中佐	52	S18.4.22	S18.11.25

　伊39潜は乙型の最終番艦（20隻）として、昭和18年4月22日佐世保工廠で竣工した。初代艦長は3月26日に艤装員長に着任した田中万喜夫中佐（兵52期）である。

　7月21日、横須賀を出港、トラックに向かう。8月2日トラックを出港し、ニューヘブライズ諸島方面に向かい、7日エスピリットサント島北方で敵駆逐艦の制圧を受けた。9月12日、ニューヘブライズ諸島東方においてアメリカの大型曳船（タンカーとの異説あり）「ナパジョ」を撃沈。9月27日トラックに帰着。

　11月20日トラックを出港、タラワ島に向かう。その後伊39潜は、マキン島上陸支援の空母部隊第50・2部隊に遭遇する。空母「エンタープライズ」、軽空母「ベルウッド」「モンテレー」、第42駆逐隊の駆逐艦6隻の部隊である。

　11月25日夜、マキン島の西でレーダーが伊39潜を発見。ついで第42駆逐隊のソーナーが探知し爆雷攻撃を開始する。3回の爆雷攻撃の後、海底から大爆発音が聞こえた。夜の2340のことである。

　田中艦長以下96名全員が戦死した。（喪失認定　2月20日）

乙型改1

伊40・伊41・伊42・伊43・伊44・伊45（同型艦5隻）

▲昭和19年1月19日東京湾で公試に向かうところを撮影されたと思われる伊44潜で、まだ船体に塗装が終わっておらず、まさしく完成直後といった観がある。同艦はただちに第一線に投入され、昭和20年4月に回天母艦として多々良隊を搭載出撃し、未帰還になった。
〔写真提供／大和ミュージアム〕

　乙型改1は昭和16年度戦時建造計画、㊧計画で建造された。㊧計画は、南進国策目的のための出師準備のために計画されたものである。
　乙型との相違点は、機関が異なっていることである。乙型は出力が1万2,400馬力の艦本式2号10型2サイクル複動式デイーゼルエンジンを搭載し、水上速力23.6ノットを記録していた。しかし製造に手間がかかるため戦時急造には不向きで、そのため、乙型改1では小出力にはなるが比較的製造が容易の艦本式1号甲10型ディーゼルを搭載した。この馬力は1万1,000馬力に減少していたが、水上速力は23ノットを維持し、航続距離も変わらないということで期待されたものの、熾烈な潜水艦戦の中で短期間に全艦が消耗した。
　なお伊44潜は昭和19年暮以降、回天搭載艦に改造された。

要目	
排水量	水上：2,230トン／水中：3,700トン
全　長	108.7m
全　幅	9.30m
吃　水	5.20m
機　関	艦本式1号甲10型ディーゼル2基2軸
	水上：11,000馬力／水中：2,000馬力
速　力	水上：23.5ノット／水中：8.0ノット
航続距離	水上：14,000浬／16ノット
	水中：96浬／3ノット
乗　員	94名
兵　装	40口径14cm単装砲1門
	25mm機銃連装1基2挺
	53cm魚雷発射管：艦首6門
	九五式魚雷17本
航空兵装	零式小型水上偵察機1機
	射出機1基
安全潜航深度	100m

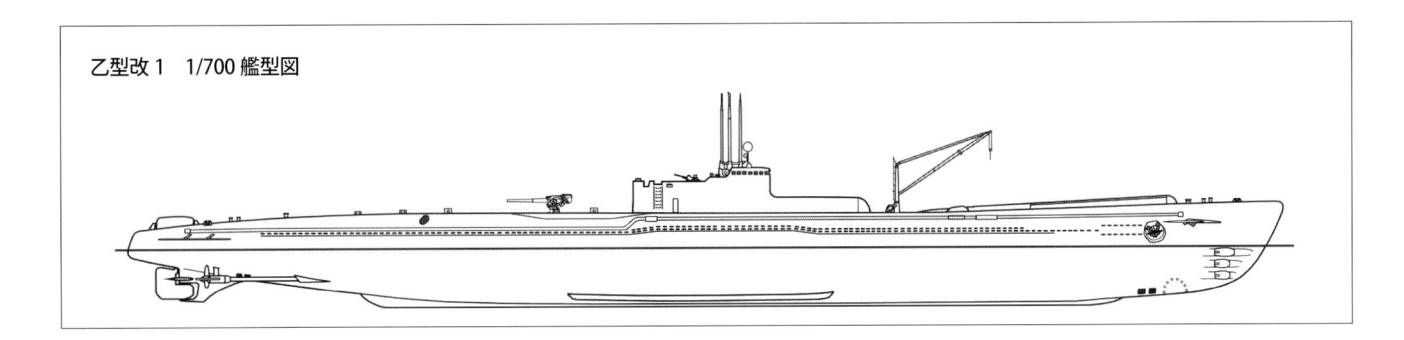

乙型改1　1/700艦型図

伊号第40潜水艦
（乙型改1）

伊40潜は6隻建造された乙型改1の1番艦として、昭和18年7月31日、呉工廠で竣工した。艦長は渡辺勝次少佐（兵55期）で10月31日先遣部隊第1潜水部隊に配置された。11月1日渡辺艦長は中佐に進級。

11月13日横須賀を出港、トラックに向かった。11月19日トラックに到着。11月22日にトラックを出港しギルバート作戦参加のため、マキン島方面に向かったがその後連絡がなく消息不明となった。

アメリカ側の資料によれば駆逐艦「ラドフォード」に撃沈された可能性があるが、これは伊19潜かもしれず判然としない。

渡辺艦長以下97名が初陣で戦死した。（喪失認定　2月21日）

伊号第40潜水艦歴代艦長

艦長名	海兵期	着任	離任
渡辺勝次 少佐	55	S18.7.31	S18.11.26

伊号第41潜水艦
（乙型改1）

伊41潜は乙型改1の2番艦として、昭和18年9月18日呉工廠で竣工した。初代艦長は6月28日に艤装員長として着任していた吉松田守少佐（兵55期）である。伊41潜の歴代艦長は吉松田少佐を含め3名である。

12月15日、早くも2代目艦長板倉光馬少佐（兵61期）が着任。12月29日横須賀を出港してトラックに向かう。昭和19年1月4日トラックに到着。ここで主砲、飛行機、予備魚雷を陸揚げし輸送作戦に従事する。

1月5日南東方面部隊に編入し、トラックを出港ラバウルに向かう。その際、伊41潜は激しいスコールに遭遇するが、スコールが過ぎた途端、アメリカ爆撃機「B-24」の奇襲を受けた。距離1,000m、もはや急速潜航する間もない。この時、板倉艦長が機転を利かせて「敵機に帽子を振れ」を指示、で一瞬、敵機が味方潜水艦と勘違いをして爆弾を落とすのが遅れ九死に一生を得たというエピソードが有名である。1月19日ラバウル着、早速ブーゲンビル島ブインへの輸送を企図したが、いきなり初陣でのブイン輸送は苛酷である。まずはブインより比較的危険の少ないニューブリテン島スルミ輸送を1月25日に実施することとなった。しかしこことて決して安全ではなく、アメリカ魚雷艇に危うく攻撃を受けるところだった。無事ラバウルに到着。

潜水戦隊司令部では次の輸送作戦として、先のブインともう一箇所ブーゲンビル島の北にあるブカ島にも潜水艦を派遣することを企図していた。つまりもう1隻、伊171潜（艦長：島田武夫少佐、兵59期）とどちらをブインとブカに派遣するか決めかねていた。当時の敵情ではブインの方が危険な輸送になる。そこで艦長どうしが決めることとなった。海軍のしきたりとしては、困難な任務は先任の艦長（この場合困難な作戦はブインで先任は島田艦長）が引き受けるのが常であるが、この時は板倉艦長の提案でくじ引きにより伊41潜の板倉艦長がブインと決まった。

しかし戦場での人の運命とはわからないものである。この時ブカ輸送をくじに引き当てた伊171潜は出撃後、連絡がなく消息不明となってしまう。伊41潜は無事ブイン輸送を2月4日と20日の2回成功させてラバウルに帰着した。その後トラック、ラバウル間で航空関係者や潜水戦隊司令部を輸送し、4月に再び機雷源を突破する困難なブイン輸送を終え無事、トラックへ帰着したが、特殊任務のため呉に帰投するように命ぜられる。4月25日に横須賀に帰着、その後呉に回航され特殊任務に就く。

特殊任務とは「龍巻作戦」のことである。これはマーシャル諸島メジュロ環礁にあるアメリカ機動部隊の基地に大航空部隊で奇襲を行ない、一気に戦局を挽回する作戦で、潜水艦もこれに協力することになった。潜水艦の任務とは、水陸両用戦車「特四式内火艇」を2隻搭載し、敵泊地に肉薄、発進させるもので戦車は自走（航）で珊瑚礁を乗り越え、環礁の内側に在泊しているアメリカ空母に攻撃を加えるというものだった。当初、この作戦には親潜水艦5隻を投入することとなり、伊41潜もそのうちの1隻だった。

しかし、連合艦隊参謀から作戦計画の説明が行なわれた際、各潜水艦長はこぞって作戦への難色を示し、反対を唱えた。これに対し連合艦隊参謀は「聯合艦隊司令長官の決定事項」と厳しく説き、同席する特四内火艇搭乗員たちもこの潜水艦長らの反対姿勢に対し激昂するなど、作戦会議は紛糾を極めた。そこでひとまず特四内火艇を潜水艦から発進させてみないことには判らないのではないかと、仲裁意見が出て実際に実験を開始するこことなった。

後日、潜水艦からの発進から上陸を実験してみたが、発進こそはうまくいったものの、特四のエンジン音が物凄く大きく速度も遅い、さらに珊瑚礁を乗り越えるのはいいが、少しでも石などの障害物があると簡単に履帯（キャタピラ）が外れてしまう、という未完成の代物だった。これには艦隊参謀も一言もなく、龍巻作戦は兵器が改良されるまで中止とされ二度と日の目を見ることはなかった。

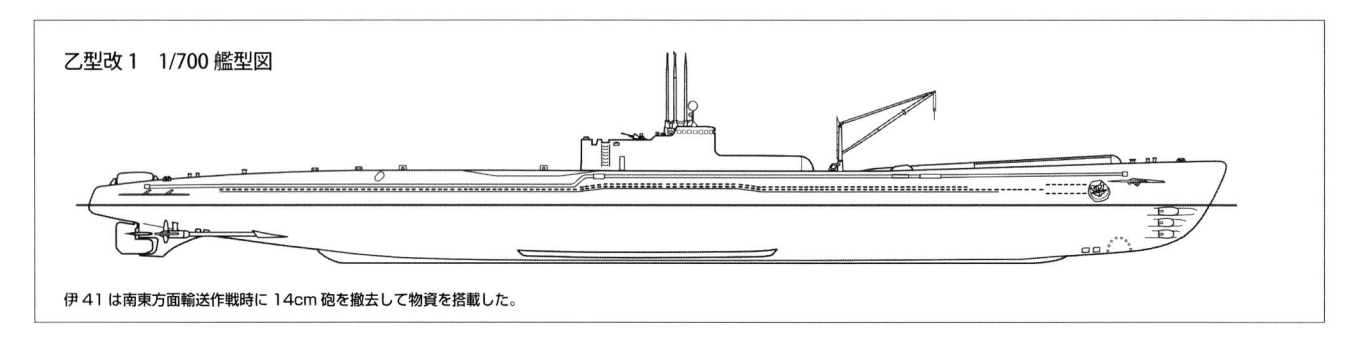

伊号第41潜水艦歴代艦長

艦長名	海兵期	着任	離任
吉松田守 少佐	55	S18.9.18	S18.12.15
板倉光馬 少佐	61	S18.12.15	S19.8.5
近藤文武 少佐	62	S19.8.5	S19.11.18

乙型改1　1/700 艦型図

伊41は南東方面輸送作戦時に14cm砲を撤去して物資を搭載した。

5月15日に呉を出港、グアム南方方面に向かい、6月24日、グアム島より搭乗員106名を収容、6月30日大分経由で呉に7月1日帰着。
　8月5日、3代目艦長、近藤文武少佐（兵62期）が着任した。10月19日、呉を出港、丙潜水部隊に編入され比島東方海面に向かう。10月31日、レイテ沖で空母3隻よりなる敵機動部隊を発見した。11月3日、マニラの東、サンベルジナル海峡の東で空母に対して魚雷を発射した。そのうちの1本が防空巡洋艦「レノ」の左舷後部に命中、同艦はウルシー環礁に曳航され仮修理の後、本国に向かった。「レノ」の修理が終わったのは太平洋戦争後のことになる。
　しかし11月18日、その曳航されている「レノ」の救援に向かった護衛空母から発進した雷撃機のレーダーで伊41潜は発見されてしまう。照明弾や、もうこの時期から使用されているソノブイも投下され（一説にはソノブイが太平洋で使われたのはこの伊41潜が最初とある）、さらに駆けつけた駆逐艦のソーナーで追い詰められ、ヘッジホッグを発射されてしまう。2度の攻撃で海底から爆発の衝撃が聞こえ、伊41潜は沈没した。（喪失認定　12月2日）

伊号第42潜水艦（乙型改1）

　伊42潜は乙型改1の3番艦として、昭和18年11月3日呉工廠で竣工した。初代艦長は、7月27日に艤装員長に着任していた小川綱嘉中佐（兵50期）である。同艦の歴代艦長は小川艦長1人である。
　昭和19年1月31日、第1潜水戦隊、第15潜水隊に編入、先遣部隊の一艦として、2月12日横須賀を出港トラックに向かう。サイパン経由で3月7日トラックに到着。伊42潜は早速、パラオからトラックへ軍需品を輸送する任務に就いた。3月19日パラオ着、23日パラオを出港するが、パラオ大空襲を企てる空母群の飛行機パイロットを救出する目的で配備されていたアメリカ潜水艦に発見されてしまう。
　3月23日、アメリカ潜水艦「タニー」によりパラオ諸島南方において伊42潜はレーダーで発見され、雷撃を受け撃沈された。
　小川艦長以下104名は全員戦死した。（喪失認定　4月27日）

伊号第42潜水艦歴代艦長

艦長名	海兵期	着任	離任
小川綱嘉 中佐	50	S18.11.3	S19.3.22

伊号第43潜水艦（乙型改1）

　伊43潜は乙型改1の4番艦として、昭和18年11月5日佐世保工廠で竣工した。初代艦長は8月15日に艤装員長に着任していた遠藤忍中佐（兵52期）である。伊43潜の歴代艦長は遠藤中佐1人である。遠藤中佐は、遣独任務の帰路、シンガポールで触雷沈没した伊30潜の艦長である。
　昭和19年2月11日第15潜水隊に編入。2月9日呉を出港、13日サイパンに到着。サイパンで「佐世保第101特別陸戦隊」59名を乗せる。3桁の数字を部隊名とした陸戦隊とは聞きなれないが、これは潜水艦から陸戦隊を上陸させるいわば特殊部隊で、S特陸と言った。S特陸の"S"はSubmarineの頭文字をとったものである。マキン島にアメリカ軍が潜水艦で上陸してきたことが着想の端緒となっており、武装した陸戦隊を1艦に40人から50人乗せ、潜水艦の甲板に大発を取り付けて敵の基地を奇襲するというものだった。元々、海軍落下傘部隊がその基幹になっており、後に呉101、佐世保102も編成された。
　伊43潜に乗ったS特陸は、ニューブリテン島ラバウルの東にあるグリーン島という小さな島への奇襲上陸が目的だった。そもそもグリーン島には、見張所を設けていたが昭和19年1月31日、突如ここへ敵が上陸してきた。すぐさま第8根拠地隊の1個中隊を伊165潜、伊169潜で上陸させ、グリーン島を奪回したが、2月25日執拗にもニュージーランド1個師団がグリーン島に上陸、再び占領された。
　このグリーン島の再奪回のためにS特陸は使われることになった。伊43潜には第2陣となるS特陸49名が便乗、サイパンを出港した。本艦にとっては初陣である。ところが伊43潜は陸戦隊を乗せたまま行方不明となってしまった。
　相手はアメリカ潜水艦「アスプロ」で2月27日、トラックに大空襲をかけるので、トラック島から抜け出す日本艦艇を見張るため10隻の潜水艦で哨戒をしていたところに伊43潜が発見されてしまったのである。2月25日夜、浮上航行中の伊43潜に魚雷4本を発射。うち2本が命中してS特陸の隊員を含め遠藤艦長以下全員が戦死した。（喪失認定　4月8日）

伊号第43潜水艦歴代艦長

艦長名	海兵期	着任	離任
遠藤 忍 中佐	52	S18.11.5	S19.2.15

伊号第44潜水艦（乙型改1）

　伊44潜は乙型改1の5番艦として、昭和19年1月31日横須賀工廠で竣工した。初代艦長は、1月20日に艤装員長として着任していた横田稔中佐（兵51期）である。横田中佐は空母「サラトガ」を撃破、軽巡「ジュノー」を撃沈した艦長として知られている。伊44潜の歴代艦長は横田艦長を含め3名である。
　昭和19年3月31日パラオに向け出港するが4月5日、電令により呉に引き返した。水陸両用戦車、特四内火艇を潜水艦から放つ龍巻作戦に参加するためである。28日第15潜水隊に編入。
　龍巻作戦が中止となったため、5月15日あ号作戦のため呉を出港、ニューアイルランド北東海面に向かう。その際伊44潜は13号対空電探を装備した。ところが5月27日、電探を作動していたにもかかわらず哨戒機に爆撃され、すぐに急速潜航を実施したがその後、爆雷も受け潜航できぬほど損傷してしまった。伊44潜は、仕方なく呉に修理のため帰投する。6月5日呉に無事到着。
　9月16日2代目艦長、川口源兵衛大尉（兵66期）が着任。10月18日修理を終えて呉を出港、

伊号第44潜水艦歴代艦長

艦長名	海兵期	着任	離任
横田 稔 中佐	51	S19.1.31	S19.9.16
川口源兵衛 大尉	66	S19.9.16	S20.3.17
増沢 清司 少佐	65	S20.3.17	S20.4.18

比島東方海面に向かうが10月22日、再び耐圧タンクの爆発事故により呉に引き返した。耐圧タンクの修理に際して伊44潜は回天搭載工事を実施。

昭和20年2月21日、第3次玄作戦千早隊として硫黄島方面に向かう。搭載された回天は4基で、搭乗員は兵学校72期の土井秀夫中尉、予備学生4期東京大学出身の玄角泰彦少尉、同じく予備学生4期中央大学出身の館脇孝治少尉、甲飛予科練13期の菅原彦五2飛曹の4名である。

2月25日、伊44潜は硫黄島南西50浬に到達したが敵の警戒が厳重で深く潜航せざるをえなかった。やがて潜航時間は30時間を超え、艦内の炭酸ガスの濃度は実に通常の大気の200倍に達したという。同じく千早隊として出撃した伊368潜、伊370潜が相次いで消息を絶ったため第6艦隊司令部は3月6日硫黄島への回天作戦中止を指示、伊44潜に帰投命令が出された。3月11日無事呉に帰着。

ところが6日後の3月17日、第6艦隊司令部より帰投命令が出る前に勝手に攻撃を断念したと断じられた川口艦長は、長官に対して堂々と"無謀な作戦を命じた司令部に問題あり"と具申。これにより更迭されることとなりその後、呂57潜兼呂58潜艦長を務めさせられた。これらの艦はL3型という大正11年に竣工した老朽艦であり、当時は練習兼警備潜水艦となっていたものである。しかし戦後になった今では、川口艦長の判断は勇気ある撤退として称賛の声が高い。

代わって最後の艦長、増沢清司少佐（兵65期）が着任する。4月3日、伊44潜は再び回天作戦を実施するため大津島を出撃、玄作戦多々良隊として沖縄方面に向かった。搭載する回天は4基で隊員は前回の千早隊で出撃帰還した同じ4人である。

4月17日、南大東島の北北西付近でレーダー探知された伊44潜は過酷な爆雷攻撃を長時間受けることになる。17日の夜半から翌朝まで8時間にわたり爆雷攻撃を実施した「ハガード」「ヒアマン」2隻の駆逐艦は爆雷を使い果たすほどだった。しかし、それでも伊44潜は生き延びていた。さらに増援の駆逐艦「ウルマン」「マッコード」が到着、つづけて爆雷攻撃を加え続け、ついに午後になって撃沈された。

増沢艦長以下、回天搭乗員を含め130名全員戦死である。不慮の事故に見舞われ、2度の過酷な回天戦に従事した伊44潜は悲運の潜水艦と言ってよい。（喪失認定　5月2日）

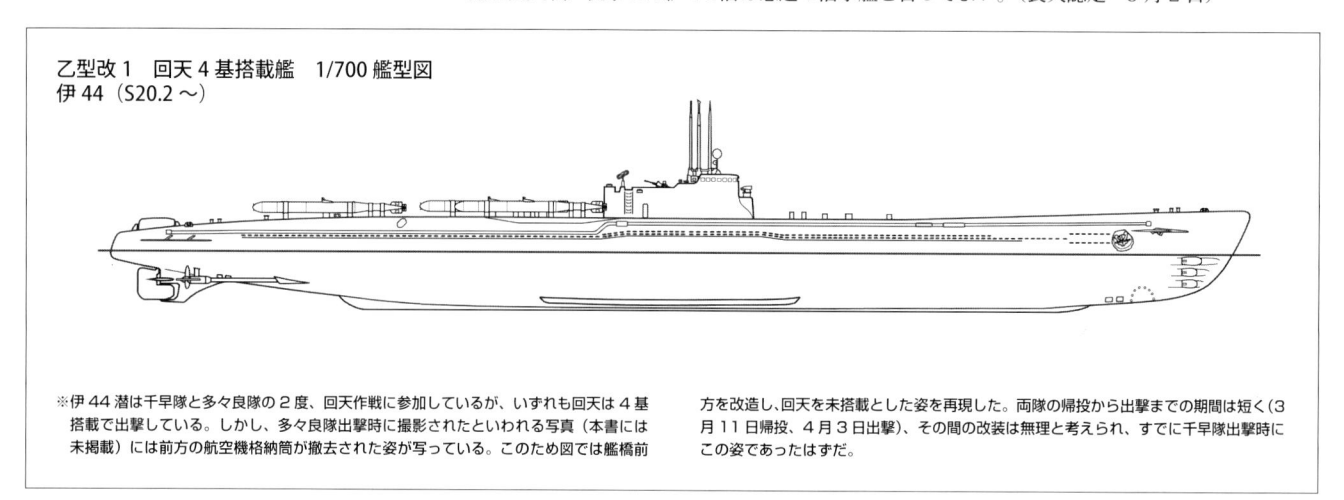

乙型改1　回天4基搭載艦　1/700艦型図
伊44（S20.2〜）

※伊44潜は千早隊と多々良隊の2度、回天作戦に参加しているが、いずれも回天は4基搭載で出撃している。しかし、多々良隊出撃時に撮影されたといわれる写真（本書には未掲載）には前方の航空機格納筒が撤去された姿が写っている。このため図では艦橋前方を改造し、回天を未搭載とした姿を再現した。両隊の帰投から出撃までの期間は短く（3月11日帰投、4月3日出撃）、その間の改装は無理と考えられ、すでに千早隊出撃時にこの姿であったはずだ。

伊号第45潜水艦（乙型改1）

伊45潜は乙型改1の6番艦、最終番艦として昭和18年12月28日佐世保工廠で竣工した。初代艦長は10月15日艤装員長に着任していた田上明次中佐（兵51期）である。同艦の艦長は田上艦長を含め3名である。

昭和19年3月25日、第15潜水隊に編入、呉を出港マーシャル方面に向かった。しかし4月5日マーシャル東方海面にて浮上中、護衛空母「アルタマハ」より発艦したアベンジャー雷撃機のロケット弾を受け損傷。さらにすでに実用化されていた音響ホーミング魚雷も投下されるが幸い命中せず、4月14日修理のため無事横須賀に帰着している。

修理に2ヶ月を要した伊45潜は、6月10日に艦長が甲標的のテストパイロットとして活躍した関戸好蜜少佐（兵57期）に代わった。6月28日横須賀を出港、グアム島へ運貨筒輸送を実施したが揚陸不成功に終わる（運砲筒だったという異説あり）。7月27日横須賀に帰着、呉に回航。

9月5日、3代目艦長河島守大尉（兵64期）が着任。10月13日呉を出港、レイテ島東方に進出した。

10月25日護送空母「サンティ」の右舷後部エレベーターの下方に魚雷1本が命中する。同艦は雷撃の被害で右舷に6度傾いたが沈没はまぬがれた。この雷撃は伊56潜によるものとされているが、伊45潜の可能性もあるとする説もあるので念のためここに記載する。

しかし10月28日、サマール島沖海戦で栗田艦隊から損傷を受けた護送空母部隊の生存者を救助するため派遣されていた護送駆逐艦「エバゾール」と「リチャード・S・ブル」の2隻がレーダーで伊45潜を発見する。伊45潜はすぐさま潜航、「エバゾール」はソーナーで探知を開始する。この時点では潜水艦の方が不利だが、伊45潜は果敢にも駆逐艦に対して魚雷を発射する。発射された魚雷は「エバゾール」の後部エンジン室に命中、さらに2本目がすぐ後方に命中、同艦

伊号第45潜水艦歴代艦長			
艦長名	海兵期	着任	離任
田上明次 中佐	51	S18.12.18	S19.6.10
関戸好密 少佐	57	S19.6.10	S19.9.5
河島　守 大尉	64	S19.9.5	S19.10.28

▲昭和18年12月29日、佐世保沖で公試中の伊45潜の姿でやや波が荒い中、波しぶきをあげて航行する乙型改1の姿を捉えた美しい写真である。ご覧のように乙型改の各艦には14cm砲周囲のブルワークはない。伊45潜は乙型改1の最終6番艦であったが、戦争中期以降に過酷な戦線に投入された乙型改1の6隻は全艦が極めて短期間のうちに喪失した。〔写真提供／大和ミュージアム〕

は転覆沈没してしまう。「リチャード・S・ブル」と応援に駆けつけた護送駆逐艦「ホワイトハースト」が生存者の救助を開始した。

　その「ホワイトハースト」が3時間後にソーナーで伊45潜を発見する。仇討に燃えた「ホワイトハースト」は3回に渡りヘッジホッグを発射、ついに3回目の攻撃で海底から爆発音が聞こえた。伊45潜の最後である。

　河島艦長以下104名全員が戦死した。（喪失認定　11月21日）

乙型改2

伊54・伊56・伊58（同型艦3隻）

　乙型改2は、⑤計画から繰り上げて建造された、昭和16年度戦時建造追加計画、通称㊿計画で建造された。

　乙型改1からの主な変更点は、機関を製造容易な艦本式22号10型ディーゼルに変更したこと。よって乙型、乙型改1が23ノットであったのに対して17.7ノットと水上速力が低下した。ただし逆に機関重量が減少したことにより航続距離が増えて2万1,000浬となり、安全潜航深度の向上や魚雷の積載数を17本から19本に増やすなど、より実戦に対応した改良を実施している。

　伊58潜は竣工時から14cm砲を搭載していなかった。また、艦橋部も伊54潜、伊56潜と違っている。また伊56潜と伊58潜は建造後、回天搭載のため前甲板の射出機、格納筒を撤去した。

▲昭和19年2月から3月にかけて撮影された公試中の伊54潜。飛行機格納筒はそのまま装備されているが、すでに水偵による偵察任務は実施できない戦局になっており、伊54潜も艦隊に配備後、その装備を活用することなく約半年で戦没している。

要目	
排水量	水上：2,140トン／水中：3,688トン
全長	108.7m
全幅	9.30m
吃水	5.19m
機関	艦本式22号10型ディーゼル2基2軸
	水上：4,700馬力／水中：1,200馬力
速力	水上：17.7ノット
	水中：6.5ノット
航続距離	水上：21,000浬／16ノット
	水中：105浬／3ノット
乗員	94名
兵装	40口径14cm単装砲1門
	（伊58は搭載せず）
	25mm機銃連装1基2挺
	53cm魚雷発射管：艦首6門
	九五式魚雷19本
航空兵装	射出機1基
	零式小型水上偵察機1機

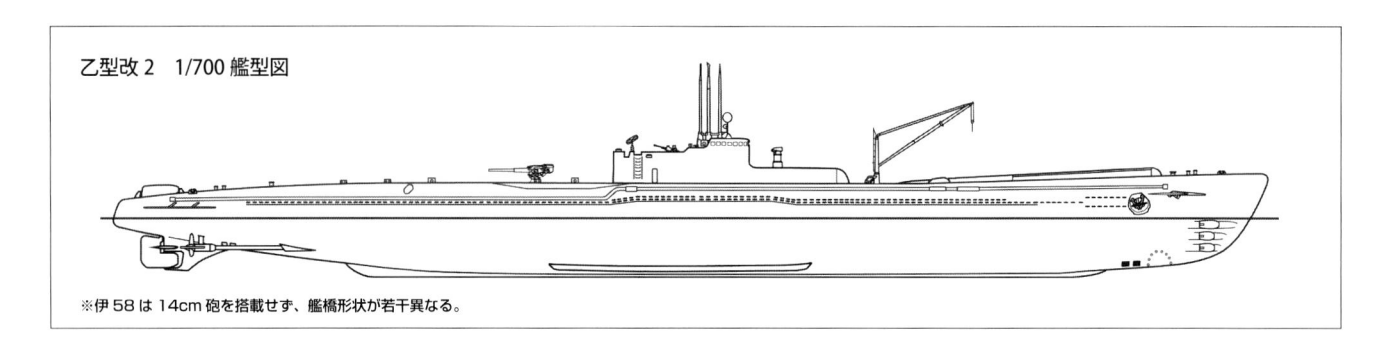

乙型改2　1/700艦型図

※伊58は14cm砲を搭載せず、艦橋形状が若干異なる。

伊号第54潜水艦
(2代 乙型改2)

伊号第54潜水艦歴代艦長			
艦長名	海兵期	着任	離任
大橋勝夫 中佐	53	S19.3.31	S19.8.31
中山伝七 少佐	61	S19.8.31	S19.10.24

伊54潜は乙型改2の1番艦として昭和19年3月31日、横須賀工廠で竣工した。初代艦長は2月10日に艤装員長に着任した大橋勝夫中佐（兵53期）である。伊54潜の艦長は歴代2名である。

訓練を終えて7月7日横須賀を出港、テニアン島への運砲筒の輸送を行なった。しかし潜航航海中に、後部甲板に固定されていた運砲筒はロープが切断され、海中に落ちてしまった。伊54潜はやむなく7月24日に横須賀に帰投した。

8月31日、2代目の艦長中山伝七少佐（兵61期）に交代する。10月15日呉を出港し比島東方海面に出撃した。10月24日、伊54潜はアメリカ空母部隊に遭遇する。第77・4・1護衛空母部隊で、護送空母4隻、駆逐艦7隻からなる部隊である。

その中の護衛駆逐艦「リチャード・M・ローウェル」が伊54潜を探知、ヘッジホッグを一斉発射する。数秒後に1発が爆発、その後再び爆発が起きた。伊54潜の最期である。ヘッジホッグは爆雷より有効で、命中しなければ爆発しないため、潜水艦の所在が明確になる。さらに1発爆発すれば24発全て爆発する仕組みになっていた。

中山艦長以下、107名全員が戦死した。（喪失認定 11月20日）

伊号第56潜水艦
(2代 乙型改2)

伊号第56潜水艦歴代艦長			
艦長名	海兵期	着任	離任
森永正彦 少佐	59	S19.6.8	S20.2.1
正田啓治 少佐	62	S20.2.1	S20.4.5

伊56潜は乙型改2の2番艦として、昭和19年6月8日横須賀工廠で竣工した。初代艦長は森永正彦艦長（兵59期）で当艦の歴代艦長は2人である。

昭和19年9月20日第15潜水隊に編入。10月15日比島方面に向かうため呉を出港した。10月24日、ミンダナオ島東の哨区に到着したところ数隻の輸送船団を発見した。護衛艦は1隻のみで早速襲撃体勢に入った。ところが輸送船を確認してみると大発のような船型である。せっかくの敵発見も上陸用舟艇ではがっかりである。しかしこれは大発ではなく1,625トンもあるLST、すなわち戦車揚陸艦だった。そうとは確認できないまま敵があまりにも多いので3発の魚雷を発射、輸送船3隻撃沈を報じた。しかし実際にはLST695を撃破したに止まった。

さらに10月25日夜、敵空母を発見、魚雷5本を発射し、護送空母に対して3発命中と報告した。これが護送空母「サンティ」とされ伊56潜が撃破したものとされている。しかし伊56潜の雷撃は25日夜、一方「サンティ」の被雷は10時間の差があるという異説があり別の潜水艦の戦果であるとも言われている。

しかし護衛の駆逐艦からの反撃は猛烈だった。安全潜航深度を超えて必死の脱出を試み生還する。危機が去り浮上してみると後部甲板に米新型爆雷マーク9型の不発爆雷が載っていた。まだ新型機雷の性能は把握されていなかったため、危険だが研究資料としてこの爆雷を持ち帰ったという。11月4日、呉に無事帰還。

その後回天搭載工事を行ない、回天との共同訓練を開始した。12月21日、第2次玄作戦金剛隊として回天作戦に従事する。回天搭乗員は柿崎実中尉（兵72期）、前田肇中尉（予備学3期）、古川七郎上曹、山口重雄1曹の4人である。目標はアドミラルティ諸島マヌス島のセアドラー湾である。しかし防材で固く守られた湾口、米軍の飛行機、哨戒艇による警戒が厳しく攻撃を断念、回天を搭載したまま2月3日、呉に帰投した。

▼昭和19年12月21日、回天特別攻撃隊「金剛隊」を乗せ大津島を離れる伊56潜。本艦はアドミラルティ諸島マヌス島のセドラー湾を目指したが敵の警戒が厳重なため回天の発進を断念、帰投した。この時点では回天は司令塔後方の4基搭載で、前方には飛行機格納筒がそのままであることがわかる。その後昭和20年3月に多々良隊を搭載し沖縄に向かい未帰還になっている。
〔写真提供／大和ミュージアム〕

昭和20年2月1日付けで2代目艦長、正田啓治少佐（兵62期）に交代する。3月31日、再び回天作戦に従事することとなり、多々良隊の母潜として沖縄に向かった。回天搭乗員は福島誠二中尉（兵72期）、八木寛少尉（予備学4期）、川浪油勝2飛曹（甲飛予科練13期）、石直新五郎2飛曹、（いしじき・しんごろう、甲飛予科練13期）、宮崎和夫2飛曹（甲飛予科練13期）、矢代清2飛曹（甲飛予科練13期）の6人である。

4月5日、九州から沖縄へ南下してくる特攻機を探知するためアメリカ海軍は数隻の駆逐艦を配していた。いわゆるレーダーピケット駆逐艦である。この中の駆逐艦「ハドソン」のレーダーに伊56潜は探知されてしまった。対潜哨戒機も駆けつけ照明弾を落下、伊56潜はすぐ潜航を開始した。だが数分で「ハドソン」のソーナーに伊56潜は探知されてしまう。恐るべきソーナーの能力である。4時間もかけて6回もの爆雷攻撃を加えられ続けついに海底から爆発が起こる。伊56潜の最後である。

正田艦長以下乗員、回天搭乗員の計122名全員が戦死した。（喪失認定　5月2日）

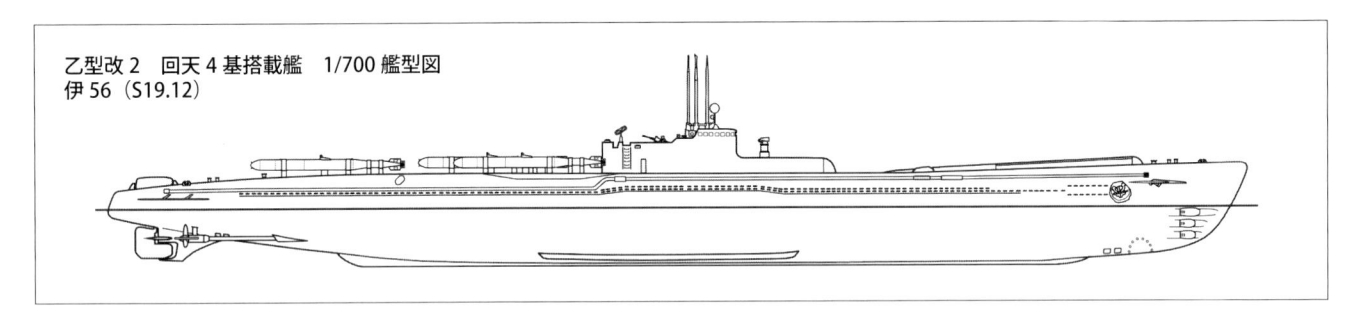

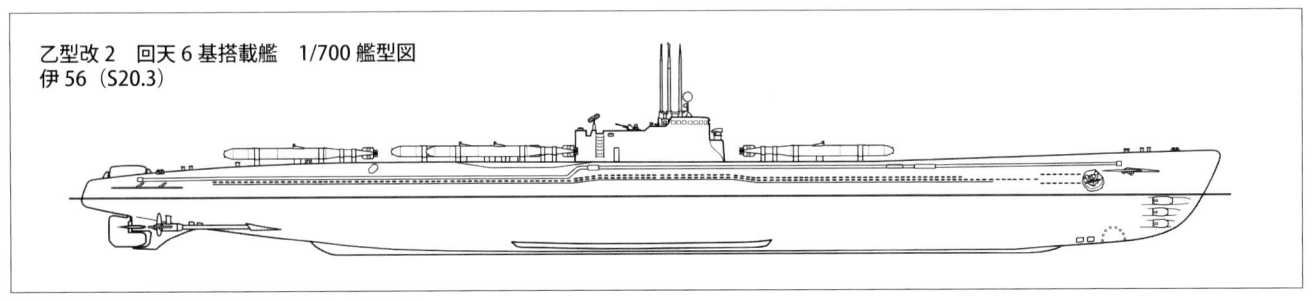

乙型改2　回天4基搭載艦　1/700 艦型図
伊56（S19.12）

乙型改2　回天6基搭載艦　1/700 艦型図
伊56（S20.3）

伊号第58潜水艦（乙型改2）

伊号第58潜水艦歴代艦長

艦長名	海兵期	着任	離任
橋本以行 少佐	59	S19.9.7	終戦

伊58潜は乙型改2の3番艦として昭和19年9月7日横須賀工廠で竣工した。初代艦長は、6月5日艤装員長に着任していた橋本以行少佐（兵59期）である。同艦の歴代艦長は橋本少佐1人である。

訓練の後、12月4日第15潜水隊に編入された。ただちに回天作戦の準備を行ない、12月30日第2次玄作戦金剛隊としてグアムに向かった。回天搭乗員は、石川誠三中尉（兵72期）、工藤義彦中尉（予備学3期）、森稔2飛曹（甲飛予科練13期）、三枝直2飛曹（甲飛予科練13期）の4名である。

昭和20年1月12日、グアム島西海岸アブラ湾口近くで潜航し、回天を発進させる地点に向かった。0310に予定発進地点で石川艇、続いて森艇、さらに石川艇が発進した。しかし三枝艇とは電話が不通となっていた。すぐさま潜水艦を浮上させて確認したところ三枝艇は架台に乗ったままスクリューが回転していて航走状態にあった。すぐに潜航、固縛バンドを外すと三枝艇は発進していった。確かな戦果は確認できず同艦は退避し、22日呉に帰着した。

3月1日、第4次玄作戦として神武隊を硫黄島まで運んだ。回天搭乗員は池淵信夫中尉（予備学生3期）、園田一郎少尉、入江雷太2飛曹（甲飛予科練13期）、柳谷秀正2飛曹（甲飛予科練13期）の4人である。

3月6日、硫黄島方面の作戦は難しいと判断されて、作戦中止となり、第2次丹作戦への協力を命ぜられた。丹作戦とは、陸上攻撃機「銀河」25機が800kg爆弾を搭載し、ウルシー泊地の米機動部隊を急襲する航空特攻作戦のことである。伊58潜は梓特攻隊と呼ばれたこの「銀河」の電波誘導艦を命ぜられた。3月10日に交通筒のない回天2基を放棄して沖ノ鳥島西方に進出。3月17日、任務を終え呉に帰着した。

3月31日、第5次玄作戦多々良隊を乗せ沖縄に向かった。回天搭乗員は神武隊と同じ顔ぶれの池淵中尉、園田少尉、入江2飛曹、柳谷2飛曹の4人である。しかしその後荒天とアメリカ軍の厳重な警戒のため泊地進入困難と報告し、4月30日呉に帰着した。多々良隊作戦において出撃した潜水艦のうち、帰還したのは伊47潜と伊58潜だけであった。

7月18日、今度は多聞隊6基を運んで比島東方海面に向かうことになった。伊58潜の回天作戦は、金剛隊、神武隊、多々良隊に続き4回目である。回天搭乗員は次の6名である。伴修二中尉（予備学3期）、水井淑夫少尉（予備学4期）、林義明1飛曹（甲飛予科練13期）、小林一之1飛曹（甲飛予科練13期）、中井昭1飛曹（甲飛予科練13期）、白木一郎1飛曹である。

豊後水道の入口で試験潜航した際に回天1基の特眼鏡に水滴が発生。その交換のために引き返し、18日に再び出撃をした。7月27日、グァム～レイテ航路海域に入り28日1400頃駆逐

艦を従えた大型油槽船を発見した。魚雷の有効射程に近接できないと判断した橋本艦長は回天戦を命ずる。1407、1号艇伴中尉、2号艇小森1飛曹乗艇発進用意を下命した。ところが1号艇が発進用意に手間取ったため、2号艇が先に発進。これより10分遅れて1号艇も発進した。その50分後、続いて2回の爆発音を確認したが、雨のため視界が悪く戦果が確認できなかった。戦後の調べではアメリカ駆逐艦「ロウリー」撃破とある。

7月29日2300、浮上した時水平線に艦影を発見、ただちに潜航し観測を続けた。その敵艦はやがて伊58潜に真っ直ぐ向かってきたが、やや右寄りに針路を変えたため魚雷攻撃には好位置となった。橋本艦長は月明かりが暗いため回天による襲撃は困難と判断、魚雷6本を発射した。発射された6本のうち、3本が命中撃沈。

敵艦は巡洋艦「インディアナポリス」で広島・長崎に落とされた原爆をサンフランシスコで積載し、テニアン島への陸揚任務を終えてレイテ湾に向かう途中であった。原爆を届けたといっても、爆弾そのものを届けたわけではなく飛行機で運べない大きな部品を運んだのである。単独航行していたため、撃沈されたことを誰一人陸上で気がついた者はなく、1,196人中生存者は316人でアメリカ海軍3大悲劇の1つに数えられた。

8月9日、フィリッピンの北東、アバリ岬の北東260浬の海域で探信音を聞いたので潜望鏡で確認したところ輸送船10隻、駆逐艦3隻を発見した。直ちに回天戦の準備にかかり、6号艇白木1飛曹に発進を命令した。しかし冷走し発進中止。林1飛曹の3号艇も故障、5号艇の中井1飛曹が発進した。さらに新たな駆逐艦と船団が近付いてきたことから、4号艇水井少尉も発進していった。戦果は爆発音の後、確認したところ駆逐艦1隻が姿を消していたとあるが未確認である。

8月12日、水上機母艦と思われる敵艦を発見、3号艇林1飛曹が発進した。50分後に爆発音を聞いたがやはり戦果は確認ができていない。

8月14日呉に帰着。終戦を迎える。

▼昭和19年9月4日、東京湾を公試中の伊58潜。大戦末期、回天作戦と魚雷襲撃を的確に判断して攻撃を実施した橋本以行艦長が、魚雷により重巡「インディアナポリス」を撃沈したことで有名だ。あらかじめ回天搭載を想定していたのか、本艦だけは後部の14cm砲は当初から搭載されなかった。のちに前部の飛行機格納筒も撤去され、回天6基を搭載する。

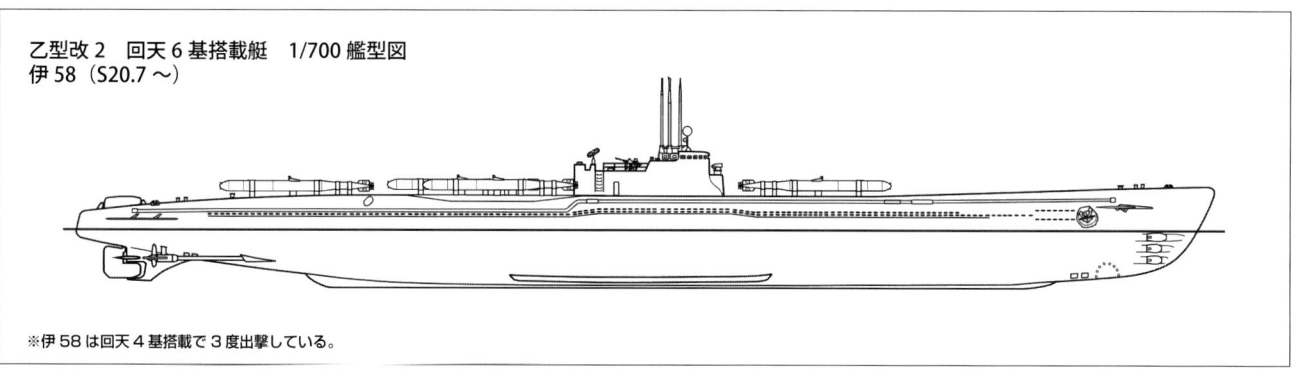

乙型改2　回天6基搭載艇　1/700艦型図
伊58（S20.7〜）

※伊58は回天4基搭載で3度出撃している。

丙型

伊16・伊18・伊20・伊22・伊24
伊46・伊47・伊48

▲昭和15年3月9日、広島湾阿多田島沖で全速力を発揮し終末公試中の伊16潜。飛行機搭載設備を持たない巡潜丙型の1番艦として登場し、太平洋戦争前半は特殊潜航艇母艦として真珠湾、ディゴスワレス、ガ島で甲標的を発進させ活躍した。

　丙型は昭和12年度計画、③計画で5隻、昭和16年度戦時建造計画、㊄計画で3隻が建造された。
　乙型で設けられていた航空兵装を装備せず、代わりに魚雷発射管を増やした型式であるが、完成を急ぐことから巡潜3型の線図を流用し、主機は乙型と同じ艦本式2号10型ディーゼルを装備、速力も水上23.6ノットと同じであった。また兵装は魚雷発射管8門を有し、搭載魚雷数も20本と甲、乙型と比べ最も多かった。
　潜航速度も速く、攻撃力の高い潜水艦であったが、特に③計画で建造された5隻は後甲板に甲標的を搭載する、母潜任務に従事した。

要目	
排水量	水上：2,184トン／水中：3,561トン
全 長	109.3m
全 幅	9.10m
吃 水	3.54m
機 関	艦本式2号10型ディーゼル2基2軸
	水上：12,400馬力／水中：2,000馬力
速 力	水上：23.6ノット／水中：8.0ノット
航続距離	水上：14,000浬／16ノット
	水中：60浬／3ノット
乗 員	95名
兵 装	40口径14cm単装砲1門
	25mm機銃連装1基2挺
	53cm魚雷発射管：艦首8門
	九五式魚雷20本
安全潜航深度	95

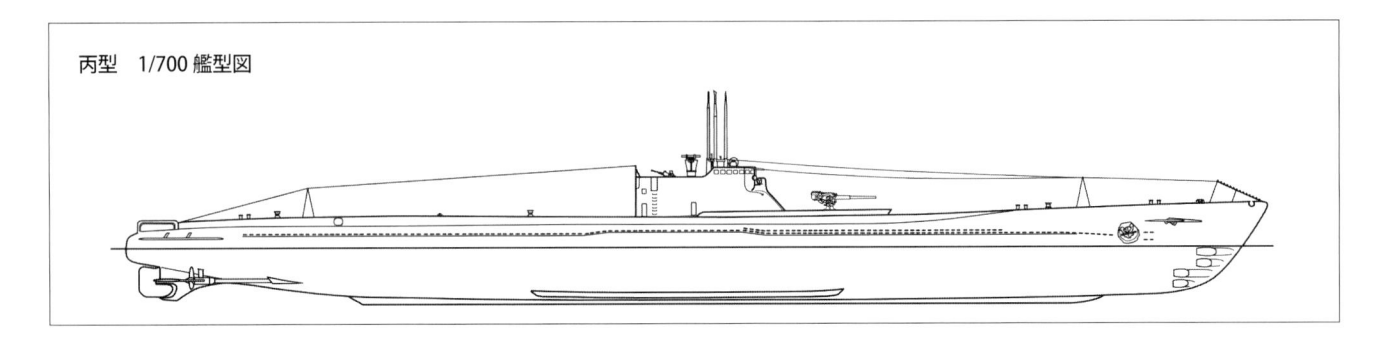

丙型　1/700 艦型図

伊号第16潜水艦（丙型）

丙型1番艦である伊16潜は三菱神戸造船所で起工され、進水の後は呉工廠で建造が進められ、昭和15年3月30日に竣工した。初代艦長は昭和14年9月20日に艤装員長として着任していた、小林一中佐（兵48期）で歴代の艦長は4名である。

開戦時は昭和16年7月31日に交代した、山田薫中佐（兵50期）が艦長を務めていた。伊16潜は開戦より、長らく特潜の母艦として活躍する。ハワイ作戦では特潜、横山艇を発進させる（艇長：横山正治中尉、艇付：上田定2曹。未帰還戦死）。特潜が未帰還であったため、12月12日に会合地点より離れ昭和17年1月15日、クェゼリンを経て横須賀に帰投。

4月16日、呉を出港し、甲先遣支隊としてペナンを経てインド洋に進出。5月31日、マダガスカル島ディゴスワレスに対し、特潜、岩瀬艇を発進させる（艇長：岩瀬勝輔少尉、艇付：高田高三2曹。未帰還戦死）。

その後6月5日、アフリカ東岸モザンビク海峡において交通破壊戦を実施。6月6日モザンビク南方においてユーゴスラビア船「スサク」を撃沈。翌7日、ギリシャ船「アギオス・ケオギオス」を撃沈。6月12日ユーゴスラビア船「スペター」を撃沈。補給後、さらに7月1日スエーデン船「エクナレン」を撃沈した後、マエ島などの偵察任務を行ない、ペナン経由で8月26日横須賀に無事帰投した。

修理整備ののちの10月17日、横須賀を出港、甲潜水部隊として、特潜によるガ島泊地攻撃を実施。11月11日、特潜30号艇発進（艇長：八巻悌二中尉、艇付：橋本亮一上曹。離脱時事故自沈、搭乗員帰還）。11月27日、10号艇発進（艇長：外弘志中尉、艇付：井熊新作2曹。未帰還戦死）。12月13日、22号艇発進（艇長：門義視中尉、艇付：矢萩利夫2曹。駆逐艦を攻撃したが命中せず自沈、搭乗員帰還）のあと、12月18日にトラックへ帰投している。

同日に艦長が中村省三少佐（兵54期）に代わる。昭和18年1月、ガ島輸送に従事。1月25日エスペランスに18トン揚陸。4月1日、ラエ輸送帰途、ニューブリテン島南方海面において伊20潜と水中接触して損傷、横須賀に帰投し、修理を実施。

9月21日、出港。以後ニューギニア、シオ輸送7回実施。12月25日ラバウルにおいて空襲を受け被弾。横須賀に帰投し、修理に2ヶ月を要した。

昭和19年2月15日、艦長が竹内義高少佐（兵59期）に代わる。26日横須賀発、トラック島を基地として、敵機動部隊邀撃のためトラック南東方面、マーシャル東方方面へ出撃。5月14日トラック島を出港、ブイン輸送に向かうがその後、消息不明となる。

アメリカ側の資料によれば、ブイン北東方面にて、駆逐艦3隻の攻撃を受け、ヘッジホッグ攻撃5回で命中音2回、その後大爆発。

竹内艦長以下、107名全員が戦死した。（喪失認定　6月25日）

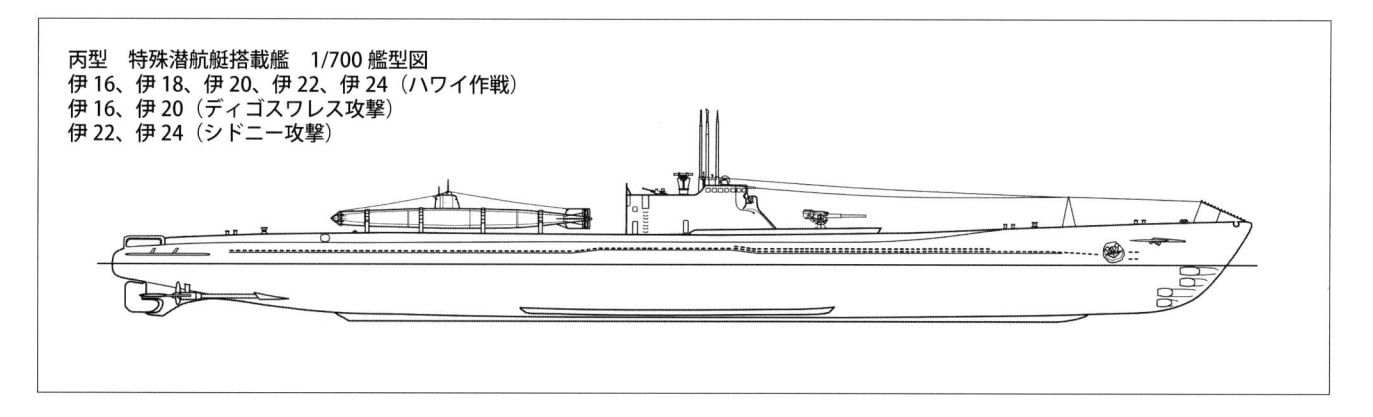

伊号第16潜水艦歴代艦長

艦長名	海兵期	着任	離任
小林　一 中佐	48	S15.3.20	S16.7.31
山田　薫 中佐	50	S16.7.31	S17.12.18
中村省三 少佐	54	S17.12.18	S19.2.15
竹内義高 少佐	59	S19.2.15	S19.5.14

丙型　特殊潜航艇搭載艦　1/700 艦型図
伊16、伊18、伊20、伊22、伊24（ハワイ作戦）
伊16、伊20（ディゴスワレス攻撃）
伊22、伊24（シドニー攻撃）

伊号第18潜水艦（丙型）

丙型2番艦として建造された伊18潜は、昭和16年1月31日佐世保工廠で竣工した。初代艦長は、昭和15年7月1日に艤装員長として着任していた、畑中純彦中佐（兵49期）で同艦の歴代艦長は畑中中佐を含め3名である。

昭和16年8月15日に2代目艦長大谷清教中佐（兵49期）が着任して太平洋戦争開戦を迎える。ハワイ作戦では、特殊潜航艇の母艦として参加。古野艇（艇長：古野繁實中尉、艇付：横山薫範1曹。未帰還戦死）を発進させた。

昭和17年1月26日、ミッドウェー島砲撃を企図したが反撃にあい砲撃を断念した。命令では時刻をあわせ西から伊18潜が、東から伊24潜が島をはさむように撃つ決められていた。しかし、伊24潜が定められた時刻より5分早く浮上して射撃を開始、するとミッドウェー島から反撃が始まった。伊24潜は7発発射した時点で危険と判断、潜航する。伊18潜は約束の時刻に浮上したから、たちまち砲撃を受け、1発も砲撃できずに潜航した。2月2日横須賀着後、伊24潜の艦長に抗議したという（伊24潜の項参照）。

3月10日に第8潜水戦隊に編入され、甲先遣支隊として4月16日に呉を出港した。甲先遣支隊は伊18潜（甲標的搭載　太田艇）の他は、伊10潜（旗艦　水偵搭載）、伊16潜（甲標的搭載　岩瀬艇）、伊20潜（甲標的搭載　秋枝艇）、伊30潜（水偵搭載、作戦後にそのまま遣独任務）、報国丸、愛国丸（特設巡洋艦）で編成されておりインド洋に向かった。

ペナンで甲標的を搭載し、4月30日ペナンを出撃、先行した伊30潜が飛行偵察、潜航偵察を実施し甲標的の攻撃目標を探す。5月18日、インド洋の荒天のため通風筒から海水が浸入、

伊号第18潜水艦歴代艦長

艦長名	海兵期	着任	離任
畑中純彦 中佐	49	S16.1.31	S16.8.25
大谷清教 中佐	49	S16.8.25	S17.12.1
村岡富一 中佐	52	S17.12.1	S18.2.11

甲標的搭載潜水艦が、3隻とも機関を故障させてしまう。他の2隻の潜水艦はなんとか修理に成功したが、伊18潜は修理が間に合わず、偵察の結果決定したマダガスカル島ディエゴスワレスへの甲標的発進はできなかった。

その後6月からモザンピク海峡にて交通破壊戦を実施。6月7日輸送船1隻撃沈。6月8日ノルウェー船「ウレフォード」を撃沈。補給後、7月1日オランダ船「デウァート」、7月8日イギリス船「マンドラ」を撃沈。7月22日マサリンハーバーを偵察後、22日横須賀に無事帰投した。

12月1日、最後の艦長村岡富一中佐（兵52期）に交代する。昭和18年元旦にラバウル着、即日ショートランドに向かう。1月3日ガ島輸送に従事、以後1月5日、1月11日にカミンボ、1月26日エスペランスに揚陸させた。

とくに26日の輸送では、特運筒を使用した。特運筒とは、正式には特型運貨筒といい、長さ23m、直径1.8mの特殊潜航艇を改造したものであり、大正時代の古い魚雷のエンジンで6.5ノットでの自力操行が可能だった（曳航式の運貨筒とは別物）。ただし潜航はできないので、潜水艦の甲板から発進し、そのまま浮力で浮上する。操縦者1人（伊18潜から発進の特運筒操縦は西村安夫兵曹）が操縦筒に乗り込み、4ノット程度で約18トンの物資を搭載し陸岸に向かった。特運筒は使い捨てであり、操縦員はガ島の特殊潜航艇の基地まで徒歩で移動して収容された。ちなみにガ島への特運筒の発進輸送は伊18潜の他、伊16潜、伊20潜、伊26潜が搭載可能で実施している。

特運筒を発進させた伊18潜は、その後2月11日、敵艦隊を捕捉するため監視をしていたが、「敵艦を発見した」という報告後消息不明となってしまう。伊18潜が遭遇した敵艦隊は軽巡3隻、駆逐艦2隻のヌーメア帰投中のアメリカ第67部隊で、軽巡搭載の水偵に伊18潜は探知されてしまう。水偵から50kg爆弾を投下され、伊18潜は急速潜航。駆逐艦が引き続き爆雷を投下する。そして、数分後海底で爆発があり、油や空気が浮かび上がって来た。これが伊18潜の最後である。

村岡艦長以下102名が戦死した。

▼昭和15年末から昭和16年1月、佐世保沖で公試中の伊18潜。丙型の2番艦である本艦は、ハワイ作戦では特殊潜航艇母艦として活躍した。本来丙型は旗艦設備、航空兵装を持たず、魚雷発射管8門を艦首に集中させた雷装強化型として建造されたが、甲標的や回天の母潜として使われることが多かった。

伊号第20潜水艦（丙型）

伊20潜は丙型の3番艦として、三菱神戸造船所で建造され昭和15年9月26日に竣工した。初代艦長は、3月25日に艤装員長に着任していた山田隆中佐（兵49期）である。同艦の艦長は歴代4名。

昭和16年11月18日呉を出港しハワイに向かう。ハワイ作戦では特別攻撃隊として、特潜の母艦を務め、広尾艇（艇長：広尾彰少尉、艇付：片山義雄2曹。未帰還戦死）を発進させた。

昭和17年1月4日クェゼリンを発し、フィジー、サモア方面を偵察。1月11日サモア島パゴパゴを砲撃しクェゼリン経由で2月1日横須賀に帰着。

4月6日、再び特潜を搭載してインド洋方面へ出撃。4月16日、甲先遣支隊に編入。ペナンを経由して5月31日、マダガスカル島ディゴスワレスに対し特潜秋枝艇（艇長：秋枝三郎大尉、艇付：竹本正巳1曹。未帰還戦死）を発進。その後6月5日、モザンピク海峡で交通破壊戦を実施、5日パナマ船「ジョンストン」を撃沈。8日モンバサ港南でギリシャ船「クリストス・マーケッツ」を撃沈。11日イギリス船「マロンズ」を撃沈。6月12日モザンピク海峡南方にてパナマ船「ヘレニック・トレーダ」を撃沈、同日イギリス船「クリフトン・ホール」を撃沈。補給後、6月30日ノルウェー船「ゴビゲン」、イギリス船「スチーナ・ロマナ」を撃沈。ペナン経由で8月23日横須賀に帰投した。

9月15日、吉村巌中佐（兵51期）に艦長が交代。10月24日横須賀を出港、甲潜水部隊に

伊号第20潜水艦歴代艦長			
艦長名	海兵期	着任	離任
山田 隆 中佐	49	S15.9.26	S17.9.15
吉村 巌 中佐	51	S17.9.15	S17.12.18
工藤兼男 少佐	56	S17.12.18	S18.6.2
大塚 範 少佐	56	S18.6.2	S18.9.3

編入され11月3日ショートランドに到着、水上機母艦（特潜母艦）「千代田」より特潜を搭載、ガ島在泊の敵艦船に向けて発進させた。すなわち11月7日、エスペランス岬の北352度、4浬で第11号艇（艇長：国弘信治中尉、艇付：井上五郎1曹。輸送船に魚雷命中撃破）を発進。同艇搭乗員は特潜攻撃で初めて生還した。

続いて11月19日第37号艇(艇長：三好芳明中尉、艇付：梅田喜芳一兵曹。横舵機故障自沈処分、乗員脱出、生還)をエスペランス岬の320度、6浬で発進。そして12月2日、第8号艇（艇長：田中千秋中尉、艇付：三谷護兵曹。輸送船に魚雷命中不確実。乗員生還）をサボ島の21度、19浬で発進させた。

12月7日トラックに着、18日艦長が工藤兼男少佐（兵56期）に交代する。12月31日カミンボに25トンを揚陸。昭和18年1月7日にカミンボに18トン揚陸。1月22日エスペランスに18トン（運荷筒）揚陸。3月10日南東方面に編入。3月21日ラエに糧食・弾薬など37トン及び人員を揚陸。4月3日の帰路、第18軍司令官（安達二十三中将）以下陸海軍将兵を輸送中、伊16潜と水中触衝という珍しい事故が発生したが、幸い大事に至らず異常がなかった（伊16潜は損傷を受けたものの無事トラック経由で横須賀に帰着している）。4月9日ラエに30トン揚陸、便乗者42名収容。4月15日兵器、弾薬、糧食37トンを揚陸。便乗者40名を収容。

5月20日、ラバウル、トラックを経て横須賀に帰投、修理を実施。6月2日、艦長大塚范少佐（兵56期）が着任。8月4日横須賀発、トラックを経てニューヘブライズ諸島方面作戦に従事していたが、8月31日にアメリカタンカーを撃破したのち、消息不明となった。

アメリカ側にも該当資料がないため沈没原因は不明である。

大塚艦長以下、101名が戦死した。（喪失認定　11月18日）

伊号第22潜水艦（丙型）

伊22潜は丙型4番艦として昭和16年3月10日、神戸川崎造船所で竣工された。初代艦長は、昭和15年11月15日、艤装員長に着任した揚田清猪中佐（兵50期）である。

昭和16年11月18日、呉を出港、特別攻撃隊の母艦として特潜を搭載。ハワイで岩佐艇（艇長：岩佐直治大尉、艇付：佐々木直吉1曹）を発進させた。12月21日にクェゼリンに帰着し、再び翌昭和17年1月4日、ハワイ監視のためにオアフ島南東海面の配備に向かった。1月24日、フレンチフリゲート環礁を偵察。2月2日横須賀着。

3月10日、8潜戦に編入され、4月15日東方先遣支隊として呉を出港。トラック経由で4月30日ポートモレスビー攻略作戦に協力の後、ガ島南西方の散開配備についた。

5月17日トラックにおいて千代田（第1状態水上機母艦、第2状態特殊潜航艇母艦）から特潜を搭載。5月18日、トラックを出港し特別攻撃隊としてシドニーに向かう。5月31日、松尾艇（艇長：松尾敬宇大尉、艇付：都竹正雄2曹）を発進。6月8日、9日ウェリントン港を偵察。6月17日、18日スバ偵察を行ない、クェゼリン経由で7月11日横須賀に帰着。

7月10日付けで成沢千直少佐（兵52期、11月1日に中佐に進級）に艦長が交代する。9月11日横須賀を出航し、インディペンサブル海峡（ガ島とマライタ島の間にある海峡）方面監視配備に就くが、10月1日マライタ島東方において船団発見の報告をした後、消息不明となる。

アメリカ側資料に該当記録なく、11月18日エスピリットサント方面で沈没と認定された。

成沢艦長以下、100名が戦死した。（喪失認定　11月12日）

伊号第22潜水艦歴代艦長

艦長名	海兵期	着任	離任
揚田清猪 中佐	50	S16.3.10	S17.7.10
成沢千直 少佐	52	S17.7.10	S17.11.18

伊号第24潜水艦（丙型）

伊24潜は、太平洋戦争開戦直前の昭和16年10月31日、佐世保工廠で竣工した。初代艦長は7月1日に艤装員長に着任していた花房博志中佐（兵51期）である。同艦の艦長は花房中佐1人である。

即日第6艦隊第1潜水戦隊第4潜水隊に配属され、11月18日呉を出港、ハワイ作戦に向かった。12月7日、真珠湾口にて特潜酒巻艇を発進（艇長：酒巻和男少尉、艇付：稲垣清2曹）。その収容配備に就くが酒巻艇を発見することができず、クェゼリンに帰着した。

明けて昭和17年1月26日、ミッドウェー島の偵察と砲撃を命ぜられた。作戦要領は、26日の日没30分後に伊18潜と伊24潜が同時に浮上。伊18潜は島の180度線（真南）の以西から、伊24潜は以東から砲撃することになっていた。潜水艦2隻で陸上を砲撃する時は、同時に浮上することが不可欠である。しかし待ちきれない伊24潜は5分早く浮上、格納庫を狙い7発を発射した。

ところが敵の反撃が予想外に早く、しかも射撃が正確で伊24潜は、慌てて潜航せざるを得なかった。とばっちりを食ったのは伊18潜である。約束どおり、きちんと日没30分後に浮上した途端に猛烈な砲撃を浴び、自らは1発の砲撃もできずに潜航した。伊18潜の大谷清教艦長（兵49期）が2月横須賀帰投後に、花房艦長に「時間を守らないから大変な目にあった」と文句を言うと、後輩の花房艦長は「海軍では5分前ということがあるから」と笑いながら謝ったそうである。

4月15日呉を出港、トラックにて「千代田」から特潜を搭載し東方先遣支隊として出撃。ところが特潜の2次電池が爆発し、艇長の八巻悌次中尉が負傷、艇付の松本静1曹は行方不明となってしまう。伊24潜はやむなく引き返すことになる。

5月20日、伊28潜に搭載予定の特潜、伴艇をトラック島で搭載し再度出発。5月31日、豪州シドニー湾口で伴艇（艇長：伴勝久中尉、艇付：渡辺守1曹）を発進させる。6月3日特潜の捜査を打ち切りシドニー沖で交通破壊戦を行なう。未帰還となった伴艇は64年後の平成18

伊号第24潜水艦歴代艦長

艦長名	海兵期	着任	離任
花房博志 中佐	51	S16.10.31	S18.6.11

年（2006年）11月にシドニー沖で発見された。

　6月3日、オーストラリア船「アイアン・チーフテン」を撃沈。6月7日、シドニーを10発砲撃。6月9日、ジャービス湾南東においてイギリス船「クリーツ」を撃破する。7月12日、横須賀に無事帰投。

　8月30日横須賀を出港し、ガ島南東海面の散開配備に就く。以後ソロモン諸島の散開配備などに就いた後、11月23日、ガ島ルンガ泊地の連合軍在泊艦船に対する特潜による攻撃を実施した。伊24潜からは第12号艇（艇長：迎泰明中尉、艇付：佐野久五郎1曹）が発進したが消息不明となった。12月6日には再び、特潜辻艇（艇長：辻富雄中尉、艇付：坪倉太盛喜1曹）を発進。辻艇も発進後消息不明となる。これにより伊24潜は、ハワイ作戦以来合計4回の特潜母艦を務めたことになる。

　昭和18年1月からはニューギニア島のブナ・ラエ輸送に従事し、2月末までに計7回もの輸送を成功させ、糧食・弾薬など177トン、人員449名を送り届けた。3月6日、過酷なニューギニアの輸送任務の後、無事横須賀に帰着。

　5月7日横須賀を出港し、北方部隊に編入、早速幌筵に向かった。6月5日、アッツ島ホルツ湾に連絡員である残留者（第5艦隊参謀：江本弘中佐ほか）を収容するために向かったが手がかりがない（戦後、中佐は湾端の洞窟内において遺体で発見）。

　その後キスカ島に向かい6月13日に入港予定だったが消息不明となった。

　アメリカ側資料によれば、6月10日の朝、アッツ島の東にあるセミチ島の北東でアメリカ駆逐艇PC487のソーナーにより探知、その後レーダーで追跡された。常に霧が発生する北方配備だから当然かもしれないが、300トンに満たない駆逐艇でもアメリカ軍は精度の良いレーダーを装備していた。接近する駆逐艇に驚き急速潜航するが、爆雷攻撃は避けられない。爆雷の水圧で浮上したと思われる伊24潜に駆逐艇は2度に渡り体当たりを敢行、そのまま伊24潜は片側にひっくりかえり沈没していった。

　花房艦長以下、104名全員戦死。（喪失認定　6月11日）

▼昭和16年10月31日、佐世保工廠での竣工式後の記念撮影と思われる。伊24潜水艦乗員以外の鎮守府高官、背広姿の工廠関係者が認められる。本艦は真珠湾やシドニーで特殊潜航艇の母艦として行動したのち、ニューギニア輸送で活躍。キスカで駆潜艇の攻撃により沈没した。

伊号第46潜水艦（丙型）

伊号第46潜水艦歴代艦長

艦長名	海兵期	着任	離任
山口幸三郎 少佐	59	S19.2.29	S19.10.28

　伊46潜は丙型の6番艦として、昭和19年2月29日佐世保工廠で竣工した。初代艦長は2月1日に艤装員長として着任していた山口幸三郎少佐（兵59期）である。同艦の歴代艦長は山口艦長1人である。

　9月30日第15潜水隊に編入。10月19日呉を出港、比島東方海面に向かう。10月25日、飛行機を発見して潜航するが駆逐艦から10時間以上つけ狙われ、遠距離での爆雷音が200以上を数えた。

　28日、レイテ沖海戦に参加したアメリカ第30機動部隊の第4空母部隊（空母「フランクリン」「エンタープライズ」、ほか軽空母2隻）が残敵掃討のためレイテ島東方で輪型陣を作り航行中だった。この敵機動部隊に対し果敢にも伊46潜は肉迫した。しかし護衛の駆逐艦「ヘルム」のソーナーが探知、爆雷攻撃を開始する。応援に駆け付けた駆逐艦「グリッドレー」と共同して爆雷攻撃を開始する。午後に入り引き続き2艦で交互に爆雷攻撃を加え、ついに浮遊物を発見、沈没を確認した。

　伊46潜は山口艦長以下、114名全員戦死である。（喪失認定　12月2日）

伊号第47潜水艦（丙型）

伊号第47潜水艦歴代艦長

艦長名	海兵期	着任	離任
折田善次 少佐	59	S19.7.10	S20.4.24
鈴木正吉 少佐	62	S20.4.24	終戦

　伊47潜は丙型7番艦として、昭和19年7月10日佐世保工廠で竣工した。初代艦長は4月15日に艤装員長に着任していた折田善次少佐（兵59期）である。同艦の歴代艦長は2名である。伊47潜は終戦まで残存したが参加した作戦が全て回天戦で、過酷な作戦を生き残った武運艦である。

　昭和19年10月8日に第15潜水隊に編入。10月29日から31日まで回天との訓練を実施し、翌11月6日、7日で回天4基を搭載。11月8日、ついに最初の回天作戦として第1次玄作戦菊水隊としてウルシーに向かう。回天搭乗員は兵学校71期の仁科関夫中尉、機関学校53期の福田斉中尉、予備学生3期の佐藤章少尉、同じく予備学生3期渡辺幸三少尉の4名である。

　11月20日0328、1号艇仁科中尉発進。5分後に3号艇佐藤少尉、さらに5分後に4号艇渡辺少尉が発進した。そして0342、2号艇の福田中尉が最後に発進した。同方面で同じく伊36潜から回天1基、計5基が発進した後、0547分ウルシー泊地に大きな火柱が上がった。油槽艦「ミシシネワ」の轟沈である。11月30日呉に帰着。

　12月25日第2次玄作戦金剛隊としてホーランディア泊地を目指し大津島を出港した。搭載回天は同じく4基で搭乗員は兵学校72期の川久保輝夫中尉、予備学生3期の原敦郎中尉、水雷学校出身の村松実上曹、佐藤勝美1曹である。

　30日早朝、伊47潜はグアム島西方300浬の洋上でドラム缶の筏に乗って漂流していた8人の日本兵を発見した。艦長はこの8人を救うかどうか迷った。しかし川久保中尉が「あの8人を助けてやってください。我々4人の代わりに8人が生還するのはめでたいことです。」と懇願したという。艦長はその一言で漂流者を救出、のちに8人は無事日本に帰還している。

▼昭和19年5月ないし6月、佐世保沖で公試中の伊47潜。同艦は丙型の7番艦として、また回天母艦として活躍し、幾多の危険な作戦を完遂し戦後まで生き残った、貴重な第一線大型潜水艦の一艦である。〔写真提供／大和ミュージアム〕

昭和 20 年 1 月 10 日 0330、伊 47 潜からホランディア、フンボルト湾へ向かって 5 分間隔で回天 1 号艇川久保中尉、3 号艇村松上曹、4 号艇佐藤 1 曹、2 号艇原中尉が発進していった。発進より 1 時間半後、フンボルト湾に火災が発生したのを発見した。戦果は大型輸送艦 4 隻轟沈と考えられたが、実際は貨物船「ポンタス・H・ロス」が軽い損傷を受けただけと言われている。2 月 1 日呉に帰着。

　3 月 28 日、第 5 次玄作戦多々良隊として沖縄方面に向かった。今回は回天 6 基を搭載できるように改造されていた。搭乗員は兵学校 72 期柿崎実中尉、予備学生 3 期前田肇中尉、水雷学校出身古川七郎上曹、山口重雄 1 曹、新海菊雄 2 飛曹、横田寛 2 飛曹の 6 名である。

　しかし伊 47 潜は 3 月 29 日九州の南 120 浬付近で駆逐艦より 11 時間による制圧を受け重油タンクを損傷、回天も 6 基のうち 3 基が損傷したためやむなく 4 月 1 日呉に帰着した。

　艦長が鈴木正吉少佐（兵 62 期）に交代。4 月 20 日第 6 次玄作戦天武隊として、回天 6 基を搭載して沖大東島方面に向かう。今回の作戦から回天作戦は、警戒厳重な停泊艦攻撃から航行中の輸送船団を攻撃する洋上襲撃に攻撃方針が転換された。その先駆けとして伊 47 潜と他に 36 潜が選ばれた。搭乗員は多々良隊と同じ顔ぶれである。

　5 月 2 日午前 9 時過ぎ、沖縄に向かっている輸送船 2 隻、駆逐艦 1 隻を発見、ただちに 1 号艇柿崎中尉、4 号艇山口 1 曹が発進。21 分後大爆発が聞こえた。戦果ははっきりしていないがアメリカ貨物船 1 隻が損傷を受けたという記録が残っている。続いて大型駆逐艦 2 隻を発見、2 号艇古川上曹が発進、48 分後大爆発音が聞こえた。翌 5 月 7 日軽巡洋艦を発見した。回天と魚雷のどちらかを使用する準備を進めていたが、目標との距離が縮まらないため魚雷の発射を諦め回天戦を決断した。残る 3 基のうち 3 号艇と 6 号艇の電話が感度不良、両艇の搭乗員は艦内復帰を命ぜられた。そして残る 1 艇である 5 号艇前田中尉が発進。24 分後、大爆発音を聞いたので軽巡洋艦 1 隻轟沈と報じた。5 月 13 日呉に帰着。

　7 月 19 日、回天戦 5 回目の伊 47 潜は多聞隊として沖縄東方方面に向けて出港した。回天搭乗員は加藤正中尉、桐沢鬼子衛少尉、石渡昭三 1 飛曹、河村哲 1 飛曹、新海菊雄 1 飛曹、久本晋作 1 飛曹の 6 名である。

　29 日フィリピン島北東方面に移動したが翌 30 日暴風圏に突入してしまい、翌 31 日も激しい荒天となり航走充電が不可能になった。8 月 1 日になってやっと風波がおさまったが回天 1 基が流されてしまった。8 月 6 日に帰投命令を受け、13 日搭乗員 6 名と 5 基の回天を光基地で降ろし呉に帰投し終戦を迎えた。

　昭和 21 年 4 月 1 日五島キナイ島で米軍により爆破処分された。

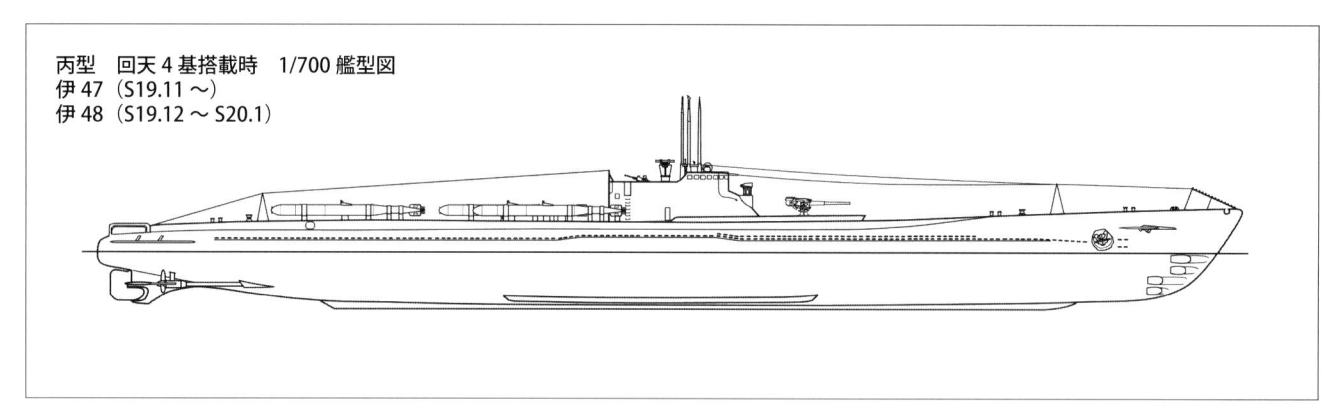

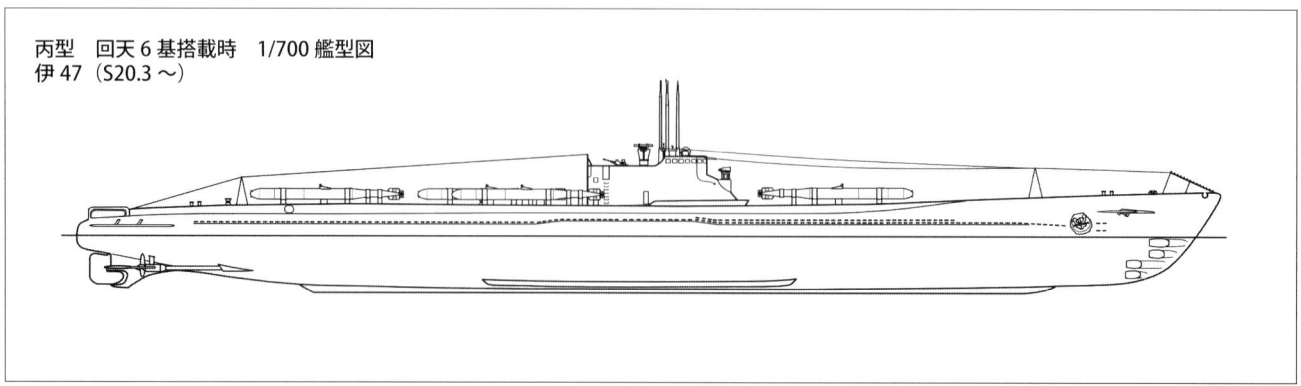

丙型　回天 4 基搭載時　1/700 艦型図
伊 47（S19.11〜）
伊 48（S19.12〜S20.1）

丙型　回天 6 基搭載時　1/700 艦型図
伊 47（S20.3〜）

伊号第48潜水艦（丙型）

伊号第48潜水艦歴代艦長

艦長名	海兵期	着任	離任
当山全信 少佐	59	S19.9.5	S20.1.23

　伊48潜は丙型の最終番艦である8番艦として、昭和19年9月5日佐世保工廠で竣工した。初代艦長は6月10日に艤装員長に着任していた当山全信少佐（兵59期）である。同艦の歴代艦長は当山少佐1人である。

　昭和19年12月7日、第15潜水隊に編入。昭和20年1月9日、回天作戦に参加。第2次玄作戦金剛隊として大津島を出撃しウルシー泊地に向かった。搭乗員は菊水隊として出撃したが発進できなかった吉本健太郎中尉（兵72期）、豊住和寿中尉（機53期）に加えて、塚本太郎少尉（予備学4期）、井斧勝見2曹（いぜり）の4人である。

　1月21日夜、ウルシー西方に浮上していたところを敵の哨戒機に発見される。通報を受けた駆逐艦「コンクリン」「コーベシアー」「ラビー」の3隻から6時間に渡りソーナー探知とヘッジホッグの攻撃を続けられた。そして翌朝の0936、再びヘッジホッグの攻撃を受け大爆発を起こして沈没した。この大爆発は駆逐艦「コンクリン」を艦ごと海面から持ち上げたと言われていて、一説には積載されていた回天の自爆説もある。

　当山艦長以下、回天搭乗員も全員戦死した。（喪失認定　1月31日）

▲昭和20年1月9日、回天特別攻撃隊金剛隊として回天4基を搭載して、ウルシー泊地を目指し大津島出港した伊48潜。隊員たちが後甲板の回天に乗り、見送りに応えている。伊48潜はこの写真が撮影されたのち、一切の消息なく未帰還になっている。

丙型改

伊52・伊53・伊55（同型艦3隻）

　丙型改は、昭和16年度の㊥計画で建造された。丙型の分類ではあるが、船体設計に乙型のものを流用した経緯があり、むしろ乙型改2から航空機設備を除いた型式である。

　丙型と違い機関は、大出力であるが量産性が困難な2サイクル複動艦本式2号0型ディーゼルから、大幅な出力の低下にはなるが量産性の高い4サイクル単動艦本式22号10型ディーゼルを装備していた（乙型改2と同様）。このため水上速力は丙型に比べ低下したが、燃料搭載量を増やしたことにより航続距離が2万1,000浬と増大した。

▲前後の14cm砲が撤去され、回天6基が搭載できるよう改装された伊53潜。不鮮明ながら前方を撤去されたブルーワークが見てとれる。艦橋後部に装備された大型の機材はシュノーケル。伊53潜は回天特別攻撃に金剛隊、多聞隊と2度出撃しているが、幾度の危機を生還して終戦まで残存した。

要目

排水量	水上：2,095トン／水中：2,644トン
全　長	108.7m
全　幅	9.30m
吃　水	5.12m
機　関	艦本式22号10型ディーゼル2基2軸
	水上：4,700馬力／水中：1,200馬力
速　力	水上：17.7ノット／水中：6.5ノット
航続距離	水上：21,000浬／16ノット
	水中：105浬／3ノット
乗　員	94名
兵　装	40口径14cm単装砲2門
	25mm機銃連装1基2挺
	53cm魚雷発射管：艦首6門
	九五式魚雷17本
安全潜航深度	100m

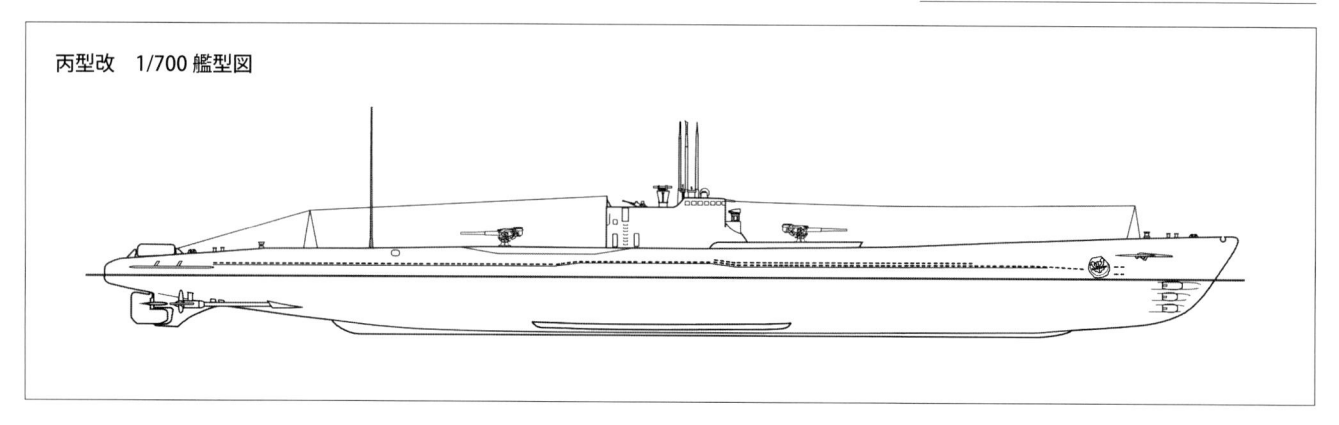

丙型改　1/700 艦型図

伊号第52潜水艦
（2代、丙型改）

伊号第46潜水艦歴代艦長

艦長名	海兵期	着任	離任
宇野亀雄 中佐	53	S18.12.28	S19.6.25

　伊52潜は丙型改の1番艦として、昭和18年12月28日に呉工廠で竣工した。初代艦長は、11月15日に艤装員長に着任していた宇野亀雄中佐（兵53期）で、同艦の歴代艦長は宇野中佐1人である。

　昭和19年3月10日、第6艦隊第8潜水戦隊に編入され、同日呉を出港した。3月21日シンガポールに到着、ドイツに派遣される5番目の潜水艦として命令が下された。伊52潜の最大の目的は、ドイツの電波兵器技術の導入であった。日本側からは対空射撃用高射装置、対空機銃射撃装置、対空射撃用安定装置の民間技術者7名が便乗したほか、タングステン、生ゴムなどの南方資源が積み込まれ、4月23日にシンガポールを出港した。

　スマトラ島とジャワ島の間のスンダ海峡からインド洋に入り、6月23日ポルトガル沖合1,000km沖合の大西洋上に浮かぶアゾレス諸島北600浬でドイツ潜水艦U530と会合、ドイツ連絡将校を乗艦させた。ところが6月6日に、連合軍がノルマンディー上陸を果たし、入港先を失う懸念が出てきた。しかもこのU530はアメリカ護衛空母「ボーグ」を中心とした対戦部隊にマークされていたのである。この部隊は昭和18年2月から大西洋で対潜作戦を始め、ドイツUボートをこれまでに6隻沈めていた。

　7月23日、伊52潜は「ボーグ」から発艦したアベンジャー雷撃機のレーダーに探知され照明弾、音響浮揚すなわちソノブイを投下された。今日でも使われているソノブイがすでにこの時期に実用化されていたのである。アベンジャー雷撃機は応援に駆け付けたほかの2機とともにソノブイで追い詰め、250kg対潜爆弾を投下、ついに海底で大爆発が起きた。

　宇野艦長以下、乗員100名と民間技師7名も犠牲になった。本艦は大西洋で沈んだ唯一の伊号潜水艦である（ほかにドイツ譲渡艦呂501潜）。（喪失認定　8月2日）

伊号第53潜水艦
（2代、丙型改）

伊号第53潜水艦歴代艦長

艦長名	海兵期	着任	離任
豊増清八 少佐	59	S19.2.10	S20.2.1
大場佐一 少佐	62	S20.2.1	終戦

　伊53潜は丙型改の2番艦として昭和19年2月20日、呉工廠で竣工。初代艦長は2月15日に艤装員長に着任していた、豊増清八少佐（兵59期）である。同艦の歴代艦長は2名である。

　5月19日第15潜水隊に編入、特四内火艇の搭載母艦として予定されていたが龍巻作戦中止となり、あ号作戦のためニューアイルランド北東へ向かう。

　しかし6月28日故障のためサイパン島の哨区を離れ7月2日トラックに帰投。前進基地としてもはや機能を失っていたトラック島から第7潜水戦隊司令官大和田昇少将（兵44期）を乗せて呉に帰投、修理に従事することになった。

　10月19日呉を出港比島方面に出撃したが、会敵せず戦果なく呉に帰投。12月30日第2次玄作戦金剛隊として大津島を出撃した。回天搭乗員は久住宏中尉（兵72期）、伊東修少尉（機54期）、久家稔少尉（予備学4期）、有森文吉上曹の4艇である。

　昭和20年1月12日0030、パラオ、コッソル水道で回天を発進させた。しかし1号艇久住宏中尉艇は潜水艦を離れ、機関を発動した直後、機関室から突如火を噴き沈没した。冷走爆発である。潜望鏡から火柱が見えたという。また久家稔少尉の2号艇は応答がない。電話機を通じて激しい呼吸音が聞こえる。伊東艇と有森艇2基を発進後、急速浮上して2号艇のハッチを開け、失神している久家少尉を引き上げた。航走不能になった1号艇は敵艦に発見されることを恐れ直ちに燃料を停めて消火に務め、艇内に海水を入れて自枕したと思われる。発進した2艇の回天の命中予想時刻に命中音が認められたが、戦果があったとは記録にない。1月26日呉に帰投。

　2月1日艦長が大場佐一少佐（兵62期）に交代する。3月30日大津島で回天6基を積み、ツリム調整などの試験潜航をしたところ磁気機雷に触雷した。中央部の耐圧タンクが損傷を受け、重油タンクから燃料が漏れだした。結局伊53潜はドックに入り修理しなくてはならず多々良隊の攻撃には参加できなかった。

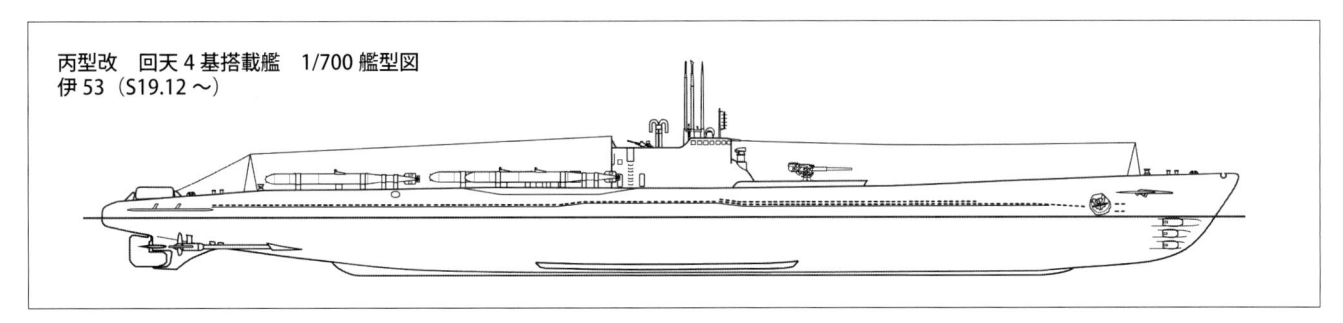

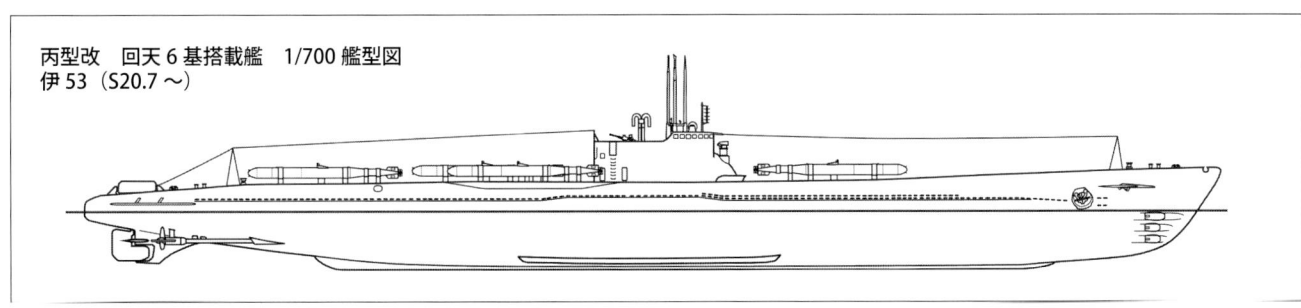

丙型改　回天4基搭載艦　1/700 艦型図
伊53（S19.12〜）

丙型改　回天6基搭載艦　1/700 艦型図
伊53（S20.7〜）

▶終戦後、佐世保恵美須湾への回航が終わり、伊53潜の保管員のうち兵科だけを撮影したもの。後列左から5人目が先任将校の大堀正大尉。後列一番右が航海長の山田穣中尉。その他は下士官で、現金がないので米1俵で佐世保の写真館に出張撮影を引き受けてもらい、顔が小さくならないようにと兵科と機関科とを分けて記念写真を撮影した。

　7月9日、修理を終え多聞隊として沖縄と比島の中間海域に再度出撃することになった。回天搭乗員は勝山淳中尉（兵73期）、関豊興少尉（予備学1期）、荒川正弘1飛曹（甲飛予科練13期）、川尻勉1飛曹（甲飛予科練13期）、坂本雅刀1飛曹、高橋博1飛曹の6人である。
　7月20日バシー海峡東方海域で輸送船団を発見、1425に勝山中尉の1号艇が発進した。1515頃、大爆発音が起きた。駆逐艦「アンダーヒル」がまっ二つに割れて沈没した。
　引き続き27日、同じくバシー海峡東方海域で南下中の輸送船団を発見、2号艇弱冠17歳の川尻1飛曹を発進させた。その後1時間後に大音響が響いたが戦果が確認できない。そのかわり護衛の駆逐艦の猛反撃を受けた。その攻撃は執拗かつ有効で、このままでは伊53潜は残る回天を抱いたまま撃沈される恐れが出てきた。回天を搭載していると水圧で壊れてしまうので40m以上深く潜れない。その時、関少尉が艦長に対して発進を催促した。艦長は暗夜の回天作戦は無理と発進を許可しなかったが、伊53潜はますます苦しい状況になっていく。関少尉は再び艦長に対し
「私たちは回天で突入することを本望としております。回天搭乗員が大勢、出番を待っております。潜水艦は何としても生き残って、回天作戦を繰り返してください。」
と詰め寄ったという。艦長はいつまでも母潜が耐えられるか疑問に思い、回天発進を決意。深度40mからの発進を試みることになる。0230、関少尉の5号艇、その後20分後に大爆発音。続いて荒川1飛曹の3号艇が発進、0332頃に大爆発が起こり敵の推進音はやがてなくなった。
　高橋1飛曹の乗った4号艇と坂本1飛曹の6号艇はあまりに近くで爆発が起きたため、衝撃で回天が損傷、2人は意識を失い艦内に収容、手当てを受けた。その後伊53潜は辛うじて、帰投命令を受け8月10日呉に無事たどり着いた。回天の犠牲で母潜が救われたのである。
　8月15日呉で終戦を迎えた時、伊53潜の乗組員は自分たちの犠牲になった回天搭乗員を想い、徹底抗戦を叫んだという。

伊号第55潜水艦（2代、丙型改）

　伊55潜は丙型改の3番艦として、昭和19年4月20日に呉工廠で竣工した。艦長は3月5日に艤装員長に着任していた井筒紋四郎少佐（兵57期）で、同艦の艦長は井筒少佐だけである。
　7月6日、テニアン島への運砲筒輸送及び搭乗員収容のため横須賀を出港。
　7月13日、アメリカの対潜哨戒機1機がサイパン島の西で伊55潜を発見した。ただちにサイパン島から駆逐艦と駆逐艦から改造された高速輸送艦を派遣する。翌14日に現場に到着した2隻は探知を始め、伊55潜を発見した。その後、爆雷投下を行ない、3回目の爆雷攻撃を始めようとした時に、海底から爆発音が聞こえた。伊55潜の最期である。
　井筒艦長以下、戦死者112名。竣工後わずか4ヶ月、初陣での沈没であった。

伊号第55潜水艦歴代艦長

艦長名	海兵期	着任	離任
井筒紋四郎 少佐	57	S19.4.20	S19.7.14

海大3型a

伊153・伊154・伊155・伊158（同型艦4隻）

▲昭和2年、広島湾で公試中の伊55潜（のちの伊155潜）。海大型の複雑な船体ライン、美しさがよく現れている素晴らしい写真である。本型はズルザー式機関が安定しなかったことから、ラウシェンバッハ式ディーゼルの特長を取り入れて改良を加えている。

　海大3型aは海大2型を改良して完成させた日本海軍初の実用大型高速潜水艦で、大正12年度計画により昭和2年から3年の間に4隻が竣工した。

　2型で不安定だったズルザー式3号ディーゼルをマン社のラウンシェンバッハ式ディーゼルの特長を取り入れて改造を加えた結果、性能が安定し、長年の宿願であった水上20ノットを実現した。また内殻の強化を図り安全潜航深度を60mまで増大し、昇降口を二重ハッチにして、ダイバーズロックを新設するなどの安全対策が強化されていた。

　魚雷発射管は海大1型、2型と同様で前部に6門、後部に2門の計8門で、兵装も同様に12cm単装砲1門を装備していた。

　海大3型の整備は日本海軍が構想していた「漸減作戦」を実現させるための大きな要素となり、当時のアメリカ海軍に深刻な影響を与えた。

要目	
排水量	水上：1,535トン／水中：2,300トン
全長	100.58m
全幅	7.98m
吃水	4.83m
機関	ズルザー式3号ディーゼル2基2軸
	水上：6,000馬力／水中：1,800馬力
速力	水上：20.0ノット／水中：8.0ノット
航続距離	水上：10,000浬／10ノット
	水中：90浬／3ノット
燃料	重油：233トン
乗員	63名
兵装	40口径12cm単装砲1門
	7.7mm機銃1挺
	53cm魚雷発射管：艦首6門・艦尾2門
	6年式魚雷16本
安全潜航深度	60m

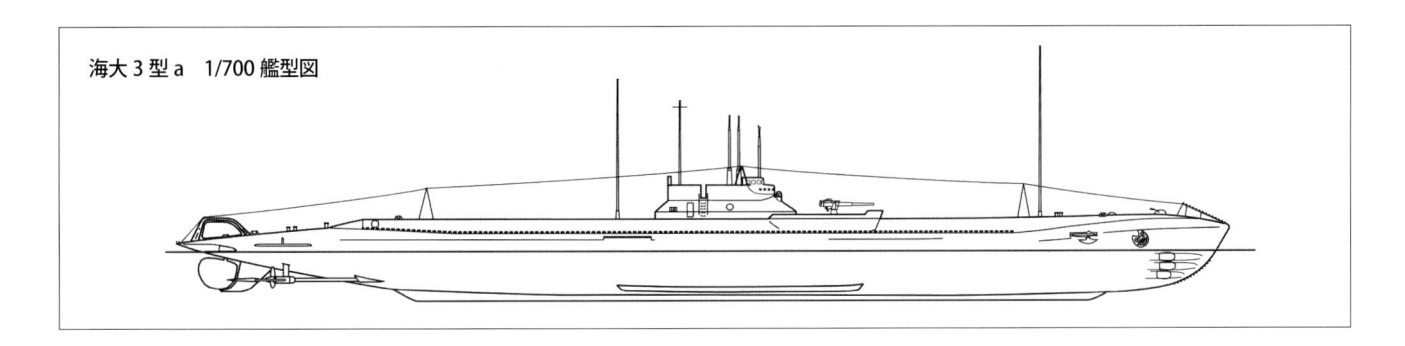

海大3型a　1/700艦型図

伊号第153潜水艦
（海大3型a）

伊号第153潜水艦歴代艦長

艦長名	海兵期	着任	離任
高須三二郎 少佐	37	S2.3.30	S2.12.1
佐藤 勉 少佐	40	S2.12.1	S3.12.10
平野六三 少佐	41	S3.12.10	S5.12.1
林 清亮 少佐	43	S5.12.1	S6.12.1
石崎 昇 少佐	42	S6.12.1	S7.11.15
加藤与四郎 少佐	43	S7.11.15	S9.11.15
南里勝次 少佐	48	S9.11.15	S10.11.15
清水太郎 少佐	48	S10.11.15	S11.12.1
横溝定一 少佐	46	S11.12.1	S12.12.1
佐野孝夫 少佐	50	S12.12.1	S13.3.19
宇野乙二 少佐	52	S13.3.19	S13.7.30
安久栄太郎 少佐	50	S13.7.30	S14.11.20
入江 達 少佐	51	S14.11.20	S16.1.31
中村省三 少佐	54	S16.1.31	S17.5.23
井筒紋四郎 少佐	57	S17.5.23	S18.12.15
清水鶴造 少佐	58	S17.12.15	S18.5.25
和田睦雄 大尉	61	S18.5.25	S18.6.25
井元正之 少佐	58	S18.6.25	終戦

伊153潜は昭和2年3月30日、呉工廠で竣工した。竣工時は伊53潜である。初代艦長は高須三二郎少佐（兵37期）で同艦の歴代潜水艦長は18名である。

開戦時の艦長は、昭和16年1月31日に着任していた中村省三少佐（兵54期）である。12月1日、第4潜戦第18潜水隊に所属し、マレー部隊潜水部隊として三亜を出港、マレー半島東方の散開配備についた。マレー沖海戦に参加後、12月20日カムラン湾に到着。29日にカムラン湾を出港するも荒天により故障を起こし引き返した。

昭和17年1月6日カリマタ海峡、南シナ海南部にあるインドネシア領のアナンバス南東海面、ジャワ海北西部を行動。2月7日ジャワ攻略作戦に協力。2月9日アナンバス待機を命ぜられ、2月13日同地を出港しロンボック海峡を経由してチラチャップ（中部ジャワ南岸にある港）沖に進出した。

ここから伊53潜の活躍が始まる。まず2月27日、オランダ船「ホーシー」を撃沈。翌2月28日にはスラバヤから脱出してきたイギリス船「シティ・オブ・マンチェスター」を撃沈。続けてオランダ船「パリギィ」を撃沈した。3月8日スターリング湾に帰着。3月25日に呉に帰投し、以後練習潜水艦となる。

5月20日艦番号に100番を付与され、その後艦長が4人交代し昭和19年1月31日予備艦となった。

終戦翌年、アメリカ軍により海没処分された。

伊号第154潜水艦
（海大3型a）

伊号第154潜水艦歴代艦長

艦長名	海兵期	着任	離任
高塚省吾 少佐	38	S2.12.15	S4.5.15
大和田昇 少佐	44	S4.5.15	S5.11.1
大倉留三郎 少佐	43	S5.11.1	S9.11.15
藤本 伝 少佐	48	S9.11.15	S12.4.20
楢原省吾 少佐	48	S12.4.20	S13.3.19
田中万喜夫 少佐	52	S13.3.19	S13.7.30
横田 稔 少佐	51	S13.7.30	S14.10.20
柴田源一 少佐	51	S14.10.20	S16.8.15
田岡 清 少佐	55	S16.8.15	S16.10.31
小林茂男 少佐	56	S16.10.31	S17.6.5
坂本栄一 少佐	57	S17.6.5	S17.10.15
湯浅 弘 大尉	59	S17.10.15	S18.3.16
山口幸三郎 少佐	59	S18.3.16	S18.5.20
山口一生 大尉	61	S18.5.20	終戦

伊154潜は海大3型aの2番艦として、昭和2年12月15日佐世保工廠で竣工した。竣工時は伊54潜。初代艦長は高塚省吾少佐（兵38期）で当艦の歴代艦長は14名である。

昭和4年5月15日に大和田昇少佐（兵44期）に艦長が交代し、翌5年11月1日に大倉留三郎少佐（兵43期）に交代する。昭和7年2月10日大立島南方海面で演修中、舵が故障して操艦困難に陥った伊55潜と衝突、佐世保において修理を行なった。

開戦は昭和16年10月31日に艦長に着任した小林茂男少佐（兵56期）で迎え、第4潜水戦隊第18潜水隊として南方部隊に編入された。12月1日三亜を出港、マレー部隊潜水部隊としてマレー半島東方海面の散開線配備についた。マレー沖海戦に参加後、12月20日にカムラン湾に帰着。

12月29日にカムランを出港したが、荒天のため故障を起こしカムラン湾に帰着。昭和17年2月7日ジャワ作戦に協力。2月24日スンダ海峡南口でタンカー、商船を襲撃するが戦果は確認されていない。3月2日オランダ船「マジョカート」を撃沈。3月7日スターリング湾に帰着。

3月25日に呉に帰着し、以後は練習潜水艦となった。昭和17年5月20日、艦番号を伊154潜に改名。昭和19年1月31日に予備艦となりその後は潜水学校に係留されていた。最後の艦長は山口一生大尉（兵61期）である。

昭和21年5月、伊予灘でアメリカ軍により処分された。

伊号第155潜水艦
（海大3型a）

伊号第155潜水艦歴代艦長

艦長名	海兵期	着任	離任
蓑輪中五 少佐	38	S2.9.5	S2.12.1
平岡粂一 少佐	39	S2.12.1	S3.12.10
鍋島俊策 少佐	42	S3.12.10	S4.11.15
石崎 昇 少佐	42	S4.11.15	S5.12.1
阿部信夫 少佐	42	S5.12.1	S9.2.20
新野荒太郎 少佐	45	S9.2.20	S11.12.1
山田 隆 少佐	49	S11.12.1	S12.12.9
殿塚謹三 少佐	50	S12.12.9	S13.11.20
田上明次 少佐	51	S13.11.20	S16.4.28
中島清次 少佐	54	S16.4.28	S17.3.25
工藤兼男 少佐	56	S17.3.25	S18.1.10
河野昌道 少佐	52	S18.1.10	S20.4.20
早川尋匡 大尉	64	S20.4.20	終戦

伊155潜は海大3型aの3番艦として、昭和2年9月5日呉工廠で竣工した。竣工時は伊55潜である。初代艦長は蓑輪中五少佐（兵38期）で伊55潜の歴代艦長は13名である。

開戦時の艦長は中島清次少佐（兵54期）であり、4潜戦第18潜水隊南方部隊でマレー作戦に参加。12月20日カムラン湾に帰着。12月29日カムランを出港してジャワ海西部を行動。昭和17年2月2日、アナンバスにて燃料補給を受けロンボック海峡北口の配備に就く。2月4日オランダ船「バン・ランシャージ」を撃沈。さらに2月7日オランダ船「バン・クルーン」を撃沈する。2月13日にはタンカー、18日は商船を攻撃するが戦果は確認されていない。

3月25日、スターリング湾を経て呉に帰着。以後練習潜水艦となり同日工藤兼男少佐（兵56期）に艦長が交代する。昭和17年5月20日、艦番号が伊155潜に改名された。

昭和18年5月29日北方部隊に編入。5月26日横須賀を出港、6月2日幌筵を経由してキスカ島輸送に従事。だが途中悪天候のため波浪により損傷を受け6月7日幌筵に帰着。そのまま呉に戻り再び練習艦となった。

昭和20年7月20日予備艦となり潜水学校に係留され、そのまま終戦を迎えた。最後の艦長は早川尋匡大尉（兵64期）である。

昭和21年5月、伊予灘でアメリカ軍により処分された。

▼昭和2年11月14日、館山沖の公試実施海域に向うため浦賀水道を航行中の伊58潜。潜望鏡が未装備のようである。海大3型は機関を改良し、安全潜航深度を増大させ、ダイバーズロックなどの安全面まで配慮された最初の実用大型潜水艦であったが、太平洋戦争時には老朽化が進んでおり、昭和17年中盤以降は第一線を退いた。

伊号第158潜水艦
（海大3型a）

伊号第158潜水艦歴代艦長

艦長名	海兵期	着任	離任
関本織之助 少佐	38	S3.5.15	S4.11.1
秋山勝三 少佐	40	S4.11.1	S5.12.1
福沢常吉 少佐	41	S5.12.1	S6.11.14
中島千尋 少佐	43	S6.11.14	S7.6.1
今里 博 少佐	45	S7.6.1	S11.12.1
浜野元一 少佐	47	S11.12.1	S12.10.5
宮崎武治 中佐	46	S12.10.5	S14.2.20
楢原省吾 中佐	48	S14.2.20	S15.10.30
中川 肇 少佐	50	S15.10.30	S16.10.31
北村惣七 少佐	55	S16.10.31	S17.7.25
大塚 范 少佐	56	S17.7.25	S17.11.25
森永正彦 少佐	59	S17.11.25	S18.3.16
橋本以行 少佐	59	S18.3.16	S18.7.25
竹内義正 少佐	59	S18.7.25	S19.1.20
荒井 淳 大尉	63	S19.1.20	S19.4.30
増沢清司 大尉	65	S19.4.30	S19.10.14
郷 康夫 大尉	66	S19.10.14	S20.2.5
館山武裕 大尉	68	S20.2.5	終戦

　伊158潜は海大3型aの4番艦として、昭和3年3月15日横須賀工廠で竣工した。初代艦長は、関本織之助少佐（兵38期）で同艦の艦長は歴代18名である。竣工時の艦名は伊58潜で他の艦と同様、昭和17年5月20日に100を付与され伊158潜になった。

　開戦時の艦長は、昭和16年10月31日着任した北村惣七少佐（兵55期）で12月1日マレー部隊潜水部隊として三亜を出港した。

　12月9日夜、イギリス東洋艦隊戦艦2隻を発見する。有名な大本営発表「帝国海軍は開戦劈頭より英国東洋艦隊特にその主力艦2隻の動静を注視しありたるところ、帝国海軍潜水艦は敵主力艦の出動を発見」とある潜水艦が伊158潜である。追躡ののち、先頭の戦艦「プリンス・オブ・ウェールズ」に対して魚雷をまさに発射しようとした時、6本の魚雷発射管のうち1本の発射管が開かなくなってしまった。残り5本をそのまま発射すればいいように思うが、結局発射機会を逸してしまう。続いて戦艦「レパルス」が22ノットで進んでくる、今度は落ち着いて月明かりの中、魚雷5本を発射するが全部外してしまった。日本海軍潜水艦はその創設以来、敵戦艦撃沈を目指して練成してきたが、以後撃破はあっても撃沈のチャンスは二度と訪れることはなかった。

　12月20日カムラン湾に帰投。昭和17年1月3日オランダ船「ラングキアーズ」を、9日「キャムフィティズ」を撃沈した。2月7カムラン湾を出港し、ジャワ南方海面に行動し2月22日チラチャップ沖でオランダ船「ピジナッカー・ホンヂック」、25日にスンダ海峡南口でオランダ船「ボエロ」を撃沈。28日にイギリスタンカー「ブリテッシュ・チャッジ」を撃破する。3月20日に呉に帰投。5月14日にはクェゼリンを経由してミッドウェー作戦に参加。6月30日に呉に帰着し、7月10日練習潜水艦となった。

　その後艦長が7人交代し最後の艦長が昭和20年2月5日に着任した館山武裕大尉（兵68期）である。4月20日回天基地輸送任務に就き、終戦。

　昭和21年4月1日、五島キナイ島でアメリカ軍により爆破処分にされた。

▼昭和2年10月20日、艤装工事中の伊58潜で、船体の艤装工事がほぼ終了している様子であるが、まだ竣工まで半年を要し、こののちの昭和3年3月15日横須賀工廠で竣工した。公試運転では、20.99ノットを記録し、当時の潜水艦ではトップレベルの水上速度を発揮した。

▼昭和5年5月28日、パラオ泊地における海大3型潜水艦群。手前から第18潜水隊の伊53潜、伊55潜、第19潜水隊の伊56潜、1隻艦名が不明であるが第18潜水隊の伊54潜と思われる。次が第19潜水隊の伊57潜である。伊53潜、伊54潜と伊55潜が3型a、伊56潜と伊57潜が3型bである。これだけ海大型が並んでいる姿はじつに壮観。各艦が昭和17年に100番を付与されている。

海大3型b

伊156・伊157・伊159・伊60・伊63（同型艦5隻）

　海大3型bは3型aと同じく大正12年度計画で5隻建造された。3型aとの違いは、凌波性を改善するため艦首の形状を直線状にし、補助発電機室や倉庫の区画配置を変更したこと。また居住性を向上させるための艦内の換気、及び冷却装置の改善やその他、細かい点で様々な改良が施されたので、それまでの海大型をaタイプ、本艦以降をbタイプとして区別した。またbタイプは従来の設計に用いられた英式のフィート・インチ法からメートル法に変更された。

　スイスのズルザー社からライセンス生産していたズルザー式3号ディーゼルは、各所の不具合について採用後に多くの改良をほどこし、ほとんど原型をとどめないほどだったという。

　しかしながら、このズ式への改良努力が、後の国産ディーゼル開発に大変有意義な実績となったのであった。

▲昭和4年12月16日、呉工廠で竣工寸前の伊57潜。本艦の艦橋後に見えるのは重巡「妙高」、その右手にも同じ「妙高」クラスの重巡が見える。艦橋後方には潜水母艦「韓崎」が停泊している。

要目

排水量	水上：1,635トン／水中：2,300トン
全　長	101.00m
全　幅	7.90m
吃　水	4.90m
機　関	ズルザー式3号ディーゼル2基2軸
	水上：6,000馬力／水中：1,800馬力
速　力	水上：20.0ノット／水中：8.0ノット
航続距離	水上：10,000浬／10ノット
	水中：90浬／3ノット
燃　料	重油：230トン
乗　員	63名
兵　装	40口径11年式12cm単装砲1門
	留式7.7mm機銃1挺
	53cm魚雷発射管：艦首6門、艦尾2門
	魚雷16本
安全潜航深度	60m

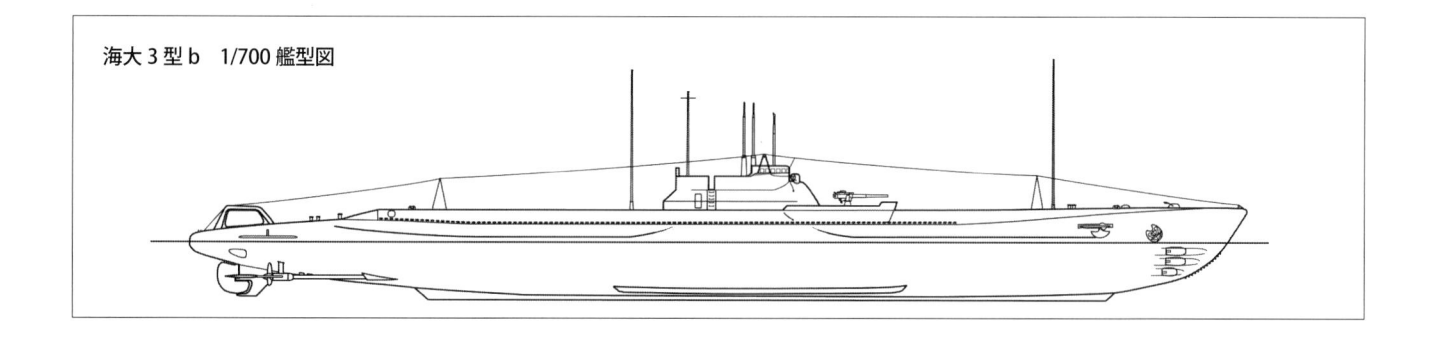

海大3型b　1/700艦型図

伊号第156潜水艦（海大3型b）

伊号第156潜水艦歴代艦長

艦長名	海兵期	着任	離任
古宇田武郎 少佐	41	S4.3.31	S4.11.5
吉冨説三 少佐	39	S4.11.5	S5.12.1
石崎　昇 少佐	42	S5.12.1	S6.12.1
服部邦男 少佐	47	S6.12.1	S7.6.1
奥島章三郎 少佐	44	S7.6.1	S7.11.1
久米幾次 少佐	46	S7.11.1	S9.10.22
奥島章三郎 少佐	44	S9.10.22	S10.12.26
西野耕三 少佐	48	S10.12.26	S12.12.1
岩上英寿 中佐	46	S12.12.1	S13.6.29
水口兵衛 中佐	46	S13.6.29	S13.12.15
畑中純彦 少佐	49	S13.12.15	S14.11.20
山田　薫 少佐	50	S14.11.20	S16.7.31
大橋勝夫 少佐	53	S16.7.31	S17.6.30
折田善次 大尉	59	S17.6.30	S17.7.20
関戸好蜜 少佐	57	S17.7.20	S17.10.15
米原　実 大尉	59	S17.10.15	S18.3.16
寺本　巌 大尉	神商15	S18.3.16	S19.1.31
神本信雄 少佐	56	S19.1.31	S19.10.11
河野昌道 中佐	52	S19.10.11	S19.10.24
山根　権 少佐	61	S19.10.24	終戦

　伊156潜は海大3型bの1番艦として、昭和4年3月31日呉工廠で竣工した。竣工時は伊56潜で、初代艦長は古宇田武郎少佐（兵41期）。当艦の歴代艦長は20名である。

　開戦時の艦長は昭和16年7月31日に着任した大橋勝夫少佐（兵53期）で昭和16年12月1日三亜を出港しマレー作戦に参加した。12月11日コタバル沖においてオランダ船「ヘイチング」を撃沈後、12月20日カムラン湾に帰着。10月28日カムラン湾を出港するが、ここから8日間の間に同艦は3隻撃沈、2隻撃破の戦果を挙げる。まずは昭和17年1月5日、チラチャップ沖において英船「クワンタン」を撃沈。1月6日オランダ船「タニンバー」を撃沈。1月8日オランダ船「バン・リース」を撃沈。続いて同日オランダ船「バン・リービーク」を撃沈。1月13日にはオランダ船「パトラス」を撃破し、大戦果を挙げて1月18日カムラン湾帰着した。

　2月2日アナンバスにて補給を受け、ロンボック海峡経由でスンダ海峡南口に配備。2月4日オランダ船「トギアン」を撃沈。2月21日スターリング湾よりチラチャップ沖に向かい、スターリング湾経由で呉に帰着。

　5月20日、艦名を伊156潜に変更。5月26日よりミッドウェー作戦に参加。6月30日、艦長が折田善次大尉（兵59期）に代わる。

　7月10日練習潜水艦となり、昭和18年3月16日、艦長が関戸好蜜少佐（兵57期）、米原実大尉（兵59期）を経て寺本巌大尉（神戸高等商船15期）が着任。5月29日北方部隊に編入。6月1日幌筵を経てキスカ島輸送に従事。弾薬、糧食を陸揚げし人員60名を収容。幌筵を経由して6月26日呉に帰着、そのまま呉鎮守府部隊に復帰。

　昭和19年には艦長が神本伸雄少佐（兵56期）、河野昌道中佐（兵52期）を経て、10月24日最後の艦長、山根権少佐（兵61期）が着任する。

　昭和20年4月1日第34潜水隊に編入され、回天輸送任務に従事。6月25日呉を出港、大連に回航して燃料輸送を実施し、7月2日に呉に帰投するが帰投した日が、乗員の記憶により原爆投下後の8月7日であるという異説がある。8月15日第15潜水隊に編入、終戦。

　昭和21年4月1日、五島キナイ島にてアメリカ軍により海没処分される。

伊号第157潜水艦（海大3型b）

伊号第157潜水艦歴代艦長

艦長名	海兵期	着任	離任
橋本愛次 少佐	39	S4.12.24	S5.6.20
伊藤尉太郎 少佐	42	S5.6.20	S6.11.14
斎藤栄章 少佐	42	S6.11.14	S7.10.5
中岡信喜 少佐	45	S7.10.5	S8.11.15
玉木留次郎 少佐	45	S8.11.15	S10.11.15
高橋島十郎 少佐	49	S10.11.15	S11.12.1
岡本義助 中佐	47	S11.12.1	S12.12.1
清水太郎 少佐	48	S12.12.1	S14.9.1
吉village巌 少佐	51	S14.9.1	S16.1.31
北村惣七 少佐	55	S16.1.31	S16.10.31
中島　栄 少佐	56	S16.10.31	S17.10.15
佐伯貞夫 少佐	59	S17.10.15	S18.2.1
小比賀勝 少佐	53	S18.2.1	S18.7.7
栢原保観 大佐	49	S18.7.7	S19.1.31
堀　武雄 中佐	50	S19.1.31	S19.2.25
中村省三 中佐	54	S19.2.25	S20.8.9
荒木浅吉 少佐	64	S20.8.9	終戦

　伊157潜は海大3型bの2番艦として、昭和4年12月24日呉工廠で竣工した。竣工時の艦名は伊57潜。初代艦長は、橋本愛次少佐（兵39期）で同艦の歴代艦長は17名である。

　開戦時の艦長は昭和16年10月31日に着任した中島栄少佐（兵56期）である。12月1日マレー部隊として三亜を出港し、マレー半島東方の散開配備に就いた。昭和17年1月6日コレヒドール島から脱出を図ったアメリカアジア艦隊司令官トマス・ハート大将を乗せた潜水艦「シャーク」を発見、襲撃するも命中しなかった。1月7日オランダのタンカー「ジラク」を撃沈。1月6日カムラン湾に帰着したが、赤痢患者が発生し3月まで行動ができず、スターリング湾を経由し3月20日呉に帰投した。

　5月20日、艦番号に100を付与され、伊157潜に改名。その後5月26日ミッドウェー作戦に参加、7月10日に練習潜水艦になった。

　10月15日艦長が、佐伯貞夫少佐（兵59期）に交代し、昭和18年2月1日には小比賀勝少佐（兵53期）に交代する。

　昭和18年5月29日北方部隊に編入され、6月4日輸送物件を搭載して幌筵を出港、キスカ島に向かった。しかし16日、霧の中で座礁をしてしまい魚雷や電池、重油などを放棄して翌17日ようやく離礁、キスカ島輸送は断念し、幌筵を経て26日呉に帰着。7月7日、第19潜水隊司令、栢原保観大佐（兵49期）が艦長を兼務し、翌19年には艦長が2人交代する。

　昭和20年4月20日、第34潜水隊に編入され回天基地輸送任務に従事し、8月9日最後の艦長荒木浅吉少佐（兵64期）が着任し、終戦を迎えた。

　昭和21年4月1日、五島キナイ島付近にてアメリカ軍により爆破処分された。

伊号第159潜水艦
（海大3型b）

伊号第159潜水艦歴代艦長

艦長名	海兵期	着任	離任
鶴岡信道 少佐	43	S5.3.31	S6.12.1
舟木重利 少佐	43	S6.12.1	S12.12.1
西野耕三 少佐	48	S12.12.1	S13.11.1
揚田清猪 少佐	50	S13.11.1	S14.11.20
南里勝次 中佐	48	S14.11.20	S15.7.26
遠藤 忍 少佐	52	S15.7.26	S16.10.31
吉松田守 少佐	55	S16.10.31	S17.11.10
福村利明 少佐	54	S17.11.10	S18.5.18
豊増清八 少佐	59	S18.5.18	S19.2.15
正田啓治 大尉	62	S19.2.15	S19.2.14
木村正男 大尉	63	S19.2.14	S19.9.15
三宅辰夫 大尉	67	S19.9.15	終戦

　伊159潜は海大3型bの3番艦として、昭和5年3月31日横須賀工廠で竣工した。初代艦長は、鶴岡信道少佐（兵43期）で同艦の歴代艦長は12名である。他の海大3型同様竣工時は伊59潜で、昭和17年5月20日に100を付与され、伊159潜となった。

　開戦時の艦長は、昭和16年10月31日に着任した吉松田守少佐（兵55期）で南方部隊に配備された。昭和16年12月26日マレー部隊から乙潜水部隊に編入され、翌17年1月20日クリスマス島方面でノルウェー船「エイズボルト」を撃沈した。

　1月25日、スマトラ島北西端にサバンという小さな港があるが、この港にインドに逃れようとしている商船が在伯しているかもしれないと考え、この伊159潜に偵察を命じた。同艦は大胆にも泊地に侵入し、イギリス船「ジャン・セン」を撃沈している。

　1月26日ペナンに到着。実は、日本海軍潜水部隊として初めてペナンに入港したのが伊159潜だった。その後スマトラ南西方面を行動し、3月1日にオランダ船「ルーズブーム」を撃沈するが、当時、伊159潜に報道班員として同乗していた山岡荘八氏が、その体験を基にこれらの様子を後に「海底戦記」として発表している。山岡氏は当時から歴史小説を中心とした執筆で活躍していた文豪だ。

　4月1日ペナンを経由して佐世保に無事到着。ミッドウェー作戦に参加した後の7月10日練習潜水艦になった。

　以後艦長が5人交代し、最後の艦長は三宅辰夫大尉（兵67期）で同艦はそのまま終戦を迎えた。

　昭和21年4月1日、五島キナイ島でアメリカ軍により爆破処分にされた。

伊号第60潜水艦
（海大3型b）

伊号第60潜水艦歴代艦長

艦長名	海兵期	着任	離任
林 清亮 少佐	43	S4.12.20	S5.12.1
島本久五郎 少佐	44	S5.12.1	S6.12.1
貴島盛次 少佐	44	S6.12.1	S11.12.1
大谷清教 少佐	49	S11.12.1	S13.12.15
中川 肇 少佐	50	S13.12.15	S14.3.1
山田 隆 中佐	49	S14.3.1	S14.12.1
小池伊逸 少佐	52	S14.12.1	S15.3.20
花房博志 少佐	51	S15.3.20	S16.7.1
河野昌道 少佐	52	S16.7.1	S16.10.31
長谷川畯 少佐	57	S16.10.31	S17.1.17

　伊60潜は海大3型bの4番艦として、昭和4年12月24日佐世保工廠で竣工した。歴代の艦長は10名で、初代艦長は林清亮少佐（兵43期）が着任した。

　昭和14年2月2日、豊後水道で伊63潜と衝突事故起こし、伊63潜は瞬時に沈没した。原因は、伊60潜が配備点を伊63潜の配備点と間違えて北上し、さらに伊60潜の当直将校が伊63潜の右舷灯と艦尾灯を小型船舶2隻と見誤り、この両灯の中間を通過しょうと直進して約200m接近するまで気付かず衝突してしまったものであった。伊63潜は81名の殉職者を出した誠に不幸な事故だった。

　開戦時の艦長は昭和16年10月31日に着任した長谷川畯少佐（兵57期）で、第28潜水隊南方部隊に所属していたが内地で修理を行なっておりマレー作戦には行動できなかった。

　昭和17年1月5日、南フィリッピンのダバオに進出、10日にダバオを出港しスンダ海峡南口の配備点に着いた。17日、米輸送船「マウント・バーノン」を護衛中のイギリス駆逐艦「ジュピター」にソーナーで探知を受け爆雷攻撃を受け浮上を余儀なくされ、「ジュピター」と砲戦を交え撃沈されてしまった。太平洋戦争で潜水艦として2番目の戦没艦である。第28潜水隊司令の加藤行雄大佐（兵47期）、長谷川艦長以下86名が戦死した。

　ちなみに、太平洋戦争で1番最初に沈められた潜水艦は伊70潜であるが、同艦の艦長、佐野孝夫中佐（兵50期）昭和14年に伊60潜が衝突して沈めてしまった伊63潜の当時の艦長だった。つまり追突された潜水艦の艦長が太平洋戦争戦没潜水艦1番目の艦長、追突してしまった伊60潜が戦没潜水艦2番目になってしまったのである。

伊号第63潜水艦
（海大3型b）

伊号第63潜水艦歴代艦長

艦長名	海兵期	着任	離任
八代祐吉 少佐	40	S3.12.20	S5.11.15
中島千尋 少佐	43	S5.11.15	S6.11.14
伊藤尉太郎 少佐	42	S6.11.14	S8.11.15
加藤行雄 少佐	47	S8.11.15	S10.11.15
岡田有作 少佐	47	S10.11.15	S12.7.31
永井宏明 少佐	48	S12.7.31	S13.11.15
佐野孝夫 少佐	50	S13.11.15	S14.2.2

　伊63潜は昭和3年12月20日、海大3型bの5番艦として佐世保工廠で竣工した。初代艦長は、八代祐吉少佐（兵40期）で当艦の歴代艦長は7名である。

　昭和13年11月15日、7代目艦長佐野孝夫少佐（兵50期）が着任する。そして翌14年2月2日、豊後水道で伊60潜に衝突され沈没する。

　佐野艦長は艦橋にいたため泳いで助かったが先任将校中島信義大尉（兵56期）以下81名が殉職。船体は引き上げられたが損傷が激しく解体された。

海大4型

伊61・伊162・伊164 (同型艦3隻)

　海大4型は海大3型と同じく、大正12年度計画で建造された。
　3型との相違点は搭載機関で、3型がズルザー式ディーゼルであるのに対し、4型はドイツ、マン社のラウンシェンバッハ式ディーゼルを採用したことである。3型のズ式エンジンは故障が多く、様々な改良を要したのに対し、ラ式の完成度は高く、ほとんど改良の必要がなかった。また巡潜型での実用を通して、信頼性が大であったことも機関を変更した理由と思われる。
　艦首魚雷発射管が6門から4門に減じているが、これは発射管の形状を円形にして耐圧強度向上を図ったためである。

▲昭和5年頃の伊62潜。艦首部分が特に明瞭に写っているが、甲板上、錨の左にあるのが水中聴音器Kチューブである。これまで海大型が採用してきたズルザー式からラウシェンバッハ式に機関を変更した結果、海大4型では機関は安定したが速度をあげると振動が強かったという。

要目	
排水量	水上：1,635トン / 水中：2,300トン
全　長	97.70m
全　幅	7.80m
吃　水	4.83m
機　関	ラウシェンバッハ式2号ディーゼル2基2軸
	水上：6,000馬力 / 水中：1,800馬力
速　力	水上：20.0ノット / 水中：8.5ノット
航続距離	水上：10,800浬/10ノット
	水中：60浬/3ノット
乗　員	58名
兵　装	40口径十一年式12cm単装砲1門
	7.7mm機銃1挺
	53cm魚雷発射管：艦首4門・艦尾2門
	魚雷14本
安全潜航深度	60m

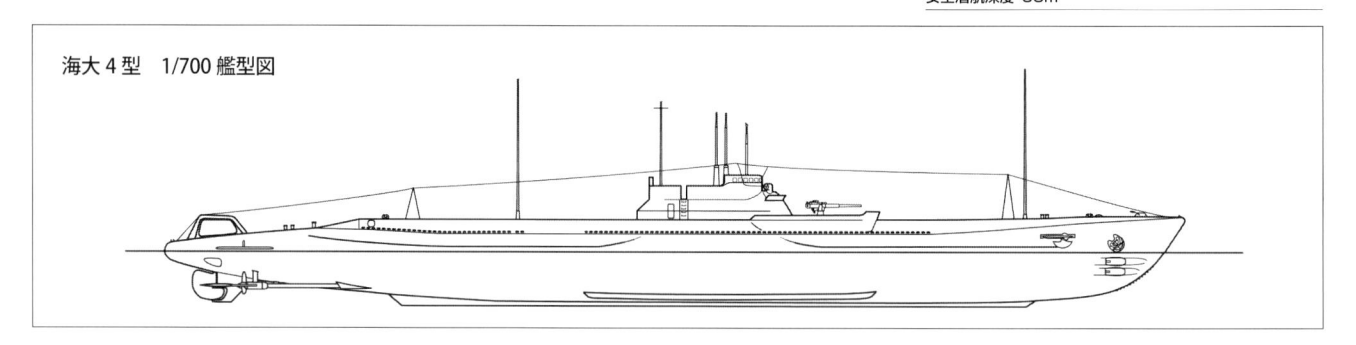

海大4型　1/700艦型図

伊号第61潜水艦
（海大4型）

伊号第61潜水艦歴代艦長

艦長名	海兵期	着任	離任
吉冨説三 少佐	39	S4.4.6	S4.11.5
中邑元司 少佐	39	S4.11.5	S6.12.1
林 一雄 少佐	45	S6.12.1	S9.6.1
小野良二郎 少佐	48	S9.6.1	S10.11.15
畑中純彦 少佐	49	S10.11.15	S11.2.15
藤井明義 少佐	49	S11.2.15	S11.6.30
石川信雄 少佐	49	S11.6.30	S12.12.1
松村寛治 少佐	50	S12.12.1	S13.11.15
大畑 正 少佐	50	S13.11.15	S14.11.15
上野利武 少佐	56	S14.11.15	S15.4.15
中村省三 少佐	54	S15.4.15	S15.10.15
広川 隆 少佐	51	S15.10.15	S16.10.2

伊61潜は海大4型の1番艦として、昭和4年4月6日に三菱神戸造船所で竣工した。初代艦長は吉冨説三少佐（兵39期）で、同艦の艦長は歴代12名である。

昭和16年10月2日、伊61潜は第5潜水戦隊司令官の指揮下、旗艦特設潜水母艦「りおでじゃねいろ丸」と共に佐世保を出港した。ところが艦隊集合地である山口県室積沖に向け航行中の、2321頃、壱岐水道の烏帽子島灯台西方付近で、長崎橘港に向かっていた特設砲艦「木曾丸」に衝突され沈没した。「木曾丸」が「りおでじゃねいろ丸」を反航した後、視認した赤灯を小型船と信じて衝突直前まで潜水艦であることに気がつかなかったことが大きな原因だった。

第29潜水隊司令久米幾次中佐（兵46期）、艦長広川隆少佐（兵51期）以下70名が殉職した。

伊号第162潜水艦
（海大4型）

伊号第162潜水艦歴代艦長

艦長名	海兵期	着任	離任
魚住治策 少佐	42	S5.4.24	S6.12.1
加藤与四郎 少佐	43	S6.12.1	S7.11.15
服部邦男 少佐	47	S7.11.15	S10.5.25
岡本義助 少佐	47	S10.5.25	S11.4.10
深谷惣吉 少佐	46	S11.4.10	S11.12.1
小林 一 少佐	48	S11.12.1	S12.12.1
加藤良之助 中佐	48	S12.12.1	S13.11.1
西野耕三 少佐	48	S13.11.1	S15.10.30
伊豆寿一 少佐	51	S15.10.30	S16.7.1
木梨鷹一 少佐	51	S16.7.1	S17.7.1
下瀬吉郎 少佐	58	S17.7.1	S18.3.10
土居誉重 少佐	60	S18.3.10	S19.4.30
河島 守 大尉	64	S19.4.30	S19.9.5
大場佐一 少佐	62	S19.9.5	S20.1.9
谷浦英男 少佐	65	S20.1.9	終戦

伊162潜は海大4型の2番艦として、昭和5年4月24日、三菱神戸造船所で竣工した。竣工時は伊62潜である。初代艦長は魚住治策少佐（兵42期）で同艦の歴代艦長は15名である。

太平洋戦開戦時は、第5潜戦第29潜水隊南方部隊に配備され、艦長は後の二階級特進艦長である木梨鷹一少佐（兵51期）である。昭和16年12月3日海南島南端三亜を出港、マレー沖海戦に参加。12月27日カムラン湾に帰着。

昭和17年1月7日、カムラン湾を出港しインド洋に向かう。1月28日にタンカーを発見、襲撃するが命中せず。1月31日コロンボ灯台付近でイギリスタンカー「ロングウッド」を撃破。2月4日、イギリスタンカー「スパンディラス」を撃破し2月10日、ペナンに帰着した。その後も引き続きインド東岸から南西岸にかけて行動し、3月10日にはイギリス船「ラカシミ・ゴビンダ」を撃沈。3月16日にはオランダ船「マーカス」を撃沈。3月21日はイギリスタンカー「サン・シリロ」を撃破した。3月22日にも貨物船を撃沈したと報告したが、戦果は確認できていない。4月5日にペナンを経由して佐世保に帰着。

5月18日佐世保を出港し、クェゼリン経由でミッドウェー作戦に参加。5月20日に、伊162潜と改名。再びクェゼリンを経由して7月1日佐世保に帰投した。同日艦長が下瀬吉郎少佐（兵58期）に交代する。

7月10日第30潜水隊は南西方面艦隊に編入され、カムラン湾経由でペナンに進出。ベンガル湾交通破壊戦を実施する。10月3日、ソビエト船「ミコヤン」を撃沈。続いて10月7日、イギリス船「マノン」を撃沈。10月13日イギリス船「マータバン」を撃破し、10月18日ペナンに帰着する。

11月はスラバヤを基点にオーストラリアとインドネシアの間にあるアラフラ海やカーペンタリー湾付近で交通破壊戦を実施するが、主だった戦果はなく昭和18年1月下旬にグアムにあるココス島を偵察して3月10日佐世保に帰投した。

5月12日、土居誉重少佐（兵60期）に艦長が交代する。9月4日、呉を出港しペナン、シンガポールを拠点として再び印度洋交通破壊戦を実施。昭和19年3月3日、イギリス船「フォート・マクロッド」を撃沈する。3月25日ペナンに到着し、呉防備隊に編入され4月15日呉に帰投。

4月30日、艦長が河島守大尉（兵64期）に交代し、9月5日には大場佐一少佐（兵62期）に艦長が交代する。昭和20年1月9日最後の艦長、谷浦英男少佐（兵65期）が着任し、4月1日回天基地輸送任務に従事する。8月15日第15潜水隊に編入、終戦。

昭和21年4月1日、五島キナイ島付近でアメリカ軍により爆破処分された。

伊号第 164 潜水艦
（海大 4 型）

伊号第 164 潜水艦歴代艦長

艦長名	海兵期	着任	離任
駒沢克己 少佐	42	S5.8.30	S7.12.1
藤谷安宅 少佐	46	S7.12.1	S8.11.15
大竹寿雄 少佐	45	S8.11.15	S11.6.30
藤井明義 少佐	49	S11.6.30	S12.11.15
殿塚謹三 少佐	50	S12.11.15	S14.3.1
山田　隆 少佐	49	S14.3.1	S15.10.30
小川綱嘉 少佐	50	S15.10.30	S17.4.1
新名嘉雄 少佐	56	S17.4.1	S17.5.17

　伊164潜は海大4型の3番艦として、昭和5年8月30日呉工廠で竣工した。竣工時は、伊64潜である。初代艦長には駒沢克巳少佐（兵42期）が着任した。伊164潜の歴代艦長は8名である。

　開戦時の艦長は、昭和15年10月30日に着任した小川綱嘉少佐（兵50期）で、第5潜戦第29潜水隊に所属してマレー作戦に参加した。12月27日カムラン湾に帰着。

　翌昭和17年1月7日、カムラン湾を出港して印度洋に進出する。1月22日スマトラ沖にてオランダ船「バン・オーバーストレーター」を撃沈。1月28日、イギリス船「アイダー」を撃破。翌1月29日、マドラス沖にてアメリカ船「フローレンス・ルッケンバッハ」を、30日にインド船「ジャラタン」を、つづいて31日にはインド船「ジャラパラカ」を撃沈して2月5日ペナンに帰着した。

　3月6日、ペナンを出港し印度洋交通破壊戦に従事。3月13日ノルウェー船「マベラ」を撃沈。4月12日、ペナンを経由して佐世保に帰投。4月1日付けで交代が発令されていた、新名嘉雄少佐（兵56期）が艦長として着任。

　5月16日ミッドウェー作戦参加のため佐世保を出港。翌17日、九州南方で浮上航行中、アメリカ潜水艦「トライトン」に発見され雷撃される。艦尾から沈没する間、約30名が艦外に脱出できたとアメリカの記録に残っているが「トライトン」はすでに撃沈した艦船の捕虜を収容していたので、救出せず東進した。

　よって生存者はなく、新名艦長以下81名が全員戦死した。新名少佐は初の艦長職着任後、初陣2日目で戦死したことになる。

　なお、本艦は亡失認定以前に伊164潜と改名されている。（喪失認定　5月25日）

▲伊64潜は昭和5年8月30日に竣工した海大4型の最終艦である。同型艦、伊61潜、伊62潜とともに第29潜水隊に所属した。写真は竣工直後、佐世保軍港に向って呉軍港を出港するところ。塗装が明灰色に塗装されている。昭和17年5月に100番が付与された。

海大5型

伊165・伊166・伊67（同型艦3隻）

　昭和2年度計画で潜水艦はわずか4隻しか予算が成立しなかったが、そのうち3隻が海大5型として建造された。

　4型との大きな違いは、機関を再びラウシェンバッハ式2号からズルザー式3号ディーゼルに戻したことである。ズ式のトラブルを解消するため改良を重ね、ついに原型を留めないと評されるほど改良が加えられた結果、機関の信頼性が回復されたためと思われる。

　また兵装も大きく変更され、魚雷兵装においては、発射管数は変わらないが八八式無気泡発射管が採用された。備砲も海大型としては初めての高角砲を装備した。この他、内殻構造の肉厚を増して安全潜航深度の増大をはかり、熱帯地域での作戦を想定し、冷却機の装備などの艦内配置や装備についても改良された。

　海大5型は全部で3艦建造され、伊67潜が昭和15年8月に事故で沈没した以外、2隻が太平洋戦争に参加している。

▲昭和7年11月、広島湾において終末水上運転で全力公試運転中の伊65潜。公試運転に網切器を装備しているのは珍しい。海大5型は最後の外国産機関を搭載したタイプで、装備するズルザー式機関はトラブルを解消するため原型をとどめないほど改良されていたと言われ、機関の信頼が回復し水上速力が20ノットに達した。

要目	
排水量	水上：1,575トン／水中：2,330トン
全長	97.70m
全幅	8.20m
吃水	4.70m
機関	ズルザー式3号ディーゼル2基2軸
	水上：6,000馬力／水中：1,800馬力
速力	水上：20.5ノット／水中：8.2ノット
航続距離	水上：10,000浬／10ノット
	水中：60浬／3ノット
乗員	62名
兵装	50口径10cm単装高角砲1門
	12mm機銃1挺
	53cm魚雷発射管：艦首4門・艦尾2門
	魚雷14本
安全潜航深度	75m

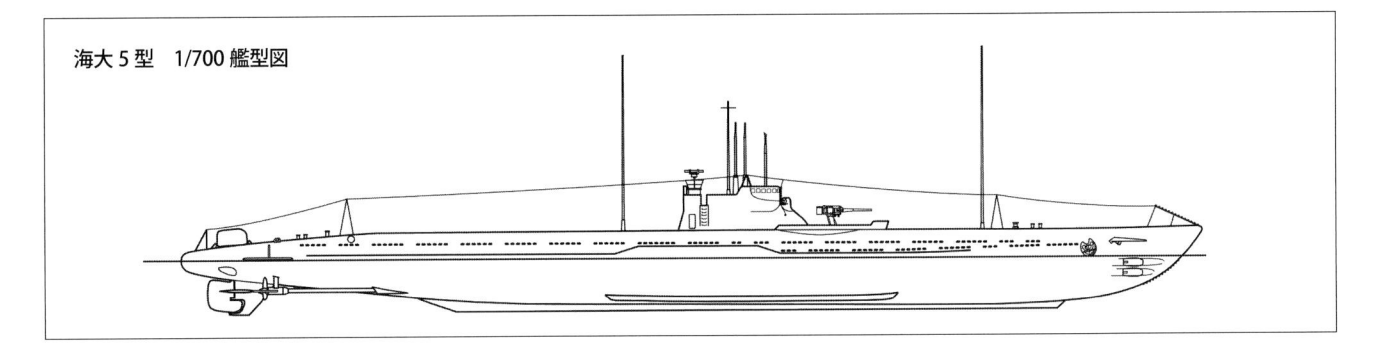

海大5型　1/700艦型図

伊号第165潜水艦（海大5型）

伊号第165潜水艦歴代艦長

艦長名	海兵期	着任	離任
佐々木半九 少佐	45	S7.12.1	S11.11.25
内野 信二 少佐	49	S11.11.25	S12.12.1
伊豆 寿一 少佐	51	S12.12.1	S13.7.4
横田　稔 少佐	51	S13.7.4	S13.7.30
山田　薫 少佐	50	S13.7.30	S13.12.15
村岡 富一 少佐	52	S13.12.15	S14.3.28
河野 昌道 少佐	52	S14.3.28	S16.8.20
原田 毫衛 少佐	52	S16.8.20	S17.6.30
鳥巣 健之助 少佐	58	S17.6.30	S18.5.25
清水 鶴造 少佐	58	S18.5.25	S19.10.10
大野 保四 少佐	65	S19.10.10	S20.6.27

伊165潜は海大5型の1番艦として、昭和7年12月1日に呉工廠で竣工した。竣工時は、伊65潜である。同艦の歴代艦長は11名で、初代艦長は佐々木半九少佐（兵45期）である。

開戦時の艦長は昭和16年8月20日に着任した原田毫衛少佐（兵52期）で第5潜水戦隊第30潜水隊に所属しマレー作戦に参加。12月9日、英戦艦2隻の北上を発見し、マレー沖海戦の勝利に大きく貢献している。12月27日カムラン湾に帰着。

翌昭和17年1月5日、カムラン湾を出港、インド洋に進出する。1月9日ジャワ海にてオランダ船「ベンコーレン」を撃沈する。1月15日、インド船「ジャララジャン」を撃沈し1月20日にペナンに帰着した。

2月5日ペナンを出港し、インド洋交通破壊戦に従事し、早くも2月9日セイロン島南方にて商船1隻の撃沈を報告したが戦果の確認がない。2月15日インド南岸、コチン沖にてイギリス船「ゴハン・ジャストセン」を撃沈する。続いて2月20日にはイギリス船「ブヒマ」を撃沈し、翌日も大型商船を襲撃するが魚雷を命中させることができなかった。3月28日、ペナン経由で佐世保に帰着。

5月14日佐世保を出港、20日付けで伊165潜と改名され、クェゼリン経由でミッドウェー海戦に参加、6月26日佐世保に帰着。

6月30日に艦長が鳥巣建之助少佐（兵58期）に交代する。7月10日第30潜水隊は、南西方面艦隊に編入され、7月22日に佐世保を出港、カムラン湾経由でペナンに進出する。8月11日ペナンを出港し、セイロン島南西海面で交通破壊戦に従事。8月25日イギリス船「ハーモナイデス」を撃沈。一旦ペナンに帰投し、再び交通破壊戦を実施。9月24日アメリカ船「ロスマー」を撃沈。その後ペナンを基点にして行動し、スラバヤに回航。昭和18年に入り豪州西岸方面で活動した後、3月5日佐世保に帰投。

5月25日清水鶴造少佐（兵58期）に艦長が交代する。9月14日ペナン経由で再び豪州西岸方面で行動し、10月8日ペナンに帰着、第8潜水戦隊に編入された。その後ペナンやシンガポールを基地として、印度洋交通破壊戦に従事するが目立った戦果はなく昭和19年を迎える。1月16日、イギリス船「ペルセウス」を撃沈。ペナンに一旦帰投し、3月18日イギリス船「ハンシイ・モーラー」を撃沈する。5月31日、スラバヤを出港し、豪州北西方面を行動し、7月5日にスラバヤに帰着。

7月25日、ゴム袋やドラム缶に米を詰めて搭載しスラバヤを出撃、ビアク島への輸送作戦に就く。ビアク島はニューギニア北西岸の小さな島である。当時ここには陸軍の第36師団の1個連隊と海軍の第28根拠地隊がいた。しかし敵駆逐艇の妨害に会い、爆雷攻撃で沈没の危機に曝されてしまい、結局突入を断念、スラバヤに帰着した。

10月17日、シンガポール経由で佐世保に帰着する。10月10日付けで大野保四少佐（兵65期）に艦長が交代、12月15日に第19潜水隊に編入され練習潜水艦となった。

昭和20年4月1日、第34潜水隊に編入。6月15日、轟隊回天2基を搭載して光基地を出撃、沖縄に侵攻した米軍の補給ルートを回天攻撃で遮断するため、マリアナ諸島東方海域に向かった。轟隊は伊165潜の他、伊36潜、伊361潜、伊363潜の4隻である。回天搭乗員は水知創一少尉（予備学4期）と、回天の訓練中に殉職した矢崎美仁上飛曹（昭和20年3月16日、光基地で潜水艦から発進訓練中に排気ガスが艇内に漏れ一酸化炭素中毒により殉職）の遺骨を抱いて出撃した北村十二郎1飛曹（甲飛13期）の2名である。しかし伊165潜は出撃後、連絡を絶ったまま消息不明となってしまった。

アメリカ側の記録によれば6月27日サイパン島の東で浮上停止していたところを飛行機のレーダーにより発見され、そのまま急降下したアメリカ機からマーク47型の対潜爆弾を投下され、伊165潜は回天と共に沈没した。

水知少尉、北村1飛曹ともに21歳。母潜の乗員は大野艦長以下、106名全員が戦死した。
（喪失認定　7月29日）

伊号第166潜水艦（海大5型）

伊号第166潜水艦歴代艦長

艦長名	海兵期	着任	離任
鶴岡 信道 中佐	43	S7.11.10	S8.11.15
阿部 信夫 少佐	42	S8.11.15	S9.6.1
松村　翠 少佐	48	S9.6.1	S11.12.1
七字 恒雄 少佐	49	S11.12.1	S14.9.1
矢島 安雄 少佐	51	S14.9.1	S16.11.20
吉留 善之助 少佐	52	S16.11.20	S17.5.5
田中 万喜夫 少佐	52	S17.5.5	S18.3.16
中山 伝七 少佐	61	S18.3.16	S19.5.15
諏訪 幸一郎 大尉	64	S19.5.15	S19.7.17

伊166潜は海大5型の2番艦として、昭和7年11月10日、佐世保工廠で竣工した。竣工時の艦名は伊66潜である。初代艦長は、鶴岡信道中佐（兵43期）で同艦の歴代艦長は9名である。

開戦時の艦長は、昭和16年11月20日に着任した吉留善之助少佐（兵52期）で、12月5日三亜を出港してマレー東方の散開配備に就いた。マレー沖海戦に参加したのち、12月16日に南シナ海の東側、ボルネオ島クチンの偵察を命ぜられた。

25日オランダ潜水艦「K16」が浮上航行しているのを発見する。発見13分後に魚雷を発射、「K16」を撃沈する。この前日に駆逐艦「狭霧」が「K16」に沈められており、これがその弔い合戦となった。同時に日本海軍潜水艦史上、商船以外の敵軍艦を沈めた最初の戦果となった。

12月27日にカムラン湾に帰着し、翌年の昭和17年1月5日、再びカムラン湾を出港、インド洋に向かった。1月11日、ロンボック海峡南方にて、アメリカ船「リバティ・グロー」を撃沈し、1月21日にはパナマ船「ノード」を撃沈する。さらに1月22日にはイギリス船「チャク・サン」を撃沈し、1月29日にペナンに帰着した。

3月28日佐世保に帰着。5月5日に田中万喜夫少佐（兵52期）に艦長が交代する。5月24日佐世保からクェゼリンに進出、ミッドウェー海戦に参加、再びクェゼリン経由で6月26日に佐世保に帰着する。

7月22日に佐世保を出港し、ペナンを経由して印度洋交通破壊戦を実施するが主だった戦果

はなく、8月31日にペナンに帰着する。

　その後、9月27日、インド独立運動のため日本陸軍が「光」機関で訓練をしてきたインド人工作員をインドケララ州中部ボンナニイ灯台付近に揚陸。10月1日コモリン岬沖でパナマの貨物船「カミラ」を砲撃により擱座させる。10月11日にペナンに帰着した後、印度洋交通破壊戦に従事。11月23日にイギリス船「クランフィールド」を撃沈。その後ジャワ海、豪州北西岸方面を行動後、昭和18年1月19日佐世保に帰着、入渠修理を実施する。

　3月16日、中山伝七少佐（兵61期）に艦長が交代。7月上旬に佐世保を出港し、バリックパパン、シンガポール、ペナン方面で活動。12月24日、再度セイロン中部海岸にインド人工作員6名を揚陸。昭和19年2月7日南部インド東岸方面を行動。

　5月15日、最後の艦長諏訪幸一郎大尉（兵64期）が着任。7月16日、ペナン基地を出港し、リンガ泊地に対潜訓練参加のため移動中、翌17日、マラッカ海峡でイギリス潜水艦「テレマカス」の雷撃を受けて沈没。

　諏訪艦長以下89名が戦死した。（喪失認定　2月17日）

伊号第67潜水艦（海大5型）

伊67潜は海大5型の3番艦として、昭和7年8月8日佐世保工廠で竣工した。初代艦長は福沢常吉少佐（兵41期）で当艦の歴代艦長は7名である。

昭和14年11月15日、7代目艦長大畑正中佐（兵50期）が着任する。昭和15年8月29日、南鳥島南方水域で連合艦隊応用訓練に参加、水上航中、水上機母艦「瑞穂」搭載機の制圧を受けて急速潜航を実施したが、そのまま沈没した。原因は「瑞穂」の飛行機による状況報告による推定として、後部昇降口が閉鎖されておらず、潜航直後から浸水があり後部から急速に沈下したものと考えられた。

大畑艦長以下、88名と演習審判官1名が殉職した。

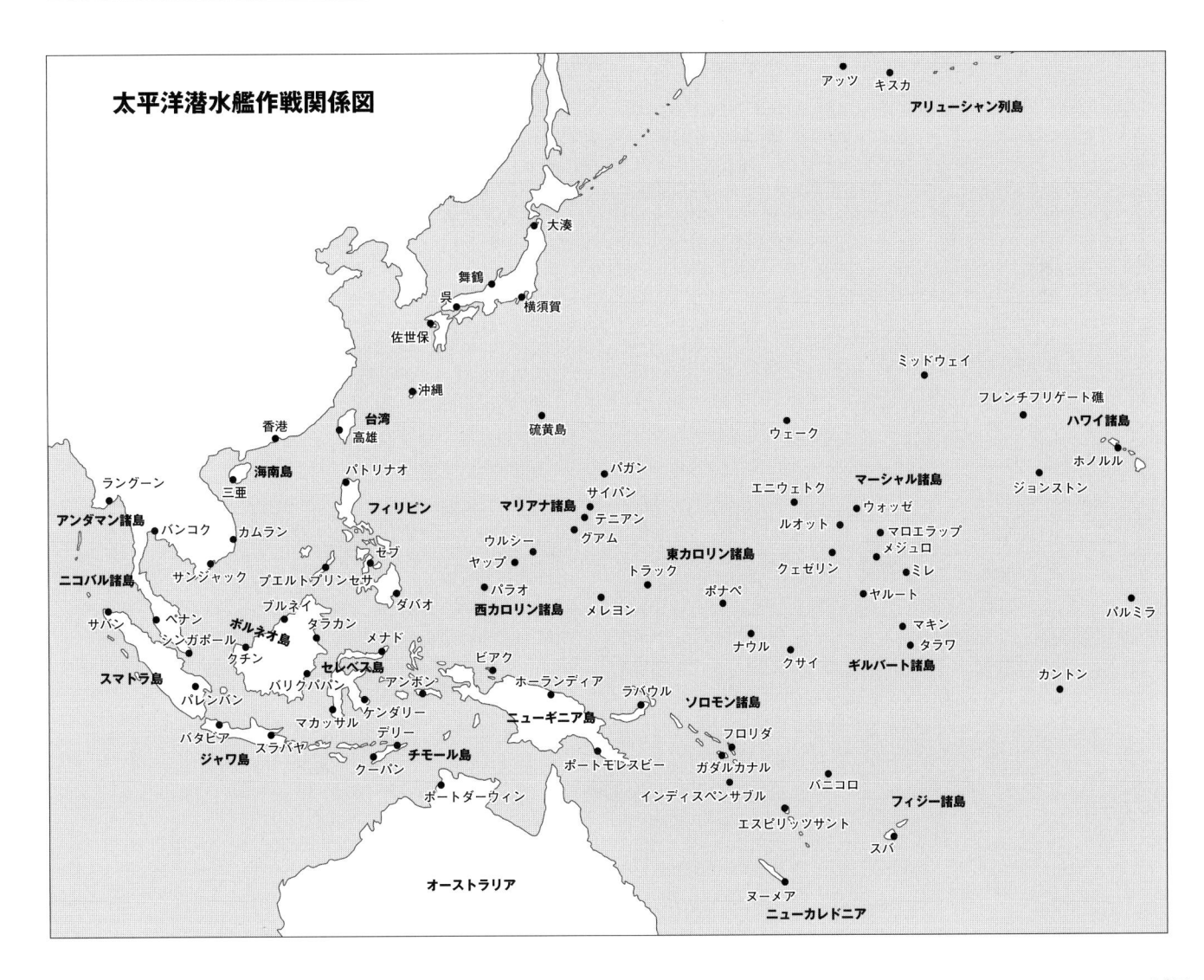

伊号第67潜水艦歴代艦長

艦長名	海兵期	着任	離任
福沢常吉少佐	41	S7.8.8	S7.12.1
水口兵衛少佐	46	S7.12.1	S9.11.15
大山豊次郎少佐	47	S9.11.15	S10.11.15
杉浦矩郎少佐	47	S10.11.15	S11.5.5
浜野元一少佐	47	S11.5.5	S11.12.1
江見哲四郎少佐	50	S11.12.1	S14.11.15
大畑　正中佐	50	S14.11.15	S15.8.29

太平洋潜水艦作戦関係図

海大6型a

伊168・伊169・伊70・伊171・伊172・伊73（同型艦6隻）

▲昭和9年7月26日、広島湾で公試運転中の伊68潜。海大6型で機関に艦本式1号ディーゼルを採用したことにより船体・機関はともに国産となり、日本海軍は宿願と言っていい潜水艦技術の自立をついに果たした。それは導入からわずか約15年でのことであり、著しい発展であった。

　昭和6年の①計画、正式には第1次海軍軍備補充計画で潜水艦9隻の建造が要求されたが、そのうち6隻が海大6型aとして昭和9年7月から昭和12年1月までに竣工した。

　6型において特筆すべき点は、機関に艦本式1号甲8型ディーゼルを搭載したことで、これまでのラ式やズ式に対して1.5倍近い出力が発揮でき、その性能は待望の水上速力23ノットを記録した。機関の国産化は明治以来の長年の宿願であり、潜水艦建造の自立を意味した。初めて潜水艦を保有したホランド型からわずか16年でのことである。さらに燃料搭載量が5型より約110トン増加したことにより航続距離が10ノットで1万4,000浬に延伸した。

　兵装は、5型と変わらず八八式無気泡発射管を艦首に4門、艦尾に2門装備した。備砲も5型と同様10cm単装高角砲が1門装備されていた。

要目	
排水量	水上1,400トン／水中：2,440トン
全長	104.70m
全幅	8.20m
吃水	4.58m
機関	艦本式1号甲8型ディーゼル2基2軸
	水上：9,000馬力／水中：1,800馬力
速力	水上：23.0ノット／水中：8.2ノット
航続距離	水上：14,000浬／10ノット
	水中：65浬／3ノット
燃料	重油：338トン
乗員	68名
兵装	50口径10cm単装高角砲1門
	（伊171、172、173は12cm砲1門）
	13mm機銃1挺
	7.7mm機銃1挺
	53cm魚雷発射管：艦首4門、艦尾2門
	魚雷14本
安全潜航深度	75m（伊168、169のみ70m）

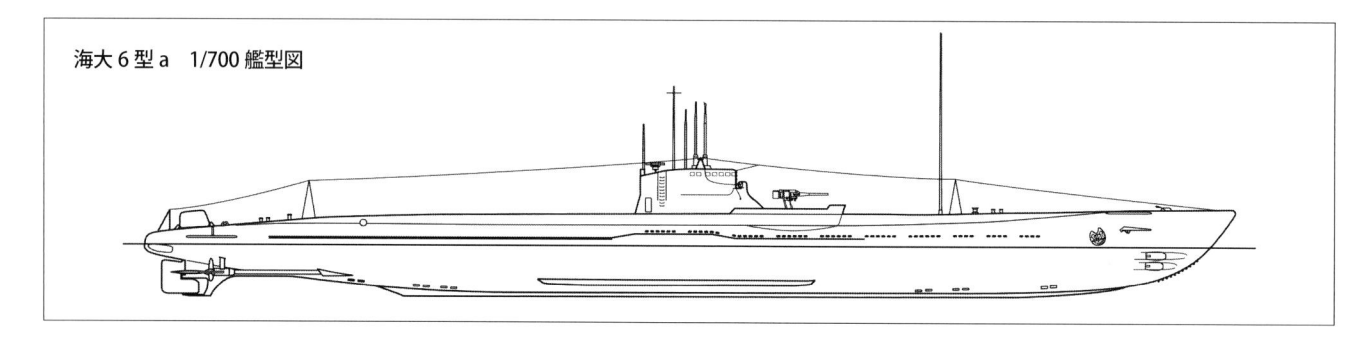

海大6型a　1/700艦型図

伊号第168潜水艦
（海大6型a）

伊号第168潜水艦歴代艦長

艦長名	海兵期	着任	離任
鶴岡信道 中佐	43	S9.7.31	S9.11.15
太田信之輔 少佐	47	S9.11.15	S10.11.15
栢原保観 少佐	49	S10.11.15	S12.12.1
畑中純彦 少佐	49	S12.12.1	S13.12.15
内野信二 少佐	49	S13.12.15	S14.9.1
村岡富一 少佐	52	S14.9.1	S16.7.25
中村乙二 少佐	52	S16.7.25	S17.1.31
田辺弥八 少佐	56	S17.1.31	S17.10.15
中島 栄 少佐	56	S17.10.15	S18.7.27

　伊168潜は海大6型aの1番艦として、昭和9年7月31日呉工廠で竣工した。竣工時は伊68潜。初代艦長は昭和8年11月15日に艤装員長として着任していた鶴岡信道中佐（兵43期）で、同艦の歴代艦長は9名である。

　開戦時の艦長は昭和16年7月25日に着任した中村乙二少佐（兵52期）で第3潜戦第12潜水隊、先遣隊に配置されていた。昭和16年12月8日、真珠湾南方の監視配備で開戦を迎えた。日本海軍潜水部隊の基本的作戦構想である敵主要港湾の監視を行ない、敵艦船の出入港に応じて追踪・襲撃を行なうべくハワイ周辺には最新鋭艦27隻で包囲したが、敵発見の報は意外に少なく、逆に敵の航空機や駆逐艦の攻撃を受けた。伊168潜も12月14日以降、21回の爆雷攻撃を受け、後部発射管室に浸水してしまった。昭和17年1月9日クェゼリン経由で呉に帰着、修理を実施した。

　1月31日、艦長が田辺弥八少佐（兵56期）に交代する。4月15日呉を出港するが再び、故障のため呉に引き返し、5月23日再度呉を出港、ミッドウェー作戦に参加。その前の5月20日に艦番号が伊168潜と改名。

　6月5日、ミッドウェー島を潜望鏡から監視していると第1機動部隊の第1攻撃隊の空襲が始まった。その後6月5日の夜になって同島の砲撃を命ぜられる。2224、4,000mまで近づき10cm高角砲で敵飛行場のあるイースタン島に6発の砲撃を開始するが、砲台はすぐに反撃に出てきた。潜水艦の場合、小さな穴でも開いてしまえば潜航が不可能になるのですぐ砲撃を中止し、潜航した。

　その後浮上した伊168潜は、特別緊急電報を受信する。それは「我が航空部隊の攻撃により敵空母が大破漂流しつつあり。直ちに之を追撃撃沈すべし」とのものだった。この広い海域で果たして敵空母を捕捉できるか。しかも夜明けに捕捉しなければ敵の哨戒機にこちらが発見されてしまう。

　6月6日早朝、白みはじめた東方海上に黒点を見つけた。空母「ヨークタウン」である。目指す敵空母にこちらの望むとおりの時刻と相対位置で発見したのである。しかし海面は実に穏やかで潜望鏡を下手に露頂すれば発見されてしまう、そこで無観測聴音潜航で接近することにした。2時間にわたり潜望鏡を上げずに作図のみの推定による接近である。敵駆逐艦の探信音のなか0937、ついに潜望鏡を上げる。敵空母との距離はなんと500m。恐らく潜望鏡には山のように大きな敵空母が映った筈である。しかしこの距離で魚雷を発射しては敵の艦底を魚雷が通り過ぎてしまう。

　ここで田辺艦長は驚くべき大胆な行動に出る。なんと敵前で360度回頭を行なうのである。これにより被我の距離が900mになった時点で、まずは魚雷を2本、さらに3秒後にもう2本発射。40秒後、1本目は「ヨークタウン」の艦首をかすめたが、2本目はなんと「ヨークタウン」に横付け中の駆逐艦「ハマン」に命中轟沈。「ハマン」の爆発も「ヨークタウン」に被害をもたらす結果となった。3、4本目は「ハマン」の艦底を通り越して、「ヨークタウン」の右舷に命中した。同艦は魚雷命中より3時間20分後、左舷に転覆して沈没した。日本海軍潜水艦としては、これがアメリカ空母を撃沈した最初のものとなった。

　しかし、敵駆逐艦の反撃はすさまじく、爆雷による制圧は13時間に及んだ。前部発射管室や後部舵機室が相次いで浸水、さらに電池破損による亜硫酸ガスに耐え切れずついに浮上砲戦を決意する。決死の覚悟で浮上を試み、敵駆逐艦との距離もわずか5,000mまで迫られたが、再び潜航できると判断、急速潜航を命じ夕暮れとともにあやうく脱出に成功したのである。そして6月19日、伊168潜は呉に無事帰投する。

　その後佐世保に回航され修理を実施し、10月15日、艦長が中島栄少佐（兵56期）に交代する。12月15日、呉を出港、トラックに向かう。昭和18年1月3日、ショートランドに到着。その後トラックを経由して再び、呉に帰着。

　2月1日、北方部隊に編入。3月10日幌筵からアッツ、キスカへの輸送作戦を実施。3月16日アッツ島、3月18日キスカ島、4月1日には再びキスカ島に到着して、帰還者を収容し4月5日に幌筵に帰港した。4月10日にはもう一度輸送作戦に従事し、4月13日にはアッツ島、4月15日キスカ島から北海守備隊司令官をアッツ島に輸送し、4月27日、再度司令官をアッツ島からキスカ島に輸送した。

　5月7日先遣部隊に復帰。5月9日横須賀を出港し、7月10日南東方面部隊に編入。7月25日トラックを出港し、ニューブリテン島ラバウルに向かったが、その後消息不明となってしまう。

　アメリカ側の記録によれば、米潜水艦「スキャンプ」が伊168潜を発見。4本の魚雷を発射させ撃沈させたとある。

　「ヨークタウン」撃沈の殊勲艦は、中島艦長以下97名と共にラバウル北方海域で沈没した。
（喪失認定　9月10日）

伊号第169潜水艦
（海大6型a）

伊号第169潜水艦歴代艦長

艦長名	海兵期	着任	離任
宮崎武治 少佐	46	S10.9.28	S11.12.1
堀之内美義 少佐	50	S11.12.1	S12.12.1
七字恒雄 少佐	49	S12.12.1	S14.2.20
井浦祥二郎 少佐	51	S14.2.20	S14.4.24
大谷清教 少佐	49	S14.4.24	S14.9.1
稲田 洋 少佐	51	S14.9.1	S16.7.31
渡辺勝次 少佐	55	S16.7.31	S18.4.5
当山全信 少佐	59	S18.4.5	S19.2.25
篠原茂夫 大尉	62	S19.2.25	S19.4.4

　伊169潜は海大6型aの2番艦として、昭和10年9月28日、三菱神戸造船所で竣工した。初代艦長は宮崎武治少佐（兵46期）で同艦の歴代艦長は9名である。竣工時は伊69潜。

　開戦時の艦長は、昭和16年7月31日に着任した渡辺勝次少佐（兵55期）である。昭和16年11月11日佐伯湾を出港、第3潜戦第12潜水隊先遣隊として、ハワイ作戦に参加した。12月8日、真珠湾口監視配備中に、商船を襲撃したが命中しなかった。翌日の12月9日、オアフ島南西のバーバーズ岬の南南東4.5浬で防潜網に引っかかり48時間経っても抜け出すことができなかった。浮上用の高圧空気も残量が少なくなり、ついには魚雷の高圧空気を利用してようやく浮上に成功した。こうして12月27日にクェゼリンに到着。

　昭和17年1月12日にクェゼリンを出港し、ミッドウェー島偵察を実施。2月9日、ミッドウェー島を砲撃。その後クェゼリン経由で3月5日呉に帰港。

　4月15日整備・休養を終え、呉を出港、クェゼリン経由でミッドウェー作戦に参加。なお5月20日、艦名を伊169潜に改名された。6月20日、一旦クェゼリン経由で豪州方面交通破壊戦を実施。7月21日ヌーメア湾口において、オランダ船「チネガラ」を撃沈。8月4日、ニューヘブライズ諸島方面に行動し、8月5日ポートラビを偵察。8月7日、米軍ガ島上陸の報により、同方面に急行を命ぜられる。8月14日トラック経由で呉に帰着。

　昭和18年2月1日、北方部隊に編入。2月15日、呉を出港し、2月25日キスカ島に甲標的1隻を搭載して魚雷、便乗者と共に揚陸した。キスカ島には甲標的が配備されていて、訓練を続けていたが冬期に入り悪天候と空襲により被害が甚大となり稼動艇が少なくなってきたため、伊171潜とで2隻の甲標的を輸送した。3月13日にはキスカ島、14日にはアッツ島に輸送を実施し、幌筵に帰還。再び4月1日にキスカ島に輸送を実施し、4月9日横須賀に帰着している。この間の4月5日付けで当山全信少佐（兵59期）が新艦長として発令された。

　5月13日に先遣部隊に復帰をしていたが、再び北方部隊に編入され、5月29日にアッツ島、6月9日にアムチトカ島の偵察を実施。6月10日にはキスカ島に物資を輸送。人員60名を収容して、幌筵に帰還した。8月10日、先遣部隊に復帰し、呉に帰着。

　9月25日呉を出航し、トラック経由で豪州方面に進出。10月16日、甲潜水部隊に編入され、ウェーク島方面の配備を下令される。10月23日ハワイ方面に向かい、11月19日にギルバート諸島方面の配備を下令された。12月9日トラックに帰着、昭和19年1月22日に南東方面部隊に編入。2月2日、グリーン島に陸戦隊を揚陸。

　2月15日に艦長が篠原茂夫大尉（兵62期）に交代する。その後ラバウルよりブカ・ブイン輸送任務に従事。2月10日、ブカ輸送、2月25日ブイン輸送。2月19日ブイン輸送を実施。3月6日、先遣部隊に復帰しラバウルからトラックに向かう。3月18日米機動部隊邀撃のため出撃。3月22日トラックに入港。

　4月4日0900、アメリカ爆撃機「B-24」36機がトラック島を空襲した。潜水艦の場合、泊地内に潜航・沈座すれば空襲の難を逃れることができる。伊169潜もこの日、他の5隻と同様、空襲を避けるために潜航を開始した。ところがあろうことか、荒天通風筒の頭部弁が開いたまま潜航してしまったのである。たちまち司令塔、発令所が満水してしまい艦の指揮中枢が失われ、浮上作業もできなくなった。艦長も不在、乗員も21名が機材や食糧の積み込みなどで上陸していたことも事故の要因だったかもしれない。

　機関長久米豊治大尉（機46期）、水雷長有馬修大尉（兵67期）、航海長江上澄中尉（兵69期）以下、乗員103名が戦死した。（喪失認定　4月4日）

伊号第70潜水艦
（海大6型a）

伊号第70潜水艦歴代艦長

艦長名	海兵期	着任	離任
大畑 正 少佐	50	S10.11.9	S13.11.15
伊豆寿一 少佐	51	S13.11.15	S15.10.30
佐野孝夫 中佐	50	S15.10.30	S16.12.10

　伊70潜は海大6型aの3番艦として、昭和10年11月9日佐世保工廠で竣工した。初代艦長はのちに伊67潜で殉職する大畑正少佐（兵50期）で、当艦の歴代艦長は3名である。

　2代目の伊豆寿一少佐（兵51期）を経て3代目の艦長として昭和15年10月30日、佐野孝夫中佐が着任する。佐野艦長は悲運の艦長と言われており、伊63潜で事故沈没する以前の呂28潜の艦長時代、主モーター室への浸水事故を起こしている。原因が不明で、幸い浸水はモーターが浸っただけで、沈没はまぬがれたが行動不能になってしまった。

　このようなことから佐野艦長が伊70潜に艦長として着任にすると聞いて乗員は少なからず動揺したという。しかし残念ながら乗員の動揺は的中してしまった。昭和16年12月8日、真珠湾口の監視配備で開戦を迎えた伊70潜は翌日、アメリカ空母が真珠湾に入港する所を発見と報告後、消息不明となってしまう。

　伊70潜はオアフ島北東でパトロール中の「ドーントレス」艦上爆撃機に発見され、爆弾もしくは対潜爆弾を投下され沈没、太平洋戦争開戦2日目、日本海軍戦没第1号潜水艦（特潜は除く）になってしまった。

　佐野艦長以下、93名が戦死した。（喪失認定　12月10日）

伊号第171潜水艦
（海大6型a）

伊号第171潜水艦歴代艦長

艦長名	海兵期	着任	離任
水口兵衛 中佐	46	S10.12.24	S11.6.30
永井宏明 少佐	48	S11.6.30	S12.7.31
小泉麒一 少佐	49	S12.7.31	S13.3.19
楢原省吾 少佐	48	S13.3.19	S13.7.30
堀　武雄 少佐	50	S13.7.30	S16.7.31
川崎陸郎 少佐	51	S16.7.31	S17.7.5
小林茂男 少佐	56	S17.7.5	S18.8.30
島田武夫 少佐	59	S18.8.30	S19.2.1

伊171潜は海大6型aの4番艦として、昭和10年12月24日に川崎造船所で竣工した。竣工時の艦名は伊71潜である。初代艦長は水口兵衛中佐（兵46期）で同艦の歴代艦長は8名である。

開戦時の艦長は昭和16年7月31日に着任した川崎陸郎少佐（兵51期）で、第3潜戦第12潜水隊先遣部隊に所属していた。昭和16年11月11日に佐伯を出港、クェゼリンに向かった。1月20日にクェゼリン到着後、23日にクェゼリンを出撃しハワイ作戦に参加した。12月7日ラハイナ泊地を偵察、その後真珠湾口の監視配備に就いた。12月22日オアフ島から西に1,500km離れたジョンストン島を砲撃。一旦クェゼリンに帰港するが引き続き、翌17年1月末までハワイ監視を行ない、2月4日、ニイハウ島西方の散開配備に就いた。ニイハウ島は先の真珠湾攻撃の際に被弾不時着した零戦の搭乗員が不時着、匿った現地日系米国人とともに悲運に倒れた場所である。その後クェゼリンに帰港し、ウェーク、ラバウル方面の索敵を実施、3月6日呉に帰着した。

4月15日呉を出港、クェゼリンを経由して第2次K作戦の無線誘導艦として準備するが、同作戦が中止となりそのままミッドウェー作戦に参加。5月20日、艦名が伊171潜に改名される。6月20日クェゼリンに帰港し、7月8日再びクェゼリンを出港、フィジー、サモア方面に向かう。

8月7日、アメリカ軍のガダルカナル島に上陸により、短期間サンクリストバル島方面の哨戒任務を行ない、トラック経由で8月24日に呉に帰着。

昭和18年2月1日、北方部隊に編入され、2月15日呉を出港しキスカ島に甲標的1隻を運ぶ。3月2日、キスカ島周辺の哨戒を終え、人員・物件を搭載してキスカ島を離れ、アッツ島経由で3月18日幌筵に帰着。3月22日、再び幌筵を出港し、キスカに向かったが荒天により故障、そのまま横須賀に4月6日帰着。

5月21日横須賀を出港し、アッツ島方面の哨戒配備に就く。6月12日、キスカ島に到着し兵器弾薬1トン、糧食15トン、人員80名を収容して出港、6月16日幌筵に到着。6月26日ケ号作戦協力のため。幌筵を出港しその後、アムチトカ島南方の哨戒任務を実施して、8月3日幌筵に帰着し、先遣部隊に復帰。

8月10日呉に帰着し、30日に艦長が島田武夫少佐（兵59期）に交代する。9月17日呉を出港、トラックに向かう。トラック経由で10月7日ニューヘブライス方面、10月26日にはハワイ方面の哨戒配備に就く。11月15日にトラックに帰着。同島で年を越し、昭和19年1月9日トラックを出撃、ラバウルに到着。

1月22日ニューギニア、ガリ島に物資を約61トン揚陸した。1月26日ラバウルへ戻り、今度はソロモン群島の北側にあるブカ島の輸送任務を実施するため、甲板上に糧食を入れたゴム袋を満載して1月30日ラバウルを出港する。しかしその後連絡がなく消息不明となってしまう。

米側によれば、グリーン島偵察上陸に来襲した駆逐艦を改造した輸送艦と護衛駆逐艦4隻からなる第31.8部隊に発見されてしまいレーダー、ソーナーで探知され爆雷の一斉投下攻撃により沈没。

島田艦長以下91名全員が戦死した。（喪失認定　3月12日）

伊号第172潜水艦
（海大6型a）

伊号第172潜水艦歴代艦長

艦長名	海兵期	着任	離任
南里勝次 少佐	48	S12.1.7	S12.12.1
栢原保観 少佐	49	S12.12.1	S14.11.20
小泉麒一 中佐	49	S14.11.20	S16.8.20
戸上一郎 少佐	51	S16.8.20	S17.6.30
大田　武 少佐	55	S17.6.30	S17.11.10

伊172潜は海大6型aの5番艦として、昭和12年1月7日三菱神戸造船所で竣工した。竣工時の艦名は伊72潜である。初代艦長は、南里勝次少佐（兵48期）で、当艦の歴代艦長は5名である。

開戦は昭和16年8月20日に着任した戸上一郎少佐（兵51期）で迎えた。3潜戦第20潜水隊先遣部隊として昭和16年11月11日佐伯を出港し、クェゼリン経由でハワイ作戦に参加。真珠湾口の監視配備に従事。12月15日マウイ島北岸カフルイ及びハワイ島西岸カイルア偵察を実施。12月17日ハワイ島ヒロ湾を砲撃。12月19日オアフ島付近でアメリカ船「プルーサ」を撃沈し、28日にクェゼリンに帰着した。

昭和17年1月12日クェゼリンを出港、ハワイ方面に向かい、ニイハウ島付近でアメリカ油槽船「ニイチェス」を撃沈したがこれが思わぬ効果をもたらした。「ニイチェス」は機動部隊随伴用の大型タンカーで、ウェーク島攻撃を目的とする第11機動部隊に同航していた。給油ができなければ作戦続行は望めない。これによりアメリカ側は結局作戦を中止せざるを得なかったのである。

3月5日、クェゼリン経由で呉に帰着。4月15日に呉を出港するが故障のため引き返し、5月3日横須賀に帰港。5月20日、艦名を伊172潜に改名。

その後、呉に戻り6月30日に艦長が大田武少佐（兵55期）に交代、8月22日再度呉を出港した。トラックを経て9月5日ガ島ルンガ泊地を偵察後、9月30日にトラックに帰着。

10月12日にガ島の甲標的の協力を実施した後に、サンクリストバル島方面に向かうよう命令を受けた。10月18日、サンクリストバル島の南10浬で「敵発見」の発電以後消息不明となる。アメリカ側の資料によれば、11月10日サンクリストバル島付近において駆逐艦のレーダーで探知潜水艦を発見、砲撃を行なったが直ちに潜航したため続いて爆雷攻撃を行なった。

この攻撃を受けた潜水艦が伊172潜と考えられ、第12潜水隊司令の岡本義助大佐（兵47期）、大田艦長以下91名全員が戦死した。（喪失認定　11月27日）

▲昭和14年4月24日、有明湾外での魚雷発射戦技に備える伊72潜。甲板では、内火艇の収容作業を行なっている。海大6型aは6隻の同型艦が建造されたが、事故沈没も含め全てが失われた。

伊号第73潜水艦（海大6型a）

伊号第73潜水艦歴代艦長

艦長名	海兵期	着任	離任
畑中純彦少佐	49	S12.1.7	S12.8.10
加藤良之助少佐	48	S12.8.10	S12.12.1
藤本 伝中佐	48	S12.12.1	S12.12.20
寺岡正雄中佐	46	S12.12.20	S13.12.15
前島寿英中佐	48	S13.12.15	S14.11.15
成沢千直少佐	52	S14.11.15	S15.10.15
磯部 旦少佐	52	S15.10.15	S17.1.29

　伊73潜は海大6型aの6番艦として、昭和12年1月7日神戸川崎造船所で竣工した。初代艦長は畑中純彦少佐（兵49期）で当艦の歴代艦長は7名である。

　開戦時の艦長は昭和15年10月15日に着任した磯部旦少佐（兵52期）である。昭和16年12月7日ラハイナ泊地を偵察した後、12月23日ハワイから西に約1,500km離れたジョンストン環礁にあるジョンストン島、サンド島にある無線電信所の施設などを砲撃で破壊した。12月29日クェゼリンに帰着。

　昭和17年1月12日クェゼリンを出港、ミッドウェーからハワイ方面に向かう中、消息不明となった。

　1月28日伊73潜は、真珠湾の南で敵に探知されていた。駆逐艦「ジャービス」と3隻の掃海艇「ロング」、「トレバー」、「エリオット」が駆けつけ、4隻で協力の下に伊73潜を包囲し、「ジャービス」や「ロング」が爆雷を投下。さらに1時間後、再度爆雷攻撃を行なうと海底から爆発音が聞こえた。伊73潜の最後である。しかし沈没理由については、アメリカ潜水艦「ガジョン」により放たれた魚雷で沈没したという他説もある。

海大6型b

伊174・伊175（同型艦2隻）

　海大6型bは、巡潜3型と同じ昭和9年度計画、すなわち②計画、第2次海軍軍備補充計画で2隻建造された。主要性能は6型aと同じであるが、外殻の燃料タンク溶接の範囲を拡大して安全潜航深度を85mと向上を図り、燃料搭載量を約100トン増大し、航続距離を10ノットで1万5,000浬に増大させている。

　兵装では無気泡発射管の九五式発射管が搭載された。水中探信儀と調音機は最新型の九三式を装備している。

▲昭和16年10月20日、佐伯湾で開戦に備えて訓練中の伊75潜。後方には巡潜型、海大型の各潜水艦が見える。網切器も装備され緊張感が感じられる写真。海大6型bは2隻建造されたがいずれも戦没し、海大6型はa・bタイプともに全隻が失われた。

要目	
排水量	水上：1,420トン／水中：2,564トン
全　長	105.00m
全　幅	8.20m
吃　水	4.60m
機　関	艦本式1号甲8型ディーゼル2基2軸
	水上：9,000馬力／水中：1,800馬力
速　力	水上：23.0ノット／水中：8.2ノット
航続距離	水上：10,000浬/16ノット
	水中：65浬/3ノット
燃　料	重油：440トン
乗　員	68名
兵　装	45口径12cm単装砲1門
	13mm機銃1挺
	53cm魚雷発射管：艦首4門・艦尾2門
	魚雷14本
安全潜航深度	85m

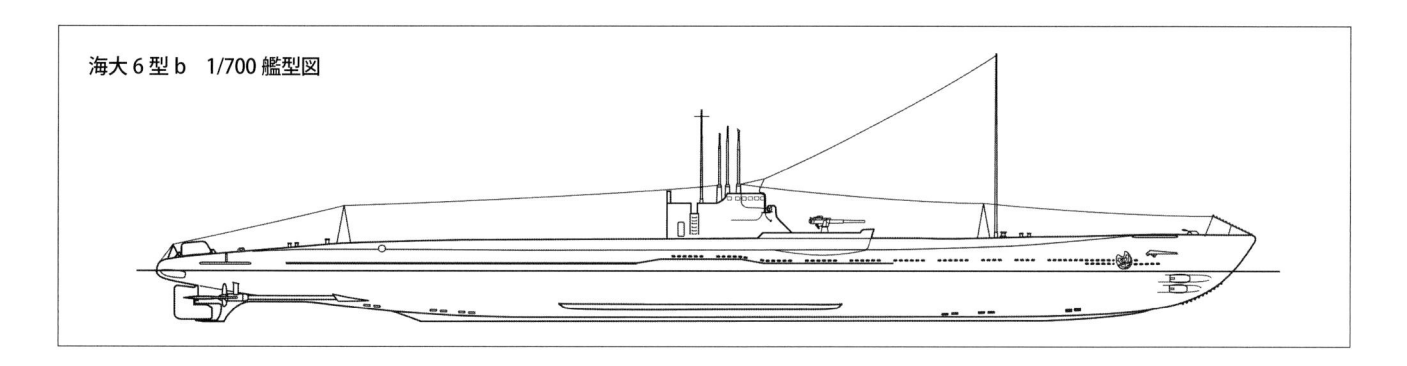

海大6型b　1/700艦型図

伊号第174潜水艦
（海大6型b）

伊号第174潜水艦歴代艦長

艦長名	海兵期	着任	離任
松尾義保 中佐	47	S13.8.15	S13.11.1
加藤良之助 中佐	48	S13.11.1	S14.11.20
井浦祥二郎 少佐	51	S14.11.20	S15.10.15
池沢政幸 中佐	52	S15.10.15	S17.3.10
日下敏夫 少佐	53	S17.3.10	S17.11.15
長井勝彦 少佐	57	S17.11.15	S18.3.16
南部伸清 大尉	61	S18.3.16	S19.2.23
鈴木勝人 大尉	63	S19.2.23	S19.4.13

伊174潜は海大6型bの1番艦として、昭和13年8月15日佐世保工廠で竣工した。伊174潜の竣工時の艦名は伊74潜で、初代艦長は松尾義保中佐（兵47期）、同艦の歴代艦長は全部で8名である。

開戦時の艦長は昭和15年10月15日に交代した池沢政幸中佐（兵52期）で、第3潜戦第11潜水隊先遣部隊に所属していた。昭和16年11月11日に佐伯を出港、クェゼリン経由でハワイ作戦に参加。12月8日、ニイハウ島付近で不時着機の収容配備に就く。

12月31日クェゼリンに戻り、翌昭和17年1月12日、アリューシャン方面の偵察を命ぜられクェゼリンを出港。1月26日ウナラスカ島、2月4日アムクタ島近海を偵察、2月19日に横須賀に帰着した。

3月10日、日下敏夫少佐（兵53期）に艦長が交代する。3月31日横須賀を出港、呉経由でクェゼリンに向かう。5月20日艦名を伊174潜に改名。クェゼリンを出港し、第2次K作戦の不時着搭乗員の収容配備を予定するが同作戦の中止により、そのままミッドウェー作戦に参加。6月20日クェゼリンに帰着。

7月9日ポートモレスビー方面に行動するためクェゼリンを出港、7月23日ラバウルに帰着。翌日の24日に出港し、豪州東岸方面の交通破壊戦に従事するも、アメリカ軍ガ島上陸を受け同方面に急行を命ぜられた。ラバウルを経てソロモン諸島南東の散開配備に就く。8月31日にインディスペンサブル海峡内で輸送艦や駆逐艦を多数発見。9月2日ルンガ泊地を偵察後、9月22日トラックに帰着。

その後トラックよりソロモン諸島方面に出撃し、11月12日に帰港、15日には艦長が長井勝彦少佐（兵57期）に交代する。昭和18年3月15日第11潜戦解隊により、第12潜水隊に編入、翌16日には艦長が南部伸清大尉（兵61期）に交代した。

5月5日呉を出港し、トラック経由で豪州東岸方面交通破壊戦に従事。6月4日、アメリカ貨物船「エドワード・チェンバー」を発見、12cm砲9発を発射するが命中弾はなく、逆にアメリカ貨物船から12発もの反撃を受けてしまう。こうなると潜水艦は不利で潜航して難を逃れた。

6月16日GP55船団を発見する。シドニーからブリスベーに向かうLST（戦車上陸艦）3隻、商船10隻の船団で、駆逐艦5隻が警戒についていた。伊174潜はアメリカ船「ポートマー」に魚雷を発射し同船を撃沈、続いてLST469へも雷撃を行ない撃破した。

8月13日ラバウルより10月までニューギニアのラエ輸送4回、フォン半島先端に位置するフィンシュハーフェン、東部ニューギニアシオ輸送を実施。この間に第7根拠地隊司令官交代輸送や糧食・弾薬300トン、人員153名を輸送した。12月30日、トラックを経由して呉に帰着。

昭和19年2月23日艦長が鈴木勝人大尉（兵63期）に交代する。4月2日、呉を出港、パラオ東方海面索敵任務に向かったがトラック南方で消息不明となった。

アメリカ側にも該当資料がなく、本艦の沈没原因は不明。（喪失認定　4月13日）

伊号第175潜水艦
（海大6型b）

伊号第175潜水艦歴代艦長

艦長名	海兵期	着任	離任
永井宏明 中佐	48	S13.12.18	S14.11.1
井上規矩 少佐	51	S14.11.1	S17.3.10
宇野亀雄 少佐	53	S17.3.10	S17.12.15
田畑 直 少佐	58	S17.12.15	S19.2.17

伊175潜は海大6型bの2番艦として、昭和13年12月18日三菱神戸造船所で竣工した。竣工時の艦名は伊75潜である。初代艦長は永井宏明中佐（兵48期）で当艦の歴代艦長は4名である。

開戦時は第3潜戦第11潜水隊先遣部隊に配備され艦長は昭和14年11月1日に着任した井上規矩少佐（兵51期）である。昭和16年11月11日に佐伯を出撃、クェゼリン経由でハワイ作戦に参加。12月8日真珠湾口の監視を実施、12月16日カルフィを砲撃し、18日にはハワイ島南島100浬においてアメリカ船「マニニ」を撃沈する。12月24日、ハワイ諸島の南南西約1,600kmに位置するパルミラ島を砲撃。

昭和17年1月12日、クェゼリンを出港しアリューシャン方面への偵察に向かう。1月28日アトカ島沖、2月2日アトカ島ナザン湾を偵察。2月19日横須賀に帰着。

3月10日艦長が宇野亀雄少佐（兵53期）に交代する。4月15日呉を出港、5月10日クェゼリンに到着。5月20日艦名を伊157潜に改名し、第2次K作戦参加のためクェゼリンを出港するが、同作戦が中止となりそのままミッドウェー作戦に参加。

6月20日クェゼリンに帰港し、7月4日には豪州東岸交通破壊戦に従事するためクェゼリンを出港。7月23日ニューカッスル沖にて、アメリカ船「アララ」、翌日はオートラリア豪船「マラダ」、28日にはシドニー沖でフランス船「カゴン」をそれぞれ撃沈する戦果を挙げた。8月2日にも商船1隻撃沈を報じたが、戦後船名などの確認が取れていない。8月3日、イギリス船「ドランカー」を撃沈。

その後アメリカ軍ガ島に来攻の報を受け、サンクリストバル方面に進出し、8月17日ラバウルに帰港した。8月22日、ガ島南島の散開配備に就く。9月1日第7潜水部隊に編入され、ガ島方面監視配備に就く。9月10日、ガ島泊地に進入、翌11日ルンガ泊地偵察を実施。10月16日トラックよりガ島南島の散開配備に就き、再びトラックに帰港するも11月20日、入港中の「日新丸」に接触され12月5日横須賀へ回航し修理・休養に従事した。

12月15日に田畑直少佐（兵58期）に艦長が交代する。昭和18年4月19日横須賀を出港、呉経由で北方部隊に編入されアッツ島方面の配備に就く。6月6日キスカ湾に兵器・弾薬・糧食16トン、兵員60名を収容して10日に幌筵に帰着。6月17日再びキスカ輸送を実施し、兵器・弾薬・糧食16トン、兵員70名を収容して20日に幌筵に帰着した。6月24日にはアムチトカ島南方の哨戒配備に就き、8月1日北方部隊より除かれ幌筵経由で呉に8月10日に帰着した。

9月19日呉を出港、トラック経由でハワイ方面にて活動し11月19日ギルバート諸島方面へ

▲昭和11年9月16日、三菱神戸造船所での進水式の伊75潜。満艦飾や軍艦旗などで華やかな飾りつけがなされている晴れやかな写真である。同艦は昭和13年12月18日に竣工し、第11潜水隊に編入された。

　の配備を命ぜられた。同方面には第2潜戦が配備されており、3隻がタラワに、伊175潜がマキン島方面へ向かうことになった。

　11月24日未明に空母1隻と護衛の駆逐艦を発見する。アメリカ海軍の第52.3部隊で護衛空母が3隻、駆逐艦が4隻で旗艦は護衛空母「リスカムベイ」だった。伊175潜の田畑艦長は「リスカムベイ」に対して4本の魚雷を発射、右舷中央部後方の爆薬庫に魚雷1本が命中した。飛行機用爆弾が誘爆したため、船体の後部3分の1が切断吹き飛んでしまい沈没。乗員900名のうち650名が戦死した。太平洋戦争中、日本海軍の潜水艦が無傷の航空母艦を沈めた戦果は、伊19潜の「ワスプ」とこの「リスカムベイ」の2隻だけである。不思議なことに護衛の駆逐艦の反撃もなく、11月27日にクェゼリンに無事帰港している。

　昭和19年1月31日、オーシャン諸島への輸送任務の命を受けていたが、アメリカ軍クェゼリンに来攻の報を受け同方面に向かうよう命ぜられ、それ以降消息不明となる。

　アメリカ側の記録によれば2月17日、ハワイからクエゼリンに向かう輸送船の護衛に就いていた駆逐艦「ニコラス」が伊157潜を発見、砲撃と爆雷攻撃を加え撃沈したとある。

　第12潜水隊司令小林一大佐（兵48期）、田畑艦長以下100名が戦死した。

（喪失認定　3月26日）

海大7型

伊176・伊177・伊178・伊179・伊180・伊181・伊182・伊183・伊184・伊185（同型艦10隻）

　新海大型といわれた海大7型は、昭和14年の④計画で10隻建造された。前型の海大6型から4年ぶりに建造された海大型の最終型である。

　およそ6型との艦型の違いは特になく、主機は艦本式乙8型ディーゼルが採用され、出力は低下したものの速力は23ノットと前型から維持している。魚雷発射管が前部に集中した点が大きく異なり、その他、海中での運動性能、潜航時間の短縮など6型の欠点が解決されていた。

　ただ甲乙丙型といった新しい巡潜型の建造が進むこの時期にあらためて海大型を新造した理由については、海大4型までの艦の艦齢が進んだための代替とか、丙型の隻数不足を補うためなどの諸説があり、定まっていない。

　ますます潜水艦の戦いが厳しくなる昭和17年8月以降、同型艦が順次10隻竣工して太平洋戦争に参加した。その結果、訓練中沈没した伊179潜を除く全艦が短期間に沈没してしまった。

▲昭和17年7月31日、安芸灘で公試に備える伊176潜。新海大型といわれた海大7型の1番艦である。網切器、味方識別用に艦橋に前にも日の丸を描いているなど、戦時下の建造であることを物語っている。

要目	
排水量	水上：1,630トン／水中：2,602トン
全長	105.50m
全幅	8.25m
吃水	4.60m
機関	艦本式1号乙8型ディーゼル2基2軸
	水上：8,000馬力／水中：1,800馬力
速力	水上：23.1ノット／水中：8.0ノット
航続距離	水上：8,000浬／16ノット
	水中：50浬／5ノット
燃料	重油：355トン
乗員	86名
兵装	45口径12cm単装砲1門
	25mm機銃連装1基2挺
	53cm魚雷発射管：艦首6門
	魚雷12本
安全潜航深度	80m

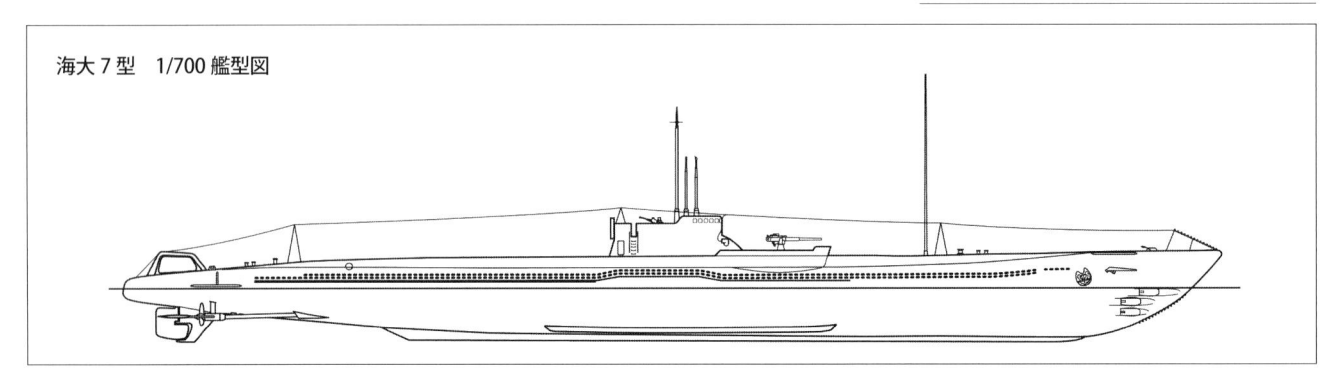

海大7型　1/700 艦型図

伊号第176潜水艦
（海大7型）

伊号第176潜水艦歴代艦長

艦長名	海兵期	着任	離任
田辺 弥八 少佐	56	S17.8.4	S18.3.27
板倉 光馬 大尉	61	S18.3.27	S18.5.20
山口 幸三郎 少佐	59	S18.5.20	S19.2.1
岡田 英雄 少佐	61	S19.2.1	S19.5.16

　海大7型の1番艦である伊176は昭和17年8月4日、呉工廠で竣工した。初代艦長は、6月30日に艤装員長に着任した田辺弥八少佐（兵56期）である。同艦の歴代艦長は4名である。
　昭和17年9月10日、呉を出港トラックに到着。9月18日、ガ島南方配備に就く。哨戒配備後、なかなか敵艦船を発見することができなかったが10月20日、サンクリストバル島南々東130浬で、戦艦1、巡洋艦4、駆逐艦8の敵艦隊を発見した。アメリカ第64部隊である。敵の速力が速いため、先頭の「サンフランシスコ」を諦め、2番艦の重巡「チェスター」に向けて魚雷を発射した。距離は1,500m。右舷、2本の煙突の間に1本が命中。
　同艦は自力で航行することはできたが作戦を続行することができず、結局1年間修理に費やすことになった。田辺艦長はこれでアメリカ空母撃沈、アメリカ巡洋艦撃破の戦果をあげたことになる。10月29日、トラックに帰着。
　11月20日トラックを出港、ガ島増援配備に就く。12月12日ラバウルに帰着。14日、ブナ輸送実施のためラバウルを出港、17日にマンバレ河口に14トンの物資を揚陸。ラバウルを経由して12月24日にトラックに帰港。
　昭和18年1月14日、トラックを出港、ショートランドを経由して18日、ガ島輸送を実施。1月20日カミンボにてドラム缶輸送を試みたが敵哨戒艇の妨害にあい失敗。1月20日、甲潜水部隊に編入され、ガ島南方の散開配備に就き、敵主力部隊の発見を報じるが、襲撃には至らず、2月17日トラックに帰着。
　3月16日、ラバウルを経由して、即日出港し、ラエの輸送に向かう。3月18日夜、揚陸中の伊176潜は、突如ダグラスA20「ハボック」双発地上偵察機5の機銃掃射を受け、小型爆弾2発まで被弾してしまう。この攻撃により、操舵手ら2名が戦死するが、幸運なことに田辺艦長は重傷を負うも、銃弾が心臓よりわずか1mm手前で止まり一命を取り留めた。また被弾した爆弾も輸送のため積載していた米を詰めたドラム缶に当たったため被害が少なく、陸岸に擱座させ沈没をまぬがれ、その後先任将校の指揮で離岸しラバウルに帰着している。
　3月27日、重傷の田辺艦長に代わり、板倉光馬大尉（兵61期）が新艦長として着任する。4月7日呉に帰着し、3ヶ月間の修理を実施する。
　5月20日、山口幸三郎少佐（兵59期）に艦長が交代する。7月2日、呉を出港、トラックを経て19日ラバウルに到着後、23日から9月6日までラエ輸送を6回実施する。9月15日、ニューギニア、クレチン岬北方のフィシュハーフェンへ輸送を実施、ラバウルに帰着し再び同地の輸送に従事するが、陸上と連絡がとれず揚陸を延期待機するも、10月1日、揚陸に成功する。10月12日、19日、30日にシオ輸送を実施、帰途についたが、11月1日にブーゲンビル島海戦で軽巡「川内」が沈没。伊176潜は帰路、「川内」生存者の救出を命ぜられた。しかし救出に向かう途中に、敵哨戒機の攻撃を受け損傷してしまう。結果、「川内」の救出を中止し、呉に修理に向かうことになった。
　11月16日、トラック南方においてアメリカ潜水艦「コービナ」を発見する。伊176潜は損傷も忘れて潜航を開始し、2時間後魚雷3本を発射、うち2本が命中して「コービナ」は沈没した。太平洋戦争期間中、日本海軍の潜水艦が敵の潜水艦を撃沈したのは、わずか2隻しかない。伊166潜がオランダの潜水艦を撃沈したのと本艦の2隻だけである（ソ連のL16を除く）。逆に米英潜水艦に撃沈された日本海軍の潜水艦は13隻にもおよぶ。
　11月26日呉に帰着。昭和19年2月1日、岡田英雄少佐（兵61期）が最後の艦長として着任する。3月20日、呉を出港。3月27日マーシャル諸島ミレ島、ヤルート島東方海面の配備を命ぜられる。4月20日トラックに帰着。
　5月10日、トラックを出港しニューギニアのブカ輸送に向かうが、13日、アメリカ哨戒機に発見されてしまう。ただちにアメリカ駆逐艦4隻、「ハガード」「ヘイレイ」「ジョンストン」「フランクス」が、ソロモン諸島北部のトリジャリー島を出撃し16日早朝、ブカ島北西海面に到着。その後20時間もの捜索の末、ついにソーナーで伊176潜を探知、爆雷攻撃を開始した。4隻でチームを組んで探知・爆雷攻撃を1日半に渡り行なって追い詰め、ついに翌5月17日早朝、浮遊物を発見、沈没と確認された。
　岡田艦長以下103名全員が戦死した。（喪失認定　6月11日）

伊号第177潜水艦
（海大7型）

伊号第177潜水艦歴代艦長

艦長名	海兵期	着任	離任
中川 肇 中佐	50	S17.12.28	S18.8.30
折田 善次 少佐	59	S18.8.30	S19.2.23
渡辺 正樹 大尉	63	S19.2.23	S19.10.3

　伊177潜は海大7型の2番艦として、昭和17年12月28日に神戸川崎造船所で竣工した。初代艦長は9月30日に艤装員長に着任していた、中川肇中佐（兵50期）である。同艦の歴代艦長は3名である。
　昭和18年3月15日、第3潜戦に編入され、3月30日呉を出港。4月7日トラックに入港、10日にトラックを出港し豪州東岸方面の交通破壊戦に従事。4月26日、ブリスベーンにおいてイギリス船「リメリック」を撃沈。5月14日にはイギリス船「セントア」を撃沈し、5月23日にトラックに帰港した。この「セントア」は実は病院船であったが、伊177潜は気がつかなかった。
　6月14日トラックを出港し、豪州方面交通破壊戦に従事した後、6月30日にアメリカ軍レンドバ島上陸により、ニュージョージア島方面に急行。7月20日南東方面部隊に編入。7月26日ラバウルに到着。これよりラバウルを基点にして翌昭和19年1月までニューギニアのラエ・シオへの輸送作戦に従事する。
　その間の8月30日、艦長が折田善次少佐（兵59期）に交代する。ラエに8月2回、9月2回、シオには10月4回、11月3回、12月が3回と過酷な輸送任務をこなした。また11月24日

には駆逐艦「夕霧」の遭難者279名（便乗者を含む）を救助する。「夕霧」は「吹雪」型の駆逐艦でブカ島輸送の帰途、セントジョージ岬沖で米駆逐艦と交戦し沈没したものであった。

昭和19年1月3日、補給物資を満載して、シオに向かったが魚雷艇の警戒厳重で、8日にようやく揚陸を実施。第18軍司令官安達二十三中将と第7根拠地隊司令官工藤久八中将（兵39期）などを乗艦させ、1月9日マダンで軍司令官が退艦後、1月11日ラバウルに帰着した。1月27日、トラックを経由して無事佐世保に帰着した。伊177潜はこの間、ラエ、シオ輸送4回、糧食・弾薬647トン、人員175名を輸送した。

2月23日艦長が渡辺正樹大尉（兵63期）に交代する。2月25日北東方面部隊に編入。3月25日大湊着、4月11日に出港、アリューシャン方面作戦に従事。その後大湊を基点にして千島東方海面哨戒任務に就く。6月25日横須賀に帰着、先遣部隊に復帰。

9月19日、呉を出港しパラオ周辺警備に向かったが、10月3日、パラオ北西方でアメリカハンターキラーグループの駆逐艦「サミュシェル・S・マイルス」がレーダーで探知、引き続きソーナーで探知を続けヘッジホッグ攻撃2回で水中大爆発が起きた。

渡辺艦長以下、101名全員戦死したが、同艦には第34潜水隊司令松村寛治大佐も乗艦しており共に戦死した。

松村司令は伊21潜の艦長として印度洋交通破壊戦で多大な戦果を挙げており、敵船17隻を撃沈している。戦死によって二階級特進となった。（喪失認定　1月18日）

伊号第178潜水艦（海大7型）

伊号第178潜水艦歴代艦長

艦長名	海兵期	着任	離任
宇都木秀次郎 少佐	52	S17.12.26	S18.8.4

伊178潜は海大7型の3番艦として昭和17年12月26日、三菱神戸造船所で竣工した。初代艦長は、11月25日に艤装員長に着任していた宇都木秀次郎少佐（兵52期）である。同艦の歴代艦長は宇都木少佐、1名である。

昭和18年3月30日、呉を出港しトラックに向かう。4月7日トラックに到着、10日にトラックを出港し豪州東岸方面交通破壊戦に従事。4月17日、アメリカ船「ライデア・M・チルズ」を撃沈。5月18日トラックに帰着。

6月4日トラックを出港、再びオーストラリア東岸方面に向かったが消息不明となる。

アメリカ側資料にも該当記録がなく沈没原因は不明である。一説にはオーストラリア空軍の双発爆撃機に攻撃され沈没したと言われている。（喪失認定　8月4日）

伊号第179潜水艦（海大7型）

伊号第179潜水艦歴代艦長

艦長名	海兵期	着任	離任
湯浅 弘 少佐	59	S18.6.18	S18.7.14

伊179潜は海大7型の4番艦として昭和18年6月18日神戸川崎造船所で竣工した。初代艦長は3月6日に艤装員長に着任していた湯浅弘少佐（兵59期）である。

昭和18年7月14日夜、国東半島東方の周防灘で訓練を実施。訓練内容は急速浮上を行ない、物資を揚陸するというものであったが、浮上後何らかの原因で最前部の1番ベント弁が開いて1番メインタンクの空気が逃げ、各メインタンクに注水された結果、艦は前部から急速に沈下、同時にハッチから大量の海水が浸入して沈没した。

湯浅艦長以下85名は全員殉職。

7年後の昭和27年7月19日に同艦は引き揚げられている。

伊号第180潜水艦（海大7型）

伊号第180潜水艦歴代艦長

艦長名	海兵期	着任	離任
日下敏夫 少佐	53	S18.1.15	S18.9.1
藤田秀範 大尉	62	S18.9.1	S19.3.27

伊180潜は海大7型の5番艦として、昭和18年1月15日に横須賀工廠で竣工した。初代艦長は昭和17年12月1日に艤装員長に着任していた日下敏夫少佐（兵53期）である。同艦の歴代艦長は2名である。

3月30日呉を出港、トラックに向かう。4月10日トラックを出港し、オーストラリア東岸方面交通破壊戦に従事。4月29日、オーストラリア船「ウオロンバー」を撃沈。5月5日ノルウェー船「フィンガル」を撃沈。5月12日にはオーストラリア船「オーミストン」を撃破、続いてオーストラリア船「カラデール」を撃破した。5月25日、トラックに帰着。

6月20日、再びトラックを出港しオーストラリア東岸方面交通破壊戦に従事。6月30日、アメリカ軍レンドバ島上陸により同方面に急行を命ぜられ、7月6日ニュージョージ～イサベル島間の配備に就く。7月13日、前日のコロンバンガラ島沖海戦により撃沈された軽巡「神通」の乗員21名を救助した。ブインに救助者を届け、7月22日ラバウルに帰着。8月からニューギニア、ラエ、フインシュハーフェン、シオ輸送に従事。

9月1日に新艦長、藤田秀範大尉（兵62期）が着任。10月12日にラバウルで敵機の爆撃を受けて潜航不能になる。伊180潜は内地で修理することになったが、この間、4回の輸送を実施し糧食・弾薬など167トン、人員57名を揚陸した。

11月2日トラックを経て佐世保に帰着、修理に2ヶ月間を要した。

昭和19年1月1日の元旦に佐世保を出港、1月8日にトラックに入港、19日に出港したが故障のためトラックを経由して再び佐世保で修理。2月25日北東方面部隊に編入。3月16日佐世保を出港、19日に大湊に到着。3月30日、大湊を出港し、ウナラスカ島以東、コジアク島南方にわたる交通破壊戦に従事。

4月27日、貨物船護衛中のアメリカ駆逐艦「ギルモア」がコジアク南方でレーダー探知、その後失探するも、再びソーナーで探知、ヘッジホッグ攻撃3回、爆雷攻撃2回の攻撃で沈没。

藤田艦長以下全員が戦死した。（喪失認定　5月20日）

▲昭和18年7月から10月に、ラバウルに6回ほど短期間入港しているので、その際に撮影されたと思われる伊180潜。海大型の最終型である7型は10隻が建造されたが、事故喪失を含め全艦が短期間に戦没した。

伊号第181潜水艦（海大7型）

伊号第181潜水艦歴代艦長

艦長名	海兵期	着任	離任
大橋勝夫 中佐	53	S18.5.24	S19.1.8
田岡 清 少佐	55	S19.1.8	S19.1.16

　伊181潜は海大7型の6番艦として、昭和18年5月24日呉工廠で竣工した。初代艦長は、2月20日艤装員長に着任していた大橋勝夫中佐（兵53期）である。同艦の歴代艦長は2名である。
　8月25日、呉を出港。9月1日トラックに到着。9月7日にエスピリットサント方面、10月2日にはトレス諸島付近を行動。10月14日に輸送船を襲撃したが効果なく、10月20日トラックに帰着した。
　11月11日、トラックを出港してブーゲンビル島方面に向かい、11月26日、駆逐艦「夕暮」の生存者11名を救助し、29日ラバウルに入港した。12月7日、ラバウルを出港してシオ輸送に従事するが9日シオにて爆撃を受けるも、兵器・弾薬、糧食44トンの揚陸に成功した。12月16日ブカ輸送を実施。
　昭和19年1月8日、ラバウルに帰着し、艦長が田岡清少佐（兵55期）に交代。1月13日、ラバウルを出港してガリ輸送に向かったが消息不明となる。
　ガリ島所在の陸海軍部隊の情報によれば16日夜、グィディアグ海狭で敵駆逐艦、魚雷艇の攻撃を受け沈没。
　第22潜水隊司令前島寿英大佐（兵48期）、田岡艦長以下、89名全員が戦死した。
（喪失認定　3月1日）

伊号第182潜水艦（海大7型）

伊号第182潜水艦歴代艦長

艦長名	海兵期	着任	離任
米原 実 少佐	59	S18.5.10	S18.10.22

　伊182潜は海大7型の7番艦として、昭和18年5月10日横須賀工廠で竣工した。初代艦長は、3月16日に艤装員長に着任した米原実少佐（兵59期）である。
　8月8日、佐世保を出港、トラックに8月15日に到着した。8月23日にトラックを出港、エスピリットサント方面に向かう。
　9月3日、対潜掃討中のアメリカ駆逐艦「エレット」がエスピリットサント島北北西で浮上中の伊182潜をレーダー探知。潜航後、ソーナーで探知を続けられ爆雷攻撃で沈没した。
　米原艦長以下、87名全員が戦死した。（喪失認定　10月22日）

伊号第183潜水艦
（海大7型）

伊号第183潜水艦歴代艦長

艦長名	海兵期	着任	離任
佐伯貞夫 少佐	59	S18.10.3	S19.4.28

　伊183潜は海大7型の8番艦として、昭和18年10月3日神戸川崎造船所で竣工した。初代艦長は8月30日、艤装員長に着任していた佐伯貞夫少佐（兵59期）である。
　10月6日、単独訓練のため伊予灘に向かい、途中広島湾で試験潜航を行なった。その際、給気筒頭部弁の配員が、ハンドルを右に回して閉鎖すべきところを左に回して完全閉鎖と思いこみ、「閉鎖」と報告した。このため頭部弁全開のまま潜航する結果となり、大量の海水が機械室に浸水、艦はたちまち沈没した。
　何故か艦番号末尾「3」の付く潜水艦は不運がつきまとう。あらゆる努力がはらわれた結果、浮上することは困難であったが、幸い発射管から艦外に脱出できるとわかり、ほとんどの乗員が脱出に成功した。
　佐伯艦長は「艦と運命を共にする」と退艦を拒否しつづけたが、先任将校の強引な説得でやっと退艦した。その後救出活動で3名救出ができたが、着任まもない機関長付き分隊士広部善夫中尉（機51期）はじめ16名が殉職した。
　広部中尉は部下を励まし防水につとめていたが、中にいた妻子持ちの先任下士官を後部兵員室に退避させた。その下士官は電動機室に留まることを強く懇願したが、後部兵員室の小さなポンプの操作を命じて少しでも安全な場所に彼をやり、結果その下士官は助かったのである。
　翌10月7日、引き揚げに成功。昭和19年1月まで5ヶ月の修理を要して3月27日、呉を出港したが故障のために引き返し、4月6日呉に入港。
　4月28日、第22潜水隊に編入され、呉を出港、サイパンに向かったが、豊後水道を抜け四国南方で、アメリカ潜水艦「ボギー」に発見される。「ボギー」は太平洋戦争中、日本艦船を16隻撃沈した強敵である。3時間もかけて追跡の後、魚雷を発射し、伊183潜は戦場に到達する前に沈没した。一部資料には、砲撃により沈没とあるが、これは誤りのようである。
　佐伯艦長以下、乗員92名全員が戦死した。（喪失認定　5月28日）

伊号第184潜水艦
（海大7型）

伊号第184潜水艦歴代艦長

艦長名	海兵期	着任	離任
力久松次 少佐	58	S18.10.15	S19.5.19

　伊184潜は海大7型の9番艦として、昭和18年10月15日横須賀工廠で竣工した。初代艦長は力久松次少佐（兵58期）である。
　昭和19年2月25日、北東方面部隊に編入され、翌日佐世保を出港、29日に大湊に到着した。3月4日、大湊を出港、アリューシャン方面に向かう。3月11日、重油漏えいのため幌筵に帰着。翌日再び、アリューシャン方面に戻り、大湊を経由して4月13日横須賀に帰着。
　5月19日、横須賀を出港、6月12日マーシャル諸島ミレ島輸送を実施後、6月13日グアム方面に急行を命ぜられる。
　しかし6月19日、サイパン東南方において、第53.7.1護衛空母部隊の護衛空母「スワニー」から発艦したアベンジャー雷撃機の攻撃により沈没した。
　力久艦長以下、96名全員が戦死した。（喪失認定　7月12日）

伊号第185潜水艦
（海大7型）

伊号第185潜水艦歴代艦長

艦長名	海兵期	着任	離任
関戸好蜜 少佐	57	S18.9.23	S19.4.30
荒井 淳 大尉	63	S19.4.30	S19.6.22

　伊185潜は海大7型の最終番艦として、昭和18年9月23日横須賀工廠で竣工した。初代艦長は関戸好蜜少佐（兵57期）である。同艦の歴代艦長は2名である。
　訓練を終え、昭和19年1月5日、佐世保を出港、1月10日にトラックに到着。1月22日南東方面部隊に編入。1月25日トラックを出港し、ラバウルに向かったが故障のために引き返した。
　1月27日トラック発、2月3日ラバウルを経由してオーストラリア、グリーン島へ陸戦隊を揚陸した。2月4日ラバウルに帰着。2月13日、14日にはイボギ輸送、ラバウルに戻り、2月24日ブカ輸送に従事。3月1日ラバウルに帰着、3月4日にラバウルを出港して、再度ブカ輸送に向かったが損傷を受けてトラックに向かう。3月10日、電地室で火災事故が起き、修理のためトラックに入港し応急修理後、佐世保に帰投。
　4月30日、艦長が荒井淳大尉（兵63期）に交代する。6月10日、呉を出港してニューギニアのウエワク輸送に向かったが、「あ」号作戦発動により独断サイパン西方に向かい行方不明となる。
　6月22日船団護衛中のアメリカ駆逐艦「ニューカム」及び掃海駆逐艦「チャンドラー」がサイパン北西方においてソーナー探知、爆雷攻撃を受けて沈没。
　第22潜水隊司令栢原保観大佐（兵49期）、荒井艦長以下95名全員が戦死した。
（喪失認定　7月12日）

機雷潜型

伊121・伊122・伊123・伊124（同型艦4隻）

▲昭和8年頃から10年頃に撮影されたと思われる伊22潜で、神戸港に入港作業中。のち昭和13年6月1日に100番を付与され伊122潜と改称される。艦首の「13」は第13潜水隊に所属していることを示している。機雷潜は昭和初年に竣工した潜水艦であるため、太平洋戦争期間中は老朽化が目立ち、サビやゴキブリ、ねずみに悩まされたという。

　第1次世界大戦後、連合軍が接収したドイツUボートの中から7隻が戦利潜水艦として日本に分配された。その中でも日本海軍が最も関心を寄せたのが大型機雷敷設潜水艦U125だった。最新式の機雷敷設装置、長大な航続力、安定良好な航洋性を有しており、これをそのままコピーし日本海軍向けに幾つかの改良を加え、大正12年度計画で建造されたのが機雷潜である。

　改良点は、艦橋の形状を変更し、南方での作戦行動を考慮して冷却機が装備されたこと。しかし元のままでは冷却機を装備できるスペースがないので船体を延長したが潜舵、横舵をそのままとしたため、後述するような水中の運動性能に支障が生まれた。

　特徴である機雷は最大で48個を搭載でき、60m間隔での敷設が可能だった。しかし艦の性能は必ずしも良好とは言えなかった。というのも機雷を1つ落とすと、その分軽くなって艦尾が浮き上がってしまうため、その重量と同じだけの水をタンク内に入れなくてはならなかった。逆に入れすぎたら艦は沈む。艦内では48個の機雷を1つずつ艦尾の方に移動してゆかなくてはならず、さらにこの移動にしたがってタンク内の水を前部に移動し、バランスをとらなくてはならなかった。

　さらに潜舵横舵が小さいため舵の利きが悪く、少しでも艦の前後に重量の差が生じると、すぐに傾斜をしてしまう危険性があった。すなわち潜航中の艦を水平に、かつ命ぜられた深さを保持して、一定の場所に機雷を並べるということ極めて困難で、その難しさから機雷潜ではなく「きらい（嫌い）潜」と呼ばれていた。

　機雷潜型は伊21潜、伊22潜、伊23潜、伊24潜と4隻建造され、昭和13年6月3日、艦番号に100の数字が付与された。開戦後は、様々な海峡口に機雷敷設を行なったが、艦年齢超過による性能低下は太平洋の厳しい戦場には過酷で、奇しくも艦番号の大きい順に喪失していった。

要目	
排水量	水上：1,142トン／水中：1,768トン
全長	85.20m
全幅	7.52m
吃水	4.42m
機関	ラウンシェンバッハ式1号ディーゼル2基2軸
	水上：2,400馬力／水中：1,100馬力
速力	水上：14.9ノット／水中：6.5ノット
航続距離	水上：10,500浬／8ノット
	水中：40浬／4.5ノット
燃料	重油：225トン
乗員	51名
兵装	40口径14cm単装砲1門
	7.7mm単装機銃1挺
	53cm魚雷発射管：艦首4門
	魚雷12本
	機雷敷設筒2本
	八八式機雷42個
安全潜航深度	75m

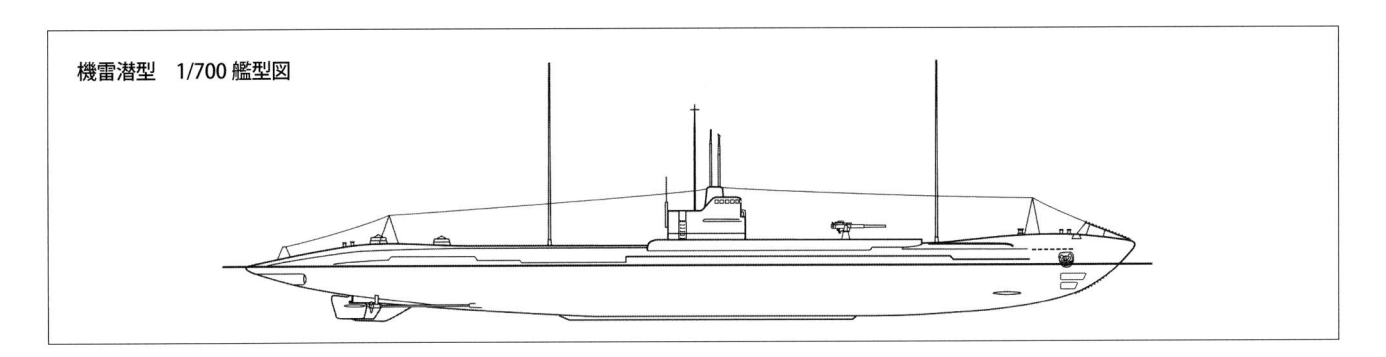

機雷潜型　1/700艦型図

▼昭和17年ダバオで潜水母艦「長鯨」に横付け補給中の伊121潜を後方からとらえたもの。甲板上の大きなハッチは機雷の搭載用のもので、機雷庫に通じる昇降機があった。本型式は艦内から機雷を投下すると浮力が変化し、ツリムが変わるため操艦が難しく「きらい」潜水艦と言われた。

伊号第121潜水艦（機雷潜型）

伊号第121潜水艦歴代艦長

艦長名	海兵期	着任	離任
小林三良 少佐	37	S2.3.21	S2.11.15
中邑元司 少佐	39	S2.11.15	S3.12.10
佐藤四郎 少佐	43	S3.12.10	S5.11.15
貴島盛次 少佐	44	S5.11.15	S6.12.1
水口兵衛 少佐	46	S6.12.1	S7.12.1
後藤 汎 少佐	48	S7.12.1	S8.11.15
高塚忠夫 少佐	49	S8.11.15	S9.11.15
都築 登 少佐	48	S9.11.15	S12.3.20
山田 薫 少佐	50	S12.3.20	S13.3.19
小池伊逸 少佐	52	S13.3.19	S13.7.30
花房博志 少佐	51	S13.7.30	S14.3.20
日下敏夫 少佐	53	S14.3.20	S14.8.16
大谷清教 少佐	49	S14.8.16	S15.10.30
稲葉通宗 少佐	51	S15.10.30	S16.1.31
河野昌道 少佐	52	S16.1.31	S16.6.2
遠藤 忍 中佐	52	S16.6.2	S16.7.15
入江 達 中佐	51	S16.7.15	S16.10.31
松村寛治 中佐	50	S16.10.31	S17.2.1
藤森康男 少佐	56	S17.2.1	S17.10.15
島田武夫 大尉	59	S17.10.15	S18.8.20
渡辺正樹 大尉	51	S18.8.20	S19.2.23
稲葉通宗 中佐	51	S19.2.23	S20.1.10
上野忠弘 大尉	66	S20.1.10	終戦

　伊121潜は機雷潜の1番艦として、昭和2年3月31日川崎造船所で竣工した。初代艦長は小林三良少佐（兵37期）で、同艦の歴代艦長は全部で23名になる。

　開戦は昭和16年10月31日に着任した松村寛治中佐（兵50期）で迎えた。中佐はのちに二階級特進の栄を受ける人物である。12月1日海南島三亜からシンガポール方面に出撃し、12月7日にシンガポール東方に機雷42個を敷設した。

　その後カムラン湾、マニラ湾、ダバオを経由して翌17年1月5日ポートダーウィン沖を監視。1月12日にポートダーウィン沖に機雷39個を敷設した。1月18日オランダ船「バンタム」を撃沈。「バンタム」は9,312トンと大型だった。

　2月1日藤森康男少佐（兵56期）に艦長が交代する。2月9日ダバオ発ポートダーウィン西口監視。2月18日から19日に南雲機動部隊ダーウィン空襲のため気象通報を行ない、2月28日セレベス島スターリング湾に帰着した。

　5月21日K作戦のためフレンチフリゲート礁に向かうが、作戦中止のためミッドウェー作戦に協力し、クエゼリンに帰投した。K作戦とは、二式飛行艇でハワイを空襲する作戦で、途中潜水艦によって燃料補給を行なった。3月4日、第1次K作戦は無事潜水艦と飛行艇が会合し燃料補給、ハワイの空襲に成功した。今回は第2次K作戦として、機雷潜が給油の任務を行なうことになった。しかし米海軍は日本側がフレンチフリゲート礁で補給を実施していると推測し、水上機母艦2隻を守備隊として待機させた。よって第2次K作戦は中止せざるを得なかったのである。その後、クエゼリンに帰着後横須賀に帰投。

　7月16日に横須賀を出港、トラック、ラバウルを経てガ島に向かった。8月14日と18日、2度にわたりガ島に砲撃を実施する。8月29日サンクリストバル島北東にて空母を含む多数の敵部隊を発見後、ラバウルに帰着。

　9月20日呉に帰着。10月15日、島田武夫大尉（兵59期）に艦長が交代する。12月1日に島田新艦長の下、呉を出港。トラックを経て21日ラバウルに到着。23日ラバウルを出港し、ブナ輸送を実施、26日マンバレ河口に物資15トンを揚陸後、傷病者34名を救出する。昭和18年1月4日ニューギニア南東海面に行動したのちガ島撤退作戦に協力、1月29日インディスペンサブル礁で水偵の補給を実施。

　その後ラバウル、トラックを経て3月5日に呉に帰投。4月25日呉を出港し、ラバウル経由で5月10日からラエ輸送作戦を実施する。こののち伊121潜は8月20日まで合計8回のラエ輸送を成功させる。

　8月20日ラエを発して9月1日呉に帰着。以後潜水学校の練習艦となった。8月20日艦長が渡辺正樹大尉（兵63期）に交代する。翌昭和19年2月23日艦長が稲葉通宗中佐（兵51期）に交代する。昭和20年1月10日、上野忠弘大尉（兵66期）が最後の艦長として着任、そのまま呉において終戦を迎えた。

　昭和21年4月30日舞鶴港外でアメリカ海軍により海没処分された。

伊号第122潜水艦
（機雷潜型）

伊号第122潜水艦歴代艦長

艦長名	海兵期	着任	離任
香宗我部譲 少佐	38	S2.10.28	S3.12.10
舟木重利 少佐	43	S3.12.10	S4.11.1
中島千尋 少佐	43	S4.11.1	S5.11.15
奥島章三郎 少佐	44	S5.11.15	S7.11.1
阿部信夫 少佐	42	S7.11.1	S8.11.15
横畠定一 少佐	46	S8.11.15	S11.6.30
大谷清教 少佐	49	S11.6.30	S11.12.1
横田稔 大尉	51	S11.12.1	S12.3.20
吉村巌 少佐	51	S12.3.20	S14.3.20
吉留善之助 少佐	52	S14.3.20	S15.3.20
小池伊逸 少佐	52	S15.3.20	S15.10.15
井浦祥二郎 少佐	51	S15.10.15	S16.4.28
宇都木秀次郎 少佐	52	S16.4.28	S17.2.1
乗田貞敏 少佐	57	S17.2.1	S17.11.20
力久松次 少佐	58	S17.11.20	S18.8.1
篠原茂夫 大尉	62	S18.8.1	S19.2.15
浜野元一 大佐(兼)	47	S19.2.15	S19.4.30
入沢三輝 少佐	63	S19.4.30	S19.8.31
山根権 少佐	61	S19.8.31	S19.10.24
河野昌道 中佐	52	S19.10.24	S20.1.10
中島万里 大尉	66	S20.1.10	S20.3.25
三原荘作 大尉	69	S20.3.25	S20.6.10

▼昭和15年度特別大演習において南洋諸島で、九七式大型飛行艇に燃料補給中の伊122潜。のちにK作戦と称して、潜水艦から燃料補給を受けた二式大艇がハワイ空襲に成功しているが、戦前から飛行艇や水上機への燃料補給に潜水艦を活用することが検討されていた。

伊122潜は機雷潜型の2番艦として、昭和2年10月28日神戸川崎造船所で竣工した。竣工時の艦名は伊22潜。初代艦長は香宗我部譲少佐（兵38期）で、同艦の歴代艦長は22名である。

昭和13年6月1日、艦番号に100が加えられて伊122潜となった。

昭和16年5月1日に第6潜戦第13潜水隊に編入され、4月28日に着任した宇都木秀次郎少佐（兵52期）を艦長として太平洋戦争開戦を迎えた。12月1日三亜を出港し、マレー部隊に編入、シンガポールに向かった。12月7日シンガポール方面で機雷42個を敷設（30個との異説あり）、その後シンガポール海峡東口方面の哨戒任務に就いた。

12月12日南方潜水部隊に編入されカムラン湾を拠点に周辺を行動、12月26日に甲潜水部隊に編入後、昭和17年1月5日ダバオを出港しトレス海峡西側で哨戒任務に就き、機雷30個を敷設した。

2月1日付けで艦長が乗田貞敏少佐（兵57期）に交代する。3月21日呉に帰投、修理補給を実施した。

4月10日、第6潜戦解隊に伴い第6艦隊直率となる。5月13日呉を出港、クェゼリンに向かう。その後クェゼリンを経由し、6月4日ミッドウェー配備点着。第2次K作戦中止により横須賀に帰投。

7月14日に第13潜水隊は第7潜戦に編入され外南洋部隊潜水部隊として、トラック、ラバウルを経て9月9日インディスペンサブル礁に向かった。9月14日から20日にかけて同礁において水偵に補給を実施するためである。サンタ・イザベル島レカタからヌーメア方面への偵察任務は水偵では距離が長大で補給なしでは困難であった。よってK作戦で使用するためにガソリンタンクを増設した機雷潜型がその補給の任についた。

9月14日水上機母艦「千歳」と特設水上機母艦「山陽丸」の水偵2機に補給を実施。翌15日には特設水上機母艦「君川丸」の水偵2機に補給を行なった。しかし同艦水偵の1機はその後敵の艦上爆撃機に遭遇、交戦して1機を撃墜したが機体は穴だらけとなったため引き返し、伊122潜は搭乗員を救助、機体は処分された。9月25日一旦ラバウルに帰着。

10月21日ラバウルを出港し、10月25日から27日、11月10日から12日にかけてインディスペンサブル礁で再び水偵への補給任務に就いた。今回はガ島に近づく敵艦隊や輸送船団を偵察する水偵に補給をする。12月5日ラバウルを経由して呉に帰着。

11月20日付けで力久松治少佐（兵58期）に艦長が交代。昭和18年3月14日佐伯を出港し、ラバウルを拠点にラエ輸送任務を10回に渡り成功させた。

8月1日篠原茂夫大尉（兵62期）に艦長が交代し9月1日に呉に帰投、以後は練習潜水艦となった。昭和19年2月25日、司令浜野元一大佐（兵47期）が艦長を兼任した後、4月30日入沢三輝少佐（兵63期）が新艦長として着任。以後4人の艦長が次々交代する。

昭和20年4月20日第33潜水隊に編入。6月4日舞鶴に入港し6月10日に舞鶴を出港、七尾湾を回航中、石川県禄剛岬灯台付近でアメリカ潜水艦「スケート」に4本の魚雷を発射され、うち2本が命中し沈没した。

最後の艦長、三原荘作大尉（兵69期）以下85名全員が戦死した。伊122潜の沈没は日本海軍潜水艦が日本海で沈没した唯一の例となった。（喪失認定　6月10日）

伊号第123潜水艦（機雷潜型）

伊号第123潜水艦歴代艦長

艦長名	海兵期	着任	離任
辻村武久 少佐	42	S3.4.28	S4.3.10
伊藤尉太郎 少佐	42	S4.3.10	S5.6.20
小田為清 少佐	43	S5.6.20	S6.12.1
大竹寿雄 少佐	45	S6.12.1	S8.11.15
大山豊次郎 少佐	47	S8.11.15	S9.11.15
勝見　基 少佐	49	S9.11.15	S10.5.25
横畠定一 少佐	46	S10.5.25	S11.12.1
安久栄太郎 少佐	50	S11.12.1	S13.3.19
伊豆寿一 少佐	51	S13.3.19	S13.11.15
山田　薫 少佐	50	S13.11.15	S14.11.20
殿塚謹三 少佐	50	S14.11.20	S15.11.5
丸山範三 少佐	52	S15.11.5	S16.9.5
上野利武 少佐	56	S16.9.5	S17.6.30
中井　誠 少佐	58	S17.6.30	S17.7.29

　伊123潜は機雷潜型の3番艦として、昭和3年4月28日神戸川崎造船所で竣工した。初代艦長には、辻村武久少佐（兵42期）が着任し、同艦の歴代艦長は14名である。昭和13年3月19日、伊123潜も艦番号に100を付与された。

　昭和16年5月1日第6潜戦第9潜水隊に編入、開戦は9月5日に交代した上野利武少佐（兵56期）で迎えた。12月1日三亜を出港、6日にボルネオ北方のバラバック水道にて機雷40個を敷設。昭和17年1月10日ダバオを出港してポートダーウィン沖で哨戒任務に就いた後、1月20日ダンダス海峡ドン岬付近に機雷30個を敷設した。さらにダバオを経由して、2月25日トレス海峡にも機雷30個を敷設。第9潜水隊は解隊され第13潜水隊に編入された。3月25日スターリング湾を経由して横須賀に帰着。

　5月7日横須賀を出港、クェゼリン経由でK作戦の補給潜水艦としてフレンジフリゲート礁に向かうが、同礁方面が警戒厳重のためK作戦は中止となる。ミッドウェー作戦に参加後、クェゼリン経由で横須賀に帰着。

　6月30日最後の艦長中井誠少佐（兵58期）に交代した。7月26日横須賀を出港、8月12日トラックを経てガ島ルンガ岬を14cm砲で14発砲撃。8月24日、フロリダ島イースト岬見張り所に糧食を補給した後、8月29日朝にアメリカ駆逐艦「ガンブル」に司令塔を発見され、約3時間に渡り爆雷による制圧攻撃を受け沈没。

　中井艦長以下81名全員が戦死した。（喪失認定　9月1日）

伊号第124潜水艦（機雷潜型）

伊号第124潜水艦歴代艦長

艦長名	海兵期	着任	離任
原田　覚 少佐	41	S3.12.10	S4.6.1
加来与四郎 少佐	43	S4.6.1	S6.12.1
竹崎　馨 少佐	45	S6.12.1	S8.11.15
松村　翠 少佐	48	S8.11.15	S9.6.1
藤本　伝 少佐	48	S9.6.1	S9.11.15
大谷清教 少佐	49	S9.11.15	S10.11.15
内野信二 少佐	49	S10.11.15	S11.2.15
小泉騏一 少佐	49	S11.2.15	S12.3.20
山本　皓 少佐	49	S12.3.20	S12.7.31
揚田清猪 少佐	50	S12.7.31	S12.11.15
柴田源一 少佐	54	S12.11.15	S14.10.24
黒川英幸 少佐	54	S14.10.24	S15.4.24
伊豆寿一 少佐	51	S15.4.24	S15.10.30
石川信雄 中佐	49	S15.10.30	S16.1.31
岸上幸一 少佐	52	S16.1.31	S17.1.20

　機雷潜最終番艦として、伊24潜は昭和3年12月10日神戸川崎造船所で竣工した。初代艦長は、原田覚少佐（兵41期）で、同艦の歴代艦長は15名である。昭和13年6月1日艦番号に100が付与され伊124潜となった。

　開戦時の艦長は昭和16年1月31日に着任していた岸上幸一少佐（兵52期）で、5月1日第6潜戦第9潜水隊の司令潜水艦となった。昭和16年12月1日三亜を出港し、12月7日マニラ湾外に機雷39個を敷設し、同方面にて監視任務を行なった。12月10日、イギリス船「ハールド・ウィンズ」を撃沈し14日カムラン湾に帰着した。昭和17年1月10日ダバオを出港し、16日ポートダーウィン沖西口付近に機雷27個を敷設し、その後も港外で監視任務を続けていたが、24日朝にアメリカ駆逐艦「エドソール」に発見されてしまう。

　ただちに爆雷攻撃を受け、豪州第24掃海隊のコルベット艦「デトローン」「リスゴー」「カトーム」の協力を得た爆雷の集中攻撃により沈没。

　第9潜水隊司令遠藤敬勇中佐（兵46期）、岸上艦長以下80名全員が戦死した。
（喪失認定　1月20日）

戦補型

▲伊352潜は潜補型の2番艦として昭和19年4月23日呉工廠で進水したが、工程90％が終了し、完成直前となった昭和20年6月22日に空襲により被爆沈没した。写真は戦後の昭和23年1月に浮揚した姿のもの。潜補型は1番艦の伊351潜が竣工後、約半年で戦没していることから写真が少なく、判別困難ながらも本型の側面型を捉えている貴重な写真である。〔写真提供／大和ミュージアム〕

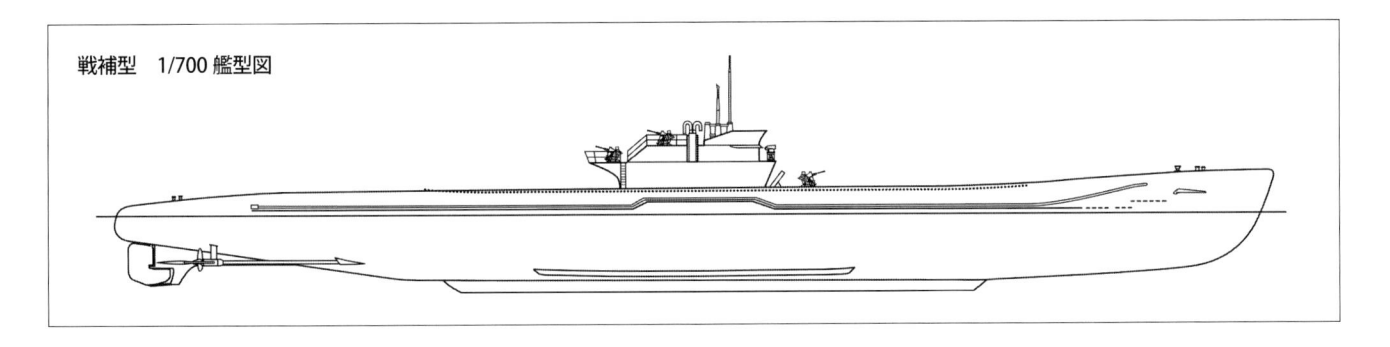

伊号第351潜水艦（同型艦1隻竣工）

　潜補型は昭和16年度の㊄計画で建造された大型補給用潜水艦である。
　その排水量は日本海軍潜水艦の中で潜特型に次いで大きく、計画時では飛行艇による空襲を実施するための中継補給艦として、航空燃料500kℓと航空機用爆弾を20個搭載できるよう計画された。
　しかしその後の戦局悪化から、離島輸送用の補給潜水艦として用途の変更が行なわれ、それにより航続力の増大や機銃の増強などが新たに設計に組み込まれた。
　試行錯誤の結果、竣工したのは伊351潜1隻のみで、2番艦の伊352潜は建造中に空襲により被爆沈没した。

要目	
排水量	水上2,650トン／水中4,290トン
全 長	111.00m
全 幅	10.15m
吃 水	6.14m
機 関	艦本式22号10型ディーゼル2基2軸
	水上：3,700馬力／水中：1,200馬力
速 力	水上：15.8ノット／水中：6.3ノット
航続距離	水上：13,000浬／14ノット
	水中：100浬／3ノット
乗 員	77名
兵 装	8cm連装迫撃砲2基4門
	25mm3連装機銃3基、単装1挺
	53cm魚雷発射管：艦首4門
	魚雷4本
補給用ガソリン	500kℓ
安全潜航深度	90m

戦補型　1/700艦型図

伊号第351潜水艦
（潜補型）

伊号第351潜水艦歴代艦長

艦長名	海兵期	着任	離任
岡山 登 少佐	64	S20.1.28	S20.7.11

　伊351潜は昭和20年1月28日、呉工廠で竣工した。初代艦長には岡山登少佐（兵64期）が着任した。

　4月4日、第15潜水隊に編入され5月1日呉を出港、シンガポールに向かった。ここから航空揮発燃料を搭載して、6月3日に佐世保に無事到着。6月22日、佐世保を出港し再度シンガポールに向かう。

　7月11日、航空揮発燃料500kℓ、内地転進となった水偵部隊の第936航空隊の司令以下隊員42名の便乗者を乗せシンガポールを出港。しかし7月14日、浮上航行中、アメリカ潜水艦「ブルーフィッシュ」の待ち伏せに会い魚雷2本が命中、沈没した。

　生存者は「ブルーフィッシュ」に救助された3名で、その他乗員・便乗者110名が戦死した。（喪失認定　7月31日）

伊号第352潜水艦
（未成）

▲潜補型2番艦として工程90％で、昭和20年6月22日呉工廠で空襲にあい被爆沈没した伊352潜。写真は昭和23年播磨造船所呉ドックで解体中の姿。長く海中にあったため、船体の損傷が著しい。写真手前にあるのは浮揚作業に使われた浮力タンク。

丁型

伊361・伊362・伊363・伊364・伊365・伊366・伊367・伊368・伊369・伊370・伊371・伊372（同型艦12隻）

▲昭和20年5月24日、回天特別攻撃隊「轟隊」を乗せて大津島を出撃する伊361潜。伊361潜は出撃6日後の5月30日、沖縄東方海面で敵空母の攻撃を受けて沈没する。丁型の魚雷発射管については1番艦の伊361潜のみ装備されていたとする説が伝えられてきたが、乗員の証言によれば各艦が装備しており、装備されなかったのは最終番艦の伊372潜だけである。

　丁型は、昭和17年度にミッドウェー海戦の結果などを受けた改訂計画として立案された改⑤計画で11隻と、昭和19年度戦時建造計画、㊩計画で1隻建造された。
　当初は、陸戦隊と特殊上陸用舟艇を搭載する特殊部隊揚陸用の潜水艦として計画されており、陸戦隊員約110名、特殊上陸用舟艇である「特型運貨船」、さらにゴムボートまで搭載することが検討されていた。
　しかし、1番艦起工直後にガタルカナル島の輸送作戦が始まり、建造途中で物資搭載量を艦内に62トン、甲板上に20トンとする輸送用潜水艦とすることに変更された。同型艦は12隻建造され、9隻でのべ16回の輸送作戦を実施し、4隻が失われている。また6隻がのちに回天搭載の攻撃用潜水艦に改造された。
　電探防止塗装を施し、現在のステルス性を考慮した逆三角形の艦橋、シュノーケル（水中充電装置）を初めて装備するなど新技術が取り入れられ、ブロック建造で建造期間が大幅に短縮されるなど戦時中に計画されて戦力化に成功した数少ない潜水艦となった。
　なお、これまで1番艦の伊361潜のみに魚雷発射管が装備され、2番艦以降は発射管が装備されていなかったとされてきたが、同艦の建造に携わった技術士官や乗員の証言からも、最終番艦の伊372潜以外、発射管が装備されていたというのが事実である。

要目

排水量	水上：1,440トン／水中：2,215トン
全長	73.50m
全幅	8.90m
吃水	4.76m
機関	艦本式23号乙8型ディーゼル2基2軸
	水上：1,850馬力／水中：1,200馬力
速力	水上：13.0ノット／水中：6.5ノット
航続距離	水上：15,000浬／10ノット
	水中：120浬／3ノット
乗員	55名
兵装	40口径14cm単装砲1門
	25mm単装機銃2挺
	53cm魚雷発射管：艦首2門
	（伊372のみ未装備）
	魚雷2本
物資搭載量	85トン
安全潜航深度	75m

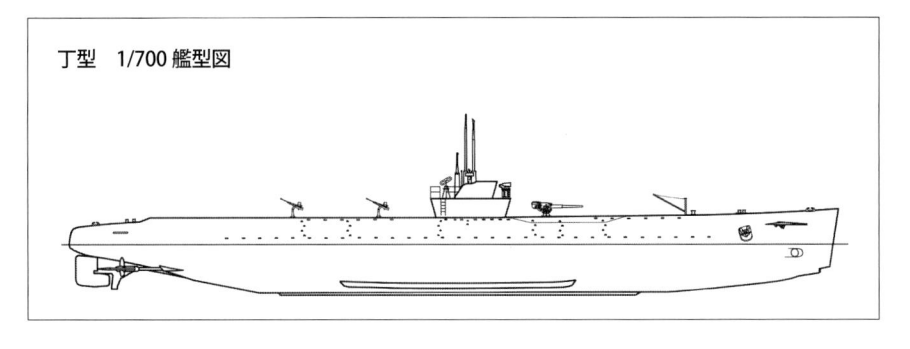

丁型　1/700艦型図

伊号第361潜水艦（丁型）

伊号第361潜水艦歴代艦長

艦長名	海兵期	着任	離任
岡山 登 少佐	64	S19.5.25	S19.12.1
松浦正治 大尉	67	S19.12.1	S20.5.24

伊361潜は昭和19年5月25日、丁型の1番艦として呉工廠で竣工した。初代艦長は、岡山登大尉（兵64期）である。

8月15日第7潜水隊に編入され、8月23日に、横須賀を出港ウェーク島輸送に向かった。9月7日、ウェーク島に輸送物件80トン揚陸。帰路人員30名を収容し、9月17日、無事横須賀に帰着した。10月17日、再び横須賀を出港しウェーク島輸送を実施。10月29日に糧食、弾薬67トンを揚陸、便乗者5名を収容して11月9日に横須賀に帰着した。

12月11日、艦長が松浦正治大尉（兵67期）に交代する。昭和20年1月9日、3度目のウェーク島輸送に成功。

2月7日横須賀に戻り回天搭載工事を実施。5月23日、回天特別攻撃隊轟隊（潜水艦4隻、回天18基）の1艦として光基地を出港、沖縄東方海面に向かった。回天搭乗員は、小林富三雄中尉（機54期）、金井行雄1飛曹（甲飛13期）、田辺晋1飛曹（甲飛13期）、岩崎静也1飛曹（甲飛13期）、そして回天搭乗員の中で最も若い、わずか17歳の斉藤達雄1飛曹（甲飛13期）の5人であった。

ところが5月28日、沖縄南東方でアメリカ掃海艇に発見されてしまう。その後アベンジャー雷撃機が執拗な追尾を続け、12.7cmロケット弾4発を発射、艦橋付近に命中しそのまま潜航したが、その後海中から圧壊音を探知した。

松浦艦長以下、回天搭乗員も含め81名全員が戦死した。（喪失認定　6月25日）

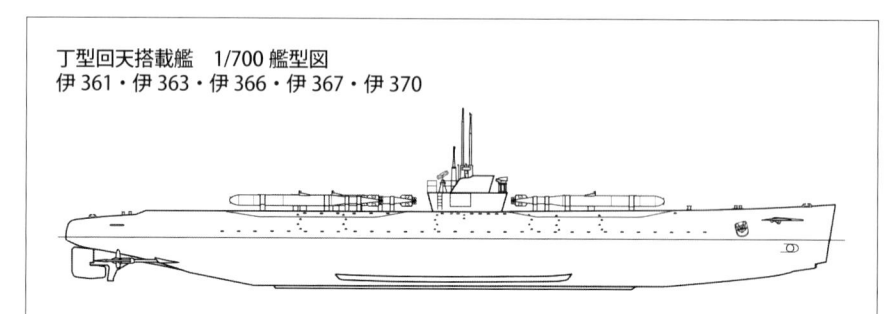

丁型回天搭載艦　1/700艦型図
伊361・伊363・伊366・伊367・伊370

丁型の12隻のうち5隻は回天搭載艦に改装され、昭和20年2月以降、順次作戦に投入されたが、うち3隻が戦没し、伊363、伊366と伊367の3隻が終戦時残存。同じ丁型の伊369は回天搭載艦に改装されないまま終戦を迎えている。回天は前方に2基、後方に3基、計5基搭載。

伊号第362潜水艦（丁型）

伊号第362潜水艦歴代艦長

艦長名	海兵期	着任	離任
南部伸清 少佐	61	S19.5.25	S19.10.10
木原 栄 大尉	66	S19.10.10	S19.12.2
中島英之介 少佐	65	S19.12.2	S20.1.18

伊362潜は、昭和19年5月23日、丁型の2番艦として三菱神戸造船所で竣工した。初代艦長は南部伸清少佐（兵61期）である。

8月15日に第7潜水隊に編入され、8月23日に横須賀を出港、ナウル、トラック輸送に向かった。9月14日、ナウル島に物資、主に糧食1.5トンを揚陸、帰りに人員85名と薬莢を22トン積載して帰路についた。薬莢を持ち帰ったのは真鍮が貴重だったからである。9月21日トラックに到着、人員83名を収容して横須賀に帰投。

10月10日、木原栄大尉（兵66期）に艦長が交代する。10月24日横須賀を出港し、南鳥島輸送を実施し11月6日に横須賀に帰着、整備を行なう。

12月2日、艦長が中島英之助少佐(兵65期)に交代する。昭和20年1月1日に横須賀を出港し、カロリン群島メレヨン島に向かい、帰りにトラック島に経由する予定だった。

しかし1月18日、ウルシー環礁からマーシャル群島へ帰る2隻のタンカーを護衛していた、2隻の駆逐艦のレーダーで発見されてしまう。駆逐艦「フレミング」はレーダーで追尾し、続いて潜航した伊362潜をソーナーで探知する。「フレミング」はヘッジホッグを5回続けて発射、沈没。

中島艦長以下87名が戦死した。（喪失認定　2月15日）

伊号第363潜水艦
（丁型）

伊363潜は昭和19年7月8日、丁型の3番艦として呉工廠で竣工した。初代艦長は荒木浅吉大尉（兵64期）である。

9月15日、第7潜戦に編入され、10月9日横須賀を出港、トラック・メレヨン輸送に従事。まずはトラック島に衣服10トンを輸送。つづいて10月24日にトラックを出港しメレヨン島に糧食75トン、重油5トンを揚陸し、人員7名を収容してトラック島に帰還した。

11月15日、トラック経由で横須賀に帰投し整備を行なった。同日付けで艦長が木原栄大尉（兵66期）に交代する。12月10日、南鳥島に向けて出港、12月17日、南鳥島に糧食88トン、弾薬10トン、その他10トンを揚陸し、便乗者60名を収容、12月26日に横須賀に帰投した。

昭和20年3月5日、再び南鳥島輸送に従事。3月30日、横須賀に戻り回天搭載工事を実施する。

5月28日、回天特別攻撃隊轟隊の一艦として、回天5基を搭載して光基地を出港した。上山春平中尉、和田稔少尉、石橋輝好1飛曹、小林重幸1飛曹、久保吉輝1飛曹の5人であった。6月15日、沖縄南東500浬において雷撃によって輸送船1隻の撃沈を報じた。6月28日、回天を使用する機会なく帰投。

8月8日、回天特別攻撃隊多聞隊としてパラオ北方に向かう。搭乗員は前回出撃の轟隊と同じだが、和田稔少尉が訓練中殉職したので、園田一郎少尉を加えた5人である。

8月12日、ソ連の参戦を受け、日本海に配備を変更される。8月14日、飛行機の機銃掃射を受け、終戦前日にして2名戦死。浸水により海底に着底するも3時間後に浮上、回天の発進機会がないまま佐世保に帰着。終戦を迎えた。

しかし、伊363潜は悲運だった。昭和20年10月29日、呉から佐世保に回航中、宮崎沖10浬において触雷沈没してしまう。木原艦長以下35名が殉職、10名が漂流し、のちに救助された。

なぜか末尾「3」の潜水艦の多くに悲運がつきまとう。その理由は今もってわからない。

伊号第363潜水艦歴代艦長

艦長名	海兵期	着任	離任
荒木浅吉 大尉	64	S19.7.8	S19.12.1
木原 栄 大尉	66	S19.12.1	終戦

伊号第364潜水艦
（丁型）

伊364潜は昭和19年6月14日、三菱神戸造船所で竣工した。初代艦長には牧野武男大尉（兵64期）が着任した。

9月6日、第7潜水戦隊に編入され、9月14日、ウェーク島輸送のため、横須賀を出港したが、翌15日、房総半島東方250浬付近でアメリカ潜水艦「シーデビット」に雷撃され沈没した。

牧野艦長以下、77名全員が戦死した。（喪失認定　11月2日）

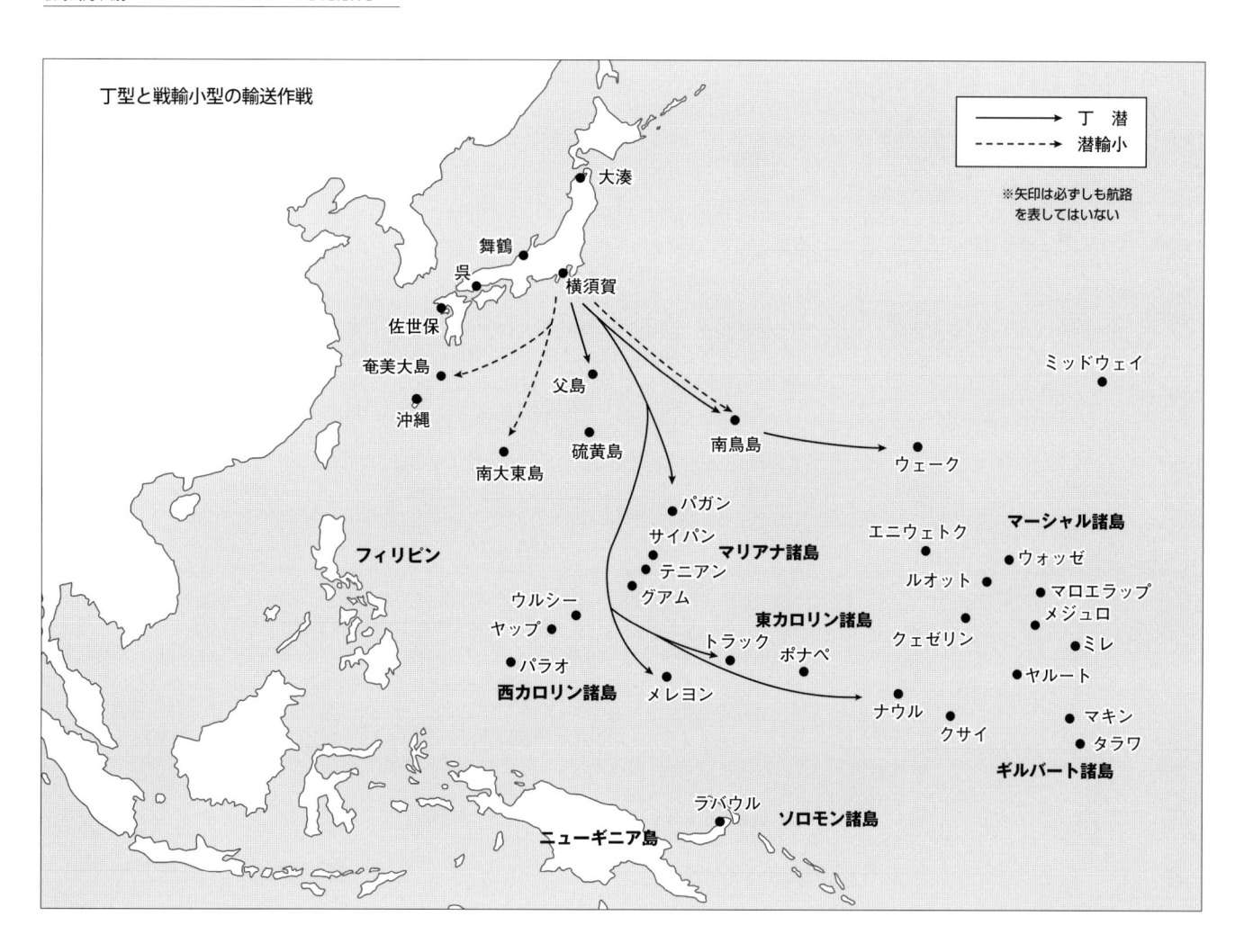

伊号第364潜水艦歴代艦長

艦長名	海兵期	着任	離任
牧野武男 大尉	64	S19.6.14	S19.9.15

丁型と戦輸小型の輸送作戦

伊号第365潜水艦（丁型）

伊号第365潜水艦歴代艦長

艦長名	海兵期	着任	離任
中村元夫 少佐	62	S19.8.1	S19.9.29

伊365潜は丁型の5番艦として昭和19年8月1日、横須賀工廠で竣工した。初代艦長は中村元夫少佐（兵62期）である。

9月13日第7潜水戦隊に編入され、11月1日横須賀を出港してトラックに向った。11月15日トラックに入港、手紙と薬品を揚陸させる。

翌日には横須賀に向けて帰国の途に就いたが、9月29日、伊豆大島の沖合い100浬でアメリカ潜水艦「スカーバートフィッシュ」の雷撃を受け沈没。

中村艦長以下、便乗者を含む82名が戦死した。（喪失認定　12月10日）

伊号第366潜水艦（丁型）

伊号第366潜水艦歴代艦長

艦長名	海兵期	着任	離任
正田啓治 少佐	62	S19.8.3	S20.1.5
時岡隆美 大尉	67	S20.1.5	終戦

伊366潜は丁型の6番艦として昭和19年8月3日、三菱神戸造船所で竣工した。初代艦長は、正田啓治少佐（兵62期）である。同艦の歴代艦長は2名である。

10月2日に第7潜戦に編入され、12月3日横須賀出港、パガン島への輸送任務に従事した。パガン島はサイパン島の北に位置する、北マリアナ諸島の一島でサイパン島より北の島では最大である。ここには海軍の航空基地が建設されたが、爆撃などの被害よりも食料不足による人的被害が大きかった島である。同島に糧食・弾薬51トンを輸送。負傷者などを収容して12月28日に横須賀に帰投した。

昭和20年1月5日、時岡隆美大尉（兵67期）に艦長が交代する。1月29日、横須賀を出港し、トラックに進出。2月16日メレヨン島への輸送任務に就いた。メレヨン島は、西太平洋ミクロネシア連邦の20ほどのサンゴ礁の小島群で、1番大きな島でも直径1.5km程度で、島には当時現地住民500人ほどとヤシの実を採る日本企業の社員が何人かいるだけだったが、この島に昭和19年春、約6,500名の日本軍が上陸していた。同島に食糧・弾薬51トンを輸送し、帰途に飛行機搭乗員や傷病兵42名を便乗させ、3月3日、無事横須賀に帰着。回天搭載工事を受けた。

5月6日に光沖で触雷するも大事には至らず修理を受け、8月1日に回天特別攻撃隊多聞隊の母艦として回天5基を搭載した。伊366潜多聞隊、回天搭乗員は成瀬謙治中尉（海兵73期）、上西徳英1飛曹（甲飛13期）、佐野元1飛曹（甲飛13期）、鈴木大三郎少尉（予学4期）、岩井忠重1飛曹（甲飛13期）の5名で、沖縄南東海面に出撃し、8月11日、パラオ北方500浬で敵輸送船団に回天3基（成瀬中尉、上西1飛曹、佐野1飛曹）を発進させた。鈴木少尉、岩井1飛曹の2基は回天故障で発進不能となり帰投、そのまま終戦を迎えた。

昭和21年4月1日、五島沖で処分された。

伊号第367潜水艦（丁型）

伊号第367潜水艦歴代艦長

艦長名	海兵期	着任	離任
篠原茂夫 少佐	62	S19.8.15	S19.11.15
武富邦夫 少佐	65	S19.11.15	S20.6.14
今西三郎 大尉	67	S20.6.14	

伊367潜は丁型の7番艦として、昭和19年8月15日三菱神戸造船所で竣工した。初代艦長は、篠原茂夫少佐（兵62期）で同艦の歴代艦長は3名である。

10月15日第7潜戦に編入され、10月31日南鳥島への輸送任務で横須賀を出港、11月6日に糧食・弾薬など約61トンを揚陸した。

11月12日横須賀に帰投し、15日に武富邦夫少佐（兵65期）に艦長が交代した。12月4日横須賀を出港し、17日にウェーキ島に糧食・弾薬など81トンを揚陸し、横須賀に帰投した。

昭和20年1月元旦に横須賀へ入港し回天搭載工事を実施した。5月5日、回天特別攻撃隊振武隊として、大津島を出港、サイパン北西部に出撃した。出撃が端午の節句だったため、潜水艦のマストに大きな鯉幟を掲げて出港したと伝えられている。回天搭乗員は、藤田克己中尉（予学3期）、小野正明1飛曹（甲飛13期）、千葉三郎1飛曹（甲飛13期）、岡田純1飛曹（甲飛13期）、吉留文夫1飛曹（甲飛13期）の5名である。伊367潜は沖縄とサイパンを結ぶアメリカ軍の補給航路の中間に位置し、敵発見に努めたが中々発見できず、できても遠距離のため発進が困難であった。

5月26日に第6艦隊から帰投命令を受けた。艦長は搭乗員を発令所に集め、作戦を打ち切り帰途に就くと伝えたが、回天搭乗員たちは「明日は敵に会う様な気がする」と、口々に一日の猶予を願い出た。艦長は了承して、50浬移動して待敵した。

翌27日未明、搭乗員の予感通り、敵輸送船団を発見。ただちに回天戦を実施した。藤田中尉、吉留2飛曹、岡田2飛曹の回天は故障で発進ができず、小野2飛曹、千葉2飛曹の2基が発進した。発進して行った両艇の推進器音は順調に聞こえていたが、やがて遠くに消え爆発音、数分後にまた爆発音を艦内の一同が聴いた。「両艇命中」と判断されたが、艦長は回天の発進後、直ちに深く潜航し、そのまま北方へ退避を続け、潜望鏡深度まで浮き上がることもなかったので、戦果を確認できていない。6月5日、呉に入港。

6月14日、艦長が今西三郎大尉（兵67期）に交代。7月19日再び、回天特別攻撃隊多聞隊として回天5基を搭載した。回天搭乗員は振武隊のときと同じ顔触れが主であるが、発進した千葉兵曹と小野兵曹の補充として新たに2人が入り藤田中尉、岡田1飛曹、吉留1飛曹に加えて、安西信夫少尉（予学4期）、井上恒樹1飛曹（甲飛13期）の5名であった。沖縄南東400浬付近を行動したが敵と遭遇することはできず、第6艦隊の命により8月16日呉に帰投、終戦を迎えた。

昭和21年4月1日、五島沖で海没処分された。

伊号第368潜水艦（丁型）

伊368潜は丁型の8番艦として、昭和19年8月25日に横須賀工廠で竣工した。初代艦長には中山伝七少佐（兵61期）が着任した。

8月31日、入沢三輝大尉（兵63期）に交代、11月27日に第7潜戦に編入された。昭和20年2月20日、回天5基を搭載して大津島を出港、硫黄島方面に出撃した。搭乗員は川崎順二中尉（機53期）、石田敏雄少尉（予学4期）、難波進少尉（予学4期）、磯部武雄2飛曹（甲飛13期）、芝崎昭七2飛曹（甲飛13期）の5名であった。

しかし2月27日、硫黄島付近で敵空母機の攻撃を受け沈没した。入沢艦長以下、回天搭乗員・整備員を含め95名が戦死した。（喪失認定　2月27日）

伊号第368潜水艦歴代艦長

艦長名	海兵期	着任	離任
中山伝七 少佐	61	S19.8.25	S19.8.31
入沢三輝 大尉	63	S10.8.31	S20.2.27

伊号第369潜水艦（丁型）

伊369潜は丁型の9番艦として、昭和19年10月9日横須賀工廠で竣工した。同艦の歴代艦長は2名で初代艦長は松島茂雄大尉（兵66期）である。

12月15日第7潜戦に配備され、昭和20年1月21日に横須賀を出港、南鳥島、父島に物資輸送を実施した。3月21日横須賀に帰投した。揮発油補給搭載工事を実施した。

3月25日、艦長が中島万里大尉（兵66期）に交代する。4月16日横須賀を出港、5月1日にトラックに入港し、兵器弾薬6.3トン、その他4.4トン、重油25トンを揚陸した。5月10日、メレヨン島に食糧83.9トン、その他2.6トンを揚陸後、人員60名を載せて5月24日無事、横須賀に帰投した。

5月25日から航空揮発油の搭載工事中に終戦を迎えた。

伊号第369潜水艦歴代艦長

艦長名	海兵期	着任	離任
松島茂雄 大尉	66	S19.10.9	S20.3.25
中島万里 大尉	66	S20.3.25	終戦

▼手前はL3型の呂号第58潜水艦、後方は丁型の伊号第369潜水艦で終戦後に横須賀で撮影。呂58潜は大正11年に竣工した老朽艦であったが、来襲が予想された敵機動部隊に備え本土東方の散開線に配備されていた。元乗員によれば潜航すると潜望鏡から海水が漏れていたという。伊369潜にはレーダーを避ける艦橋構造、シュノーケル、22号電探などが見える。おわかりのように本艦は回天搭載艦に改装されずに終戦を迎えた。呂58潜の右手前には「海竜」が3隻繋留されている。

伊号第370潜水艦（丁型）

伊370潜は丁型の10番艦として、昭和19年9月4日三菱神戸造船所で竣工した。初代艦長は藤川進大尉（兵66期）である。

11月4日第7潜戦に編入され、訓練を実施した。昭和20年2月20日、回天特別攻撃隊千早隊として回天5基を搭載、光基地を出撃、硫黄島方面に向かった。回天搭乗員は、岡山至少尉（機54期）、市川尊継少尉（予学4期）、田中二郎少尉（予学4期）、浦佐登一2飛曹（甲飛13期）、熊田孝一2飛曹（甲飛13期）の5名であった。

2月26日、硫黄島付近でアメリカ護衛駆逐艦「フィガネン」が水上探索レーダーで伊370潜を発見。追跡を開始したが潜航したため、レーダーから消え、以後ソーナーで探知を続け5回のヘッジホッグ攻撃を行なったが反応がなかった。つづいて爆雷攻撃を開始。2度までの攻撃に耐えていたが、3度目の爆雷攻撃を受けてついに沈没した。

藤川艦長、回天搭乗員・整備員94名全員が戦死した。（喪失認定　3月24日）

伊号第370潜水艦歴代艦長

艦長名	海兵期	着任	離任
藤川　進 大尉	66	S19.9.4	S20.2.26

▶昭和20年2月21日、回天特別攻撃隊「千早隊」を乗せて大津島を出撃する伊370潜。本艦は回天5基を搭載して硫黄島に向かったが、2月26日に米駆逐艦に撃沈された。丁型は当初、陸戦隊員を奇襲上陸させる特殊部隊輸送用の潜水艦として企画されたが、戦局悪化により輸送用に用途変更され、ついには回天母艦として攻撃潜水艦に生まれ変わっている。

伊号第371潜水艦（丁型）

伊371潜は丁型11番艦として、昭和19年10月2日三菱神戸造船所で竣工した。初代艦長には上捨石康雄大尉（兵66期）が着任した。

12月6日第7潜戦に編入され、訓練ののち、12月30トラック島とメレヨン島に向けて出港した。昭和20年1月18日トラック島に入港、「彩雲」1機分の航空用ガソリン、糧食、弾薬を揚陸した。3日後の21日にメレヨン島に糧食、燃料を揚陸したのち、12月31日に横須賀に向かう途中消息不明となった。

上捨石艦長以下84名全員が戦死した。（喪失認定　3月12日）

伊号第371潜水艦歴代艦長

艦長名	海兵期	着任	離任
上捨石康雄 大尉	66	S19.10.2	S20.1.31

伊号第372潜水艦（丁型）

伊372潜は丁型の最終番艦として、昭和19年11月8日横須賀工廠で竣工した。初代艦長には松下寛大尉（兵67期）が着任し、昭和20年1月8日、第7潜戦に編入された。

2月8日横須賀を出港、ルソン島に残留飛行機搭乗員救助に向かう予定が中止になった。2月14日呉に入港、航空機揮発油搭載工事を実施した。4月1日、横須賀を出港、ウェーキ島への輸送任務に従事。4月18日ウェーキ島に食糧を揚陸し、29日に横須賀に帰投した。

5月15日高橋真吾大尉（兵68期）に艦長が交代、6月15日に再度ウェーキ島輸送のため横須賀を出航、7月10日に任務を終えて帰投した。

7月18日、横須賀在泊中にアメリカ空母機の空襲を受けて沈没したが、幸い人的被害は出ていない。

伊号第372潜水艦歴代艦長

艦長名	海兵期	着任	離任
松下　寛 大尉	67	S19.11.8	S20.5.15
高橋真吾 大尉	68	S20.5.15	S20.7.18

丁型改

伊号第373潜水艦（同型艦1隻）

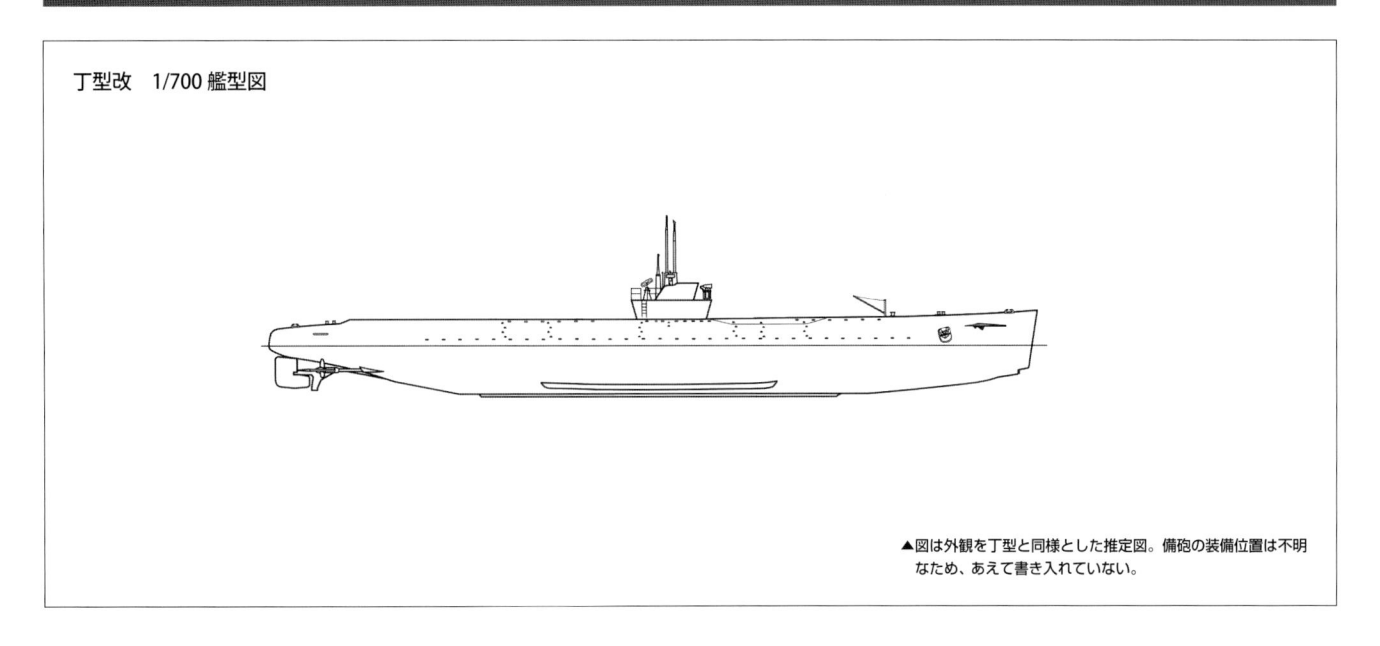

丁型改　1/700 艦型図

▲図は外観を丁型と同様とした推定図。備砲の装備位置は不明なため、あえて書き入れていない。

丁型改は、昭和19年度戦時建造計画、㊊計画で航空ガソリン輸送用潜水艦として計画されたものである。

よって自艦の攻撃力、速力、航続力よりも輸送搭載燃料の量を重視していた。主機は丁型と同じである。丁型に対して、ガソリン150トンを搭載できるように改良され、搭載物件も合計110トンに増加した。代わりに航続距離が丁型に比べて1/3の5,000浬と短く、逆に排水量は200トンほど増大した。兵装に迫撃砲を搭載しているのが特長である。

終戦までに2隻起工されたが竣工は1番艦の伊373のみで、しかも最初の行動で沈没、2番艦は途中で建造を中止した。

丁型改は、甲型改1の伊12潜同様、写真・図面などが現在においても発見されておらず詳細については不明な点が多い。（上図は丁型と同一としてある）

要目	
排水量	水上1,660トン/水中2,240トン
全　長	74.00m
全　幅	8.90m
吃　水	5.05m
機　関	艦本式23号乙8型ディーゼル2基2軸
	水上：1,750馬力／水中：1,200馬力
速　力	水上：13.0ノット／水中：6.5ノット
航続距離	水上：5,000浬/13ノット
	水中：100浬/3ノット
乗　員	55名
兵　装	8cm連装迫撃砲2基4門
	25mm連装機銃3基、単装1挺
	魚雷兵装なし
物資搭載量	艦内100トン、艦外10トン
補給用ガソリン	150トン
安全潜航深度	100m

伊号第373潜水艦（丁型改）

伊373潜は丁型改として建造され、昭和20年4月14日に横須賀工廠で竣工した。初代艦長は射延行雄大尉（兵66期）である。

竣工後まもなく航空揮発油搭載工事を実施し、6月16日に横須賀を出港、佐世保に向かった。8月9日出港し、台湾への輸送作戦に向かったが、8月13日東シナ海でアメリカ潜水艦「スパイクフィッシュ」の雷撃を受け沈没。

射延艦長以下84名が戦死し、1名が救助された。（喪失認定　8月14日）

伊号第373潜水艦歴代艦長

艦長名	海兵期	着任	離任
射延行雄 大尉	66	S20.4.14	S20.8.13

潜輸小型

波101・波102・波103・波104・波105・波106・波108・波109・波111（同型艦10隻竣工）

昭和19年後半から、近距離用として竣工した小型輸送用潜水艦である。

排水量370トンに対する物資積載量が60トンと多く、小型で優秀な電池を搭載して安全潜航深度も100mなど、実戦に即した性能を有していた。

昭和20年3月までに10隻が竣工して、日本近海の離島への物資輸送や「B-29」の本土空襲への警戒任務などに活躍した。

▲昭和20年11月2日に佐世保でアメリカ軍の調査を受けている潜輸小型の各艦。後方の長大な船体は未完成に終わった航空母艦「伊吹」で、母艦から波105潜、波106潜、波109潜の順に繋留されている。潜輸小型の各艦は戦争末期にあいついで竣工したが、終戦までの短い期間に南鳥島や奄美大島への貴重な輸送作戦を成功させている。〔写真提供／大和ミュージアム〕

要目	
排水量	水上：370トン／水中：493トン
全長	44.5m
最大幅	6.1m
機関	中速400型ディーゼル
速力	水上：10ノット／水中：5ノット
航続力	水上：3,000浬／10ノット
	水中：46浬／2.3ノット
乗員	21名

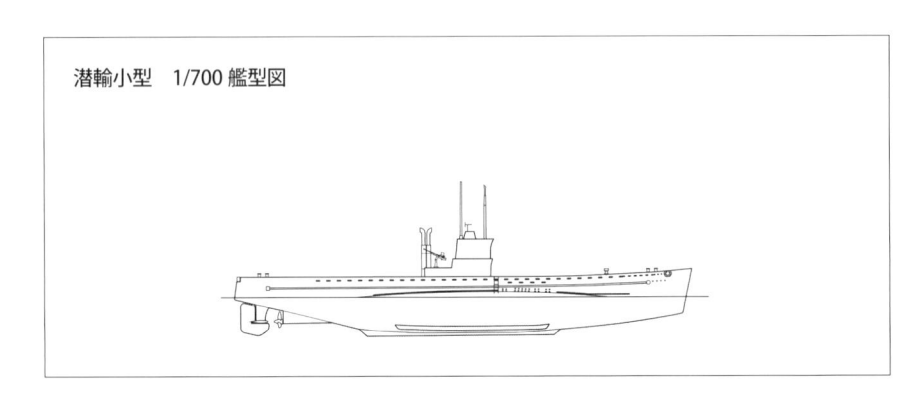

潜輸小型　1/700 艦型図

波号第101潜水艦（潜輸小）

昭和19年11月22日川崎重工で竣工。初代艦長にはガ島甲標的の突入で生還を果たした、国弘信治大尉（兵68期）が着任。昭和20年1月27日に第7潜水戦隊に編入。
3月20日に艦長が倉科康介大尉（兵68期）に交代する。6月17日、横須賀を出港して南鳥島輸送に従事。6月28日南鳥島に揚陸。7月7日横須賀に帰着し航空揮発油搭載工事を実施。
7月25日、神保正春大尉（兵69期）に艦長が交代し、そのまま終戦となる。
昭和20年10月に清水付近で海没処分を受ける。

波号第102潜水艦（潜輸小）

昭和19年12月6日、川崎重工で竣工。艦長は松元栄任大尉（兵69期）で、同艦の歴代艦長は松元艦長1人である。
昭和20年2月20日第7潜水戦隊に編入。4月上旬に南鳥島輸送に従事。6月末に再度、横須賀を出航し南鳥島輸送を行ない7月7日に物資揚陸。7月16日航空揮発油搭載工事を実施し終戦を迎えた。
昭和20年10月に清水付近で海没処分を受ける。

波号第103潜水艦（潜輸小）

昭和20年2月3日、川崎重工で竣工。艦長は村山芳文大尉（兵69期）で同艦の歴代艦長は村山艦長1人である。
昭和20年4月15日に第16潜水隊に編入。4月16日に呉を出港、南大東島輸送に従事。4月22日呉に帰着。4月29日呉を出港し、本州南方洋上にて「B-29」に対する哨戒任務に従事。5月20日、呉に帰着。7月1日第34潜水隊に編入。8月15日に第15潜水隊に編入され終戦を迎えた。
昭和21年4月1日、五島沖で海没処分。

波号第104潜水艦（潜輸小）

昭和19年12月1日、三菱神戸造船所で竣工。初代艦長は古賀甚作大尉（兵69期）で同艦の歴代艦長は2名である。昭和20年2月5日に第7潜水戦隊に編入。5月10日横須賀を出港して南鳥島輸送を実施。6月1日横須賀に帰着し、航空揮発油搭載工事を実施。
7月14日、黒田万左留大尉（兵71期）に艦長が交代し、終戦を迎える。
昭和20年10月に清水付近において海没処分される。

波号第105潜水艦（潜輸小）

昭和20年2月15日、川崎重工で竣工。艦長は木内哲朗大尉（兵69期）で、5月17日第16潜水隊に編入される。5月25日、呉を出港して本土南方洋上において「B-29」に対する哨戒任務に従事。6月中旬に呉に帰投し、7月4日奄美大島への輸送を実施。7月中旬に航空揮発油搭載工事を実施し、終戦。
昭和21年4月1日五島キナイ島付近で爆破処分。

波号第106潜水艦（潜輸小）

昭和19年12月15日、三菱神戸造船所で竣工。初代艦長には岡北明正大尉（兵69期）が着任。同艦の歴代艦長は2名である。
12月30日、海上護衛総司令部部隊に編入。昭和20年3月5日、第1機動基地航空部隊に編入。3月9日鹿屋を発し、大東島方面に向う。3月11日第2次丹作戦に協力。3月13日鹿屋に帰着。4月20日立山喬大尉（兵71期）に艦長が交代し、終戦を迎える。
昭和21年4月1日、五島キナイ島付近において爆破処分。

波号第107潜水艦（潜輸小）

昭和20年2月7日、三菱神戸造船所で竣工。艦長には竹崎俊二大尉（69期）が発令された。昭和20年3月20日、第33潜水隊に編入。練習潜水艦として終戦を迎える。昭和21年4月1日、五島キナイ島付近において爆破処分。

波号第108潜水艦（潜輸小）

昭和20年3月10日、三菱神戸造船所で竣工。艦長は神保正春大尉（兵69期）で、昭和20年5月6日に第33潜水隊に編入されて練習潜水艦として使われ、7月25日、大城実大尉（兵71期）に艦長が交代、終戦を迎えた。
昭和21年4月1日、五島キナイ島付近で爆破処分される。

波号第109潜水艦（潜輸小）

　昭和20年3月10日、三菱神戸造船所で竣工。初代艦長として3月10日に倉科康介大尉（兵68期）が着任。その10日後の3月20日に国弘信治大尉（兵68期）が2代目艦長として着任。同日、第10特攻戦隊に編入、「蛟竜」の母艇任務に従事し、終戦。
　昭和21年4月1日、五島キナイ島付近で爆破処分される。

波号第111潜水艦（潜輸小）

　昭和20年7月13日、三菱神戸造船所で竣工。艦長は小野信平大尉（兵68期）で昭和20年7月13日、第10特攻戦隊に編入。そのまま終戦を迎える。
　昭和21年4月1日、五島キナイ島付近で爆破処分される。

※波110潜と波112潜は未成に終わる。
　各艦の輸送任務従事先はP.129図を参照。

▼終戦後、横須賀長浦に係留中の潜輸小。左より波102潜、波104潜、波101潜、さらにその左手には小型潜水艇「海竜」が複数見える。3隻の波号潜はその後、昭和20年10月に海没処分となる。

潜特型

伊400・伊401・伊402 (同型艦3隻)

▲昭和20年9月15日、横須賀における伊401潜。すでにアメリカ海軍に接収されていて艦橋には星条旗が見える。潜特型は攻撃型水上機3機を搭載して無補給で地球を1周できる、世界にも類を見ない大型潜水艦であった。前甲板ではクレーンで内火艇を吊り上げている。

　潜特型は、昭和17年度艦船建造補充計画、通称改⑤計画に基づいて建造された、当時としては世界最大の潜水艦である。

　メガネ型の多筒式船殻構造を持ち、基準排水量3,530トン、全長122m、魚雷発射管8門、水上攻撃機3機を搭載、航続距離37,500浬を誇り、その長大な航続距離は燃料補給を受けずに全世界のいかなる所にも往復することが可能だった。当初はパナマ運河やアメリカ本土西海岸部の攻撃を実施する計画であったが、本土空襲などで水上攻撃機「晴嵐」の完成が遅れたために作戦目標が変更され、最終的にウルシー泊地の空母機動部隊への攻撃に使用された。

　本艦の最大の特長である航空機搭載については従来の零式小型水偵より大型の特殊攻撃機「晴嵐」を3機搭載するため様々な技術的な課題があった。その1つが射出機で、最大射出可能重量が5トンとアメリカ海軍の航空母艦に搭載されていたカタパルトと大きな差がなかった。また航空機3機を収容する220トンの格納庫に万が一浸水しても、浮力を保てる能力を有していた。

　魚雷発射管は8門を有しており、搭載魚雷数も当初は24本の要求がなされたが、できるだけ船体の大きさを抑えるため、搭載本数は20本になった。それでも基準排水量が軽巡洋艦と同等の大きさになったので、潜航速度や水中機動性能への影響が懸念されたが、潜航速度は丙型なみの約50秒を維持し、水中での運動性能も他の大型潜水艦に劣るものではなく、居住性の良好さと相まって乗員の評価はとても高かった。

　潜特型は日本海軍潜水艦の技術の高さを最後に示したものであり、接収したアメリカ海軍がソ連に渡らぬように早々に海没処分にしたことが、それを裏付けている。

要目

排水量	水上:3,530トン/水中:6,560トン
全長	122m
全幅	12.0m
吃水	7.02m
機関	艦本式22号10型ディーゼル4基2軸
	水上:7,700馬力/水中:2,400馬力
速力	水上:18.7ノット/水中:6.5ノット
航続距離	水上:37,500浬/14ノット
	水中:60浬/3ノット
乗員	157名
兵装	40口径14cm単装砲1門
	25mm3連装機銃3基、同単装1挺
	53cm魚雷発射管:艦首8門
	魚雷20本
航空兵装	特殊攻撃機『晴嵐』3機
安全潜航深度	100m

伊号第400潜水艦（潜特型）

伊400潜は昭和19年12月30日、呉工廠で竣工した。初代艦長は1月8日に艤装員長に着任していた日下敏夫中佐（兵53期）で、第1潜水隊に編入された。

早速訓練が開始され、昭和20年4月14日、呉を出港して大連で燃料を補給、4月23日に呉に帰投した。6月2日呉を出港、七尾湾で訓練に従事したのち、7月13日舞鶴に入港、7月23日大湊からウルシー攻撃に向かった。

8月15日終戦の知らせを受け、ウルシー攻撃を中止し内地に帰投する途中の8月29日にアメリカ駆逐艦「プロテウス」に捕獲された。

アメリカ軍が調査、実験を行なったのちの、昭和21年6月4日ハワイ近海で海没処分にされた。

伊号第400潜水艦歴代艦長

艦長名	海兵期	着任	離任
日下敏夫中佐	53	S19.12.30	終戦

伊号第401潜水艦（潜特型）

伊401潜は潜特型の2番艦として、昭和20年1月8日に佐世保工廠で竣工した。初代艦長は、昭和19年12月11日に艤装員長に着任していた南部伸清少佐（兵61期）である。

第1潜水戦隊に配備され、司令の有泉龍之介大佐が乗り司令潜水艦となった。訓練ののち4月12日に伊予灘で触雷にあい、呉に引き返して修理を実施した。

6月1日修理を終え、七尾湾で引き続き訓練を続け、7月13日舞鶴に入港。補給品を積載して大湊に向かい、7月23日、伊400潜とともにウルシーに向けて出港した。

8月16日に終戦の知らせを受け内地への帰投を開始したが、8月29日に三陸沖で米潜水艦「セグンド」に捕獲された。8月31日、内地に向かう途中で有泉司令は自決を遂げた。

アメリカ軍による調査と実験が終了したのちの昭和21年5月31日、ハワイ近海に沈められた。

伊号第401潜水艦歴代艦長

艦長名	海兵期	着任	離任
南部伸清少佐	61	S20.1.8	終戦

潜特型　1/700 艦型図

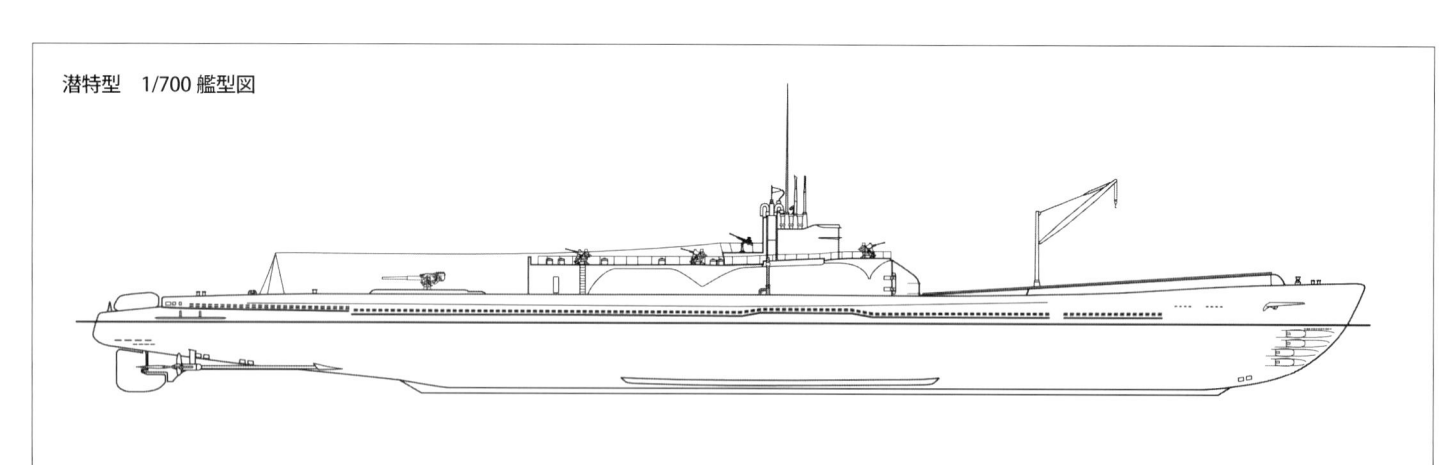

同縮尺の甲型改2との比較

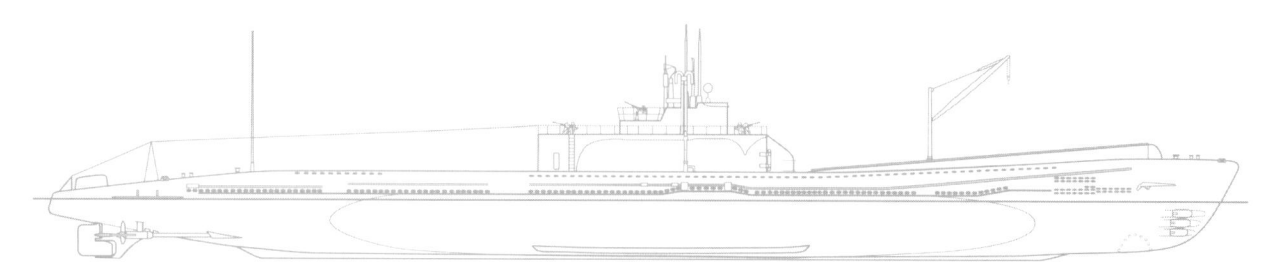

※潜特型と甲型改2はともに水上攻撃機「晴嵐」を搭載する大型潜水艦で、外殻上構に大きな格納庫を有している。こうして改めて並べて比較してみると両者の全長はさほど大きな差がないことがわかるが、甲型の船体を大改造した甲型改2は舷側に大きなバルジを付しており、随所に無理があったことがうかがえる。

伊号第402潜水艦
（潜特型）

伊402潜は潜特型の3番艦として、昭和20年7月24日に佐世保工廠で竣工した。初代艦長は、3月15日に艤装員長に着任していた中村乙二中佐（兵52期）である。
第1潜水隊に編入されたがウルシー攻撃には参加できず、そのまま終戦を迎えた。
昭和21年4月1日、五島列島沖でアメリカ海軍により処分された。

伊号第402潜水艦歴代艦長

艦長名	海兵期	着任	離任
中村乙二中佐	52	S20.7.24	終戦

▲昭和20年10月16日、佐世保へ回航されるため呉湾内で準備中の伊402潜の姿。昭和20年7月24日に竣工した本艦は、ついに一度も出撃することなく終戦を迎えた。

潜高型

伊201・伊202・伊203（同型艦3隻竣工）

　潜高型は昭和19年度戦時建造計画、㊈計画で建造された水中高速潜水艦である。
　アメリカ海軍の対潜戦術の向上、対潜兵器の発達によりレーダーやソーナーで探知された場合に攻撃を免れることは極めて困難な状況から、水上速力重視から水中速度重視に潜水艦の性能を変えた新型艦であり、水中抵抗減少を目的とした船型や、機銃などが収納できる方式（隠顕式）を採用したのが画期的である。
　しかし、肝心の主機の故障や潜航時間が思いのほか遅いなど改良すべき点が残り、3隻の完成を見たが実戦には投入されずに終戦を迎えた。

▲昭和20年2月、引き渡し前の試験を終えて、呉にある烏小島沖を航行中の伊202潜。水中高速艦を目指した本艦の、水中抵抗減少を目指したシンプルな船体デザインがよくわかる写真である。〔写真提供／大和ミュージアム〕

要目	
排水量	水上1,070トン／水中1,450トン
全長	79.00m
全幅	5.80m
吃水	5.46m
機関	マ式1号ディーゼル2基2軸
	水上：2,750馬力／水中：5,000馬力
速力	水上：15.8ノット／水中：19.0ノット
航続距離	水上：5,800浬／14ノット
	水中：135浬／3ノット
燃料	重油146トン
乗員	31名
兵装	25mm単装機銃2挺
	53cm魚雷発射管：艦首4門
	魚雷10本
安全潜航深度	110m

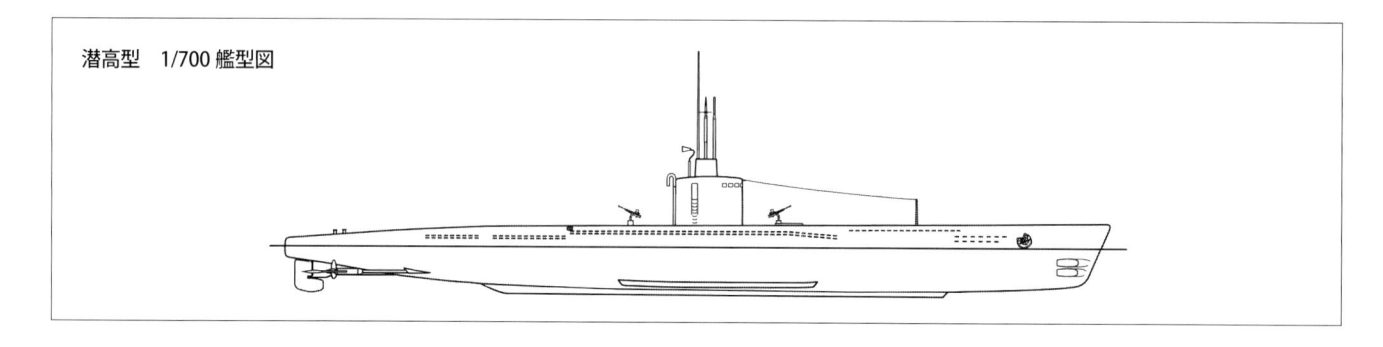

潜高型　1/700 艦型図

▼水中速力を重視した水中高速艦「潜高型」の1番艦である伊201潜。昭和20年11月19日佐世保沖で接収されたのち、アメリカに回航される準備・訓練中の姿で、翌21年1月に出発、調査実験後海没処分された。

伊号第201潜水艦（潜高型）

伊201潜は昭和20年2月2日、呉工廠で竣工した。初代艦長は、坂本金美少佐（兵61期）である。

各種能力試験の後、4月15日第11潜戦に編入され、6月15日には第34潜水隊に編入。さらに8月15日に第15潜水隊に編入、舞鶴で終戦を迎えた。

昭和21年アメリカに回航され、調査実験後、海没処分された。

伊号第201潜水艦歴代艦長

艦長名	海兵期	着任	離任
坂本金美 少佐	61	S20.2.2	終戦

伊号第202潜水艦（潜高型）

伊202潜は、昭和20年2月14日、呉工廠で竣工した。初代艦長は今井賢二大尉（兵67期）である。

4月10日主電池火災のため、呉工廠で修理を実施。同日第11潜水戦隊に編入され、6月15日には第34潜水隊に編入。さらに8月15日に第15潜水隊に編入、舞鶴で終戦。

昭和21年4月5日、向後崎西方にて海没処分。

伊号第202潜水艦歴代艦長

艦長名	海兵期	着任	離任
今井賢二 大尉	67	S20.2.14	終戦

伊号第203潜水艦（潜高型）

伊203潜は、昭和20年6月25日に、呉工廠で竣工した。初代艦長は上杉一秋少佐（兵63期）である。

同日、第11潜水戦隊に編入され、8月15日の終戦を呉で迎えた。

昭和21年、伊201潜と共にアメリカに回航され、調査実験後、海没処分された。

伊号第203潜水艦歴代艦長

艦長名	海兵期	着任	離任
上杉一秋 少佐	63	S20.6.25	終戦

71号艦 水中高速艦の始祖

◀昭和13年に撮影された浮上中の小型水中高速艦71号艦。艦首が上がりアップツリムのような状態であるが、実はこれが正常な姿勢であった。水中抵抗を減じる船型、高出力の機関を搭載して水中速力向上を図った実験艦である。予定していた外国の機関が輸入できなかったこともあり計画通りの速度が出ず、また推進器、凌波性が乏しいなどから開発は中止、艦は解体されたが、そのまま発展できなかったことがなんとも惜しい型式であった。

潜高小型

波201・波202・波203・波204・波205・波207・波208・波209・波210・波216
（同型艦10隻竣工）

▲昭和20年5月28日、佐世保近海で公試中の波201潜。その性能は優秀とされ79隻もの大量建造が計画されて終戦までに10隻が完成、32隻が建造中であった。初の試みとして、潜水学校での教育の段階から艦長以下、乗員が編制され、艦単位のグループで訓練を実施した。

　潜高小型は、本土決戦用の小型水中高速潜水艦である。当初、離島防衛に使用することを期待された甲標的丙型「蛟竜」の航続力が思ったよりも少ないことから、その任務にかなう航続力の確保と水中性能の向上を図り建造されたものであった。

　最大の特長は水中速力で、船体や艦橋は流線化設計され、艤装なども徹底し極力水中抵抗を軽減することにより、13.9ノットを記録した。

　終戦までに10隻が竣工したが実戦への参加はない。終戦時にはこれとは別に32隻が建造中であった。

要目	
排水量	水上：320トン／水中：440トン
全　長	53m
全　幅	4m
機　関	中速400型ディーゼル
速　力	水上：11.8ノット／水中：13.9ノット
兵　装	魚雷発射管艦首2門 魚雷4本
乗　員	26名

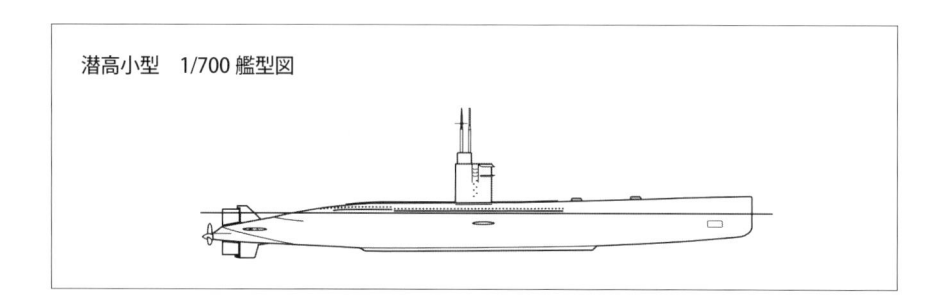

潜高小型　1/700 艦型図

波号第201潜水艦 （潜高小）	昭和20年5月31日　佐世保工廠で竣工 艦長　佐藤嘉三大尉（兵70期）
波号第202潜水艦 （潜高小）	昭和20年5月31日　佐世保工廠で竣工 艦長　菱谷　清大尉（兵70期）
波号第203潜水艦 （潜高小）	昭和20年6月26日　佐世保工廠で竣工 艦長　真山孝也大尉（兵70期）
波号第204潜水艦 （潜高小）	昭和20年6月25日　佐世保工廠で竣工 艦長　重本俊一大尉（兵70期）
波号第205潜水艦 （潜高小）	昭和20年7月3日　佐世保工廠で竣工 艦長　武藤敏雄大尉（兵70期）
波号第207潜水艦 （潜高小）	昭和20年8月14日　佐世保工廠で竣工 艦長　小沢孝基大尉（兵70期）
波号第208潜水艦 （潜高小）	昭和20年8月4日　佐世保工廠で竣工 艦長　築　光寿大尉（兵70期）
波号第209潜水艦 （潜高小）	昭和20年8月4日　佐世保工廠で竣工 艦長　常広栄一大尉（兵71期）
波号第210潜水艦 （潜高小）	昭和20年8月11日　佐世保工廠で竣工 艦長　青木　滋大尉（兵71期）
波号第216潜水艦 （潜高小）	昭和20年8月16日　佐世保工廠で竣工 艦長　八十島奎三大尉（兵71期）

※波211潜、波212潜、波213潜、波214潜、波215潜
　波217潜～波247潜は未成

▲昭和20年12月20日、佐世保恵美須湾で撮影された波202潜の艦橋付近。これまでの日本海軍の潜水艦に比べて、非常にシンプルな艦橋構造になっている。これも水中での抵抗を減らす工夫の一つと考えられるが、一緒に撮影された乗員に比べても艦橋が小型なのがわかる。

▼波230潜は潜高小型の30番艦として、昭和20年7月3日佐世保工廠で起工されたが工程60％で終戦を迎えた。写真は昭和20年10月19日に佐世保でアメリカ軍により撮影されたもの。本型は戦争末期になって10隻竣工、しかし時すでに遅く実戦に投入されることはなかった。後方の航空母艦は「隼鷹」、その陰に未完成に終わった空母「伊吹」、右遠方には同「笠置」の姿が見える。〔写真提供/大和ミュージアム〕

海中5型

呂号第33潜水艦・呂号第34潜水艦（同型艦2隻）

　海中5型は、大正7年度計画より建造が途切れていた呂号潜水艦で、軍縮条約により潜水艦の保有量の制限を設けられるため、小型で数量の確保できる中型潜水艦の整備を目指して昭和6年度の第1次補充計画、①計画で建造された中型の潜水艦である。

　戦時急造できる量産型プロトタイプとして計画され、海大型の不足を補なう目的もあった。よって、艦隊随伴能力を有するため水上高速性能、凌波性の向上を重視して設計された。完成した艦は実際に、操縦性能、凌波性に優れ他の性能も良好なため乗員の好評を博した。

▲昭和14年4月8日、有明湾で撮影された呂33潜。艦橋の後方には軽巡「那珂」、右手には特型駆逐艦が見える。海中5型はロンドン条約で潜水艦の保有を制限されたことにより、1隻の排水量で小型の潜水艦を2隻建造する方が有利と考えられ、戦時急造用としても検討され、建造された。

要目

排水量	水上：700トン／水中：1,200トン
全　長	73.00m
全　幅	6.70m
吃　水	3.25m
機　関	艦本式21号8型ディーゼル2基
	水上：3,000馬力／水中：1,200馬力
速　力	水上：19ノット／水中：8.2ノット
航続距離	水上：8,000浬／12ノット
	水中：90浬／3.5ノット
乗　員	61名
兵　装	40口径8cm単装高角砲1門
	13mm単装機銃1挺
	53cm魚雷発射管：艦首4門
	魚雷10本
安全潜航深度	75m

海中5型　1/700 艦型図

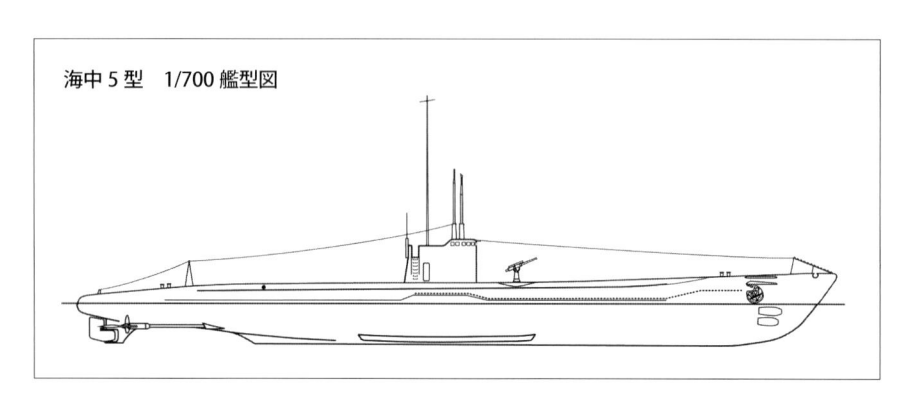

呂号第33潜水艦
（海中5型）

呂号第33潜水艦歴代艦長			
艦長名	海兵期	着任	離任
石川信雄 少佐	49	S10.10.7	S11.2.15
揚田清猪 少佐	50	S11.2.15	S12.3.20
渋谷龍穉 少佐	52	S12.3.20	S12.6.20
有泉龍之助 少佐	51	S12.6.20	S14.10.15
市川 旦 少佐	52	S14.10.15	S15.3.20
大平政二郎 少佐	52	S15.3.20	S15.10.30
渡辺勝次 少佐	55	S15.10.30	S16.7.31
坂本栄一 少佐	57	S16.7.31	S17.6.5
栗山重志 少佐	58	S17.6.5	S17.7.29

　呂33潜は海中5型の1番艦として、昭和10年10月7日呉工廠で竣工した。初代艦長は石川信雄少佐（兵49期）で、同艦の歴代艦長は9名である。
　開戦時の艦長は昭和16年7月31日に着任した坂本栄一少佐（兵57期）で、4潜戦第21潜水隊南方部隊に所属していた。昭和16年12月8日馬来部隊潜水部隊として佐世保出港、12月14日カムラン湾に到着した。12月21日、カムラン湾を出港、シンガポール東方海面の哨戒配備に就く。
　昭和17年1月5日に徹哨、カムラン湾に帰投、再び1月13日にカムラン湾を出港しアナンパス南東海面、ジャワ海西部を行動する。カムラン湾、アナンバスに待機し2月13日アナンバスを発し、ジャワ攻略作戦に協力、スンダ海峡、ロンボック海峡、バリ島、チラチップ沖を行動する。スターリング湾、パラオを経由して4月3日トラックに帰着、南洋部隊に入る。
　4月15日トラックを出港、ラバウルを拠点にポートモレスビー攻略作戦に参加。5月10日に徹哨、トラック経由で5月30日に佐世保に帰着。
　6月5日栗山重志少佐（兵58期）に艦長が交代。7月9日佐世保を出港し、再びトラック経由でポートモレスビー向かう。8月7日パプア海にてイギリス船「マムツ」を撃沈する。アメリカ軍のガ島来攻により、同方面に急行を命ぜられる。8月11日ハンター岬見張り所（兵曹長指揮とする、武装した見張り所）と連絡に成功。
　8月16日にラバウルに戻り、再度ポートモレスビーに向かう。8月29日ポートモレスビーからケアンズに帰る途中のオーストラリア船「マライタ」を撃破したが、「マライタ」とは別の貨物船の護衛にあたっていたオーストラリア駆逐艦「アランタ」の爆雷攻撃を受けて沈没した。異説ではポートモレスビー沖においてイギリス航空機の攻撃を受けて沈没とある。
　栗山艦長以下70名全員が戦死した。（喪失認定　9月1日）

呂号第34潜水艦
（海中5型）

呂号第34潜水艦歴代艦長			
艦長名	海兵期	着任	離任
殿塚謹三 少佐	50	S12.5.31	S12.11.15
広川 隆 少佐	52	S12.11.15	S13.3.19
成沢千直 少佐	52	S13.3.19	S13.9.15
朝倉肆六 大尉	54	S13.9.15	S14.11.5
福村利明 少佐	54	S14.11.5	S15.11.5
木梨鷹一 少佐	51	S15.11.5	S16.10.31
大田 武 少佐	55	S16.10.31	S17.6.5
森永正彦 大尉	59	S17.6.5	S17.10.30
土居誉重 少佐	60	S17.10.30	S18.3.30
富田理吉 大尉	61	S18.3.30	S18.4.5

　呂34潜は海中5型の2番艦として、昭和12年5月31日三菱神戸造船所で竣工した。初代艦長は殿塚謹三少佐（兵50期）で、同艦の歴代艦長は10名である。
　開戦時の艦長は昭和16年10月31日に着任した大田武少佐（兵55期）で、伊33潜と同じ4潜戦第21潜水隊に配備されていた。昭和16年12月8日佐世保を出港し、馬来部隊潜水部隊に所属。12月24日カムラン湾に到着。12月28日カムラン湾からカリマタ海峡の哨戒任務に就く。昭和17年1月11にカムラン湾に帰着。1月31日にカムラン湾を発し、スンダ海峡の配備に就く。2月5日輸送船団を攻撃、駆逐艦の撃沈を報ずるが確認がない。
　2月9日甲潜水部隊に編入。2月20日カムラン湾を経由してジャワ攻略作戦に参加。スターリング湾、パラオを経由して4月3日トラックに到着。
　4月4日南洋部隊に入る。4月15日トラックを出港して17日にラバウルに入港した。本艦がラバウルに入港した初めての潜水艦である。その後ラバウルを基点にデボイネ泊地、ジュマード水道、ロッセル島泊地の調査を行なう。5月1日ラバウルを経由してポートモレスビー攻略作戦、ポートモレスビー港外の監視などの任務に就く。トラック経由で5月30日佐世保に帰着。
　6月5日艦長が森永正彦大尉（兵59期）に交代。7月9日佐世保を出港、トラック、ラバウルを経由して豪州北東海面へ。8月4日オーストラリア船「カツームバ」を撃破。8月7日ガ島上陸により同方面に向かう。8月12日ルンガ岬付近を砲撃。8月16日ラバウル着。8月21日ラバウルを出港してガ島方面の配備に就く。ルンガ泊地、エスペランス付近で雷撃するも戦果の確認ができず、9月6日ラバウル着。9月27日ラバウルを発し、ポートモレスビー、ロッセル島方面に行動し、10月9日ラバウルに帰着。10月29日特潜搭載用具をショートランドに輸送。
　10月30日付けで土居誉重少佐（兵60期）に艦長が交代。その後ラバウルに戻り、サンクリストバル島付近を行動し、トラック経由で12月9日に佐世保に帰着。昭和18年2月20日佐世保を出港、3月4日三度ラバウルに進出し、9日ツラギ方面に出撃。3月28日ラバウルに帰着。
　3月30日富田理吉大尉（兵61期）に艦長が代わる。4月2日い号作戦に協力。4月6日ルッセル島付近の敵情報告と不時着搭乗員の救助を命じ、その後帰投を命じるも応答なし。
　4月7日イサベル島付近で駆逐艦「オバノン」のレーダーに探知され、砲撃と、浮上しているにもかかわらず爆雷攻撃を受ける。浮上している艦に対する至近距離での爆雷攻撃は大きな効果がある。呂34潜は後部から沈んでいった。
　富田艦長以下66名全員が戦死した。（喪失認定　5月2日）

L3型

呂号第57潜水艦・呂号第58潜水艦・呂号第59潜水艦（同型艦3隻）

▲大正14年6月に撮影されたもので、竣工時は第47潜水艦と命名され大正13年11月に呂号第58艦と改められている。L1型、L2型に比べ凌波性に優れており、南洋地域の行動を考慮して冷却装置などが付けられて実用性が高められている。すでにこの時期に艦首に水中聴音器Kチューブがすでに装備されているが、日本潜水艦ではL3型が最初に搭載したと言われている。

L3型は第2章でも述べたL1型、L2型の使用実績から、乾舷を高くすることによりさらに凌波性を高めた型であり、南方地域での作戦を考慮して電池室や主電動機室に冷却装置を設置するなど改善を加えてさらなる実用化を図っていた。

就役後もL1型、L2型より性能が向上しており実用的と判断され好評で、太平洋戦争では艦齢延長修理が施され、全艦が呉防備隊に配備されていた。昭和18年には横須賀鎮守府に配備され、その後も終戦まで警戒の任務にあたっていた。

L3型
呂号第57潜水艦　三菱神戸造船所　大正11年7月30日竣工
呂号第58潜水艦　三菱神戸造船所　大正11年11月25日竣工
呂号第59潜水艦　三菱神戸造船所　大正12年3月20日竣工

要目	
排水量	水上：889トン／水中：1,103トン
全　長	72.72m
全　幅	7.16m
吃　水	3.96m
機　関	ヴィッカース式ディーゼル2基2軸
	水上：2,400馬力／水中：1,600馬力
速　力	水上：17.1ノット／水中：9.1ノット
航続距離	水上：5,500浬／10ノット
	水中：80浬／4ノット
乗　員	46名
兵　装	短8cm高角砲1門
	65mm単装機銃1挺
	53cm魚雷発射管：艦首4門
	魚雷8本
安全潜航深度	60m

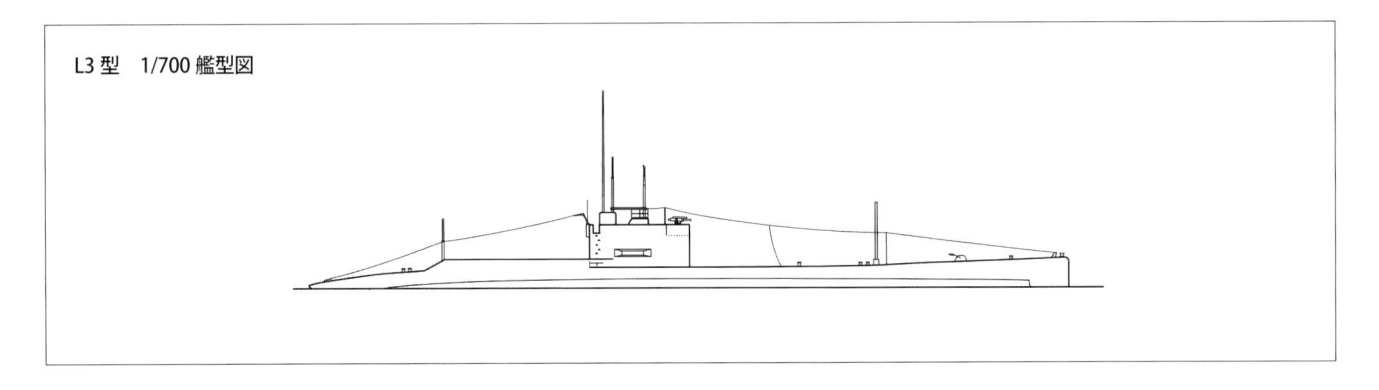

L3型　1/700 艦型図

L4型

呂60・呂61・呂62・呂63・呂64・呂65・呂66・呂67・呂68（同型艦9隻）

　L4型はイギリスヴィッカーズ社から導入したL型の最終型で、L3型までの欠点を是正されて建造されたこともあり、「総合的に極めて優秀」と高い評価を得た。そのため昭和に入っても使われ太平洋戦争前半まで第一線で活躍したが、機関出力が低いため艦隊随伴の作戦には能力的な限界があった。

　L型は、3型までは凌波性が不足している点、舵の利きが悪い点が問題視されていた。特に舵の利きの悪さは、出入港時や艦隊行動の際にしばしば問題になった。L4型はこれらの欠点に対して、凌波性を高めるため艦首の形状を変更し、推進軸の位置が変更され、舵の利きを改善するなど、様々な改良が加えられていた。

　魚雷発射管は6門に強化され、魚雷搭載本数も12本と増加した。また備砲は12cm単装砲を搭載したが、砲台が艦橋前部の高い位置に設計され、そのため復原性に問題があるということで前部砲座を廃止した。

　しかし、こうして多数の改良が加えられた結果、排水量が20％増加したにもかかわらず機関出力が同じであったため、水上速力は16ノットまで低下せざるを得なくなった。

▲イギリス海軍のLシリーズの最終型であるL4型の6番艦である呂64潜。撮影時期や場所は不明。大型の司令塔などL4型の独特な美しい艦型が明瞭にわかる写真である。本艦は昭和17年11月から練習潜水艦となっていたが、昭和20年4月12日、広島湾で教務訓練中に不運にも触雷して沈没した。

要目	
排水量	水上：988トン / 水中：1,301トン
全長	76.20m
全幅	7.38m
吃水	3.96m
機関	ヴィッカース式ディーゼル2基2軸
	水上：2,400馬力 / 水中：1,600馬力
速力	水上：15.7ノット / 水中：8.6ノット
航続距離	水上：5,500浬/10ノット
	水中：80浬/4ノット
乗員	48名
兵装	40口径8cm単装砲1門
	（呂60は45口径12cm単装砲1門）
	53cm魚雷発射管：艦首6門
	魚雷12本
安全潜航深度	60m

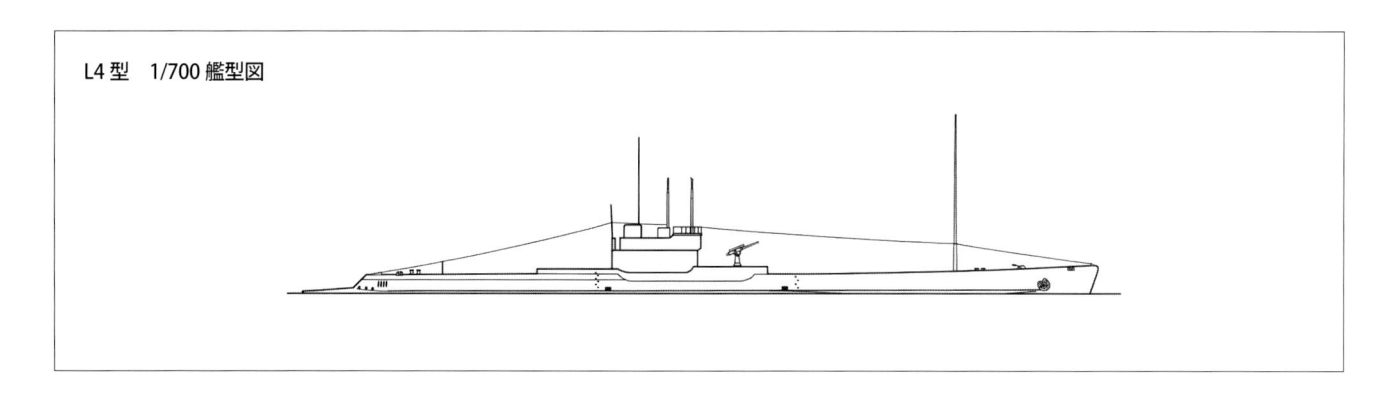

L4型　1/700 艦型図

呂号第60潜水艦（L4型）

呂号第60潜水艦歴代艦長

艦長名	海兵期	着任	離任
横山菅雄 少佐	36	T12.9.17	T12.10.15
平岡粂一 大尉	39	T12.10.15	T13.10.20
八代祐吉 大尉	40	T13.10.20	T14.12.1
大橋龍男 少佐	40	T14.12.1	T15.8.25
金桝義夫 少佐	40	T15.8.25	S3.9.20
鶴岡信道 少佐	43	S3.9.20	S4.9.5
竹崎 馨 大尉	45	S4.9.5	S6.1.21
植村庭三 少佐	47	S6.12.1	S8.9.1
小野良二郎 少佐	48	S8.9.1	S15.10.15
宇野乙二 少佐	52	S15.10.15	S16.7.15
藤森康男 少佐	56	S16.7.15	S16.12.29

　呂60潜は、L4型の1番艦として大正12年9月17日三菱神戸造船所で竣工した。竣工時の呼称は第59潜水艦である。初代艦長は、横山菅雄少佐（兵36期）で、同艦の歴代艦長は11名である。

　開戦時は、昭和16年7月15日に着任した藤森康男少佐（兵56期）で7潜戦第26潜水隊所属で迎えた。12月8日クェゼリンで待機。12月18日クェゼリンを発し、ウェーク攻略作戦に参加。

　しかし12月29日にクェゼリン環礁北端で座礁、船体を切断し放棄された。乗組員は潜水母艦「迅鯨」により総員救助された。

呂号第61潜水艦（L4型）

呂号第61潜水艦歴代艦長

艦長名	海兵期	着任	離任
石橋敏成 少佐	36	T13.2.9	T13.11.1
高塚省吾 少佐	38	T13.11.1	T15.12.1
岡敬 純 少佐	39	T15.12.1	S2.5.20
八代祐吉 少佐	40	S2.5.20	S3.12.10
仁科宏造 少佐	44	S3.12.10	S5.12.1
福田 勇 少佐	44	S5.12.1	S9.7.16
南里勝次 少佐	48	S9.7.16	S14.11.15
上野利武 少佐	56	S14.11.15	S15.4.15
中村省三 少佐	54	S15.4.15	S16.7.31
山本秀男 少佐	56	S16.7.31	S17.5.23
徳富利貞 大尉	59	S17.5.23	S17.8.31

　呂61潜は、L4型の2番艦として大正13年2月9日三菱神戸造船所で竣工した。竣工時の呼称は第72潜水艦である。初代艦長には石橋敏成少佐（兵36期）が着任。同艦の歴代艦長は11名である。

　開戦時は7潜戦第26潜水隊南洋部隊に所属し、艦長は昭和16年7月31日に着任した山本秀男少佐（兵56期）である。12月8日クェゼリン待機。12月12日ウェーク攻略作戦に参加。12月27日クェゼリン着。昭和17年1月5日マーシャル防備部隊に編入。トラック、サイパンを経由して3月20日佐世保に帰着。

　5月23日徳富利貞大尉（兵59期）に艦長が交代。5月31日佐世保を出港、サイパン、トラックを経由して7月5日横須賀に帰着。

　7月14日第5艦隊に編入。7月24日横須賀を出港。7月30日幌筵着。8月1日幌筵を出港し、キスカ島に8月5日に到着、以降キスカ島を拠点に来襲の敵艦隊の邀撃、哨戒を実施。8月28日キスカ島を発し、アトカ島ナザン方面へ。8月31日ナザン湾に進入し、碇泊中のアメリカ飛行艇母艦「カスコ」を撃破。

　しかしその後に基地哨戒機に発見され、駆逐艦「レイド」がソーナー探知、爆雷攻撃を実施、呂61潜は浮上砲戦後沈没。

　乗員59名のうち17名が脱出したが、「レイド」はそのうち乗員5名だけを救助して去った。（喪失認定　9月1日）

呂号第62潜水艦（L4型）

呂号第62潜水艦歴代艦長

艦長名	海兵期	着任	離任
福沢常吉 大尉	41	T14.12.1	S2.12.1
今和泉喜次郎 大尉	44	S2.12.1	S4.11.30
佐々木半九 少佐	45	S4.11.30	S5.4.24
魚住治策 少佐	42	S5.4.24	S5.12.1
玉木留次郎 大尉	45	S5.12.1	S7.9.24
岡本義助 少佐	47	S7.9.24	S9.11.1
大畑 正 大尉	50	S9.11.1	S13.12.15
田中万喜夫 少佐	52	S13.12.15	S15.10.30
大田 武 少佐	55	S15.10.30	S16.7.31
瀧沢是介 少佐	58	S16.7.31	S17.5.23
島田武夫 大尉	59	S17.5.23	S17.10.15
佐藤作馬 大尉	60	S17.10.15	S18.3.16
野村俊治 大尉	60	S18.3.16	S18.8.20
榎本泰夫 大尉	63	S18.8.20	S18.12.20
筑土龍男 大尉	63	S18.12.20	S19.4.30
上捨石康雄 大尉	66	S19.4.30	S19.8.25
中川 博 大尉	68	S19.8.25	S19.12.15
小野信平 大尉	68	S19.12.15	S20.7.20
早川尋匡 少佐	64	S20.7.20	終戦

　呂62潜は、L4型の3番艦として大正13年7月24日三菱神戸造船所で竣工した。竣工時は第73潜水艦である。初代艦長は福沢常吉大尉（兵41期）で、同艦の歴代艦長は19名である。

　開戦時は7潜戦第26潜水隊南洋部隊に所属し、艦長は昭和16年7月31日に着任した瀧沢是介少佐（兵58期）で、クェゼリンで待機していた。

　12月12日ウェーク攻略部隊に編入。12月14日クェゼリンを発し、ウェーク方面へ。12月17日呂66潜と衝突。12月28日クェゼリンに帰着。

　昭和17年1月5日マーシャル防備部隊に編入。トラック、サイパンを経由して3月20日佐世保に帰着。

　5月23日島田武夫大尉（兵59期）に艦長が交代。5月31日佐世保を出港、サイパン、トラックを経由して7月5日横須賀に帰投。7月14日第5艦隊に編入。7月24日横須賀を出港、幌筵に向かう。幌筵よりキスカ島を拠点に行動。8月29日ナザン湾監視、9月キスカ湾周辺哨戒任務に就く。10月1日アダック島北方哨戒任務。

　10月15日に佐藤作馬大尉（兵60期）に艦長が交代。幌筵、大湊を経て11月5日横須賀に帰着、11月15日呉潜戦に編入され練習艦となる。以後、左表の通り艦長が交代。昭和20年7月20日に最後の艦長となる早川尋匡少佐（兵64期）が着任し、終戦を迎えた。

　昭和21年5月伊予灘で海没処分。

呂号第63潜水艦（L4型）

呂号第63潜水艦歴代艦長

艦長名	海兵期	着任	離任
平岡粂一 少佐	39	T13.12.20	T14.12.1
香宗我部譲 少佐	38	T14.12.1	S3.1.15
伊藤尉太郎 少佐	42	S3.1.15	S4.6.29
中岡信喜 大尉	45	S4.6.29	S4.11.30
大竹寿雄 少佐	45	S4.11.30	S6.1.21
清水太郎 少佐	48	S6.1.21	S9.3.20
山田 隆 少佐	49	S9.3.20	S11.12.15
山田 薫 大尉	50	S11.12.15	S12.3.20
稲葉通宗 少佐	51	S12.3.20	S12.7.31
横田 稔 少佐	51	S12.7.31	S12.11.15
花房博志 少佐	51	S12.11.15	S13.3.19
稲葉通宗 少佐	51	S13.3.19	S13.12.15
矢島安雄 少佐	51	S13.12.15	S14.9.1
田上明次 少佐	51	S14.9.1	S14.11.20
大平政二郎 少佐	52	S14.11.20	S15.3.20
井筒紋四郎 大尉	57	S15.3.20	S15.10.15
日下敏夫 少佐	53	S15.10.15	S17.2.10
長井勝彦 少佐	57	S17.2.10	S17.10.15
南部伸清 大尉	61	S17.10.15	S18.3.16
近藤文武 大尉	62	S18.3.16	S18.12.20
鈴木勝人 大尉	63	S18.12.20	S19.2.23
大谷清教 大佐	49	S19.2.23	S19.4.30
竹間忠三 大尉	65	S19.4.30	S19.8.5
是枝貞義 大尉	65	S19.8.5	S19.8.20
中島万里 大尉	66	S19.8.20	S19.11.6
今西三郎 大尉	67	S19.11.6	S20.7.30
武富邦夫 少佐	65	S20.7.30	終戦

　呂63潜は、L4型の4番艦として大正13年11月1日三菱神戸造船所で竣工した。竣工時は第84潜水艦である。初代艦長は平岡粂一少佐（兵39期）で同艦の歴代艦長は27名である。

　開戦時は7潜戦第33潜水隊南洋部隊に所属し、艦長は昭和15年10月15日に着任した日下敏夫少佐（兵53期）であった。昭和16年12月8日クェゼリン発。12月14日ハラウンド島監視任務、12月19日クェゼリン帰着。昭和17年1月7日クェゼリンを出港、トラックを経由してラバウル攻略戦、セントジョージ岬南方哨戒任務に就く。1月29日トラック帰着。

　2月10日長井勝彦少佐（兵57期）に艦長が交代。2月18日トラックを出港、マーシャルへ向かい、23日ポナペ帰着。翌日ポナペを発し、横舵故障しビキニへ向かう。3月1日ビキニを発したが、再び横舵が故障する。ポナペ、トラック、サイパンを経て4月3日舞鶴に帰着した。

　6月5日舞鶴を出港し、サイパン、トラックを行動して7月4日横須賀に帰着。

　7月14日第5艦隊に編入。7月24日横須賀を出港、幌筵を経由し8月4日キスカ島に到着。8月、9月キスカ島周辺で哨戒任務に就く。10月5日舞鶴に帰着。

　10月15日南部伸清大尉（兵61期）に艦長が交代する。11月6日舞鶴を出港、8日に呉に帰着。練習潜水艦になる。以後、昭和18年3月16日近藤文武大尉（兵62期）、12月20日鈴木勝人大尉（兵63期）と艦長が交代。昭和19年2月23日には第33潜水隊司令大谷清教大佐（兵49期）が艦長兼務となり、その後も左表の通り艦長が交代した。

　昭和20年4月10日、佐世保を出港し、奄美大島で特潜の母艦として行動する。昭和20年7月30日、武富邦夫少佐（兵65期）が艦長として着任、終戦を迎えた。

　昭和21年5月伊予灘で海没処分。

呂号第64潜水艦（L4型）

呂号第64潜水艦歴代艦長

艦長名	海兵期	着任	離任
醍醐忠重 少佐	40	T14.4.30	T14.12.1
古字田武郎 大尉	41	T14.12.1	T15.12.1
中原義正 少佐	41	T15.12.1	S2.12.1
松崎 彰 少佐	43	S2.12.1	S4.11.1
玉木留次郎 大尉	45	S4.11.1	S5.12.1
佐々木半九 大尉	45	S5.12.1	S6.12.1
永井宏明 大尉	48	S6.12.1	S8.3.25
畑中он彦 大尉	49	S8.3.25	S11.2.25
伊豆寿一 少佐	51	S11.2.25	S12.3.20
花房博志 少佐	51	S12.3.20	S12.11.15
池沢政幸 少佐	52	S12.11.15	S13.3.19
吉留善之助 少佐	52	S13.3.19	S14.4.1
小川綱露 少佐	50	S14.4.1	S15.7.26
宇野亀雄 少佐	53	S15.7.26	S17.2.10
田畑 直 少佐	58	S17.2.10	S17.10.15
和田陸雄 大尉	61	S17.10.15	S18.9.1
楢原省吾 中佐	48	S18.9.1	S19.1.20
岡山 登 大尉	64	S19.1.20	S19.4.30
大野保四 大尉	65	S19.4.30	S19.8.31
佐藤清輝 大尉	66	S19.8.31	S19.10.14
木内哲朗 大尉	69	S19.10.14	S19.11.6
徳永正彦 大尉	67	S19.11.6	S19.12.11
吉沢千明 大尉	69	S19.12.11	S20.2.15
大谷清教 大佐	49	S20.2.15	S20.3.15
安久栄太郎 大佐	50	S20.3.15	S20.4.12

　呂64潜はL4型の5番艦として大正13年11月1日三菱神戸造船所で竣工した。竣工時は第79潜水艦である。初代艦長は醍醐忠重少佐（兵40期）で同艦の歴代艦長は24名である。

　開戦時は7潜戦第33潜水隊南洋部隊に所属し、艦長は昭和15年7月26日に着任した宇野亀雄少佐（兵53期）である。昭和16年12月4日クェゼリンを出港し、9日ハラウンド島方面で監視任務に就く。12月11日ハラウンド島砲撃を実施。12月27日クェゼリン経由でウェーク島に到着、同島東方を哨戒。昭和17年1月1日、ウェーク島を発し、6日にトラックに到着。1月15日トラックを出港し、ラバウル攻略戦に参加。1月29日トラックに帰着。

　2月10日田畑直少佐（兵58期）が着任。2月18日トラックを出港、マーシャル諸島方面に向かう。ポナペ、ビキニ、トラック、サイパンを行動し、4月7日に舞鶴に帰着、横須賀に回航。

　7月14日第5艦隊に編入。7月26日横須賀を出港し、8月1日幌筵に到着。8月2日幌筵を発し、6日キスカ島に着。8月キスカ島周辺の哨戒任務に就く。8月29日キスカ島を発し、ナザン湾方面へ向かう。9月4日キスカ島に戻り、同島の哨戒任務を続ける、9月26日キスカ島を発し、10月5日舞鶴に帰着。

　10月15日和田睦雄大尉（兵61期）に艦長が交代。11月1日舞鶴を出港、8日呉に到着、以後練習潜水艦となる。昭和18年9月1日に第33潜水隊司令楢原省吾中佐（兵48期）が艦長兼務となったのち左表のように艦長が交代、昭和20年2月15日に司令大谷清教大佐（兵49期）が、3月15日に司令安久榮太郎大佐（兵50期）が艦長兼務となる。

　4月12日呂64潜は、潜水学校練習生を乗艦させて教務のため広島湾に出動した。幹部要員が不足のため、潜水学校の教官達が臨時に配員された。武藤慶吾少佐（機42期）はその日、艦長として職務を代行した。ところが1428、「B-29」の磁気機雷に触雷した。タンクを爆破されたので浮上はできず、クレーン船や救助艇で救助にあたりワイヤーで吊り上げを行なったが切断失敗。

　教務中のため、定員60名だが安久司令以下、77名が乗組んでおり、全員が戦死した。

呂号第65潜水艦（L4型）

呂号第65潜水艦歴代艦長

艦長名	海兵期	着任	離任
斎藤栄章 大尉	42	T15.6.30	S4.9.20
大竹寿雄 大尉	45	S4.9.20	S4.11.30
長井武夫 大尉	47	S4.11.30	S6.12.1
杉浦矩郎 少佐	47	S6.12.1	S7.8.20
浜野元一 少佐	47	S7.8.20	S9.11.1
江見哲四郎 大尉	50	S9.11.1	S12.3.20
戸上一郎 大尉	51	S12.3.20	S14.11.1
大田 武 大尉	55	S14.11.1	S15.3.20
上野利武 少佐	56	S15.3.20	S15.9.28
原田毫衛 少佐	52	S15.9.28	S16.7.31
工藤兼男 少佐	56	S16.7.31	S17.2.15
鳥巣建之助 少佐	58	S17.2.15	S17.6.30
江木尚一 大尉	60	S17.6.30	S17.11.4

　呂65潜はL4型の6番艦として大正15年6月30日三菱神戸造船所で竣工した。初代艦長は齋藤栄章大尉（兵42期）で同艦の歴代艦長は13名である。
　開戦時は7潜戦第33潜水隊南洋部隊に所属し、艦長は昭和16年7月31日に着任した工藤兼男少佐（兵56期）である。昭和16年12月5日クェゼリンを発し、ルオット島へ回航。12月6日ルオット島を発し、ウェーク島攻略作戦に参加。12月17日クェゼリンに帰着。12月25日クェゼリンを発し、ハウランド島方面へ向かう。昭和17年1月2日クェゼリン着。
　1月7日クェゼリンを発し、トラックを経由しラバウル攻略作戦のためセントジョージ岬南方にて哨戒任務に就く。1月29日トラックに帰着。
　2月15日鳥巣建之介少佐（兵58期）に艦長が交代。2月18日、トラックを出港し、ポナペ、マキン島沖、ヤルート、サイパンを行動し、4月2日に佐世保に帰着。
　6月30日江木尚一大尉（兵60期）に艦長が交代。7月14日第5艦隊に編入。9月10日佐世保に出港、大湊、幌筵を経由して26日にキスカ島に到着。9月28日敵機の空襲により艦橋被弾。10月1日キスカ湾を出港し、クルック湾方面へ向かう。10月15日キスカ湾に帰着、10月17日駆逐艦「朧」「初春」救難のため出動。10月18日、19日哨戒任務に就く。10月21日アッツ湾に向かう。23日ホルツ湾を偵察。
　11月4日キスカ湾内の敵空襲により沈座の際、艦橋ハッチが閉まらないうちにベント弁を開いたため、ハッチから海水が浸入、海水は後部に移動し、30度の仰角を持って艦尾が着底した。機械室より前部にいた者は2名を除いて全員発射管室より脱出。
　64名の乗員のうち江木艦長以下45名が救助されたが、後部の17名は脱出できなかった。

呂号第66潜水艦（L4型）

呂号第66潜水艦歴代艦長

艦長名	海兵期	着任	離任
平野六三 少佐	41	S2.7.28	S3.12.10
奥島章三郎 少佐	44	S3.12.10	S6.5.1
鳥居威美 大尉	47	S6.5.1	S6.11.2
横畠定一 少佐	46	S6.11.2	S9.11.15
栢原保観 少佐	49	S9.11.15	S11.2.15
柴田源一 大尉	51	S11.2.15	S12.3.20
川崎陸郎 少佐	51	S12.3.20	S12.7.31
松村寛治 少佐	50	S12.7.31	S12.12.1
井上規矩 少佐	51	S12.12.1	S13.3.19
中村省三 大尉	54	S13.3.19	S13.7.30
稲田 洋 少佐	51	S13.7.30	S14.3.20
田岡 清 少佐	55	S14.3.20	S14.7.27
小比賀勝 少佐	53	S14.7.27	S15.7.26
黒川英幸 少佐	54	S15.7.26	S16.12.17

　呂66潜はL4型の7番艦として昭和2年7月28日三菱神戸造船所で竣工した。初代艦長は平野六三少佐（兵41期）で同艦の歴代艦長は14名である。
　開戦時は7潜戦第27潜水隊南洋部隊に所属し、艦長は昭和15年7月26日に着任した黒川英幸少佐（兵54期）である。昭和16年12月6日クェゼリンを発し、ウェーク島攻略作戦参加のためウェーク島方面の配備に就く。
　12月17日ウェーク島南西25浬において配備に到着した呂62潜と衝突、沈没。
　黒川艦長以下63名が戦死し、艦橋にいた3名が救助された。

呂号第67潜水艦（L4型）

呂号第67潜水艦歴代艦長

艦長名	海兵期	着任	離任
山崎重暉 少佐	41	T15.12.15	S2.12.1
三戸 寿 少佐	42	S2.12.1	S3.12.15
林 清亮 大尉	43	S3.12.15	S4.11.5
宮崎武治 大尉	46	S4.11.5	S5.4.1
遠藤敬勇 大尉	46	S5.4.1	S6.4.1
都築 登 大尉	48	S6.4.1	S8.3.15
遠藤敬勇 大尉	46	S8.3.15	S9.7.16
清水太郎 少佐	48	S9.7.16	S9.11.15
大畑 正 少佐	50	S9.11.15	S11.2.15
広川 隆 大尉	51	S11.2.15	S11.5.5
浜野元一 少佐	47	S11.5.5	S14.9.1
成沢千直 少佐	52	S14.9.1	S14.11.15
大橋勝夫 少佐	53	S14.11.15	S15.3.20
渡辺勝次 少佐	55	S15.3.20	S15.10.30
吉留善之助 少佐	52	S15.10.30	S16.10.31
井元正之 少佐	58	S16.10.31	S17.5.30
山口一生 大尉	61	S17.5.30	S17.8.26
中山伝七 大尉	61	S17.8.26	S18.3.16
江波戸和郎 大尉	62	S18.4.16	終戦

　呂67潜はL4型の8番艦として大正15年12月15日三菱神戸造船所で竣工した。初代艦長は山崎重暉少佐（兵41期）で、同艦の歴代艦長は20名である。
　開戦時は7潜戦第27潜水隊南洋部隊に所属し、艦長は昭和16年10月31日に着任した井元正之少佐（兵58期）である。昭和16年12月5日クェゼリンを発し、ウェーク島攻略作戦のため同方面の配備に就く。12月24日、クェゼリンを発したが故障のため引き返し、昭和17年1月11日トラックに帰着、1月16日トラックを発し、ラバウル攻略作戦のためセントジョージア岬南方の配備に就く。
　1月29日トラックに帰着、2月10日第26潜水隊に編入。2月18日トラックを出港し、マキン島方面へ向かう。2月28日ポナペに到着。3月3日ポナペを発し、マキン島方面に向かう、ヤルート、サイパンを経由して4月2日佐世保に帰着。
　5月30日山口一生大尉（兵61期）に艦長が交代。7月14日第5艦隊に編入。
　8月26日中山伝七大尉（兵61期）に艦長が交代する。9月10日佐世保を出港し、大湊、幌筵を経由して9月26日キスカ島に到着。空襲により両舷モーター使用不能、潜望鏡破損により即日出港。10月12日大湊を経由して横須賀に帰着。
　11月15日呉鎮守府に編入、以後練習潜水艦となる。昭和18年3月16日、艦長が江波戸和郎大尉（兵62期）に艦長が交代する。昭和19年8月15日呉防備戦隊に編入。昭和20年3月19日呉で入渠中に空襲を受け、13名が戦死。5月5日第51戦隊に編入。呉において終戦を迎えた。
　終戦後佐世保で桟橋として使用されたのち、解体。

◀ L4型の最終番艦である呂68潜。写真は昭和2年、第1潜水戦隊に編入されて艦隊訓練中の姿で、艦橋後方で天幕を張って乗員が集っていることから夏の暑い時期の撮影と思われる。独特な艦尾の形がよくわかる。

呂号第68潜水艦
（L4型）

呂号第68潜水艦歴代艦長

艦長名	海兵期	着任	離任
中邑元司 大尉	39	T14.10.29	T15.12.1
高木武雄 少佐	39	T15.12.1	S2.12.1
鍋島俊策 少佐	42	S2.12.1	S4.11.1
林　一雄 大尉	45	S4.11.1	S6.12.1
藤本　伝 大尉	48	S6.12.1	S9.6.1
小泉麒一 少佐	49	S9.6.1	S10.11.15
七字恒雄 少佐	49	S10.11.15	S11.6.20
江見哲四郎 少佐	50	S11.6.20	S11.12.1
入江　達 少佐	51	S12.3.20	S12.3.20
田上明次 少佐	51	S12.3.20	S12.12.1
戸上一郎 少佐	51	S12.12.1	S13.7.30
広川　隆 少佐	51	S13.7.30	S14.11.25
原田毫衛 少佐	52	S14.11.25	S15.3.20
田岡　清 少佐	55	S15.3.20	S15.10.15
田中万喜夫 少佐	52	S15.10.15	S16.7.31
井筒紋四郎 少佐	57	S16.7.31	S17.5.23
真鍋正輝 大尉	60	S17.5.23	S18.3.16
館上陸太 大尉	60	S18.3.16	S18.8.1
鈴木正吉 大尉	62	S18.8.1	S19.1.20
菅昌徹昭 大尉	65	S19.1.20	S19.3.20
上杉一秋 大尉	63	S19.3.20	S19.10.14
山中修明 大尉	66	S19.10.14	S20.6.1
鮫島　修 大尉	67	S20.6.1	終戦

　呂67潜はL4型の最終艦として大正14年10月29日三菱神戸造船所で竣工した。初代艦長は中邑元司大尉（兵39期）で同艦の歴代艦長は24名である。

　開戦時は7潜戦第33潜水隊南洋部隊に所属し、艦長は昭和16年7月31日に着任した井筒紋四郎少佐（兵57期）である。昭和16年12月4日クェゼリンを発し、ハウランド方面へ向かう。12月10日ベーカー島へ向かう。12月11日ベーカー島砲撃を実施。クェゼリンを経由して12月27日ウェーク島に向かい同方面の哨戒任務を実施。

　昭和17年1月15日トラックを経由してラバウル攻略戦のためセントジョージ岬南方の配備に就く。1月29日トラックに帰着。ポナペ、マーシャル方面、クェゼリンを経由して3月24日サイパンに帰投。

　その後4月3日舞鶴に帰着。5月23日真鍋正輝大尉（兵60期）に艦長が交代する。6月5日舞鶴を発し、トラックに進出。7月4日横須賀に帰着、7月14日第5艦隊に編入。7月24日横須賀を出港、幌筵を経由して8月4日キスカ島に到着。8月、9月キスカ島方面の哨戒任務に就く。9月26日キスカ島を発し、舞鶴を経由して11月8日呉に帰着。以後練習潜水艦となる。以後、左表の通り艦長が交代。

　昭和20年5月5日第51戦隊に編入。6月1日には鮫島修大尉（兵67期）に艦長が交代し、終戦を迎える。

　昭和21年4月30日若狭湾において海没処分。

中型

呂35・呂36・呂37・呂38・呂39・呂40・呂41・呂42・呂43・呂44・呂45・呂46・呂47・呂48・呂49・呂50・呂51・呂52・呂53・呂54・呂55・呂56（同型艦18隻）

▲昭和19年2月19日、三井玉井造船所で竣工したばかりの呂46潜。まだ軍艦旗は掲揚されていない。艦橋横側にある日の丸以外に味方識別用として艦橋前面にも日の丸が描かれている。

要目	
排水量	水上：960トン／水中：1,447トン
全 長	80.50m
全 幅	7.05m
吃 水	4.07m
機 関	艦本式22号10型ディーゼル2基 水上：4,200馬力／水中：1,200馬力
速 力	水上：19.8ノット／水中：8.0ノット
航続距離	水上：5,000浬／16ノット 水中：45浬／5ノット
乗 員	61名
兵 装	40口径8cm高角砲1門
	25mm連装機銃1基2挺
	53cm魚雷発射管：艦首4門
	魚雷10本
安全潜航深度	80m

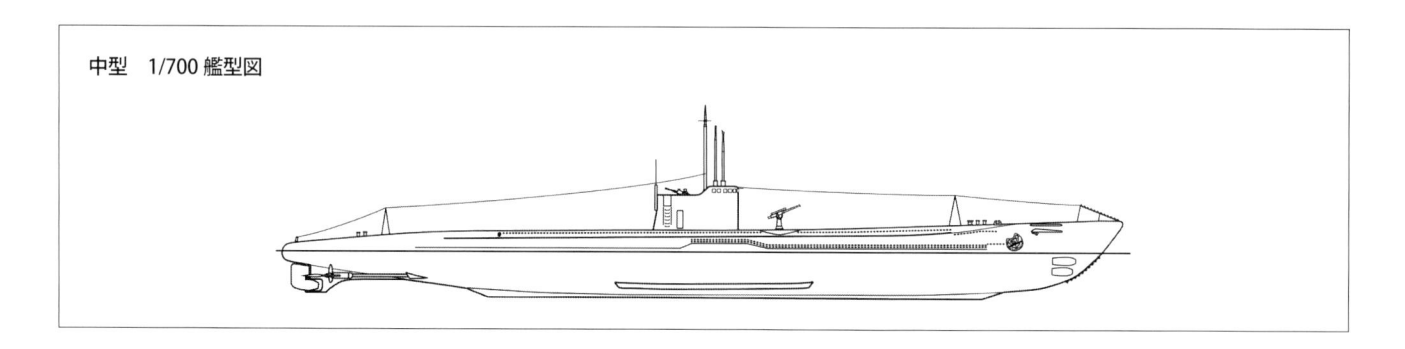

　中型は戦時急増のタイプシップとして昭和14年の計画で9隻、16年の計画で8隻、その後㊵計画で1隻、計18隻が完成した。

　中型は海大型の補助的役割を要求されたため、高速化と航続力を求められた。就役後の性能は極めて優秀で、乗員から絶賛され、建造中止後も再開を望まれたほどで、日本海軍が建造した潜水艦の中でも極めて優れた潜水艦の1つだった。

　しかし戦局が困難な時期に竣工したこともあり、同型艦18隻のうち17隻が戦没した。

中型　1/700艦型図

呂号第35潜水艦（中型）

呂35潜は中型の1番艦として、昭和18年3月25日三菱神戸造船所で竣工した。初代艦長は真鍋正輝大尉（兵60期）である。

昭和18年4月1日第11潜戦に配備。7月17日呉を出港、トラック経由で8月16日、エスピリット方面へ向かう。8月25日輸送船発見を報じたが、その後消息不明。

アメリカ側の記録では、アメリカ駆逐艦「パターソン」が25日エスピリット北方でレーダーにより探知、その後ソーナーで探知して2時間もの間追跡を続け、爆雷攻撃を実施し、撃沈したとある。

真鍋艦長以下、66名全員戦死。（喪失認定　10月2日）

呂号第35潜水艦歴代艦長

艦長名	海兵期	着任	離任
真鍋正輝 大尉	60	S18.3.25	S18.8.25

呂号第36潜水艦（中型）

呂36潜は中型の2番艦として、昭和18年5月27日三菱神戸造船所で竣工した。初代艦長に岡田英雄少佐（兵61期）が着任した。

昭和18年8月20日第6艦隊直率となる。トラックへ進出、9月24日ニューヘブライズ諸島方面に向かう。10月13日中毒患者40名が発生したため、撤哨トラックに帰還。12月8日トラックを出港、ソロモン諸島南東海面に向かう。昭和19年1月8日トラック着。

2月1日川島立男大尉（兵64期）に艦長が代わる。2月25日トラック南東海面の配備に就く。3月1日ルオット島方面へ向かうが警戒厳重にして、偵察が困難なためクェゼリンに移動。3月15日クサイ島北北西の配備を命ぜられる。3月23日ミクロネシアにあるピンゲラップ島見張員を収容。トラック経由で4月26日舞鶴に帰着。

6月4日舞鶴を出港しサイパン経由でニューギニア北方の哨区に向かう。その後敵機動部隊の来襲により、マリアナ諸島サイパン島付近配備への命令が出る。そして、6月13日に敵情を報告してきたあと消息不明となった。

呂36潜は、サイパン島への輸送船団の護衛と艦砲射撃を任務とする、第52.17部隊とサイパン沖で遭遇した。この戦艦の護衛に当たっていた駆逐艦に探知されたのである。13日アメリカ駆逐艦「メルビン」はサイパン東方で呂36潜をレーダー探知、レーダー射撃を実施して命中。失探後ソーナーで探知、3回の爆雷攻撃で撃沈。

川島艦長以下77名全員が戦死した。（喪失認定　17月12日）

呂号第36潜水艦歴代艦長

艦長名	海兵期	着任	離任
岡田英雄 少佐	61	S18.5.27	S19.2.1
川島立男 大尉	64	S19.2.1	S19.6.13

呂号第37潜水艦（中型）

呂37潜は中型の3番艦として、昭和18年7月24日佐世保工廠で竣工した。初代艦長には、佐藤作馬少佐（兵60期）が着任した。

昭和18年9月24日に第6艦隊直率となる。10月7日トラックに進出。10月17日トラックを出港し、甲潜水部隊に編入、ウェーク島方面へ向かう。10月13日トラックへ帰投命令が出る。

昭和19年1月3日トラックを出港、ニューヘブライズ方面に出撃したのち、行方不明となる。1月22日アメリカ油槽船「カッシ」撃破。22日被雷損傷した油槽船の救難に急行した、駆逐艦「ブキャナン」がサンタクルーズ島南西でレーダー探知。同士討ちを避けるため、サーチライトを照射、呂37潜は直ちに潜航した。以後近接して、ソーナー探知を続け、2時間に渡る爆雷攻撃により撃沈。

佐藤艦長以下、61名全員戦死。（喪失認定　2月17日）

呂号第37潜水艦歴代艦長

艦長名	海兵期	着任	離任
佐藤作馬 少佐	60	S18.6.30	S19.1.22

呂号第38潜水艦（中型）

呂38潜は中型の4番艦として、昭和18年7月30日に三菱神戸造船所で竣工した。初代艦長は野村俊治少佐（兵60期）である。

昭和18年7月31日第34潜水隊に編入。11月8日トラックに到着。11月19日甲潜水部隊に編入。ギルバート諸島に向かうも、その後消息不明となる。

タラワ島西方にいたアメリカ第53.6部隊の護衛空母の護衛にあたっていた駆逐艦「コットン」に撃沈されたものである。

最初の出撃で撃沈された呂38潜は野村艦長以下、77名戦死した。
（喪失認定　昭和19年1月2日）

呂号第38潜水艦歴代艦長

艦長名	海兵期	着任	離任
野村俊治 少佐	60	S18.7.24	S18.11.19

呂号第39潜水艦（中型）

呂39潜は中型の5番艦として、昭和18年9月12日に三菱神戸造船所で竣工した。初代艦長は、館上陸太少佐（兵60期）である。

昭和18年12月25日第34潜水隊に編入。12月28日舞鶴出港。昭和19年1月6日トラックに到着。1月20日トラック発、ギルバート諸島東方海面に向かう。2月1日ウオッゼ、マロエラップの航空機搭乗員の救助を命ぜられる。2月2日緊急信を発した後、消息不明。

アメリカ側の資料によると3日駆逐艦「チャーレット」及び「フェア」がウォッゼの東方でレーダー探知、追跡中一時失探するも、再度ソーナー探知、爆雷攻撃を実施して撃沈。

第34潜水隊司令清水太郎大佐（兵48期）、館上艦長以下70名全員が戦死した。
（喪失認定　3月5日）

呂号第39潜水艦歴代艦長

艦長名	海兵期	着任	離任
館上陸太 少佐	60	S18.9.12	S19.2.4

呂号第40潜水艦（中型）

呂40潜は中型の6番艦として、昭和18年9月28日に三菱神戸造船所で竣工した。初代艦長には城戸保雄少佐（兵60期）が着任した。

昭和19年1月15日第34潜水隊に編入1月29日トラックに到着。2月12日トラックを出港、マーシャル諸島方面を経てギルバート諸島東方哨区に就く。2月20日クェゼリン～ブラウン間の配備を下令される。

3月4日帰投命令を発するも出撃以後連絡なく消息不明。

アメリカ側の資料によれば2月16日、ブラウン攻撃部隊中のアメリカ駆逐艦「ヘルプス」がクェゼリン付近において、ソーナー探知、爆雷攻撃、駆逐艦「マックドノー」が来援して攻撃を続け、効果が不明だったが翌朝浮遊物や油を発見。

城戸艦長以下69名が全員戦死した。（喪失認定　3月28日）

呂号第40潜水艦歴代艦長

艦長名	海兵期	着任	離任
城戸保雄 少佐	60	S18.9.28	S19.2.16

呂号第41潜水艦（中型）

呂41潜は中型7番艦として、昭和18年11月26日三菱神戸造船所で竣工した。初代艦長は坂本金美少佐（兵61期）で、当艦の歴代艦長は3名である。

昭和19年3月5日第34潜水隊に編入され、呉を出港。3月14日トラックに到着。3月17日トラックを出港、トラック南東方の配備に就く。3月23日ヤルート東方海面配備を下令される。トラックを経由して、4月23日ホランジア方面に向かう。4月26日メレヨン島南方に配備下令される。サイパン、トラックを経て5月24日クサイ輸送後にヤルート西方海面に向かう。5月31日輸送物件揚陸。6月1日ヤルート西方の配備に就く。6月13日マリアナ諸島東方海面に向かう。

7月5日佐世保に帰着、艦長が同日付けで椎塚三夫大尉（兵66期）に交代する。その後呉に回航、9月18日呉を出港し、パラオ方面に向かう。9月24日モロタイ島方面の配備を下令される。10月3日、モロタイ島ゴランゴ岬付近でアメリカ駆逐艦「シェルトン」を撃沈。10月14日呉に帰着。

10月18日乙潜水部隊に編入。10月20日呉を出港して、比島沖海戦に参加。サマール島東方海面、レガスピー東方海面を行動し、11月18日舞鶴に帰着。

12月24日徳山を出港し、比島北東海面へ向かう。昭和20年1月31日呉に帰着。

2月1日、本多義邦大尉（兵67期）に艦長が交代。3月18日回航先の佐伯から沖縄方面に向かう。3月22日駆逐艦発見の報告後消息不明。

アメリカ側資料では、23日駆逐艦「ハガード」により沖縄南東においてレーダー、ソーナーの探知を受け、爆雷攻撃後、浮上砲戦、「ハガード」の体当たりにより沈没とある。

本多艦長以下82名全員戦死。（喪失認定　4月15日）

呂号第41潜水艦歴代艦長

艦長名	海兵期	着任	離任
坂本金美 少佐	61	S18.11.26	S19.7.5
椎塚三夫 大尉	66	S19.7.5	S20.2.1
本多義邦 大尉	67	S20.2.1	S20.3.23

呂号第42潜水艦（中型）

呂42潜は中型の8番艦として昭和18年8月31日に佐世保工廠で竣工した。初代艦長は和田睦雄少佐（兵61期）で同艦の歴代艦長は2名である。

昭和18年11月30日第34潜水隊に編入。12月4日舞鶴を出港、12日トラックに到着。12月23日トラックを出港し、エスピリットサント方面に向かう。昭和19年1月4日、エスピリットサント東方においてYO159（重油船）を撃沈。1月24日トラックに帰着。

2月17日から19日、トラック来襲の敵機動部隊を捕捉するため行動。2月25日トラックを出港し、クサイ島東の配備に就く。3月1日クェゼリン偵察を偵察の後、クェゼリン島南東の配備に就く。3月4日クェゼリン付近は警戒厳重のため、ミレ島付近に移動。ポナペ島を経由して3月28日トラックに帰投。

5月2日横須賀に帰着、5月14日工藤芳之助大尉（兵66期）に艦長が交代する。5月15日横須賀を出港、あ号作戦のためクェゼリン北北東の配備に向かう。6月13日、マリアナ諸島南東方面に向かう。6月22日トラックに帰投命令を発令するも消息不明。

アメリカ側の資料によれば11日、アメリカ駆逐艦「バンゲスト」がクェゼリン北東方においてレーダー探知、潜航後はソーナー探知を続け、ヘッジホッグ攻撃を4回実施して、撃沈。

工藤艦長以下、73名全員戦死。（喪失認定　7月12日）

呂号第42潜水艦歴代艦長

艦長名	海兵期	着任	離任
和田陸雄 少佐	61	S18.8.31	S18.5.14
工藤芳之助 大尉	66	S18.5.14	S18.6.11

呂号第43潜水艦（中型）

呂43潜は中型の9番艦として、昭和18年12月16日三菱神戸造船所で竣工した。初代艦長には西松張尾大尉（兵60期）が着任、同艦の歴代艦長は2名である。

昭和19年3月10日第34潜水隊に編入。3月11日トラックに向かう。3月19日トラック周辺の配備中、艦内タンク空気排水弁が爆発、トラック経由で舞鶴に4月9日に帰着。

5月5日艦長が月形正気大尉（兵66期）に交代。5月28日舞鶴を出港、サイパン向かう。6月11日サイパン周辺の配備に就く。6月16日乙潜水部隊、マリアナ諸島南東海面の散開配備に就く。6月26日舞鶴に帰投。

呉に回航ののち、10月19日呉を出港、比島東方海面に向かう。10月31日サンベルジナル海峡にて行動。11月16日佐世保に帰着。12月8日佐世保を出航し、ルソン島東方海面に向かう。昭和20年1月4日呉に帰投。

2月16日呉を出港、南西諸島東方海面に出撃。2月17日硫黄島方面に配備されるがその後連絡なく消息不明となる。

アメリカ側の資料によれば、21日アメリカ駆逐艦「レンショー」を撃破の後、27日硫黄島北

呂号第43潜水艦歴代艦長

艦長名	海兵期	着任	離任
西松張尾 大尉	60	S18.12.16	S19.5.5
月形正気 大尉	66	S19.5.5	S20.2.27

西で護衛空母「アンチオ」の搭載機の爆撃により沈没。
　月形艦長以下、79名全員が戦死した。（喪失認定　3月14日）

呂号第44潜水艦（中型）

呂号第44潜水艦歴代艦長

艦長名	海兵期	着任	離任
橋本以行 少佐	59	S18.9.13	S19.5.14
上杉貞夫 大尉	65	S19.5.14	S19.6.16

　呂44潜は、中型の10番艦として、昭和18年9月13日三井玉野造船所で竣工した。初代艦長は、橋本以行少佐（兵59期）で、同艦の歴代艦長は2名である。
　昭和18年12月25日第34潜水隊に編入。12月28日舞鶴出港、昭和19年1月6日トラックに到着。
1月15日トラックを出港しエスピリットサント方面へ向かう。トラック経由でミレ輸送に従事。3月11日ミレ島に糧食11トンを揚陸。3月13日メジュロ島を偵察後、トラックに帰着。4月11日トラックを出港、カビエン南方に向かう。4月15日トラックに戻り、錨泊沈座中に被爆損傷を受けたため、呉に戻る。
　5月14日上杉貞夫大尉（兵65期）に艦長が交代する。5月15日呉を出港、サイパン経由でマーシャル方面に向かう。6月16日マリアナ諸島南東の散開配備に就き、ブラウン偵察報告後連絡なく消息不明となる。
　アメリカ側の記録では、16日アメリカ駆逐艦「バーデン・R・ハスチング」がブラウン付近においてレーダー探知。ヘッジホッグ、爆雷攻撃を続け撃沈。
　上杉艦長以下、72名全員が戦死した。（喪失認定　7月12日）

呂号第45潜水艦（中型）

呂号第45潜水艦歴代艦長

艦長名	海兵期	着任	離任
浜住芳久 少佐	61	S19.1.11	S19.5.1

　呂45潜は、中型の11番艦として、昭和19年1月11日三菱神戸造船所で竣工した。初代艦長は浜住芳久少佐（兵61期）である。
　昭和19年4月15日第34潜水隊に編入。4月16日トラックに向けて出港、4月27日トラックに到着。4月30日、アメリカ機動部隊トラック来襲により出撃するが、以後連絡なく消息不明。
　アメリカ側の資料では、5月1日、トラック奇襲部隊の駆逐艦「マクドノー」及び「ステウェンポッター」がトラック南方でレーダー探知、爆雷攻撃と護衛空母「モンタレー」の対潜爆撃攻撃により沈没。
　浜住艦長以下、74名全員が戦死した。（喪失認定　5月20日）

呂号第46潜水艦（中型）

呂号第46潜水艦歴代艦長

艦長名	海兵期	着任	離任
鈴木正吉 大尉	62	S19.2.19	S19.12.9
徳永正彦 大尉	67	S19.12.9	S20.3.19
木村正男 少佐	63	S20.3.19	S20.4.25

　呂46潜は、中型の12番艦として昭和19年2月19日三井玉野造船所で竣工した。初代艦長は、鈴木正吉大尉（兵62期）で、同艦の歴代艦長は3名である。
　昭和19年6月23日、第34潜水隊に編入、呉を発しマリアナ方面に出撃する。7月3日故障のため引き返す。9月19日、再度呉を出港、パラオ南西海面に向かう。10月7日、回天攻撃のためウルシー偵察を実施。10月14日呉に帰着。
　10月20日呉を出港、乙潜水部隊に編入され、比島東方海面に向かい比島沖海戦に参加。11月19日舞鶴に帰着。
　12月9日、艦長が徳永正彦大尉（兵67期）に交代する。昭和20年1月8日、舞鶴を出港し、ルソン島西方海面に向かう。1月30日イバ西方でアメリカ輸送艦「カバリア」を撃破。
　2月4日高雄入港、2月7日高雄を発し、バトリナオ輸送の任務に従事。2月10日バトリナオで搭乗員を46名収容。2月12日高雄に帰着。2月13日高雄を出港し、南西諸島方面を索敵し呉に帰着。
　3月9日木村正男少佐（兵63）に艦長が交代する。4月6日呉を出港、北大東島に向かったが、連絡無く消息不明。
　アメリカ側の資料では4月29日、沖大東島南沖において、護衛空母「ツラギ」の搭載機による攻撃を受けて沈没。
　木村艦長以下、86名全員が戦死した。（喪失認定　5月2日）

呂号第47潜水艦（中型）

呂号第47潜水艦歴代艦長

艦長名	海兵期	着任	離任
西内正一 少佐	60	S19.1.31	S19.8.1
石川長男 大尉	65	S19.8.1	S19.9.26

　呂47潜は、中型の13番艦として昭和19年1月31日三菱神戸造船所で竣工した。初代艦長には西内正一少佐（兵60期）が着任、同艦の歴代艦長は2名である。
　昭和19年3月31日、アメリカ機動部隊パラオ方面来襲により急遽出港するも、戦果なく4月13日に呉に帰着。
　5月14日第34潜水隊に編入。6月14日横須賀を出港、サイパン方面に向かう。7月16日舞鶴に帰着、呉に回航。
　8月1日石川長男大尉（兵65期）に艦長が交代。9月17日呉を出港、パラオ南方の哨区へ向かう。9月24日パラオ周辺に向かったがその後連絡なく消息不明。
　アメリカ側の資料では、9月26日、アメリカ駆逐艦「マックコイ」「レイノルズ」がパラオ南方でレーダー探知。ついでソーナー探知し、ヘッジホッグ攻撃5回で撃沈。
　石川艦長以下、76名全員戦死。（喪失認定　11月2日）

呂号第48潜水艦
（中型）

呂号第48潜水艦歴代艦長			
艦長名	海兵期	着任	離任
一富清太 大尉	63	S19.3.31	S19.7.18

　呂48潜は、中型の14番艦として昭和19年3月31日、三菱神戸造船所で竣工した。初代艦長に一富清太大尉（兵63期）が着任した。
　昭和19年7月3日第34潜水隊に編入。7月5日呉発、サイパン方面に向かう。7月14日サイパン北方で待機中、敵の制圧を受け、配備を変更する旨連絡があり、そのまま消息不明となる。
　アメリカ側の資料によれば、哨戒機より発見され、駆けつけた駆逐艦「ウイリアムス・C・ミラー」がソーナー探知を続け、爆雷攻撃を3回繰り返し、遂に撃沈した。
　一富艦長以下、76名全員戦死。（喪失認定　7月15日）

呂号第49潜水艦
（中型）

呂号第49潜水艦歴代艦長			
艦長名	海兵期	着任	離任
普門正三 大尉	63	S19.5.19	S19.8.5
菅昌徹昭 大尉	65	S19.8.5	S20.2.5
郷 康夫 大尉	66	S20.2.5	S20.4.15

　呂49潜は、中型の15番艦として昭和19年5月19日、三井玉野造船所で竣工した。初代艦長には普門正三大尉（兵63期）が着任し、同艦の歴代艦長は3名である。
　8月5日、早くも2代目艦長、菅昌徹昭艦長（兵65期）に交代する。昭和19年11月10日第34潜水隊に編入。11月16日、呉を出港してルソン島東方海面に向かう。11月28日荒天のため聴音機が故障し、呉に12月7日に帰着。昭和20年1月1日に呉を出港、比島方面に出撃。2月1日呉に帰投。
　2月5日に郷康夫大尉（兵66期）に艦長が交代。3月16日呉を出港、佐伯を経由して南西諸島南東海面に向かう。3月25日敵情を報告した後消息不明となり、郷艦長以下、79名全員が戦死した。（喪失認定　4月15日）

▲昭和19年7月に撮影されたとされる呂50潜。本型は運動性能もよく乗員に好評だったが、量産効果が出る前に建造を打ち切ってしまい、同型艦は18隻しか建造されなかった。過酷な大戦末期に投入されたこともあり18隻中、写真の呂50潜以外の17隻が沈没した。

呂号第 50 潜水艦（中型）

呂号第 50 潜水艦歴代艦長

艦長名	海兵期	着任	離任
木村正男 少佐	63	S19.7.31	S20.4.2
今井梅一 大尉	67	S20.4.2	終戦

　呂50潜は、中型の16番艦として昭和19年7月31日三井玉野造船所で竣工した。初代艦長は、木村正男少佐（兵63期）である。同艦の歴代艦長は2名である。
　昭和19年11月5日第34潜水隊に編入。11月19日呉を出港、比島東方海面に向かう。12月27日呉に帰着。昭和20年1月23日呉を出港、ルソン島東方に向かう。2月10日、スリガオ東南東でアメリカのLST（戦車揚陸艦）を撃沈。2月20日南西諸島方面を索敵しながら呉に帰着。2月26日舞鶴に回航して修理を実施。
　4月2日今井梅一大尉（兵67期）に艦長が交代。4月20日舞鶴を出港、北大東島に向かう。5月4日呉経由、舞鶴に帰着。
　5月29日舞鶴を出港、台湾、ウルシー、沖縄を哨戒。7月3日舞鶴に帰投。8月15日第34潜水隊解隊、第15潜水隊に編入、終戦。
　昭和21年4月1日五島キナイ島で爆破処分。
　呂50潜は中型18隻で唯一、終戦まで無事だった艦である。

呂号第 55 潜水艦（中型）

呂号第 55 潜水艦歴代艦長

艦長名	海兵期	着任	離任
諏訪幸一郎 大尉	64	S19.9.30	S20.2.7

　呂55潜は、中型の17番艦として昭和19年9月30日三井玉野造船所で竣工した。初代艦長は諏訪幸一郎大尉（兵64期）である。
　昭和20年1月4日第34潜水隊に編入。1月27日呉を出港、ルソン島西方海面に向かう。2月2日敵情報告後、消息不明。
　アメリカ側の記録によれば、2月7日、アメリカ護衛駆逐艦「トーマソン」がルソン島リンガエン南方で潜望鏡をレーダー探知。爆雷攻撃で撃沈。
　諏訪艦長以下、80名全員が戦死。（喪失認定　3月1日）

呂号第 56 潜水艦（中型）

呂号第 56 潜水艦歴代艦長

艦長名	海兵期	着任	離任
永松正輝 大尉	67	S19.11.15	S20.4.9

　呂56潜は中型の最終艦として、昭和19年11月15日に三井玉野造船所で竣工した。初代艦長は永松正輝大尉（兵67期）である。
　昭和20年2月10日第34潜水隊に編入。3月16日佐伯に進出。3月18日佐伯を出港、九州南西海面に向かったがその後消息不明となった。
　アメリカ側の資料によれば、4月9日アメリカ駆逐艦「マーツ」及び「モンセン」が沖大東島南西でソーナー探知。爆雷攻撃3回その後失探するが、再探知後爆雷攻撃5回実施して撃沈。
　永松艦長以下、79名全員が戦死した。（喪失認定　4月15日）

小型

▲ラバウル湾内を航行中の呂109潜。甲板上に乗員が1列に並び、見送りに応えている。呂109潜はラバウルに9回寄港しているので、そのうちいずれかの写真であろう。

呂100・呂101・呂102・呂103・呂104・呂105・呂106・呂107・呂108・呂109・呂110・呂111・呂112・呂113・呂114・呂115・呂116・呂117（同型艦18隻）

　小型は昭和15年度第2次追加計画、㊾計画で9隻、昭和16年度戦時建造計画、㊿計画で9隻、合計18隻計画された。

　排水量が500トンと小型だが凌波性を考慮して艦首の乾舷を高くし、大型の艦橋を設置していた。またヴィッカーズ式のディーゼルを改良した艦本式24号6型ディーゼルを搭載して、水上速力14.2ノットとし、水上水中機動性能もよく、特に潜航時間が早くツリムの調整も容易だった。また魚雷発射管も4門を装備し、離島防衛、沿岸防衛用の潜水艦としては高性能であった。

　しかし、戦局が厳しい中、小型も通常の潜水艦と同じ作戦使用を可能とすべきであると、乗員を2直38名から3直55名に増員し、燃料搭載量も増やして航続距離を延伸させた。それによりとくに居住性が悪化し、乗員からの評判は良くなかったと言われている。

要目	
排水量	水上：525トン／水中：782トン
全　長	60.90m
全　幅	6.00m
吃　水	3.51m
機　関	艦本式24号6型ディーゼル2基2軸
	水上：1,000馬力／水中：760馬力
速　力	水上：14.2ノット／水中：8.0ノット
航続距離	水上：3,500浬／12ノット
	水中：60浬／3ノット
燃　料	重油：50トン
乗　員	38名
兵　装	25mm連装機銃1基2挺
	53cm魚雷発射管：艦首4門
	魚雷8本
安全潜航深度	75m

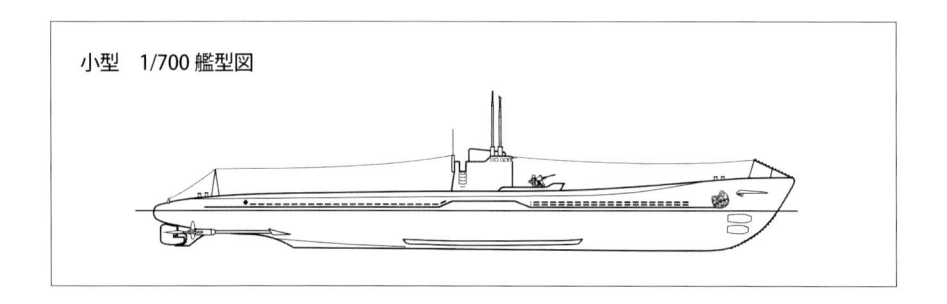

小型　1/700 艦型図

呂号第100潜水艦（小型）

呂100潜は小型の1番艦として昭和17年9月23日に呉工廠で竣工した。初代艦長は、5月30日に艤装員長に着任していた坂本金美大尉（兵61期）である。同艦の歴代艦長は3名である。

昭和17年12月15日7潜戦に編入。12月20日横須賀を出港しトラックに到着する。昭和18年1月6日トラックを出港するも機械故障によりトラックへ引き返す。2月3日トラックを出港しラバウルを経由して、ポートモレスビー方面へ向かう。2月14日ポートモレスビー南方で船団攻撃中、駆逐艦の爆雷攻撃を受けて潜望鏡を破損。各所に浸水を起こしたが2月20日にラバウルに帰着。4月1日ラバウルを出港し、い号作戦参加のためガ島南東海面に向かうがジャイロが故障する。4月12日ラバウルに帰着。

4月22日から5月14日、5月27日から6月20日までガ島南東海面に行動する。7月2日ラバウルを出港し、レンドバ島方面に向かう、ブランチェ水道内にて座礁する。シンボ不時着搭乗員を救助してブインに送る。7月12日ラバウルに到着。8月7日ラバウルを出港するが漏油のため引き返す。8月11日ラバウルに帰着。

8月30日関教孝大尉（兵63期）に艦長が交代。9月7日ニューギニア北方海面に行動する。

9月10日、関艦長の同期、大金久男大尉に艦長が交代する。トラックに回航ののち、11月10日ブーゲンビル島方面へ向かう。11月19日ラバウルに帰着。11月23日ラバウルを出港し、ブイン輸送。11月25日ブイン北口水道オエマ島西方で船体中央左舷に触雷沈没。

大金艦長以下、38名が戦死。12名が救助された。（喪失認定　11月25日）

呂号第100潜水艦歴代艦長

艦長名	海兵期	着任	離任
坂本金美 大尉	61	S17.9.23	S18.8.30
関教 孝 大尉	63	S18.8.30	S18.9.10
大金久男 大尉	63	S18.9.10	S18.11.25

呂号第101潜水艦（小型）

呂101潜は小型の2番艦として昭和17年10月31日に神戸川崎重工で竣工した。初代艦長は、折田善次少佐（兵59期）である。同艦の歴代艦長は3名である。

昭和18年1月16日7潜戦に編入。1月18日横須賀を出港し、トラック経由でラバウルに進出。2月8日ラバウルを出港、ニューギニア南方海面に向かう。2月28日ラバウルに帰着。3月5日ラバウルを出港、八十一号作戦遭難者救助を実施し45名を収容。ラバウルに帰着後、4月30日ニューギニア南東海面、サマライ島沖、北側を行動する。5月21日ラバウル帰着。6月8日ラバウルを出港しガッカイ島方面に向かう。7月3日ラバウル着。7月8日ラバウルを出港し、クラ湾方面に向かう。暗夜に敵駆逐艦「テイラー」の砲撃を受けて司令塔に命中、損傷。先任将校他3名が戦死。7月14日ラバウルに帰着。8月7日修理を終えて、コロンバンガラ方面に向かう。

8月20日第51潜水隊に編入、有馬文夫大尉（兵64期）に艦長が交代。8月26日ラバウルに帰着。

9月1日藤沢政方大尉（兵63期）に艦長が交代。9月10日ラバウルを発し、サンクリストバル島南東海面へ向かうが、その後消息不明となる。

アメリカ側の資料によれば、駆逐艦「フーフレ」がサンクリストバル島南東方においてソーナー探知、爆雷攻撃後浮上砲戦。砲撃命中、航空機の対潜爆弾も投下して撃沈。

藤沢艦長以下、60名が全員戦死した。（喪失認定　10月11日）

呂号第101潜水艦歴代艦長

艦長名	海兵期	着任	離任
折田善次 少佐	59	S17.10.31	S18.8.20
有馬文夫 大尉	64	S18.8.20	S18.9.1
藤沢政方 大尉	63	S18.9.1	S18.9.15

呂号第102潜水艦（小型）

呂102潜は小型の3番艦として昭和17年11月17日に川崎重工で竣工した。初代艦長には兼本正二大尉（兵61期）が着任し、7潜戦に配備された。

昭和18年1月25日横須賀を出港、トラック、ラバウルを経由してニューギニア南方海面に向かう。3月15日ラバウルに帰着。3月30日ラバウルを出港し、い号作戦に協力してラビ南東海面に向かう。5月9日敵情報告後、消息不明となる。

アメリカ側には該当する記録がないとあるが、ラビ付近でアメリカ魚雷艇2隻の攻撃を受け沈没したとの異説あり。（喪失認定　6月2日）

呂号第102潜水艦歴代艦長

艦長名	海兵期	着任	離任
兼本正二 大尉	61	S17.11.11	S18.5.14

呂号第103潜水艦（小型）

呂103潜は小型の4番艦として昭和17年10月21日に呉工廠で竣工した。初代艦長には藤田秀範大尉（兵62期）が着任した。同艦の歴代艦長は2名である。

昭和18年1月5日7潜戦に配備、呉を出港しトラックに向かう。2月4日トラックを発し、ラバウルを経由してニューギニア南東海面に向かう。2月28日ラバウルに着。3月13日ラバウルを発し、八十一号作戦遭難者の救助を実施する。3月15日座礁するも自力で離礁し17日にラバウルに帰投する。

3月15日市村力之助大尉（兵64期）に艦長が交代する。3月20日ラバウルを発し、い号作戦に参加、4月20日にラバウルに帰着。5月9日ラバウルを出港し、ガ島東方海面に向かう。6月1日ラバウルに帰投。

6月12日ラバウルを出港し、ガ島東方海面からガッカイ島方面に向かう。6月23日サンクリストバル島東端においてアメリカ輸送艦「アルドラ」及び「ディモス」を撃沈する。6月29日ガッカイ島南方を哨戒後ラバウルに帰着。7月4日ラバウル着。7月11日ラバウルを出港し、レンドバ島方面に向かう。7月13日ヴァングヌ島南方バンガ湾方面の配備点に就く。7月15日から24日敵艦を発見するも攻撃機会を得ず。

7月28日以後連絡なく消息不明となり、市村艦長以下、43名が全員戦死した。（喪失認定　8月10日）

呂号第103潜水艦歴代艦長

艦長名	海兵期	着任	離任
藤田秀範 大尉	62	S17.10.21	S18.3.15
市村力之助 大尉	64	S18.3.15	S18.8.10

呂号第104潜水艦（小型）

呂号第104潜水艦歴代艦長

艦長名	海兵期	着任	離任
浜住芳久 大尉	61	S18.2.15	S18.3.16
正田啓治 大尉	62	S18.3.16	S19.1.20
出淵 愈 大尉	64	S19.1.20	S19.5.23

呂104潜は小型の5番艦として昭和18年2月25日に神戸川崎重工で竣工した。初代艦長は、浜住芳久大尉（兵61期）で、同艦の歴代艦長は3名である。

3月16日正田哲治大尉（兵62期）に艦長が交代する。6月5日7潜戦、北方部隊に編入された。6月7日呉を出港し、幌筵を経由してアッツ島西方の哨戒配備に就く。幌筵に一度帰投し、哨戒任務を続け7月28日横須賀に帰着。

8月14日横須賀を出港、ラバウルを経由してラエ揚陸地点に向かう。9月23日ラバウルを発し、フィンシュハーフェン方面に向かう。9月30日ラバウルに帰着。10月9日から11月上旬までにスルミ輸送3回実施。

12月4日ラバウルを出港し、ブーゲンビル島方面へ向かう。12月13日ラバウルに帰着、26日ラバウルを出港し、再度スルミ輸送を実施。12月28日スルミ揚陸、30日から翌昭和19年1月4日までダンピール海峡の哨戒任務に就く。1月13日ラバウルを出港し、ガリ島輸送を実施。

1月20日出淵愈大尉（兵64期）に艦長が交代する。ラバウルを発し、2月12日に呉に帰着。4月2日呉を発し、サイパン経由でトラックに進出、トラック南方海面の配備へ向かう。5月10日サイパンに着。

5月17日サイパンを発し、あ号作戦のため「ナ」散開線に配備されたが、アメリカ駆逐艦「イングランド」のヘッジホッグ、爆雷攻撃を受け沈没。

出淵艦長以下、58名全員が戦死した。（喪失認定　6月25日）

呂号第105潜水艦（小型）

呂号第105潜水艦歴代艦長

艦長名	海兵期	着任	離任
大場佐一 大尉	62	S18.3.25	S19.1.20
井上順一 大尉	64	S19.1.20	S19.5.31

呂105潜は小型の6番艦として昭和18年3月5日に川崎重工で竣工した。初代艦長には大場佐一大尉（兵62期）が着任。同艦の歴代艦長は2名である。

6月11日、7潜戦に編入、北方部隊に編入。6月16日呉を出港し、幌筵経由で北方部隊の哨戒任務に就く。7月22日北方部隊より除かれ、横須賀に帰着。

8月11日横須賀を出港、ラバウルを経由してサンクリストバル島南方へ向かう。9月24日帰途、不時着搭乗員の漂流者を救助する。9月25日ラバウル着。

以後、10月から翌昭和19年2月までの間にスルミ輸送を8回実施（10月9日、16日、11月7日、18日、12月10日、19年1月18日、28日、2月14日）。輸送任務中の昭和19年1月20日井上順一大尉（兵64期）に艦長が変わる。トラックを経由して3月25日佐世保着。

5月7日佐世保を出港、5月14日サイパンに帰着。5月17日サイパンを出港し、あ号作戦のため「ナ」散開線へ配備されたが、アメリカ駆逐艦「イングランド」のヘッジホッグ、爆雷攻撃を受け沈没。

井上艦長以下55名全員戦死した。（喪失認定　6月25日）

呂号第106潜水艦（小型）

呂号第106潜水艦歴代艦長

艦長名	海兵期	着任	離任
佐伯貞夫 少佐	59	S17.12.26	S18.6.12
中村元夫 大尉	62	S18.6.12	S19.5.15
宇田恵泰 大尉	66	S19.5.15	S19.5.22

呂106潜は小型の7番艦として昭和17年12月26日に呉工廠で竣工した。初代艦長には佐伯卓夫少佐（兵59期）が着任。当艦の歴代艦長は3名である。

昭和18年3月15日7潜戦に編入される。3月31日佐世保を出港しラバウルに向かう。4月22日ラバウルを出港し、ガ島南東海面へ向かう。5月14日ラバウルに帰着。5月27日ラバウルを出港し、機械故障により引き返す。5月29日ラバウル着。

6月12日中村元夫大尉（兵62期）に艦長が交代する。6月30日ラバウルを出港し、レンドバ島方面の配備に就く。7月18日、ブランチェ水道においてアメリカLST342を撃沈。9月1日ラバウルを出港し、サンクリストバル島方面へ向かう。10月6日ラバウルを発し、スルミ輸送を実施。ラバウルを経由して11月8日佐世保に帰着。

12月佐世保を出港し、ラバウルに到着。昭和19年2月1日より2度スルミ輸送（2月3日、2月12日）を実施。3月1日ブラウン偵察を実施して、トラックに帰投。3月20日モートロック島南東海面に行動する。3月24日トラックに着。

5月15日艦長が宇田恵泰大尉（兵66期）に交代する。5月16日トラックを出港、あ号作戦のため「ナ」散開線へ配備されたが、アメリカ駆逐艦「イングランド」のヘッジホッグ、爆雷攻撃を受け沈没。

宇田艦長以下、49名全員が戦死した。（喪失認定　6月25日）

呂号第107潜水艦（小型）

呂号第107潜水艦歴代艦長

艦長名	海兵期	着任	離任
江木尚一 大尉	60	S17.12.16	S18.7.12

呂107潜は小型の8番艦として昭和17年12月26日に呉工廠で竣工した。初代艦長には江木尚一大尉（兵60期）が着任した。

昭和18年3月15日、7潜戦に編入。3月31日佐世保を出港し、4月12日ラバウル着。4月22日ラバウルを出港し、ガ島東方海面に向かう。5月14日ラバウルに帰着、5月27日ラバウルを発し、再びガ島東方海面に向かう。ラバウルを経由して、6月30日レンドベ島方面に向かう。

7月6日ブラナチェ水道に進入したが、レンドバ島方面でアメリカ駆逐艦「テーラー」の攻撃を受けて沈没。

江木艦長以下、42名全員が戦死した。（喪失認定　8月1日）

呂号第108潜水艦（小型）

呂108潜は小型の9番艦として、昭和18年4月20日に川崎重工で竣工した。初代艦長には荒井淳大尉（兵63期）が着任した。同艦の歴代艦長は2名である。

昭和18年8月1日、7戦隊に編入。8月11日横須賀を出港し、ラバウルに到着。8月23日ラバウルを出港し、サンクリストバル島南東海面に向かう。9月1日第51潜水隊に編入。9月16日ラバウルに帰着。

9月23日ラバウルを出港、フィンシュハーフェン方面へ向かう。10月3日、ワードフント岬北方において駆逐艦3隻を発見。アメリカ駆逐艦「ヘンリー」を撃沈する。攻撃後22時間にわたり制圧を受けるが、10月11日にラバウルに帰着。10月24日、11月21日にスルミ輸送実施。ラバウルから昭和19年1月1日に佐世保に帰着。

1月20日小針寛一大尉（兵65期）が着任する。3月7日、佐世保を出港し、トラックを経由して3月18日トラック南東方面に向かう。3月20日甲潜水部隊に編入。3月29日トラックに帰着。4月12日トラックを出港し、トラック南方海面へ向かう。5月3日トラック着。

5月16日トラックを出港し、あ号作戦のため「ナ」散開線へ配備されたが、アメリカ駆逐艦「イングランド」のヘッジホッグ、爆雷攻撃を受け沈没。

小針艦長以下、53名全員が戦死した。（喪失認定　6月25日）

呂号第108潜水艦歴代艦長

艦長名	海兵期	着任	離任
荒井 淳 大尉	63	S18.4.20	S19.1.20
小針寛一 大尉	65	S19.1.20	S19.5.26

▼ラバウルを出港中の呂109潜。小型は18隻建造されたが、各艦次々と喪失。ただ1艦残っていた本艦が昭和20年4月25日沖縄で沈没したことにより、ついに全滅した。

呂号第109潜水艦（小型）

呂109潜は小型の10番艦として昭和18年4月29日に神戸川崎重工で竣工した。初代艦長には上杉一秋大尉（兵63期）が着任した。同艦の歴代艦長は6名である。

昭和18年8月14日佐世保を出港し、ラバウルに向かう。9月9日ラバウルを発し、ガ島南方海面へ向かう。10月14日スルミ輸送実施。10月15日、16日ラエ方面に配備される。11月8日から翌昭和19年2月までの期間、ブイン3度、スルミ1度の輸送作戦を実施する（ブイン揚陸12月16日、12月26日、1月28日、スルミ輸送2月9日）。トラック、サイパン経由で3月11日佐世保に帰着。

3月20日菅昌徹昭大尉（兵65期）に艦長が交代。4月13日佐世保を出港し、22日ニューギニア北岸、29日メレオン島南東海面に行動する。5月8日サイパン着。5月16日サイパンを出港し、あ号作戦のため「ナ」散開線に配備されるが、被発見の疑いを持ち散開線を移動する。5月31日徹哨後トラック着。

6月12日トラックを出港し、トラック島周辺の配備に就く。6月16日マリアナ沖海戦に参加。トラック経由で7月16日佐世保に帰着。

8月5日大場佐一少佐（兵62期）に艦長が交代する。8月15日呉潜戦に編入され練習潜水艦となる。9月5日湯地淳大尉（兵66期）、10月14日増沢清司大尉（兵65期）に艦長が交代する。

10月17日、連合艦隊司令長官の指揮下に入り日第34潜水隊に編入、23日丙潜水部隊に編入、呉を出港し比島東方海面に向かう。11月30日マニラ沖において潜水艦を雷撃するが命中せず。11月10日徹哨し、19日佐世保に帰着。12月18日佐世保を出港し、比島東方海面に向かう。昭和20年1月12日佐世保に帰着する。2月3日佐世保を出港、ルソン島西方海面に向かう。リンガエンで敵艦を発見、襲撃するも戦果なし。3月2日呉に帰着。

3月17日中川博大尉（兵68期）が艦長に着任する。4月2日佐世保に回航後、同港を出港。南西諸島西方を南下し、沖縄南方に向かうが、その後連絡なく消息不明となる。

アメリカ側の資料によれば、4月25日沖大東島165浬付近において高速輸送艦APO「ホラカ・A・バス」の攻撃を受け沈没とある。

中川艦長以下、65名全員が戦死した。（喪失認定　5月7日）

呂号第109潜水艦歴代艦長

艦長名	海兵期	着任	離任
上杉一秋 大尉	63	S18.4.30	S19.3.20
菅昌徹昭 大尉	65	S19.3.20	S19.8.5
大場佐一 大尉	62	S19.8.5	S19.9.5
湯池 淳 大尉	66	S19.9.5	S19.10.14
増沢清司 大尉	65	S19.10.14	S20.3.17
中川 博 大尉	68	S20.3.17	S20.4.25

呂号第110潜水艦（小型）

呂110潜は小型の11番艦として昭和18年7月6日に神戸川崎重工で竣工した。初代艦長には江波戸和郎大尉（兵62期）が着任。

昭和18年11月10日第33潜水隊、南西方面部隊潜水部隊に編入。11月12日長崎県橘湾を出港。11月24日ペナンに到着。

12月3日ペナンを出港し、印度洋交通破壊戦を実施。12月14日イギリス船「デーズイ・モラー」を撃破。12月19日ペナンに帰着。2月2日、再度ペナンを出港し印度洋交通破壊戦従事。2月11日イギリス船「アスファリオン」を撃破するも、連合国側の資料によれば12日に豪州海軍艦艇の攻撃により沈没。

江波戸艦長以下、47名全員が戦死した。（喪失認定　3月15日）

呂号第110潜水艦歴代艦長

艦長名	海兵期	着任	離任
江波戸和郎 大尉	62	S18.7.6	S19.2.12

呂号第111潜水艦（小型）

呂111潜は小型の12番艦として昭和18年7月19日に神戸川崎重工で竣工した。初代艦長には中村直三大尉（兵62期）が着任する。

昭和18年10月31日第30潜水隊、南西方面部隊潜水部隊に編入し呉を出港。シンガポール、ペナンを経由して印度洋交通破壊戦を実施。12月23日イギリス船「ペシャワー」を撃沈。12月29日ペナン帰着、昭和19年1月7日ペナンを出港し、10日エレファント岬付近に機雷10個（魚雷発射管から敷設できる円筒型の磁気機雷）を敷設。

3月7日ペナン経由でカルカッタ方面に向かう。3月16日印度船「エルマデマ」を撃沈する。ペナン経由で4月1日佐世保に帰着。

5月22日佐世保を出港し、トラックを経由してトラック南方の散開配備に就く。6月16日マリアナ諸島周辺配備に就く。しかし6月22日トラック帰投命令を送るも、同潜から連絡なく消息不明となる。

アメリカ側の資料では6月9日、哨戒機に発見され、さらに駆逐艦「テーラー」によりカビエン北方においてソーナー探知、爆雷攻撃を受け浮上砲戦後沈没。

中村艦長以下、54名全員が戦死した。（喪失認定　7月12日）

呂号第111潜水艦歴代艦長

艦長名	海兵期	着任	離任
中村直三 大尉	62	S18.7.19	S19.5.10

呂号第112潜水艦（小型）

呂112潜は小型の13番艦として昭和18年9月14日に神戸川崎重工で竣工した。初代艦長には近藤文武大尉（兵62期）が着任。同艦の歴代艦長は5名である。

昭和18年12月25日第30潜水隊に編入。12月26日呉を出港しスラバヤに向かう。昭和19年1月19日スラバヤを出港し、豪州方面に向かう。2月中旬から4月スラバヤ、サイパン方面を行動。4月24日サイパンを出港し、ニューギニア北岸に向かう。4月29日メレヨン島南方に配備を変更。5月6日サイパンに着。

5月15日サイパンを出港し、あ号作戦のため「ナ」散開線へ就く。6月8日トラックに帰着。6月14日、トラックを発し、マリアナ沖海戦に参加。トラック経由で7月中旬に横須賀に帰着。

8月5日松島茂雄大尉（兵66期）に艦長が交代する。8月15日呉潜戦に編入、練習潜水艦になる。8月31日坂本道二大尉（兵67期）、10月14日上杉一秋少佐（兵63期）と艦長が交代する。

10月17日第34潜水隊に編入。10月23日呉を出港、比島東方海面に向かう。11月28日馬公を経由してラモン湾東方海面に向かう。12月28日呉に帰着。

昭和20年1月5日、湯地淳大尉（兵66期）に艦長が交代。22日呉を出港し、ルソン島西方海面に向かう。2月7日高雄に帰着。

2月8日ルソン島残留搭乗員の救出に向かうが、11日ルソン海峡でアメリカ潜水艦「バットフィッシュ」の雷撃を受け沈没。

湯池艦長以下61名全員が戦死した。（喪失認定　2月20日）

呂号第112潜水艦歴代艦長

艦長名	海兵期	着任	離任
近藤文武 大尉	62	S18.9.14	S19.8.5
松島茂雄 大尉	66	S19.8.5	S19.8.31
坂本道二 大尉	67	S19.8.31	S19.10.14
上杉一秋 大尉	63	S19.10.14	S20.1.5
湯池 淳 大尉	66	S20.1.5	S20.2.11

呂号第113潜水艦（小型）

呂113潜は小型の14番艦として昭和18年10月12日に呉工廠で竣工した。初代艦長には渡辺久大尉（兵64期）が着任した。同艦の歴代艦長は2名である。

昭和19年1月31日、第30潜水隊に編入。1月28日南西諸島において対潜作戦を行なう。5月31日、呉を出港しサイパンに到着。サイパンを出港し、トラックを経由して6月8日ニューアイルランド北方散開線に就く。6月14日グァム島南方方面に急行を命ぜられる。6月16日マリアナ諸島周辺の配備を命ぜられる。トラックを経由して7月中旬に佐世保に帰着。

8月1日艦長が原田潔大尉（兵66期）に代わる。8月15日、8潜戦に編入。ペナンに進出後、10月25日ペナンを出港し、ベンガル湾交通破壊戦を実施。11月6日セイロン島南方でイギリス船「マリオン・モラー」を撃沈。11月3日ペナンに帰着。11月28日ペナンを出港し再度、ベンガル湾交通破壊戦を従事、12月18日、19日の両日輸送船撃沈を報ずるが戦果の確認がない。

ペナン、シンガポールを経由して昭和20年1月20日、ルソン島西方海面に向かう。2月7日高雄に帰着。2月9日高雄を出港し、バドリナオ輸送に向かうが、出撃以後連絡なく消息不明となる。

アメリカ側の記録によれば、アメリカ潜水艦「バットフィッシュ」によるレーダー探知後、魚雷攻撃を受けて沈没。

原田艦長以下、59名が戦死した。（喪失認定　2月20日）

呂号第113潜水艦歴代艦長

艦長名	海兵期	着任	離任
渡辺 久 大尉	64	S18.10.12	S19.8.1
原田 潔 大尉	66	S19.8.1	S20.2.12

呂号第114潜水艦（小型）

呂号第114潜水艦歴代艦長

艦長名	海兵期	着任	離任
河島 守 大尉	64	S18.11.20	S19.4.30
阿多義広 大尉	65	S19.4.30	S19.6.17

　呂114潜は小型の15番艦として昭和18年11月20日に神戸川崎重工で竣工した。初代艦長には河島守大尉（兵64期）が着任する。同艦の歴代艦長は2名である。
　昭和19年2月7日、南西諸島方面において対潜戦に従事。
　4月30日阿多義広大尉（兵65期）に艦長が代わる。6月1日呉に帰着。6月4日佐伯を発し、サイパンに向かう。6月11日サイパン島周辺の配備に就く。6月16日、マリアナ諸島周辺の配備を下令されるが、その後消息不明となる。
　アメリカ側の資料によれば、アメリカ駆逐艦「メルビン」「ウェードル」がサイパン北方でレーダー探知、失探後ソーナー探知、爆雷攻撃5回を実施して撃沈とある。
　阿多艦長以下、55名全員が戦死した。（喪失認定　2月12日）

呂号第115潜水艦（小型）

呂号第115潜水艦歴代艦長

艦長名	海兵期	着任	離任
是枝貞義 大尉	64	S18.11.30	S19.8.5
竹間忠三 大尉	65	S19.8.5	S20.1.22

　呂115潜は小型の16番艦として昭和18年11月30日に神戸川崎重工で竣工した。初代艦長には是枝貞義大尉（兵64期）が着任する。同艦の歴代艦長は2名である。
　昭和19年3月11日内地を出港、トラックに向かう。3月28日トラックを出港し、アメリカ機動部隊を警戒。5月19日トラックを出港し、ウエワク輸送。6月3日パラオ着。6月7日パラオを出港し、ニューアイルランド北方の散開配備に就く。6月14日グァム南方に急行する。6月16日マリアナ諸島周辺の配備に就く。6月27日トラックに帰着。7月7日トラックを出港し、横須賀に向かう。
　8月5日艦長が竹間忠三大尉（兵65期）に交代する。ペナンに進出後、10月25日と12月7日にベンガル湾交通破壊戦を実施。ペナンを経由してシンガポールへ回航。
　1月22日シンガポールを発し、ルソン島西方海面の哨区に就くが、以後連絡なく消息不明となる。
　アメリカ側の資料では、アメリカ駆逐艦「ジェンキン」「オバノン」がミンドロ島北西でレーダー探知、失探後爆雷攻撃を8回実施して撃沈。
　竹間艦長以下、59名全員が戦死した。（喪失認定　2月21日）

呂号第116潜水艦（小型）

呂号第116潜水艦歴代艦長

艦長名	海兵期	着任	離任
岡部 猛 大尉	63	S19.1.21	S19.5.24

　呂116潜は小型の17番艦として昭和19年1月21日に神戸川崎重工で竣工した。初代艦長には岡部猛大尉（兵63期）が着任した。
　昭和19年3月31日、パラオ方面来襲の敵機動部隊に対し出撃するも4月15日帰着、5月4日サイパンに向かう、5月10日サイパンに着、5月15日サイパンを出港し、あ号作戦参加のため「ナ」散開線に就くがその後連絡なく、消息不明となる。
　アメリカ側の資料により5月24日、アメリカ駆逐艦「イングランド」がアドミラルチー北方でレーダー探知、失探するもソーナーで探知し、その後ヘッジホッグの攻撃を受けて沈没と判明。
　岡部艦長以下、56名全員が戦死した。（喪失認定　6月25日）

呂号第117潜水艦（小型）

呂号第117潜水艦歴代艦長

艦長名	海兵期	着任	離任
榎本泰夫 大尉	63	S19.1.31	S19.6.17

　呂117潜は小型の18番艦として昭和19年1月31日神戸川崎重工で竣工した。初代艦長には榎本泰夫大尉（兵63期）が着任した。
　昭和19年3月31日、パラオ方面来襲の敵機動部隊に対し出撃するも4月13日帰着。5月15日呉を出港し、サイパンに24日着。5月26日サイパンを出港、31日にトラック着。6月4日、トラックを出港し、ニューアイルランド北方の散開配備に就く。6月14日グァム南方へ急行を命ぜられる。　6月16日、マリアナ諸島周辺の配備を命ぜられ、22日に帰投命令を発するも連絡なく消息不明。アメリカ側の記録によれば、サイパン南東方において、ブラウン基地からの哨戒機の爆撃により沈没。
　榎本艦長以下、55名全員が戦死した。（喪失認定　7月12日）

譲渡潜水艦

呂500（U511・ⅨC型）
呂501（U1224・ⅨC/40型）

▲ドイツから譲渡を受けた呂500潜はドイツ乗員によって日本まで回航された。写真は、昭和18年7月24日、無事ペナンに到着後、整備を受けて呉に出港する呂500潜である。すでに艦橋には日の丸、呂号の艦名が書かれている。

　ドイツには日本海軍によるインド洋での交通破壊戦をもっと積極的に実施してもらいたいとの思いがあり、中型の新鋭Uボートを2隻を提供するとの申し出があった。

　当初は有償との提案もあったが、交渉のすえ譲渡となり、ただし1隻はドイツ側で回航するが、もう1隻は日本側で回航する、という条件となった。これにより遣独潜水艦伊8潜に便乗させ、Uボート回航員約60名がドイツのキール軍港に送られた。

　その後、ドイツ側で回航された呂500潜は無事に日本へと到着。しかし、日本側で回航した呂501潜は途中で撃沈され日本に辿り着くことはできなかった。

　18年9月に日本海軍に引渡された呂500潜に対し、ただちに数カ月かけての技術調査が行なわれたが、その結果は次のようなものであった。

・U511と同一の潜水艦を量産建造することは、現在の日本の状況では困難。とくに金属材料の不足、工作機械の不備がその主な理由である。
・本艦は水中速力が低いため、このままでは実戦で作戦することは困難と思われる。

　同型艦の量産を実施する技術、余裕もないという結論だが、副次的な産物として次のようなことが得られた

・艦内の各種機械の発する振動・音響が艦外に伝わらないようにする防振防音装置は非常に参考になる。
・便乗者として来日したドイツ側技術者の指導を受け、電機溶接技術、とくに耐圧船殻部分の電機溶接の技術が習得できた。

　技術調査のあとは潜水学校の練習潜水艦として配備され、その静粛性能から、主に対潜部隊の敵役の潜水艦として使われた。

要目	
排水量	水上：1,120トン／水中：1,232トン
全長	76.8m
全幅	6.8m
吃水	4.7m
機関	マン式ディーゼル2基2軸
	水上：4,400馬力／水中：1,000馬力
速力	水上：18.3ノット／水中：7.3ノット
航続距離	水上：13,450浬／12ノット
	水中：59浬／4ノット
燃料	208トン
乗員	48名
兵装	10.5cm単装砲1門
	20mm機銃2挺（2cm Flak38）
	53cm魚雷発射管：艦首4門、艦尾2門
	魚雷22本
安全潜航深度	150m

※兵装はU511のものでⅨC型の一般とは異なる

呂号第500潜水艦
(仮称さつき1号)

旧ドイツ潜水艦IXC型に属するU511で、昭和16年12月8日に竣工している。

日本への譲渡艦に選ばれた本艦はドイツ海軍の乗員により日本へ回航されることとなり、昭和18年5月10日にロリアンを出航した。艦長のシュネーウィンド大尉は弱冠27歳であった。便乗者は野村直邦中将、杉田保軍医中佐、搭載品として魚雷艇用のエンジンや黄熱病の病原菌などが積み込まれた。

途中、Uボートのタンカーから給油を受け、6月10日頃にインド洋に進出。6月27日と7月9日になんとアメリカ貨物船を2隻撃沈している。7月16日ペナンを経由して野村中将ら便乗者を降ろし、南支那海、ボルネオ海を通り南西太平洋を北上、8月7日に呉に無事到着した。呉入港時には、呉鎮守府長官であった南雲忠一中将から歓迎を受けたという。

さらにこののち、シュネーウィンド艦長は上京して、海軍大臣、軍令部総長以下日本海軍首脳の特別の歓迎を受けたそうである。一方U511の乗員らは、箱根にある特別な休養所で静養したのちにペナンに戻り、インド洋方面に出撃していたドイツ潜水艦の補充要員として終戦まで奮闘したそうである。シュネーウィンド艦長は、のちにU183の艦長に転任してインド洋で活躍したがドイツ敗戦直前の20年4月23日にジャワ海において戦死した。

9月16日に日本海軍に引渡された呂500潜は、ただちに呉軍港内の工廠岸壁に繋留され、福田造船中将を主任に各部門の専門家や、同艦で来日したドイツ人技術者の協力を得ての技術調査が数ヵ月かけて行なわれた。その結果については前述の通りである。

この技術調査に供されたあとは潜水学校付属の練習潜水艦として配備され、初代艦長に田岡清少佐(兵55期)が着任した。昭和19年4月30日に艦長が椎塚三夫大尉(兵66期)に交代する。7月1日呉防備隊に編入。7月5日に艦長が山本寛雄大尉(兵66期)に交代。9月15日に最後の艦長、山本康久大尉(兵67期)に交代する。

本艦は実戦に投入されることはなく、主にその静粛性能から、対潜部隊の敵役、つまりターゲットサービスの潜水艦として使われた。訓練用の敵艦として舞鶴で終戦を迎える。

昭和21年4月30日に若狭湾において処分された。

▼ペナンを出港前にシュネーウィンド艦長以下、乗員が整列している。この後、呂500潜は無事日本に到着し、調査に供されたのち潜水学校の練習艦となった。ドイツ乗員は日本国内で休養後、再びペナンに戻りインド洋でのUボート作戦の予備乗員として活躍した。

IX C型　1/700艦型図
呂500 (U511)

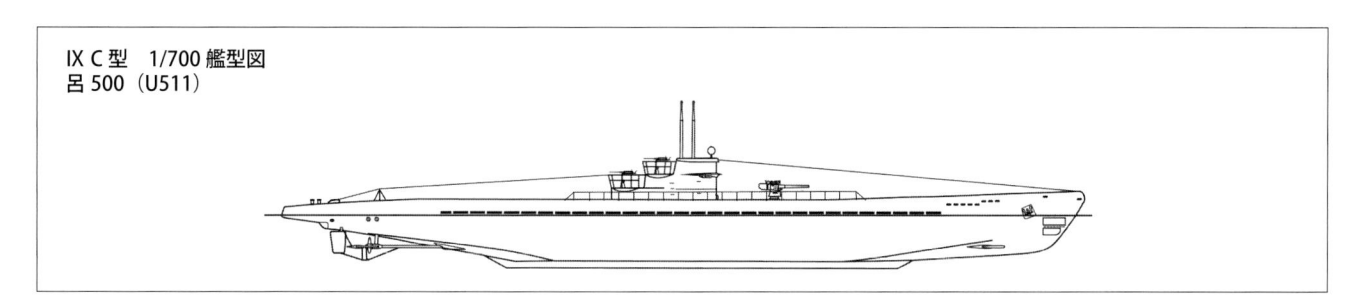

呂号第501潜水艦
(仮称さつき2号)

　旧ドイツ潜水艦、IXC/40型のU1224である。昭和18年10月20日に竣工した。本型はドイツ遠洋潜水艦の主力で、160隻もの同型艦がある。

　伊8潜でドイツに到着した回航員はハンブルグで半年間の訓練を受け、昭和19年2月5日、乗田貞敏少佐（兵57期）が艦長として着任。2月15日にキール軍港で引き渡し式が行なわれ、正式に日本海軍潜水艦呂501潜となった。

　3月30日、4名の便乗者江見哲四郎大佐、山田精二大佐、根本雄一郎技術大佐、吉川春夫技術中佐を乗せ、のちに「秋水」や「橘花」となる秘密兵器の図面も一緒に運ばれることになった。

　回航ルートは北海の東部を通り、ノルウェー西方からアイスランド南東を迂回して北大西洋へと出るもの。途中、中部大西洋で給油を受け、その後2回目にマダガスカル島東方で給油を受ける予定だった。しかし5月6日以降消息がなく、7月中旬を過ぎてもペナンに帰ってくることはなかった。

　呂501潜はアフリカ大陸西岸のベルテ岬北方において、5月13日夜に第22.2対潜掃討部隊、護衛空母「ボーク」、護衛の駆逐艦5隻に発見された。「ボーク」はただちにアベンジャー雷撃機を飛ばしたいところだったが、夜間のため発艦できなかった。護衛駆逐艦「フランシス・M・ロビソン」がソーナー探知、新兵器であるヘッジホッグを発射、数分後に爆発音があるも、加えて爆雷攻撃を加え沈没。ヘッジホッグにより初めて撃沈された潜水艦となった。

　乗田艦長以下、52名が戦死。（喪失認定　8月26日）

▶ドイツから譲渡を受けたU1224潜で、伊8潜に便乗した日本海軍の回航員がドイツ海軍から訓練を受けてのち日本に向かうこととなっていた。写真は昭和19年2月15日、ドイツから譲渡を受け艦籍に編入、その後初めて軍艦旗を掲揚する際に撮影されたもの。2人の下士官の左右に20mm連装機銃（2cm Flak38 Zwilling）が見えるが、この下のプラットホームに37mm機銃（3.7cm Flak M/42）1挺が装備されていた。〔写真提供／大和ミュージアム〕

▲同じく引き渡し時の写真と推定される1枚。引き渡し後、呂501潜と命名された本艦は、昭和19年3月30日にキールを出港し日本に向かった。しかし、5月14日大西洋のベルデ岬諸島沖で、アメリカ対潜部隊に発見され撃沈されている。写真に並ぶ乗員たちがついに故国の土を踏むことがなかったことを思うと胸が痛む。
〔写真提供／大和ミュージアム〕

要目	
排水量	水上：1,120トン／水中：1,232トン
全　長	76.8m
全　幅	6.8m
吃　水	4.7m
機　関	マン式ディーゼル2基2軸
	水上：4,400馬力／水中：1,000馬力
速　力	水上：18.3ノット／水中：7.3ノット
航続距離	水上：11,400浬／12ノット
	水中：63浬／4ノット
燃　料	208トン
乗　員	48名
兵　装	37mm機銃1挺（3.7cm Flak M/42）
	20mm連装機銃2基4挺
	（2cm Flak38 Zwilling）
	53cm魚雷発射管：艦首4門、艦尾2門
	魚雷22本
安全潜航深度150m	

※兵装はU1224のものでⅨC/40型の一般とは異なる

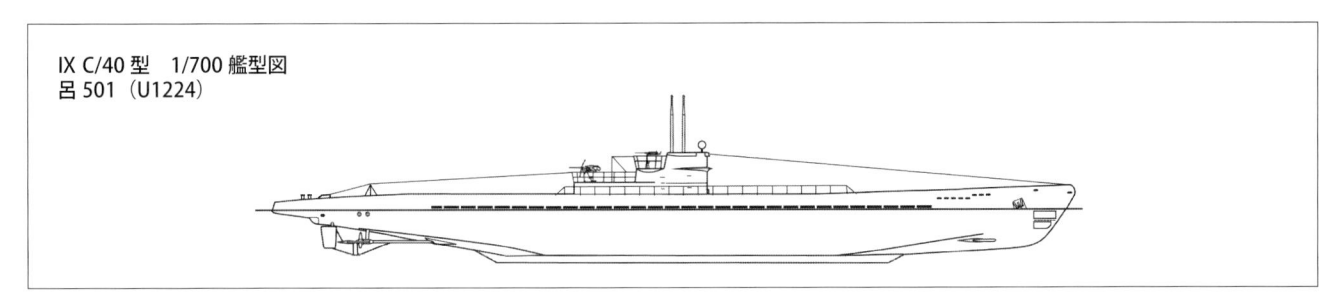

ⅨC/40型　1/700艦型図
呂501（U1224）

接収潜水艦

▲ドイツ敗戦により日本海軍が接収した元U219である。本艦は航洋型機雷敷設艦で、機雷や、機雷にかわり燃料・貨物を輸送できるタイプでドイツ降伏によりジャカルタで接収された。写真はドイツ、ゲルマニア・ヴェルフト社で竣工直後に撮影されたもの。接収後、ドイツの乗員から取り扱いの説明を受けたが、機器の仕様が異なり完熟にとどまり、実戦に投入することはかなわなかった。（写真提供／大和ミュージアム）

伊501・伊502・伊503・伊504・伊505・伊506

シンガポールのセレター、インドネシヤのスラバヤ、マレーのペナンの3ヶ所には、延べ最盛期50隻あまりのUボートで編成されたドイツ海軍の基地があった。これらは日独海軍協同作戦の一環として「モンスーン・グルッペ」と呼称されたドイツ極東派遣艦隊である。

多数のドイツ潜水艦がインド洋で日本海軍と協同して交通破壊戦を続けていたが、昭和20年5月7日にドイツが降伏したことで、残存していた6隻の潜水艦が接収されて日本海軍の艦籍に編入された。これが伊号500番代の潜水艦である。

6隻のうち2隻は旧イタリアの潜水艦だったが、残り4隻はドイツの新鋭艦であり、潜水艦不足に喘いでいた日本海軍にとって貴重な戦力増強になるものと当初は期待された。

しかし、搭載兵器や機関の取り扱い方法、規格が異なっていたため早期に戦力として活用することができず、実戦に投入されないまま終戦を迎えている。

伊号第501潜水艦

旧ドイツ潜水艦IXD2型潜水艦のU181である。本型はドイツ潜水艦では最も大型に属する通商破壊戦用潜水艦である。昭和17年5月9日、デシマークAGヴェーザー社で竣工。ドイツ艦時代の昭和17年11月から昭和19年11月までの2年間にインド洋で25隻を沈めた実績を誇る。

昭和20年7月15日に艦籍に編入、艦長は佐藤清輝少佐（兵66期）である。終戦を迎え、昭和20年11月30日除籍。

昭和21年2月12日シンガポール沖でイギリス軍により海没処分となる。

伊号第502潜水艦

旧ドイツ潜水艦IXD2型潜水艦のU862である。昭和18年10月7日、デシマークAGヴェーザー社で竣工。U862は昭和19年8月から5隻撃沈の戦果を挙げている。

昭和20年7月15日に日本艦籍に編入。艦長は山中修明少佐（兵66期）である。終戦を迎えて昭和20年11月30日除籍。

昭和21年2月12日シンガポール沖でイギリス軍により海没処分。

IX D2型　1/700 艦型図
伊501、伊502

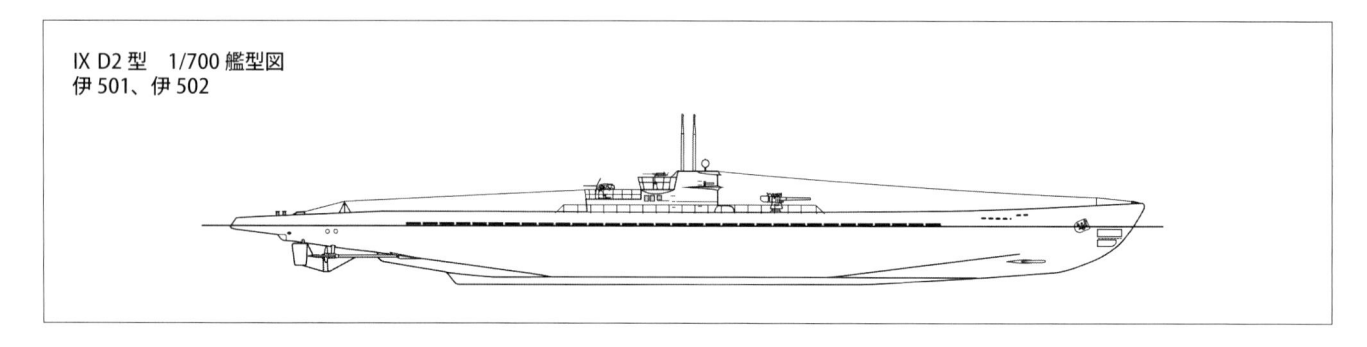

伊号第503潜水艦

▲ドイツ降伏により接収されたUIT-24が整備を終えて伊503潜となり、瀬戸内海を航行中の写真。本艦は元イタリア潜水艦「コマンダンテ・カッペリーニ」で昭和18年のイタリアの降伏により日本が接収、ドイツに移譲、さらにドイツの降伏により日本が接収し、日本艦籍となるという数奇な運命をたどった。

旧艦名「コマンダンテ・カッペリーネ」と称するイタリアの潜水艦である。昭和14年9月23日、オデロ・テルニ・オルランド社で建造された、地中海での行動を想定した、航続力と予備魚雷の少ない小型の潜水艦である。

昭和18年初頭にイタリア人の乗組みでシンガポールに来航していたが、同年9月にイタリア降伏に伴い、一度日本で接収してドイツに譲渡していた。その後修理のため三菱神戸造船所に入渠中にドイツが降伏、再度日本艦籍となって伊503潜となった。

艦長は廣田秀三大尉（兵67期）であったが、そのまま終戦を迎えて昭和20年11月30日除籍、昭和21年4月16日紀伊水道で海没処分された。

マルチェロ型　1/700 艦型図
伊503

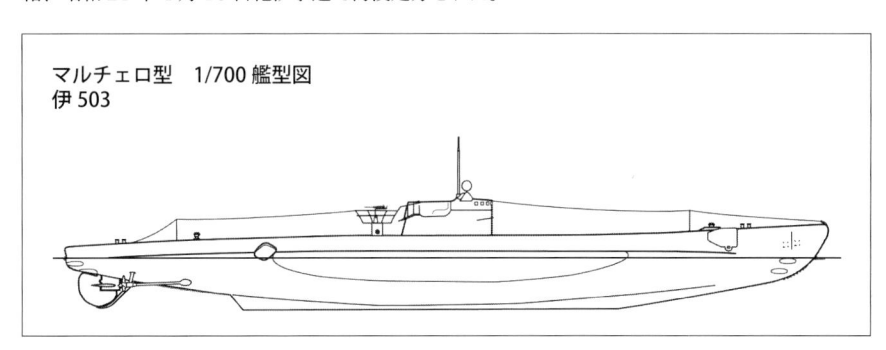

伊号第504潜水艦

▲伊504潜は元イタリアの潜水艦「ルイジ・トレリ」である。同じくイタリアが降伏、日本海軍が接収したのちドイツに譲渡してUIT-25となり、さらに日本海軍に接収された。写真は同艦の建造所であるオデロ・テルニ・オルランド社での竣工時に撮影されものと推定されるもの。（写真提供／大和ミュージアム）

旧艦名「ルイジ・トレリ」と称する、伊503潜同様イタリアの潜水艦である。昭和15年5月15日にオデロ・テルニ・オルランド社で建造された「コマンダンテ・カッペリーネ」より大型で、同じくシンガポールに来航して、日本に接収された。

その後の経緯も全く同じで、日本で接収後ドイツに譲渡し、その後修理のため三菱神戸造船所に入渠中にドイツが降伏、再度日本艦籍となって伊504潜となった。艦長は、伊503潜の廣田艦長の兼務である。

その後も実戦に投入されることなく終戦を迎え、昭和20年11月30日除籍、昭和21年4月16日紀伊水道で海没処分された。

マルコニー型　1/700 艦型図
伊504

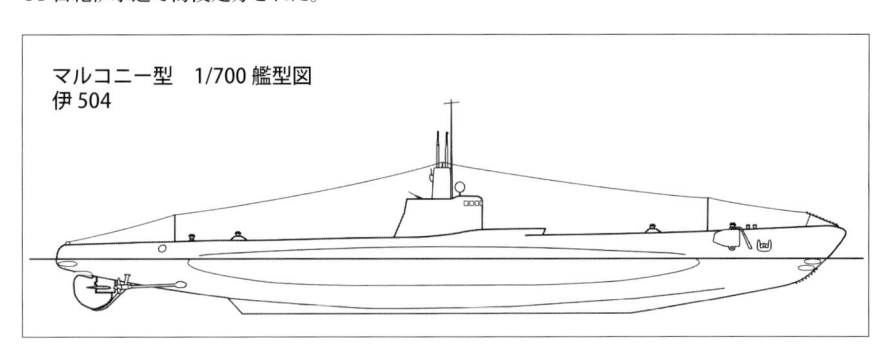

伊号第505潜水艦

旧ドイツ潜水艦XB型のU219である。昭和17年12月12日ゲルマニアヴェルフト社で竣工した、機雷敷設設備を保有するUボートの中では大型の潜水艦。機雷敷設筒のスペースを利用して燃料や貨物を輸送することもあった。

昭和20年5月のドイツ降伏に伴い接収され、7月15日に日本海軍の艦籍に編入された。しかし日本人の乗組員は配置されず、艦長も発令されないまま終戦となった。

昭和22年スラバヤで解体処分された。

XB型　1/700艦型図
伊505

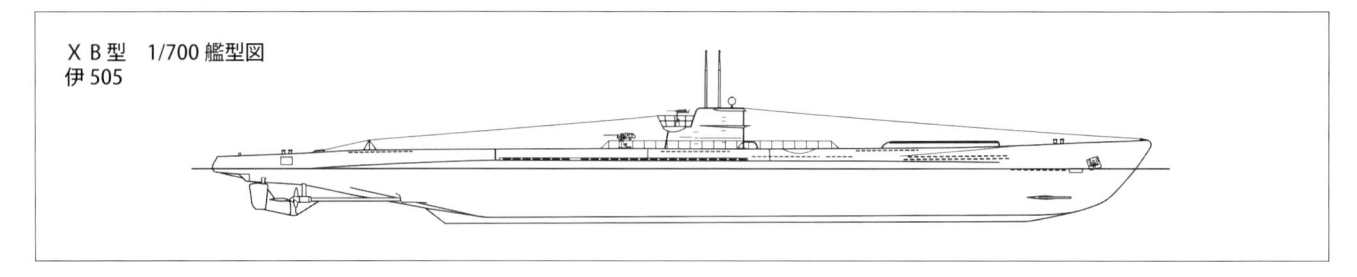

伊号第506潜水艦

旧ドイツ潜水艦IXD2型と同じ船体設計で建造された燃料補給用潜水艦IXD1型U195である。昭和17年9月5日デシマークAGヴェーザー社で竣工した。

本艦は雷装を取り外し補給専用艦としてインド洋で活躍していたが、ドイツの降伏によってスラバヤで日本海軍に接収された。

接収後は、伊505潜と同じで、艦長が発令されぬまま終戦を迎え、同じく昭和22年にスラバヤで解体処分された。なお、チャンドラボース輸送のため伊29と邂逅したU180は2隻しかない本艦の同型艦である。

IXD1型　1/700艦型図
伊506

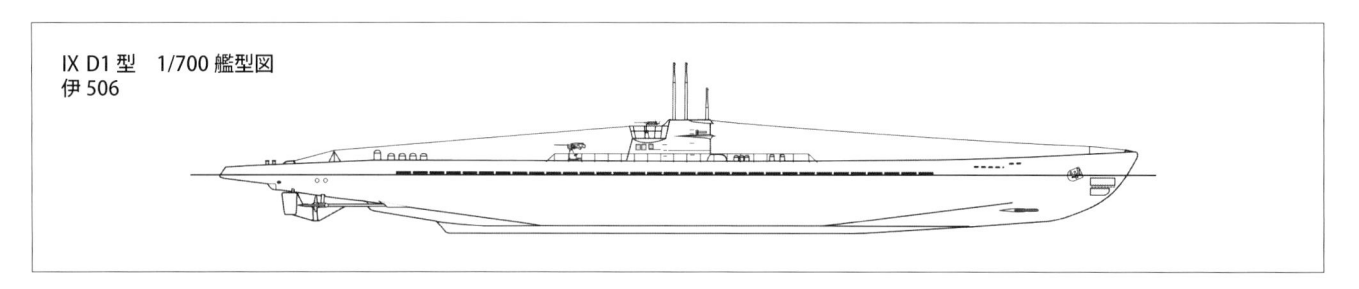

接収潜水艦要目

	UIXD2型	UIXD1型	UXB型	マルチェロ型	マルコニー型
	航洋型攻撃潜	輸送潜	航洋型機雷潜/輸送潜	輸送潜	輸送潜
排水量	水上：1,616トン	水上：1,610トン	水上：1,763トン	水上：1,910トン	水上：1,036トン
	水中：1,804トン	水中：1,799トン	水中：2,177トン	水中：1,220トン	水中：1,489トン
全　長	87.6m	87.6m	89.8m	73.1m	76.0m
全　幅	7.5m	7.5m	9.2m	7.2m	7.9m
吃　水	5.4m	5.4m	4.7m	5.1m	4.7m
機　関	マン式ディーゼル	ゲルマニア式ディーゼル	ゲルマニア式ディーゼル	フィアット式ディーゼル	CRDA式ディーゼル
	水上：4,400馬力	水上：2,800馬力	水上：2,400馬力	水上：3,000馬力	水上：3,600馬力
	水中：1,160馬力	水中：1,000馬力	水中：1,100馬力	水中：1,300馬力	水中：1,240馬力
速　力	水上：19.2ノット	水上：15.8ノット	水上：16.4ノット	水上：17.0ノット	水上：17.75ノット
	水中：6.9ノット	水中：6.9ノット	水中：7.0ノット	水中：8.5ノット	水中：8.5ノット
航続距離	水上：23,700海里/12ノット	水上：9,900浬/12ノット	水上：14,450浬/12ノット	水上：9,500浬/9ノット	水上：9,500浬/9ノット
	水中：57海里/4ノット	水中：115浬/4ノット	水中：93浬/4ノット	水中：80浬/4ノット	水中：110浬/3ノット
燃　料	442トン	203トン	368.2トン	108トン	117.5トン
乗　員	57名	57名	52名	58名	57名
兵　装	10.5cm単装砲1門	―	（U219は主砲撤去）	（UIT24は主砲撤去）	
	37mm機銃1挺	37mm機銃1挺	37mm機銃1挺		
	20mm連装機銃2基4挺	20mm連装機銃2基4挺	20mm連装機銃2基4挺		
	魚雷発射管：艦首4・艦尾2	（魚雷発射管なし）	魚雷発射管：艦尾2		
	魚雷24本		魚雷12本		
		搭載貨物252トン	機雷66発		
安全潜航深度	100m	100m	120m	100m	100m
	伊501	伊506	伊505	伊503	伊504
	伊502				

接収潜水艦艦名の推移

型　式	旧艦名1	旧艦名2	日本艦名
UIXD2型	U181	→	伊501
UIXD2型	U862	→	伊502
マルチェロ型	コマンダンテ・カッペリーニ	UIT24	伊503
マルコニー型	ルイジ・トレッリ	UIT25	伊504
UXB型	U219	→	伊505
UIXD1型	U195	→	伊506

第4章

▶昭和19年8月17日、呉阿賀港の南約8km沖にある情島沖で、第5号一等輸送艦の艦尾からの航行発進を試みる準備中の甲標的丙型69号艇。当初から甲標的は「千代田」などの潜航艇母艦艦尾から多数洋上で発進し、敵主力艦を攻撃する目的で開発されていた。写真の69号艇はのちにフィリピンのセブ島に進出して作戦に参加、2度出撃して生還、活躍している。〔写真提供／大和ミュージアム〕

日本海軍では真珠湾、シドニー、ディゴスワレスの攻撃を実施したことで知られる"特殊潜航艇"や、潜水艦輸送任務に使用された運貨筒や運砲筒、さらには戦争末期に戦局挽回の期待を担って次々と発進していった回天など、多くの小型潜水艇が開発され、実戦投入された。
　本章ではこれら小型潜水艇の知られざる活躍を可能な限り紹介したい。

小型潜水艇

特殊潜航艇/甲標的/蛟竜

　海軍特殊潜航艇/甲標的は戦争末期に登場した特殊兵器、通称マル兵器と異なり、10数年を超える歴史を有し、その行動海域は北はアリューシャンから南はインド洋南西部（アフリカ東岸）にわたる広大なものだった。

　なお、特殊潜航艇の呼称はディゴスワレス、シドニー攻撃まで使用され、以降は「甲標的」との呼称に改められた（本稿では状況に応じて"特潜"と表記する）。またこれらは秘匿の意味もあって略して「的（てき）」、あるいは「筒」とも言われた。

　特潜は甲、乙、丙、丁型と順に開発されたが、最も活躍した丙型で全長はおおよそ25m、排水量は約50トン、3名の乗員が搭乗し、2本の魚雷を装備して、水中で約18ノットの速度を発揮、敵艦目指して肉迫するものである。

　本稿ではその初陣であるハワイ作戦、その後に行なわれたマダガスカル島のディゴスワレス軍港やオーストラリアのシドニー港攻撃、ガダルカナル島をめぐる作戦からフィリッピン・セブ島での戦い、沖縄戦までを紹介する。

▲昭和16年12月8日の真珠湾攻撃では、母潜水艦から5隻の特殊潜航艇が発進、各々困難を乗り越え、湾内への進入を試みたが、戦果を挙げることなく全艇未帰還となった。写真はジャイロコンパスの故障によりオアフ島海岸に擱座した酒巻艇。

■開発の経緯

　昭和6年11月、艦政本部の水雷担当部署である一部二課長に、酸素魚雷の開発で有名な岸本鹿子治大佐が着任。早速、大佐は退役海軍大佐が提案した「被発見防止のため、潜航可能な高速魚雷搬送体、すなわち魚雷発射ができる親魚雷で敵に肉迫する攻撃策」に関心を寄せた。岸本大佐はこの親魚雷の技術的検討を部下である朝熊利英造兵中佐に命じ、昭和7年には問題なく設計案が提出された。

　これにより昭和7年8月から岸本大佐がプロジェクトリーダーとなって開発がスタート、10月には呉魚雷工廠実験部に第一次試作が命じられた。つまり、特殊潜航艇は潜水艦ではなく魚雷屋のメンバーによって開発されたのである。

　翌昭和8年8月、無人航走試験が行なわれ、速力24.5ノットを記録。10月上旬には有人航走試験が開始された。その後約1年にわたる実験中止期間を経て昭和9年10月に搭乗実験が再開されたが、外洋のうねり、波浪に対する凌波性、対波性不充分で外洋における使用不適と判断され、そのままお蔵入りとなった。

　ところが、昭和13年7月、水上機母艦「千歳」の就役により艦政本部の金庫に眠っていた特殊潜航艇の設計書は3年半ぶりに日の目を見ることとなる。

　日本海軍には長年にわたり構想を描いてきた米艦隊邀撃作戦という考え方があった。それは、太平洋を渡り日本へと迫るアメリカ艦隊を艦隊決戦により撃滅するという日本海海戦の再現であった。

　しかし、アメリカ海軍との戦力差を比較すれば、決戦までに少しでも敵の兵力を減らしておきたい。そこで考えられたのが漸減作戦である。敵艦隊の進撃途上を潜水艦で待ち伏せて攻撃を反復したり、長大な航続距離を有する中型攻撃機を離島に配備して攻撃するなど、敵艦隊の戦力を艦隊決戦までに少しでも減らすための兵器の開発や戦術に心血を注いだのである。

　その中で特潜についても母艦を建造して、各艦に約12基程度搭載し艦隊決戦海面に進出、これを敵艦隊の前程で発進させ襲撃を行なわせようという構想が浮上してきた。就役したばかりの水上機母艦「千歳」「千代田」「日進」が密かに特殊潜航艦としての役割を担う計画で、母艦1隻に12基、3隻で計36基の特殊潜航艇を搭載し、各2本、計72本

の魚雷が敵艦隊に発射されれば、少なくても4本の命中、1隻以上の主力艦の撃沈ができると推算、期待されたのである。
　翌昭和14年7月、第二次試作艇2艇の製造訓令が出された。
　しかし母艦の建造はすでに終わっているので、搭載する特殊潜航艇は母艦の寸法に合わせて設計せざるを得なかった。山本五十六が航空本部長時代「空母を飛行機にあわせるよう建造する方が早い」と発言した逸話が有名だが、特潜は第一次試作艇の寸法に縛られたまま開発され昭和15年5月、1号艇が完成した。

■特潜の操縦性能

　今日我々は特殊潜航艇／甲標的の実物を見学することができる。江田島にある海上自衛隊第1術科学校に復元展示されているものである。
　実際に近くで見る限り、この大きさで重量約1トンの魚雷を2本、2名の搭乗員を乗せ、遠くハワイまで潜水艦に搭載され警戒厳重な真珠湾に突入を図ったことは、驚嘆に値する。
　特潜は一般的な印象として、小型で小回りが利き、運動性が優れていると考えられがちである。しかし実際には旋回径は約400mと大型水上艦なみの大きさであり、また当初は後進ができず、運動性能が良いとは到底言えない。小型のためツリム調整も困難で浸洗状態になりやすく、敵に発見される危険性が高い。極めて扱いが難しい兵器であった。また特潜は動力源が無くなる前に搭乗員の耐久力が先に限界に達する。途中ハッチを開けて換気のできる水上航行ができれば問題ないが、敵制圧下長時間艇内で待機・行動した場合、10時間程度が限界であった。
　さらにわずか50トン余りの特潜は艇首の魚雷を1本発射すると艇首は大きく飛び出し司令塔まで露出、しかも2本目を発射する場合、艇首が水平に戻ってからでないと発射できなかった。しかもその魚雷も敵を正確に捉えなくては、命中は期待できない。潜水艦の潜望鏡とは大きく異なる、小型の特眼鏡しか装備していない特潜は探知測的能力が高いとはいえない。
　つまり、開戦前の作戦構想のように敵艦隊の前程に数多くの特殊潜航艇を発進させても、魚雷を命中させるためにはかなり敵に肉迫しなければ命中は困難であろうし、果たして何隻が敵の懐に飛び込めたか疑問を抱く。まして狭く警戒厳重な敵港湾進入は極めて困難と言える。
　結論として特潜、特に初期の型は実戦に使用するにはかなり困難な性能であったと言わざるをえないのである。

■実戦投入、真珠湾特別攻撃隊

　特殊潜航艇の初陣はハワイ真珠湾攻撃である。開戦劈頭、潜水艦に搭載されたわずか46トンの特殊潜航艇5艇が真珠湾攻撃に特別攻撃隊として使用された。しかしこれは同時に日本海軍潜水部隊としての初陣でもあった。いわば潜水部隊の戦死第1号は甲標的の乗員だったのである。
　日本海軍の伝統として、どんな危険な任務であっても決死の作戦は行なわれても必死の作戦は許されなかった。ハワイ作戦でも母潜との会合地点を定められ、収容を前提とした出撃だった。
　5艇のうち岩佐艇（艇長：岩佐直治大尉）は湾内に進入し、魚雷を発射することができたが命中せず、逆に水上機母艦「カーチス」に発見され、駆逐艦「モナガン」の体当たりを受けて沈没した。同艇は艇内に遺体を残したまま引き揚げられ岸壁工事の基礎に埋められた。
　古野艇（艇長：古野繁實中尉）は駆逐艦「ウォード」に発見され攻撃を受けて沈没。この攻撃は日本機動部隊の第1次攻撃隊の70分前に行なわれたため太平洋戦争で最初に攻撃を加えたのはアメリカである。
　広尾艇（艇長：広尾彰少尉）は横舵が故障して発進が大幅に遅れた。よって水上航走で湾内に進入を試みたが不可能となり注水、脱出を図ったが行方不明となった。戦後アメリカ軍が発見引き上げ、魚雷が装備されたままで危険な頭部を切断して日本に返還、前述したように現在は江田島第1術科学校に前部を復元、展示されているのが本艇である。
　酒巻艇（艇長：酒巻和男少尉）はジャイロコンパスの故障が治らぬまま発進、艦位を定められず座礁。酒巻艇長と艇付の稲垣兵曹は脱出をしたが稲垣兵曹は戦死、酒巻艇長は意識不明のまま捕虜となってしまった。そのため本来5艇10人が「九軍神」と言われる所以である。
　横山艇（艇長：横山正治中尉）は岩佐艇同様に湾内に進入を果たしたが掃海艇に発見され、それでも魚雷を軽巡「セントルイス」に発射したが命中しなかった。その後の行動は長らく不明であったが、先頃ハワイ大学と特潜会によって発見、確認された。これで一昨年に豪州シドニーで発見された伴艇とあわせて、特殊潜航艇特別攻撃隊10艇のうち9艇の所在が確認されたこととなる（秋枝艇未発見）。今回発見されたことにより、攻撃後の行動についての研究が進むと思われる。
　「真珠湾侵入の可能性と要改善点を至急報告せよ」と指示があり、真珠湾に向けて「大至急、大至急」の作業が始まったのがハワイ作戦のわずか2ヶ月前。様々な問題点を残したままハワイ作戦に投入され、故障で発進が危ぶまれる艇の複数ある中、5艇は真珠湾に向けて各潜水艦を発進していった。しかし確認された戦果はなく、さらに5艇10人はついに母艦潜水艦との会合点に帰還することはなかった。
　ところが、この特潜でのハワイ真珠湾攻撃は大きく新聞などで報じられ、広く国民が知るところとなった。
　「攻撃は青年将校の発想」「全艇港内に侵入攻撃」「全員壮烈なる戦死」と伝えられ、さらに海軍は「少なくともアリゾナ型戦艦1隻轟沈」とまで発表した。これらにより甲標的搭乗員は二階級特進し軍神と称え

▶昭和16年11月17日呉水交社における最終打ち合わせ後の写真。前列左から伊22潜（岩佐艇母潜）艦長：揚田清猪中佐、第3潜水隊司令（特別攻撃隊指揮官）：佐々木半九大佐、伊20潜（広尾艇母潜）艦長：山田隆中佐、伊16潜（横山艇母潜）艦長：山田薫中佐、後列左から広尾彰少尉、岩佐直治大尉、横山正治中尉（古野艇母潜：伊18潜、酒巻艇母潜：伊24潜はこの日も調整訓練のため出動中）

られた。しかし真珠湾における特殊潜航艇作戦の実態は明らかに失敗と言わざるを得なかった。

　警戒厳重で狭い真珠湾に対して、不可能とも思われる困難な任務に敢然と立ち向かった5艇10人の搭乗員の覚悟と行動は敬服して尽きることがないが、果たしてあれだけの強力な航空部隊の攻撃が準備されているにもかかわらず、特殊潜航艇の作戦投入が本当に必要だったのかは疑問が残る。

　また最初から湾港侵入兵器という方針で開発されていればほかに設計のしようもあったはずである。ところが今後の作戦投入を断念するどころか、続けてディゴスワレス、シドニーへの第2次特別攻撃、さらにはガダルカナル島ルンガ泊地への攻撃などにも使用されていく。

真珠湾　第1次特別攻撃隊

母潜	艦長	艇名	艇長	艇付
伊16潜	山田 薫 中佐	横山艇	横山正治 中尉	上田 定 2曹
伊18潜	大谷清教 中佐	古野艇	古野繁実 中尉	横山薫範 1曹
伊20潜	山田 隆 中佐	広尾艇	広尾 彰 少尉	片山義雄 2曹
伊22潜	揚田清猪 中佐	岩佐艇	岩佐直治 大尉	佐々木直吉 1曹
伊24潜	花房博志 中佐	酒巻艇	酒巻和男 少尉	稲垣 清 2曹

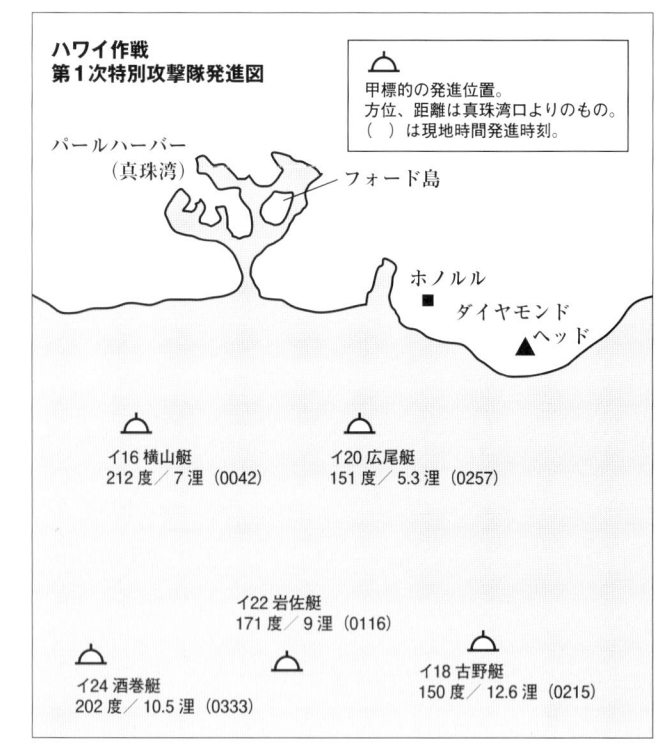

ハワイ作戦　第1次特別攻撃隊発進図

甲標的の発進位置。
方位、距離は真珠湾口よりのもの。
（　）は現地時間発進時刻。

パールハーバー（真珠湾）　フォード島　ホノルル　ダイヤモンドヘッド

イ16横山艇　212度／7浬（0042）
イ20広尾艇　151度／5.3浬（0257）
イ22岩佐艇　171度／9浬（0116）
イ24酒巻艇　202度／10.5浬（0333）
イ18古野艇　150度／12.6浬（0215）

■ディゴスワレス　第2次特別攻撃

　昭和17年に入りインド洋を行動したのは、甲先遣支隊の伊10潜、伊16潜、伊18潜、伊20潜、伊30潜の5隻の潜水艦と特設巡洋艦の「愛国丸」「報国丸」である。そのうち甲標的搭載艦は第1潜水隊の3隻で伊18潜に太田正治中尉艇、伊16潜に岩瀬艇、伊20潜に秋枝艇で司令は今和泉喜次郎大佐である。

　各艦インド洋の波浪にあい、特に伊18潜が主機故障のため攻撃予定の31日まで修理困難と判断されて、特殊潜航艇の発進は断念された。5月30日、伊10潜から偵察機を発進させディゴスワレスの事前偵察を行なった。その結果、エリザベス型戦艦と巡洋艦、その他在泊艦船を報告した。これにより甲先遣支隊司令官石崎昇少将は、ディゴスワレスへの特攻攻撃を命じた。

　伊20潜は31日1730に秋枝艇をディゴスワレス湾口の東9浬地点から発進、伊16潜からは、1800岩瀬艇を湾口東10浬より発進した。両艇の詳細な行動はわかっていないが、共に湾内に無事侵入したと思われる。

　昼間に湾内を航行警戒していたイギリス戦艦「ラミリーズ」は夕刻警戒を終えて投錨していた。2020頃、突然「ラミリーズ」に魚雷が1本命中、さらにイギリス油槽船「ブリティッシュ・ロイヤルティ」に1本が命中した。「ラミリーズ」は艦首が沈下、弾薬や石油を放棄することによって、釣り合いを維持し翌日午後、修理のためダーバンに向かった。「ブリティッシュ・ロイヤルティ」は1発の魚雷で沈没した。秋枝艇、岩瀬艇のどちらの魚雷が戦艦や油槽船に命中したのか、判然としない。2隻の駆逐艇が夜中に港内を捜索し、爆雷を投下したが何も発見できなかった。

　翌日の6月1日、イギリス軍は現地の住民から日本人2名を見たと通報を受けた。機関銃まで携行した15名の捜索隊は2名の日本人を発見。降伏を勧告したが、日本人の士官が拳銃を発射、軍刀を抜いて攻撃を行ないイギリス軍に死者1名、負傷者4名の損害を与えたため、日本人2名は射殺された。この2名が携行していた書類に伊20潜艦長宛の報告書があったことから、秋枝大尉と竹本1曹ではないかと言われている。

　しかし佐野大和著「特殊潜航艇」では、士官の体格が小柄であったという証言から、誰が見ても体格が小さいと言われた岩瀬少尉・高田兵曹のペアの可能性も否定していない。いずれにしても、この2人が秋枝・竹本ペアーか、岩瀬・高田ペアーか確定できる資料はない。

ディゴスワレス攻撃隊編制

母潜	艇名	艇長	艇付
伊16潜	岩瀬艇	岩瀬勝輔 少尉	高田高三 2曹
伊20潜	秋枝艇	秋枝三郎 大尉	竹本正巳 1曹

▼「日進」は当初水上機母艦として計画されたが二転三転したのち、甲標的母艦として昭和17年2月27日に竣工した。写真は昭和17年2月19日佐田岬沖にて速力試験中の同艦で甲標的母艦として撮影された貴重な写真である。完成後は潜水戦隊旗艦、ディゴスワレスへの甲標的第2次攻撃隊各母潜への輸送、魚雷艇の輸送などに使われたが、ついに本格的に甲標的母艦として作戦することなくその生涯を終わっている。

◀「千代田」艦上で記念撮影された第2次特別攻撃隊の隊員。前列が艇長、後列が艇附のペアで並んでいる。左から伴勝久中尉、芦部守1曹、八巻悌次中尉、松本静1曹、中馬兼四大尉、大森猛1曹、秋枝三郎大尉、竹本正巳1曹、松尾敬宇大尉、都竹正雄2曹、太田政治中尉、坪倉太盛喜2曹、岩瀬勝輔少尉、高田高三2曹。（八巻は事故のため発進できず八巻中尉負傷、松本1曹戦死、太田艇は母潜故障のため攻撃に参加できず）

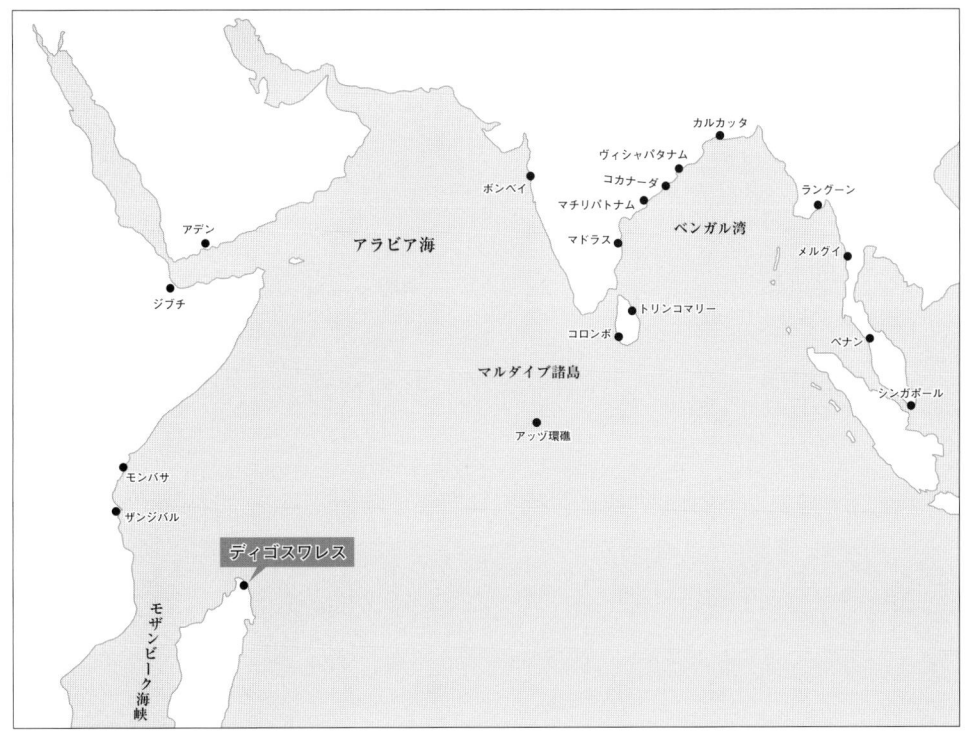

■シドニー　第2次特別攻撃

　昭和17年5月30日、伊21潜から1機の水上偵察機が発進した。シドニー事前偵察である。パイロットは予科練1期（のちの乙種飛行予科練1期）出身、終戦時総飛行時間6,000時間の伊藤進少尉、偵察員は岩崎兵曹である。甲標的の投入が無駄にならぬよう、天候悪化の中シドニーの夜間偵察を敢行した。敵艦の所在を確認し、潜水艦への収容時に荒天のため零式小型水偵を失ったが、伊藤少尉、岩崎兵曹は無事収容され重要な任務を果たした。

　翌5月31日の夜、シドニー湾口7浬で3隻の潜水艦からそれぞれ1隻の甲標的が発進した。先頭を切ったのは伊27潜から発進した中馬艇で、湾口に展張の防潜網に捕われ、その後スクリューを拘束され行動の自由を失った。哨戒艇に発見され、中馬艇は自爆した。

　つづいて伊24潜から発進した伴艇は防潜網東南端の出入口から巧みに港内に潜入、アメリカ巡洋艦「シカゴ」に魚雷2本を発射した。1本目は艦首をかすめ、2本目は艦底を通過して、岸壁に当たり爆発、係留中の宿泊艦「クタバル」が大破した。

　伴艇のこの後の行動は不明だが、シドニー沖で64年ぶりに発見された。松尾艇は防潜網の外側で哨戒艇に発見され、複数の哨戒艇の連続攻撃により撃沈された。

　母潜は6月3日まで搜索・収容に努めたが、3隻の甲標的はついに潜水艦の元には帰ってこなかった。

シドニー攻撃隊編制

母潜	艇名	艇長	艇付
伊22潜	松尾艇	松尾敬宇 大尉	都竹正雄 2曹
伊27潜	中馬艇	中馬兼四 大尉	大森 猛 1曹
伊24潜	伴艇	伴 勝久 中尉	芦辺 守 1曹

■ガタルカナル島での戦い

ガタルカナル島をめぐる攻防戦においては、アメリカ軍のルンガ泊地に対して甲標的を潜水艦から発進させ、輸送船を撃沈する作戦が立てられた。

ルンガ泊地に突入した甲標的は全部で8艇、このなかから甲標的の戦いで初めての搭乗員生還者が生まれた。最終的には8艇のうち5艇が生還できたが、戦果は輸送艦2隻の撃破に留まった。

昭和17年11月6日朝、甲標的11号艇を搭載した伊20潜は潜航、2045に浮上。国弘中尉らは甲標的の内外を見回り、点検を実施した。2300ごろに終了、艦内に戻り食事を済ませ出撃までは時間があるとベッドで待機をしていたが、突如発進命令が下った。国弘中尉が艦橋に上がると艦は18ノットで南下し、空は真っ黒で雨が降り海面は波だっていた。約30分後、赤飯、稲荷寿司などの缶詰糧食1週間分を受け取り、7日0334に搭乗員が乗艇後、母潜潜航。「発進準備よし」と電話で報告する。深度15m、「電話線を切る」を最後に母潜との連絡は途絶えた。続いてあらかじめ打ち合わせておいた、金槌で船体を叩く音でバンドを外したり、発進の合図を確認、カンカンと応答すると、バタンと音がして戦車の履帯（キャタピラ）で作成したバンドが甲板に落ちた。続いてカンカンカン・カンカンカンと答えると11号艇は母潜を離れ、最微速4ノット、針路90度、深さ30mで一路ルンガ沖をめざしたのである。

11号艇は半速に増速して、0845、ルンガ岬北方5マイルに達したと判断し、180度に変針、5分ごとに露頂し、3回目の観測で東岸の椰子林の頂上らしきものが見えた。距離7,000mで2本煙突の敵艦を発見、「魚雷戦用意」でスクリュー音を聞きながら、接近。浅い所にぶつかる危険性を感じ、敵前で露頂すると、なんと駆逐艦2隻が500mのところで荷物を降ろしているのが見えた。国弘艇長は「これなら当たる」と確信して「用意、テー」と下管の魚雷を発射した。

丁度その頃、ルンガ沖で輸送艦「マジャバ」は駆逐艦「ランズドーン」ほかに護衛され弾薬の陸揚げを開始した。0927、甲標的の潜望鏡を発見、対潜戦闘、爆雷戦、捨錨用意、面舵一杯、左前進半速、右後進原速を命令する。両者ほぼ同時に敵を発見するのであるが、「マジャバ」は錨を捨て、艦尾を振って1本目の魚雷を回避した。甲標的は1トン近い魚雷を発射すれば、艇首は浮き上がり浮上の動揺で照準がずれる。速やかに修正して2本目を発射した。周囲を見張る余裕もなく予め打ち合わせた通り、令無くして取り舵一杯、半速、深さ30mとし全没、にぶい魚雷の命中音が聞こえた。2本目が「マジャバ」に命中したのである。

その後、爆雷攻撃を受けたが大事には至らず、1130には爆雷攻撃が止み、1400に浮上ハッチを開いた、実に10時間が経過しており、極めて艇内は苦しい環境であったと思われ、実に驚異的な忍耐力である。

敵機に脅かされながらも、カミンボとマルボボの中間と思われる付近に接岸、キングストン弁を抜き艇を自沈させ国弘艇長、井上1曹は一滴のソロモンの海水を浴びることなくガ島に上陸した。のちに伊19潜の迎えにより「千代田」に帰還している。

つづく11月11日、伊16潜から30号艇が発進した。艇長は2期講習員、八巻悌次少尉、艇付は橋本亮一上等兵曹であったが、発進時甲標的の艇尾が母潜の船体と接触、舵が破損し復旧困難なためカミンボ6マイルの海上で注水自沈。2人は泳いで上陸、翌日マルボボに収容され生還した。

11月19日、伊20潜から発進した37号艇は、発進後横舵機に故障

ガ島戦参加甲標的と乗員

母潜	艇名	艇長	艇付
伊20潜	11号艇	国弘信治 中尉	井上五郎 1等兵曹
伊16潜	30号艇	八巻悌次 中尉	橋本亮一 上等兵曹
伊20潜	37号艇	三好芳明 中尉	横田喜好 1等兵曹
伊24潜	12号艇	迎 泰明 中尉	佐野久五郎 1等兵曹
伊16潜	10号艇	外 弘 少尉	井熊新作 2等兵曹
伊20潜	8号艇	田中千秋 中尉	三谷 護 兵曹
伊24潜	38号艇	辻 富雄 中尉	坪倉太盛喜 兵曹
伊16潜	22号艇	門 義視 中尉	矢萩利夫 兵曹

▼昭和13年11月18日、佐田岬沖で速力試験中の「千代田」。新造時は水偵を最大で24機搭載できる水上機母艦として竣工し、日華事変に同型艦「千歳」と共に活躍。のち第2形態への改装工事に入り、昭和16年初めには甲標的12隻を搭載できる母艦としての工事を終えていた。昭和17年夏以降、いよいよ甲標的母艦として活用されることとなった。

が発生、潜航不能になって水上航走を続けたが、日の出後も復旧せずエスペランス沖で自沈した。艇長の三好芳明中尉、艇付の梅田喜芳1等兵曹はやはり泳いでガ島に上陸、生還した。

11月23日、伊24潜から発進した12号艇は、ガ島戦に参加した甲標的8艇のうち、完全に消息を断ち、該当するアメリカ軍の記録も発見されていないただ1隻の艇である。艇長は迎泰明中尉、艇付は佐野久五郎1等兵曹である。

11月27日、駆逐艦「バーネット」に護衛された輸送艦「アルチバ」が補給資材を満載してルンガ沖に投錨した。早速、物資を降ろしている最中、2本の魚雷を見舞われ、うち1本が左舷に命中した。荷役のためハッチは開放されており、船倉には大量の海水が浸水し船体は左に傾斜した。火炎は数十m上空まで登り、引火した弾薬が次々爆発をはじめた。

乗員の懸命な消化活動で12月1日に火災が沈下したが翌2日に再度、駆逐艦「ジョセフジール」の艦首をかすめた魚雷が「アルチバ」の艦尾で大きく曲がり海岸に乗り上げた。駆逐艦はただちに捜索をはじめ、甲標的を探知し爆雷4発を投下した。

つづいて3度目の6日にも魚雷1本が「アルチバ」の機械室左舷に命中浸水したが、すでに砂浜に乗り上げていたため満水にならず艦尾が沈下しただけであった。航空機と駆逐艦は直ちに捜索を開始、爆雷8発を放った。

つまり「アルチバ」は座礁していたにも関わらず11月27日、12月2日、6日の3回も魚雷攻撃を受けたことになり、そのうち2本が命中したのである。

これらの攻撃には3艇の甲標的が該当すると思われる。11月27日の襲撃は10号艇で、艇長は外弘志少尉、艇付は井熊新作2等兵曹で伊16潜から発進した。しかしそのまま消息不明となる。恐らく10号艇は南下を続け、27日の日出後輸送船「アルチバ」を発見、魚雷を発射したものと推定され、その後護衛の駆逐艦の爆雷攻撃により沈没したと考えらる。

12月2日の襲撃は伊20潜から発進した8号艇で、艇長は田中千秋少尉、艇付は三谷護兵曹である。8号艇は伊20潜から順調に発進し順調に南下、薄明のガ島を発見したが陸岸に近づきすぎて座礁してしまった。なんとか離礁した後、ルンガ岬東方で潜望鏡を上げたところ目の前に輸送船を発見、魚雷を発射した。発射後、深度を取ったが海底に突っ込んでしまい、再び身動きが取れなくなる。

田中艇長は自決を考えたが三谷兵曹が「どこで死んでも同じです。もう一度やってみましょう」と艇長を励まし、再度離礁を試み、ようやく成功、カミンボ付近に上陸、生還を果たした。

12月6日の襲撃は、38号艇である。艇長は辻富雄中尉、艇付は坪倉大盛喜兵曹である。6日0142に伊24潜から発進した38号艇は、「アルチバ」に魚雷を発射した後、アメリカ駆逐艇477号の爆雷8発により沈没したと考えられる。

以上3艇で輸送船1隻を撃破したが、2艇の甲標的が未帰還になった。

最後の攻撃は12月13日、22号艇である。艇長は門義視中尉で艇付は矢萩利夫兵曹である。サボ島北北東10マイルで伊16潜から発進。ルンガ北方で駆逐艦に対して魚雷を発射したが命中させることはできなかった。その後、エスペランス沖で注水処分を行ない、乗員は泳いでガ島に上陸、生還した。

■セブ島での戦い

昭和19年6月にマリアナ沖海戦で我が機動部隊が壊滅的な被害を受け、サイパン島が失われると、それまで後方中継基地としての位置づけであったフィリピンが、にわかに第一線となった。

そのような戦局の中、中部比島防備強化のため、8月セブ島に第33根拠地隊が新設され、開戦前から甲標的母艦の「千代田」の艦長として活躍、「甲標的育ての親」ともいわれた原田覚少将がその司令官に任命され、8月16日、セブ市に将旗を掲げた。早速原田司令官は、水上機に同乗してスリガオ海峡、ミンダナオ海を空中から視察し作戦構想をねった。それにより甲標的の特色を最大限に活用できる作戦を立てたのである。

セブ基地には、整備修理施設、発電機、引き揚げ施設などを設置し、魚雷、部品、食糧などの備蓄を図った。また甲標的の所在を暴露しないよう昼は沈座、整備は夜間実施のほか、陸軍部隊の協力を得て警備を強化した。さらに搭乗員、整備員の訓練を企図して練度向上を図り、ズマゲテの前進基地、スリガオ見張所を整備しシステム作戦に備えた。

10月18日、連合艦隊はアメリカ軍のレイテ上陸により捷一号作戦を発動したが、周知の通り、壊滅的な敗北を喫した。陸軍もついに第35軍はレイテを放棄、ミンダナオにおける抗戦継続の意図を固めざるを得なくなった。そんな中、12月末にはズマゲテにあった魚雷艇基地に甲標的整備員と整備資材、燃料などを輸送した。

甲標的は丙型で、昭和19年9月にミンダナオ島ザンボアンガに78号、79号艇が進出。10月下旬には81号、82号、83号、84号艇、12月に69号、76号艇がセブ島に進出を終えた。ここにおいて主基地セブを核とし、スリガオ見張所、ズマゲテ前進基地のシステムが完成した。こうして甲標的にとり、その特性を活かした最初で最後となるシステム作戦の幕が切って落とされたのである。

1月2日午後、スリガオ見張所は、アメリカ軍の掃海艇らしい小型艦を先頭に、えんえん数十マイルに及ぶ大部隊の通過をセブに報告した。これを受け、84号艇が攻撃に向かった。敵船団は之字運動中であるが、前方集団の大型船を狙って魚雷2本を発射した。敵船団は魚雷回避のため一斉回頭の際、転舵方向を誤り衝突が発生した。よって84号艇艇長松田作一兵曹長は「魚雷命中確実、衝突によりさらに2隻沈没」と報告した。

アメリカ側の資料によれば「敷設艦『マナドノック』が魚雷回避を誤り僚艦と衝突破損した」とあるが沈没の戦果は確認できていない。

続いて1月4日の日没後「多数の艦船がスリガオ通過」の報告もたらされた。69号、81号、82号艇は5日早朝にズマゲテを発進、邀撃海面に向かった。69号艇（艇長：島良光大尉、艇付：川上鉄男上曹）は出撃5時間後に敵船団を発見、艇長が潜望鏡を見せてくれ、視野一杯に無数の船が確認できたという。1本目の発射後に艇首を押さえ込むための横舵操作、2本目の発射後に増速してそのまま直進した。変針して回避するより、船団の下にもぐりこんだ方が攻撃されにくく、また転舵により艇首が持ち上げられるのを防げるからである。69号艇は無事帰還。

この日、セブ甲標的が攻撃した部隊はマッカーサー元帥の率いるリ

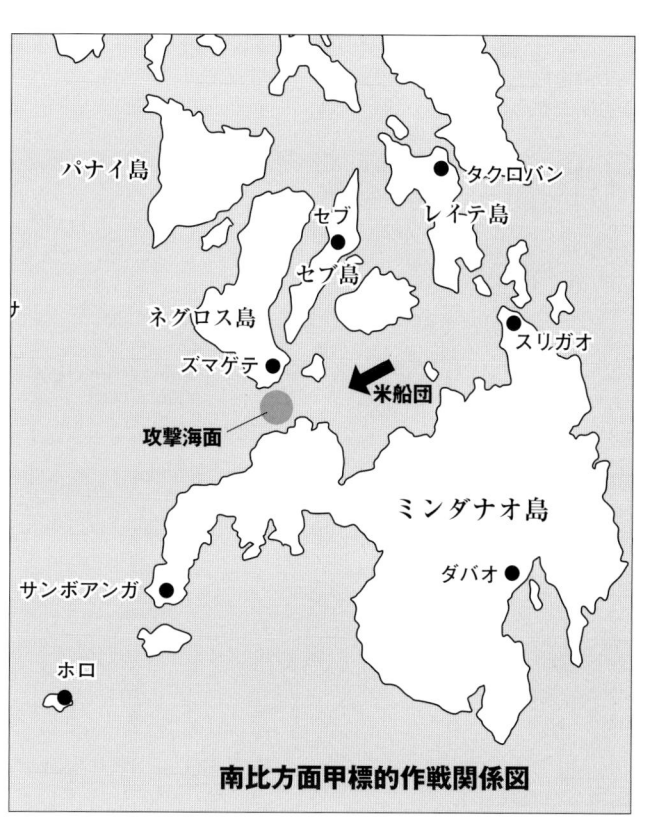

南比方面甲標的作戦関係図

ンガエン上陸部隊で、なんと陸上砲撃部隊の中心陣形にある巡洋艦「ボイス」にマッカーサーが乗艦していたのである。そうとは知らず、82号艇は魚雷を発射したが命中せず、逆に護衛の駆逐艦「テイラー」の体当たりを受けて、セブ甲標的部隊で唯一の未帰還になっている。

この後、おおむね各艇は2週間に1回の割合で出撃した。途中、83号、76号艇が事故で失われたが、あらたにミンダナオ島サンボアンガから自力で78号、79号艇がセブに合流を果たした。

こうした反復攻撃はアメリカ軍がセブ島に上陸する3月末までくりかえされ、総戦果は計18隻に及び、3月19日大川内伝七南西方面艦隊司令長官から「武功抜群なり」と賞状を授与されている。

復員した艇長が提出した報告（防衛省戦史室蔵）によると、戦果は友軍情報で水上機母艦1隻、巡洋艦1隻、駆逐艦4隻、輸送船12隻撃沈と記録されている。ただ、戦後に調査したアメリカ側資料から確認された戦果は駆逐艦1隻大破のみで、後は操艦を誤って衝突した敷設艦が1隻あるのみである。

2月下旬に至り、魚雷は消耗し内地からの補給を要請したが、輸送予定潜水艦が沖縄作戦に転用され備蓄魚雷は皆無となった。

3月26日早朝、セブの南東4kmの地点にアメリカ軍が上陸を開始した。この日、69号、78号艇は帰投直後で充電中であり、79号艇はセブに帰投中、81号艇は第35軍司令官を輸送中だった。原田司令官はただ1隻の可動艇、84号艇へ上陸船団攻撃を命じた。

しかし84号艇は、途中アメリカ艦艇に発見され潜航不能となり、注水処分された。この後、79号、69号、78号艇も注水自沈。こうしてセブ甲標的隊は姿を消した。

その後甲標的搭乗員や整備員を含む第33根拠地隊はセブ市内の陣地にこもり3週間にわたって頑強な抵抗を続けた。陸軍部隊の転進に伴い山中を移動。飢餓と病魔に次々と倒れ、終戦により山を降りた時には当初約5,000名だった兵力は約3,000名に減っていた（原田少将は9月25日戦病死）。

甲標的隊員は陸上でも果敢な戦闘をつづけ、島隊長をはじめ多くの隊員がセブの山中の露と消えた。

33根甲標的出撃記録			
出撃日	艇名	艇長	艇付
S19.12. 8	81号艇	笹川 勉 大尉	吉広元美 上曹　瀬川 勉 1機曹
S19.12.18	76号艇	渋田 清 中尉	福田行治 2曹　中武 巖 1機曹
S20. 1. 3	84号艇	松田作一 兵曹長	平松 治 上曹　吉川末雄 1機曹
S20. 1. 5	69号艇	島 良光 大尉	川上鉄男 上曹　島山千二 上機曹
	81号艇	笹川 勉 大尉	吉広元美 上曹　瀬川 勉 1機曹
	82号艇	水野相正 兵曹長	村上信一 1曹　島 豊 2機曹
S20. 1.25	76号艇	渋田 清 中尉	福田行治 2曹　中武 巖 1機曹
	81号艇	笹川 勉 大尉	吉広元美 上曹　瀬川 勉 1機曹
	84号艇	松田作一 兵曹長	平松 治 上曹　吉川末雄 1機曹
S20. 2.13	69号艇	島 良光 大尉	川上鉄男 上曹　島山千二 上機曹
S20. 2.21	84号艇	松田作一 兵曹長	平松 治 上曹　吉川末雄 1機曹
S20. 3.17	79号艇	市川 博 大尉	畑 孝太郎 1曹　江口光男 機曹長
S20. 3.21	84号艇	松田作一 兵曹長	平松 治 上曹　吉川末雄 1機曹
S20. 3.23	78号艇	丸山五郎 兵曹長	安藤正治 1曹　福田十郎 上機曹

■沖縄での戦い

昭和19年8月に那覇に進出した、丙型8隻の鶴田隊（鶴田伝大尉）は本部地区の運天を基地に訓練を開始した。しかし10月10日の空襲により4艇が被爆沈没した。

昭和20年1月に3艇、ついで3艇計6艇の甲標的丁型「蛟竜」が初めて実戦配備のため沖縄に向かった。しかし自力航走中、故障が相次ぎ沖縄に到着できたのは酒井和夫中尉艇、1艇のみであった。

続いて昭和20年3月に輸送船で2艇の「蛟竜」が到着した。大河信義中尉艇と唐司定尚中尉艇である。3月23日、アメリカ軍の侵攻に伴い空襲により、渡辺義幸大尉艇が被弾沈没した。

翌3月24日に鶴田隊は別表のように2個小隊6艇の部隊区分を編成した。第1小隊大河艇と唐司艇は丁型、河本艇は丙型、第2小隊川島艇、佐藤艇は丙型、酒井艇は丁型だった。

3月25日夜、第1小隊3隻が1時間間隔で、慶伊瀬島南方の敵艦船攻撃に向かったが1番艇大河艇と2番艇唐司艇は未帰還になった。3番艇河本艇は、翌26日慶伊勢島の北方5浬付近で、敵戦艦を捕捉、

魚雷2本を発射し命中爆発した水柱を陸軍の観測班が報告しているが、アメリカ側の資料には該当記録がなく戦果の確定ができない（駆逐艦「ハリガン」撃沈という説あり）。河本艇はその日の内に無事基地に生還した。

3月26日、第2小隊3艇が出撃準備を整えた。しかし出撃直前に空襲を受け、酒井艇が被爆沈没した。結局、1番艇川島艇、3番艇佐藤艇が発進した。翌27日、佐藤艇が残波岬南西6浬付近に進出して大型掃海艇「サクセス」を雷撃するが命中せず。川島艇は残波岬西6浬で、重巡「ウイチタ」、軽巡「セントルイス」「ビロシキー」を雷撃するも命中せず。その後敵の猛烈な反撃を受けたが離脱に成功、28日に無事基地に帰還した。

3月31日、川島艇衝突事故により沈没。

4月5日、佐藤艇と河本艇は嘉手納沖の輸送船団に向け出撃、敵の警戒が厳重のため駆逐艦を襲撃したが命中せず4月6日に基地に帰還。

4月7日、根拠地隊司令官の命により甲標的を自沈。陸戦に移る。

沖縄作戦鶴田隊編制表				
編制		甲標的型式	艇長	艇付
第1小隊	1番艇	丁型	大河 信義 大尉	青柳吉郎 上曹　藤井正雄 上曹 小阪直行 上機曹　松下実男 上機曹
	2番艇	丁型	唐司 定尚 中尉	柿沼熊雄 上曹　永瀬政一 1機曹 中野守二 2飛曹　相馬 明 2飛曹
	3番艇	丙型	河本猛七郎 少尉	日浦正雄 上曹　金近他一 2機曹
第2小隊	1番艇	丙型	川島 巌 大尉	鎌形 強 上曹　高久 満 1機曹
	2番艇	丁型	酒井 和夫 中尉	遠藤敬一 2曹　福原勇治 上機曹 和田孝之 2飛曹　松本 績 2飛曹
	3番艇	丙型	佐藤 隆秋 兵曹長	長野重義 1曹　松井成昌 上機曹

小型潜水艇要目							
分類	小型潜水艇				水中特攻兵器		
名前	特殊潜航艇／甲標的 甲型	甲標的乙型 (試作艇)	甲標的丙型 (乙型の量産型)	甲標的丁型 「蛟竜」	回天1型	海竜 (SS金物)	震海 (⑨金物)
排水量（水中）	46トン	50トン	50トン	59.3トン	8.3トン	19.3トン	―
全長	23.9m	24.9m	24.9m	26.25m	14.75m	17.28m	12.5m
速力（水上）	―	6.5ノット	6.5ノット	8ノット	―	7.5ノット	―
速力（水中）	19.0ノット	18.5ノット	18.5ノット	16ノット	30ノット	10ノット	9ノット
航続距離（水上）	―	300浬/6ノット	300浬/6ノット	980浬/7ノット	―	450浬/5ノット	―
航続距離（水中）	80浬/6ノット	120浬/4ノット	120浬/4ノット	(22時間/4.5ノット)	23,000m/30ノット	(12時間/3ノット)	―
魚雷発射管	2	2	2	2	なし	2	なし
その他兵装	なし	なし	なし	なし	炸薬1,550kg	炸薬60kg	艇首爆装
乗員	2名	3名	3名	5名	1名	2名	―

運貨筒

　潜水艦で曳航して所定の海域まで輸送したのち、離島からの大発などで収容、牽引して陸上に物資を輸送する無人、非動力の輸送用の特殊潜航艇。積載量が375トン、185トン、58トンの3種類生産された。

▲運貨筒はソロモン・ニューギニア方面に点在する離島への潜水艦での輸送効率を少しでも上げるために開発された。無人無動力で、潜水艦により水面下を曳航されるもので大中小の3種類が建造された。実戦に投入されたのはその中でも大型に当たるもので写真も大型。〔写真提供／大和ミュージアム〕

運砲筒

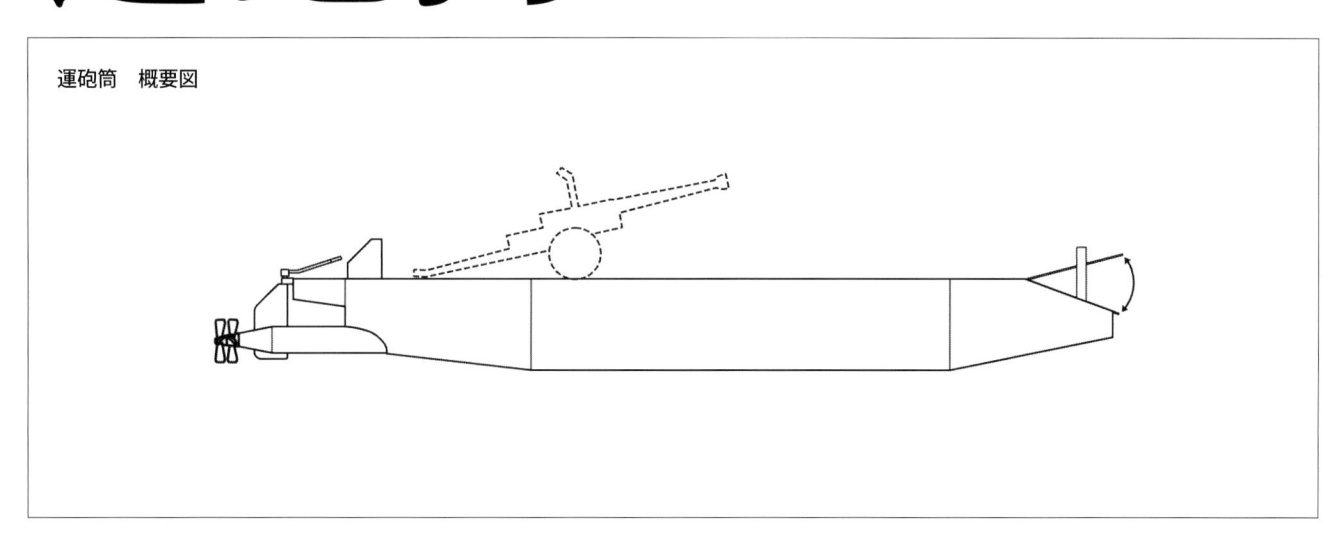

運砲筒　概要図

　大砲を輸送する特殊潜航艇で、有人、自力走行が可能。双胴で魚雷用の推進器を使い速力は5.7ノットだった。15cm榴弾砲なら砲弾と共に3門積載が可能だった。

特型運貨筒

　特型運貨筒、略して"特運筒"とは潜航艇型の輸送艇である。
　運貨筒との相違は魚雷をエンジン代わりに使用し、有人、自力航行ができる点にあった。潜水艦に積載して目的地沖あいまで運ばれ、発進後、浸洗状態4ノットで陸地へ向かった。

▲特型運貨筒は甲標的などと同様に母潜から発進して物資を揚陸、艇は放棄される。写真は昭和19年7月9日、伊26潜から発進した平賀高上曹艇がグアム島ウマタック湾に揚陸を成功させた後、アメリカ軍機の攻撃を受ける姿を捉えたものである。

要目	
全　長	23m
速　力	4～6ノット
航続距離	水上：3,500m
積載量	25トン
乗　員	1名

回天

▲呉工廠で完成した回天1型。水上の部分は白色に塗装されているが、これは船体が小型であるため、訓練中に水面上からでもその位置がよくわかるようにする配慮から。〔写真提供／大和ミュージアム〕

■開発の経緯

　昭和18年10月15日、呉軍港に隣接する、倉橋島東北端の大浦崎にある呉海軍工廠魚雷実験部の甲標的基地、通称P基地に甲標的艇長講習員として仁科関夫中尉（海兵71期）が赴任した。そこで1年先輩にあたる黒木博司中尉（海機51期。海兵70期とコレス）と出会い、以後同室で寝食を共にすることになった。

　その半年前から黒木中尉は戦局を挽回できる新兵器や新戦法の研究をしていた。なかでも日本海軍が誇る酸素魚雷が多数倉庫に眠っているのを見るにつけ、これを改造、自らが操縦して体当たりをする人間魚雷の構想を、仁科中尉との出会いで具体化するようになる。

　開発の見込みが立つと、設計図と意見書が軍務局に届けられた。しかし、当初は海軍の伝統として決死ではなく必死の兵器は採用できないと却下された。

　しかし昭和19年2月、ますます戦局が悪化する状況を受け、脱出装置を付けることを前提に製造の許可がおりた。早速、呉海軍工廠魚雷実験部で魚雷設計者の技術大佐の下、3艇の試作艇が極秘に進められたが、技術的に困難で試作が行き詰まってしまった。

　黒木大尉、仁科中尉は「脱出装置の組み込みは回天の性能を著しく低下させ、実戦部隊が要求する兵器とはほど遠いものになる」と強く反対。仁科中尉は「脱出装置を付けるならば、お付けになって結構です。その代わり、私たちは出撃するとき、そいつを基地に置いて行きますから」と言い切ったと伝えられる。

　結局、昭和19年7月に脱出装置のないまま試作艇が完成。有人航走を実施することとなり、黒木大尉の発案により「回天」と名づけられ、兵器採用と同時に、呉海軍工廠に対して回天の急速生産の命令が発せられた。

　回天搭乗員の募集はこの頃が始まった。まず、長崎県にあった水雷学校臨時魚雷艇訓練所の第1期魚雷艇学生、兵科3期予備学生から、さらに第2期魚雷艇学生（兵科4期予備学生、1期予備生徒）から志願者を募集した。また甲種第13期飛行予科練習生を中心に土浦航空隊、三重航空隊奈良分遣隊、滋賀航空隊を対象に募集を行なった。兵学校・機関学校出身者の士官は全て命令によって選抜された。

　P基地では甲標的の教育・訓練で手一杯のため新たに回天の基地として、昭和19年9月徳山湾にある大津島回天基地（開隊日：昭和19年9月1日）、11月には同じ山口県内の光海軍工廠の隣に光基地（開隊日：昭和19年11月25日）、翌昭和20年3月には山口県熊毛郡平生に平生基地（開隊日：昭和20年3月1日）、4月に大分県速見郡日出町に大神基地（開隊日：昭和20年4月25日）がそれぞれ設置された。

　昭和19年9月16日、大津島基地周辺は、朝方穏やかだった天候が午後より悪化、大津島指揮官の板倉光馬少佐（元伊41潜艦長）は訓練の中止を決断した。しかし、黒木大尉は「天候が悪いからといって、敵は待ってくれない」と1740、樋口孝大尉の操縦で訓練を実施。板倉少佐の乗る追躡艇もうぬりにエンジンが停止するほどの悪天候の中、黒木・樋口艇は行方不明になった。懸命の捜索にもかかわらず発見は翌日の0900となり、すぐさま引き上げられたが、黒木、樋口両大尉は亡くなっていた。取り乱した様子はなく見事な最期であったという。

　昭和19年11月、ついに回天作戦が決行されることになった。当初の作戦は敵の泊地に停泊している艦船に対する攻撃で、翌年1月まで6回出撃を繰り返した。しかし次第に警戒が厳重になり、昭和20年4月からの回天作戦は航行艦襲撃へ移行した。

　回天作戦は9ヶ月に渡り繰り返され、出撃した搭乗員は延べ148名でうち83名が戦死、回天を搭載した潜水艦は延べ32隻で、撃沈された搭載潜水艦の乗員戦死者数は812名に登った。

菊水隊

　回天特別攻撃隊として、初めての出撃となる菊水隊への短刀伝達式は昭和19年11月7日午後、大津島基地内で執り行なわれた。回天を自ら発案、開発した仁科関夫中尉は殉職した黒木少佐の遺骨を抱いて伊47潜で出撃した。出撃前、仁科中尉は12基全ての回天のハッチを開け、機器の状態を自ら調べたという。

伊36潜　昭和19年11月8日出撃　ウルシー方面　回天4基搭載

　今西太一少尉の回天のみ発進、吉本健太郎中尉、豊住和寿中尉の両艇は交通筒に固着して発進できず、工藤義彦少尉の回天は発進直前、操縦室に大量浸水のため発進できなかった。今西少尉の回天は伊47潜の回天と共にウルシー泊地で戦果を挙げている。

伊37潜　昭和19年11月8日出撃　パラオ方面　回天4基搭載

　攻撃予定日の前日である19日にパラオ諸島コッソル水道でアメリカ駆逐艦のソーナー探知と爆雷攻撃により沈没した。
（回天隊員：上別府宜紀大尉、村上克巴中尉、宇都宮秀一少尉、近藤和彦少尉）

伊47潜　昭和19年11月8日出撃　ウルシー方面　回天4基搭載

　11月20日午前3時28分、ウルシー島西方、ヤマガン島近海から1号艇仁科関夫中尉、3号艇佐藤章少尉、4号艇渡辺幸三少尉、2号艇福田斉中尉の順に発進した。伊36潜から発進の今西少尉との回天5基でウルシー泊地に突入。ウルシー泊地に大火柱が上がり、アメリカ油槽艦「ミシシネワ」を撃沈した。
　しかし、各艇がどのような行動をし、どの回天が「ミシシネワ」を撃沈したかについては不明である。

金剛隊

　金剛隊は伊56潜（森永正彦艦長）がアドミラルティ島へ、伊47潜（折田善次艦長）はホーランディアへ、伊36潜（寺本巌艦長）は再度ウルシーへ、伊53潜（豊増清八艦長）はパラオ島コッソル水道へ、伊58潜（橋本以行艦長）はグアム島、伊48潜（当山全信艦長）もウルシーに向かった。母潜6隻中、5隻の艦長が兵学校59期の同期だった（寺本艦長は神戸高等商船出身）。
　すでに回天は2回目の使用になるので、相手が警戒を厳重にするのは必定で近接、突入が非常に困難になることが予想された。

伊56潜　昭和19年12月21日出撃　アドミラルティ諸島　回天4基搭載

　アドミラルティ諸島マヌス島のセドラー湾を目指したが、昭和20年1月11日、12日航空機、哨戒艇の警戒が厳しく回天の発進を断念、帰投した。

伊47潜　昭和19年12月25日出撃　ホーランディア方面　回天4基搭載

　昭和20年1月12日ホーランディア北方で1号艇川久保輝夫中尉、3号艇村松実上曹、4号艇佐藤勝美1曹、2号艇原敦郎中尉の各艇が発進した。伊47潜は回天各艇の走行状況を聴音で確かめた後、急速浮上して発進点を離れた。

伊36潜　昭和19年12月30日出撃　ウルシー　回天4基搭載

　昭和20年1月12日、ウルシー泊地に加賀谷武大尉、都所静世中尉、本井文哉少尉、福本百合満上曹の4艇が発進した。回天発進後、伊36潜は深々度潜航に移り爆発音を遠くに聞きながら退避した。

伊53潜　昭和19年12月30日出撃　パラオ方面　回天4基搭載

　昭和20年1月12日、コッソル水道にて1号艇久住宏中尉が発進したが、機関を発動した直後に機械室から突如火が出た。久住艇は母潜から数mのところで沈没した。後続艇の進路を妨害したり、母潜が発見されることを恐れ消火自沈したと考えられる。2号艇の久家稔少尉はガスを吸い発進不可能。伊東修少尉と有森文吉上曹の2艇が発進した。同潜水艦は帰投命令により帰還した。

伊58潜　昭和19年12月30日出撃　グァム島　回天4基搭載

　昭和20年1月12日グアム島西岸のアプラ港の湾口まで32kmで石川誠三中尉、森稔2飛曹、工藤義彦中尉が続いて発進。しかし、三枝直2飛曹艇は電話が普通となっていたので、浮上して確認すると架台に乗ったままスクリューが回転していて熱走状態であった。すぐ潜航し、固縛バンド外すと三枝艇は発進した。アプラ湾にわずかな黒煙を発見したが確かな戦果の確認ができず帰投した。

伊48潜　昭和20年1月9日出撃　ウルシー方面　回天4基搭載

　伊48潜は出撃してから一切の連絡がなく、消息不明となった。
（回天隊員：吉本健太郎中尉、豊住和寿中尉、塚本太郎少尉、井芹勝見2曹）

▼昭和19年12月25日、回天特別攻撃隊金剛隊として ホーランジャ泊地に出撃する伊47潜。見送りに九六式小型水偵が飛翔し、回天搭乗員がさかんに見送りに応えている。海面が光輝き、潜水艦がシルエットになり飛行機が飛翔する様子は、絵画のように美しいだけに悲しい光景である。艦橋にあがる幟(のぼり)には「非理法権天」と書かれていた。

千早隊

　千早隊は昭和20年2月19日のアメリカ軍による硫黄島への上陸開始を受けて、急きょ編成された。攻撃目標は「硫黄島付近航行中の敵有力艦船」とされたが戦艦、航空母艦への攻撃は警戒厳重のため容易ではなく、千早隊3隻のうち2隻が撃沈され、1隻は長時間制圧を受けてついに回天の発進ができずに帰還している。

伊368潜　昭和20年2月20日出撃　硫黄島　回天5基搭載
出撃後、連絡なく消息不明。
(回天隊員：川崎順二中尉、石田敏雄少尉、難波進少尉、磯辺武雄2飛曹、芝崎昭七2飛曹)

伊370潜　昭和20年2月21日出撃　硫黄島　回天5基搭載
出撃後、連絡なく消息不明。
(回天隊員：岡山至少尉、市川尊継少尉、田中二郎少尉、浦佐登一2飛曹、熊田孝一2飛曹)

伊44潜　昭和20年2月23日出撃　硫黄島　回天4基搭載
　2月25日、硫黄島南西50浬で敵の制圧を47時間も受け、攻撃を断念。後に消極的な理由に艦長は更迭された。

神武隊

　硫黄島において千早隊の攻撃が失敗に終わったことを受け、第6艦隊は続いて神武隊を編成、再度硫黄島に向かわせた。しかし、突然作戦変更となり、回天発進前に作戦中止となった。

伊58潜　昭和20年3月1日出撃　硫黄島　回天4基搭載
　回天発進準備中に、作戦変更、鳥島西方海面に進出し、第2次丹作戦梓特攻隊の電波誘導を命ぜられる。艦長の橋本中佐は自著の中で、回天作戦中の変更について、帰投後第6艦隊長官に報告する際「もう少し余裕があるか、他艦に命じてもらえれば回天の発進が可能だったのに」と不満を表したと書いている。

伊36潜　昭和20年3月2日出撃　硫黄島　回天4基搭載
　3月6日、作戦中止命令により帰投。

多々良隊

多々良隊は昭和20年3月23日、沖縄周辺に迫るアメリカ艦船を攻撃するために、母潜4隻、回天20基で編成された。

伊47潜　昭和20年3月29日出撃　沖縄　回天6基搭載

3月30日早朝、豊後水道を出たばかりの所で、アメリカ機動部隊の駆逐艦のレーダーに探知され、引き続きソーナーによる追跡を受け爆雷と航空機の爆撃を受け、潜望鏡の漏水、燃料タンク破損、回天6基のうち3基が破損したため、攻撃を断念帰投した。

伊56潜　昭和20年3月31日出撃　沖縄　回天6基搭載

沖縄方面に向かうが出撃以後、連絡無く消息不明。アメリカ駆逐艦の爆雷攻撃を受け沈没。
(回天隊員：福島誠二中尉、八木寛少尉、河浪由勝2飛曹、石直新五郎2飛曹、宮崎和夫2飛曹、矢代清2飛曹)

伊58潜　昭和20年3月31日出撃　沖縄　回天4基搭載

荒天と厳重な警戒のため、攻撃を断念帰投。

伊44潜　昭和20年4月3日出撃　沖縄　回天4基搭載

沖縄とマリアナ諸島を結ぶ線上に進出して、洋上を航行中の敵艦船を攻撃するよう命ぜられたが、出港後連絡なく消息不明。艦上機と駆逐艦の爆雷攻撃を受け沈没。
(回天隊員：土井秀夫中尉、亥角泰彦少尉、館脇孝治少尉、菅原彦五2飛曹)

天武隊

天武隊は、警戒が厳重な敵泊地の突入では戦果が挙がらないばかりか、母潜の帰還もままならぬことから、航行中の輸送船団を攻撃する戦法へと転換された。その先駆けとして伊36潜、伊47潜で編成された。

▼回天特別攻撃隊「天武隊」の伊47潜出撃時の写真。前甲板に搭載された5号艇と6号艇にまたがる左が兵科予備学生3期の前田中尉、右が新海菊雄2飛曹。伊47潜は沖縄とマリアナ諸島を結ぶ中間線で回天攻撃を実施。6艇のうち4艇が発進。前田中尉の回天も発進、戦死した。

伊47潜　昭和20年4月20日出撃　沖縄～マリアナ間　回天6基搭載

沖縄とマリアナ諸島を結ぶ中間海域に進出。
5月2日、1号艇柿崎実中尉、4号艇山口重雄1曹、2号艇古川七郎上曹が発進。各艇発進後、船団と同じ方向で大爆発音が起こり潜水艦までが揺れたそうである。5月7日、5号艇前田肇中尉が発進、しかし3号艇、6号艇は故障のため発進ができなかった。前田中尉発進の約24分後、大爆発音を聞いた。

伊36潜　昭和20年4月22日出撃　沖縄～マリアナ間　回天6基搭載

4月27日八木中尉、安部2飛曹、松田2飛曹、海老原2飛曹が出撃、久家少尉と野村2飛曹の艇は故障で発進できなかった。

振武隊

天武隊の戦果に引き続き、回天戦を実施すべく振武隊が編成された。しかし、出撃直前に伊366潜が触雷で損傷、伊367潜のみの出撃となった。

伊367潜　昭和20年5月5日出撃　沖縄　回天5基搭載

沖縄とサイパンを結ぶ海域に出撃、1号艇藤田克己中尉、2号艇吉留文夫1飛曹の回天が電動縦舵の故障で発進が不可能となり、3号艇千葉三郎1曹、5号艇の小野正明1曹が出撃、4号艇の岡田純一1飛曹の回天は冷走となり発進ができなかった。

伊366潜　出撃せず

昭和20年5月6日、光基地沖合いで回天搭載、試験中に磁気機雷に触雷、沈没は免れたが損傷のため出撃不能となる。

轟隊

昭和20年5月末に沖縄に侵攻するアメリカ軍の補給ルートを遮断する目的で編成された。

伊361潜　昭和20年5月24日出撃　沖縄　回天5基搭載

出撃後、連絡なく消息不明。敵空母艦上機の攻撃を受け沈没。
(回天隊員：小林富三郎中尉、金井行雄1飛曹、田辺晋1飛曹、岩崎静也1飛曹、斉藤達雄1飛曹)

伊363潜　昭和20年5月28日出撃　沖縄南東　回天5基搭載

沖縄南東500浬を目指し出撃したが敵警戒厳重のためと、回天故障により攻撃を断念、作戦を中止し基地に帰還した。

伊36潜　昭和20年6月4日出撃　マリアナ　回天6基搭載

マリアナ諸島東方の海域に進出し、6月12日タンカーを発見、回天戦を実施するが、5号艇久家稔少尉、6号艇野村栄一1飛曹が相次いで機関の発動不能となり攻撃を断念。確認したところ回天全艇が故障していることがわかり、修理・復旧に努めた。1号艇、2号艇、5号艇は修理できたが、3基は使用不能のままであった。
その後、同艦は硫黄島に向かい、6月28日に大型輸送船を発見、1号艇池淵信夫中尉の回天を発進。その後駆逐艦の攻撃にあい、母潜が制圧、沈没の危機にさらされたが2号艇柳谷秀正1飛曹、5号艇久家少尉が発進し大爆発音を聞いた。これにより駆逐艦の猛攻は終わり、伊36潜は無事帰投した。(出撃前訓練中、入江富太1飛曹、坂本豊治1飛曹殉職)

伊165潜　昭和20年6月15日　マリアナ　回天2基搭載

海大型で唯一、回天戦に参加した伊165潜は2基の回天を搭載して、マリアナ諸島東方海域に向かった。しかし出撃後、連絡をたったまま消息不明となった。アメリカの哨戒機の爆撃を受けて沈没した。(回天隊員：水知創一少尉、北村十二郎1飛曹)

回天作戦表

隊名	菊水隊	金剛隊	千早隊	神武隊	多々良隊	天武隊	振武隊	轟隊	多聞隊	備考
母潜	S19.11	S19.12	S20.2	S20.3上旬 (作戦中止)	S20.3下旬	S20.4	S20.5上旬	S20.5下旬〜6	S20.7	
伊36潜	4基	4基		4基		6基		6基		5回出撃
伊37潜	4基★									パラオにて沈没
伊47潜	4基	4基			6基	6基			6基	5回出撃
伊53潜		4基							6基	2回出撃
伊56潜		4基			6基★					沖縄にて沈没
伊58潜		4基		4基	4基				6基	4回出撃
伊48潜			4基★							ウルシーにて沈没
伊44潜				4基	4基★					沖縄にて沈没
伊368潜				5基★						硫黄島にて沈没
伊370潜				5基★						硫黄島にて沈没
伊367潜							5基		5基	2回出撃
伊361潜								5基★		比島海面にて沈没
伊363潜								5基	5基	2回出撃
伊165潜								2基★		マリアナ東方で沈没
伊366潜							(※2)		5基	1回出撃
参加潜水艦数	3隻	6隻	3隻	2隻	4隻	2隻	1隻	4隻	6隻	
搭載回天数	12基	24基	14基	8基	20基	12基	5基	18基	33基	

※1：表中の★はその作戦での母潜の戦没を現す。
※2：伊366潜は振武隊となるも触雷のため出撃せず。

多聞隊

回天特別攻撃隊で最も多く母潜6隻、回天33基で編成された多聞隊は、最後の回天戦となった。

伊53潜　昭和20年7月14日　西太平洋　回天6基搭載

7月20日にバシー海峡東方海域に進出し、24日輸送船団を発見した。襲撃には困難態勢にあったが、回天搭乗員の強い要請から、勝山淳中尉の1号艇が発進した。40分後駆逐艦「アンダーヒル」が真っ二つに割れて沈没。「アンダーヒル」の乗員がいろいろな方向に潜望鏡を見たと証言している点、この日発進した回天は1基のみで勝山中尉しかないため、誰が乗った回天がなんの戦果を挙げたが特定できた唯一の例となった。

引き続き、バシー海峡で敵を待つと、7月27日に再び輸送船団を発見、2号艇川尻勉1飛曹が発進した。その1時間後に大爆発音を聞いたが、戦果は確認できず、逆に駆逐艦の反撃を受けた。「潜水艦は何としても生き残って回天作戦を繰り返してほしい」と関豊興少尉の5号艇、荒川正弘1飛曹の3号艇が発進。大爆発音の後、敵の推進機音は聞こえなくなった。4号艇に乗っていた高橋博1飛曹と6号艇に乗っていた坂本雅刀1飛曹は、至近距離で炸裂した爆雷の衝撃により回天が故障、2人も意識を失い艦内に収容された。

その後無事、伊53潜は帰投した。

伊58潜　昭和20年7月18日　西太平洋　回天6基搭載

フィリピン東方海域で艦船攻撃を実施した。7月28日大型輸送船を発見。橋本艦長は回天2基の発進を命じた。2号艇小林一之1飛曹、1号艇伴修二中尉が発進、2回の爆発音が聞こえたが戦果は確認できなかった。

その後、レイテ～グァム、パラオ～沖縄の両航路が交差する地点に移動し、7月29日艦影を発見した。発見位置、距離などから回天よりも魚雷攻撃が有効と判断し、魚雷6本を2秒間隔で発射、そのうち3本が命中敵艦は撃沈された。その大型艦は重巡「インディアナポリス」であった。

その後、8月9日、フィリピン北東端、アパリ岬の北東260浬で輸送船6隻、駆逐艦3隻を発見した。ただちに橋本艦長は6号艇白木一郎1飛曹に発進を命じたが、冷走。林1飛曹の3号艇も故障したので、5号艇中井昭1飛曹が発進した。さらに駆逐艦と船団との距離が縮まったこともあり、4号艇水井淑夫少尉も発進した。

8月12日、再び水平線上に大型艦を発見した。残っていた3号艇林1飛曹を発進。遠くに見える敵艦に巨大な火柱が上がるのを確認し、「大型艦1隻沈」と報告したが、戦後の資料によれば駆逐艦「トーマスニッケル」が損傷したとある。

橋本艦長は敵目標を発見すると、回天戦にすべきか、魚雷戦にすべきか冷静かつ的確に判断し任務を実行したのである。

伊47潜　昭和20年7月19日　沖縄～パラオ間　回天6基搭載

7月23日、沖縄とパラオ島を結ぶ洋上に到着し、哨戒。その後フィリピン島北東方面に移動したが、30日から台風の暴風圏に巻き込まれてしまい、母潜の充電すらできないほどの荒天に遭遇した。回天の流出、8月6日の帰投命令を受けて帰還した。

伊367潜　昭和20年7月19日　沖縄～グアム間　回天5基搭載

沖縄南東約400浬、沖縄とグアム間のアメリカ軍輸送路への攻撃が任務であった。7月27日には遠距離で集団音を探知、8月7日には駆逐艦と接近。8月9日に突如第6艦隊司令部より帰還命令が来る。大津島に辿り着く前に終戦の玉音放送や玉音放送の内容を伝える機密電報が入ったため、艦が大津島の基地に到着した後に、艦長は乗員に終戦を告げた。

伊366潜　昭和20年8月1日　西太平洋　回天5基搭載

8月11日にパラオ島北方500浬、沖縄とウルシーを結ぶ洋上で、アメリカの大輸送船団を発見。すぐさま成瀬謙治中尉が発進。続いて上西徳英1飛曹、佐野元1飛曹も続いて発進。その後3度の爆発音を聞いた。終戦のわずか4日前の突入だった。

残り2基は故障となり発進不能により、母潜と共に帰投、その後終戦を迎えた。

伊363潜　昭和20年8月8日　沖縄東方　回天5基搭載

沖縄東方海域を目指したが、翌8月9日にソ連が参戦。鹿児島沖を航行中だったため、急ぎ12日に日本海の配備が指示された。14日には突如アメリカの戦闘機に襲われ4名の戦死傷者が出た。さらに浸水のため調整能力を失い90mの海底に沈んでしまった。

▲終戦直後に撮影された残存潜水艦群で大小合わせて11隻が見える。並んでいる左上の3隻が海大3型で伊159、伊158潜、伊157潜。中央2隻が丁型の伊366潜、伊367潜。下の2隻が乙型の伊36潜と、丙型の伊47潜。右列上の小型の潜水艦は潜輸小型。下の2隻は丙型改の伊53潜、乙型改2の伊58潜と推定される。各型式の船体の大小が比較できる貴重な写真。潜特型など一部を除き、これが日本海軍潜水艦の第一線部隊の最後の勢力を現した姿である。〔写真提供／大和ミュージアム〕

海竜

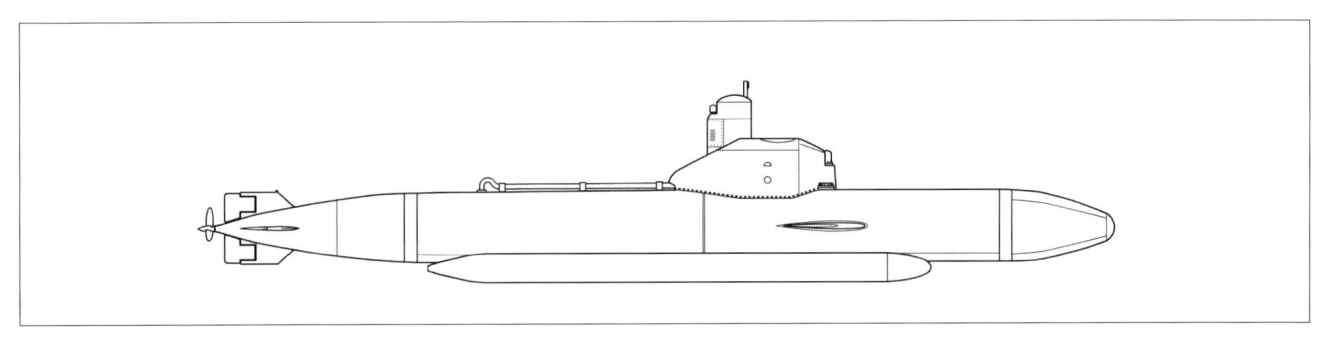

水中有翼の小型潜航艇である。本土決戦兵器として開発され、昭和20年5月に兵器として制式採用された。12艇をもって1隊として、艇外に2本の魚雷を装備していた。回天と甲標的を合わせたような兵器で、艇首に炸薬を搭載していたので、魚雷発射後に体当たりが可能だった。量産途上で終戦を迎え、実戦に投入されることはなかった。

震海

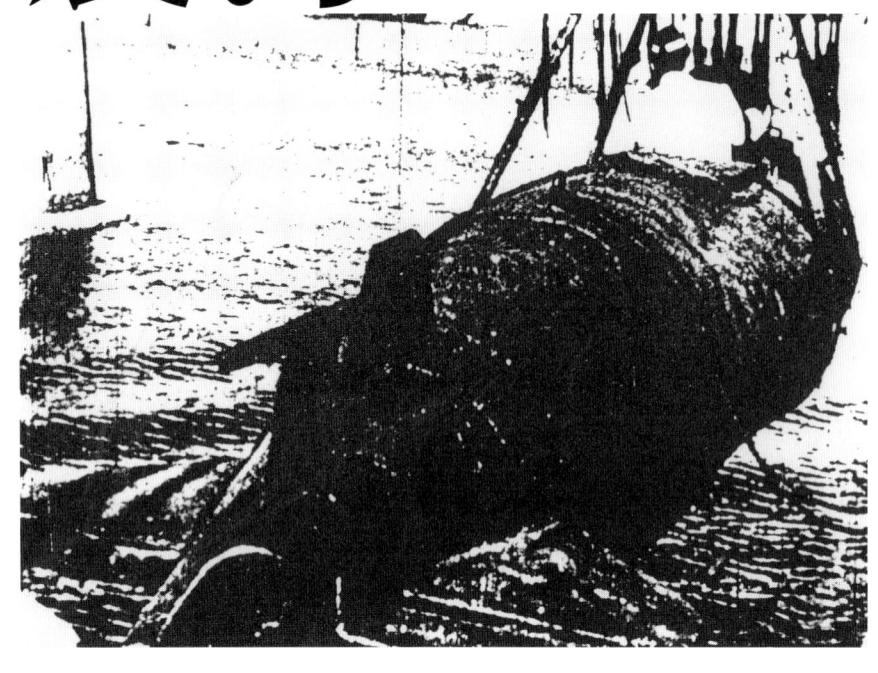

▶まさに海上に吊り下げられる直前の震海。やや不鮮明だが画面右上にはハッチから半身を乗り出した搭乗員の姿が見え、その大きさをうかがい知れることができる。技術的な問題もあり、実用化にはほど遠かった。

　時限式機雷を艇首に装備し、停泊中の敵艦船に対しそれを設置、攻撃する特殊潜航艇であった。磁気探知装置によって敵艦を捕捉する設計であったが、装置自体の索敵能力が低く、攻撃の実行が困難であるとして採用されずに終わった。

邀撃艇

▶特型運貨筒を利用して急きょ開発された小型潜航艇。その名のとおり要港沖合いで敵艦隊を邀撃することを目的としていた。艇首下に並列に装備された魚雷発射管や、特徴的な艦橋部が見てとれる。

　運貨筒を流用して設計されたもので、艇首下部に2門の魚雷発射管を装備する。艇体から突き出した艦橋が特徴的で、攻撃時には艦橋の先端のみを海面に出す、浸洗状態で航行し肉眼で目標を確認する。このため、潜望鏡は備えていない。また操舵は艦橋上部において行なう。
　艦橋が高く不安定であり、速度も低いこと、被発見率が高いと予想されることから、採用されずに終わった。

第5章

▶太平洋での激しい戦いが終結したのちの昭和20年10月13日、舞鶴で撮影された残存潜水艦で、左から機雷潜型の伊121潜、中央2隻が潜高型の伊201潜と伊202潜、一番右がドイツからの譲渡艦、呂500潜である。これらの潜水艦は半年あまりが経った昭和21年4月30日、若狭湾で海没処分された。

　日本海軍の潜水艦の歴史は明治38年8月1日にホランド型潜水艇に軍艦旗がかかげられてから昭和20年8月の終戦までの40年であるが、その戦いの歴史は太平洋戦争の3年8ヶ月に集約されるものである。その間に大小156隻が実戦投入され、実にその8割を超える127隻が帰らなかった。
　本章ではその戦いをデータでふりかえる。

資料で見る日本潜水艦作戦

太平洋戦争における潜水艦作戦

　太平洋戦争における日本海軍潜水艦部隊の作戦は全般的に不振と評されることが多い。
　ところが、その戦いの様子を綿密に観察してみると、前半は空母を含む敵艦艇の撃沈・撃破や、インド洋などでの通商破壊戦、搭載機によるアメリカ本土爆撃など、随所にその活躍を認めることができる。
　それでは日本海軍潜水部隊は太平洋戦争をどのように戦い、どのように敗れたのであろうか。
　ここではその戦いの様子を時系列で俯瞰してみたい。

■開戦時の状況

　開戦のおよそ１年前の昭和15年11月、第６艦隊という潜水艦の艦隊が編成された。それまでは連合艦隊の第１、第２艦隊にそれぞれ１個潜水戦隊が配属されており、いわば艦隊の補助兵力的存在であったのだが、対米戦やむなしの機運が高まる情勢を受けて、一元化された潜水艦隊がここに編成されたのである。
　開戦時の保有潜水艦は61隻で、７個の潜水戦隊が編成されていた。このうち第１、第２、第３潜水戦隊の30隻がハワイ作戦に参加し、第４、第５、第６潜水戦隊の14隻はマレー、フィリピン作戦に参加、第７潜水戦隊はウェーク島攻略やハウランド島方面掃蕩作戦に参加した。
　編成を見ると、第１潜水戦隊は新巡潜型の甲乙丙型で編成されており最新鋭と言える。第２潜水戦隊は巡潜型で編成され、第３潜水戦隊は比較的新しい海大６型が主力として編成されているため、１潜戦とまではいかないが、第２、第３潜戦もとも第一線級の兵力であった。
　しかしながら第７潜水戦隊はL4型でこれは大正時代の建造艦、第６潜水戦隊も古い機雷潜型、第５、第４潜水戦隊もやはり老朽化が目立ち始めた、海大３型や４型で編成されていた。

開戦時の潜水部隊の編成

第６艦隊　香取（練習巡洋艦）
- 第１潜水戦隊　伊９潜
  - 第１潜水隊　伊15潜、伊16潜、伊17潜
  - 第２潜水隊　伊18潜、伊19潜、伊20潜
  - 第３潜水隊　伊21潜、伊22潜、伊23潜
  - 第４潜水隊　伊24潜、伊25潜、伊26潜
  - 靖国丸（特設潜水母艦）

- 第２潜水戦隊　伊７潜、伊10潜
  - 第７潜水隊　伊１潜、伊２潜、伊３潜
  - 第８潜水隊　伊４潜、伊５潜、伊６潜
  - さんとす丸（特設潜水母艦）

- 第３潜水戦隊　大鯨（潜水母艦）、伊８潜
  - 第11潜水隊　伊74潜、伊75潜
  - 第12潜水隊　伊68潜、伊69潜、伊70潜
  - 第20潜水隊　伊71潜、伊72潜、伊73潜

第４艦隊
- 第７潜水戦隊　迅鯨（潜水母艦）
  - 第26潜水隊　呂60潜、呂61潜、呂62潜
  - 第27潜水隊　呂65潜、呂66潜、呂67潜
  - 第33潜水隊　呂63潜、呂64潜、呂68潜

第３艦隊
- 第６潜水戦隊　長鯨（潜水母艦）
  - 第９潜水隊　伊123潜、伊124潜
  - 第13潜水隊　伊121潜、伊122潜

連合艦隊直率
- 第５潜水戦隊　由良（軽巡）
  - 第28潜水隊　伊59潜、伊60潜
  - 第29潜水隊　伊62潜、伊64潜
  - 第30潜水隊　伊65潜、伊66潜
  - りおでじゃねいろ丸（特設潜水母艦）

- 第４潜水戦隊　鬼怒（軽巡）
  - 第18潜水隊　伊53潜、伊54潜、伊55潜
  - 第19潜水隊　伊56潜、伊57潜、伊58潜
  - 第21潜水隊　呂33潜、呂34潜
  - 名古屋丸（特設潜水母艦）

呉鎮守府　伊52
- 第６潜水隊　呂57潜、呂58潜、呂59潜

行動年表

年月	日	艦名	敵艦艇/商船撃沈戦果	要地砲撃/偵察/航空偵察	輸送/母潜
S16.12	8	伊16			真珠湾特潜母艦
	8	伊18			真珠湾特潜母艦
	8	伊20			真珠湾特潜母艦
	8	伊22			真珠湾特潜母艦
	8	伊24			真珠湾特潜母艦
	8	伊26	◎米船		
	10	伊124	◎英船		
	10	伊10	◎パナマ船		
	11	伊156	◎蘭船		
	11	呂64		ハウランド島砲撃	
	11	呂64		ベーカー島砲撃	
	12	伊22		ジョンストン島砲撃	
	12	伊9	◎米船		
	14	伊4	◎ノルウェー船		
	15	伊172		マウイ島偵察	
	15	伊172		ハワイ島偵察	
	16	伊175		カルフィ島砲撃	
	16	伊166		クチン偵察	
	17	伊7		真珠湾航空偵察	
	18	伊17	◎米船		
	18	伊175	◎米船		
	19	伊172	◎米船		
	20	伊25	◎米タンカー		
	21	伊17	◎米タンカー		
	21	伊23	◎米タンカー		
	22	伊9	◎米船		
	22	伊171		ジョンストン島砲撃	
	23	伊21	◎米タンカー		
	23	伊73		ジョンストン島砲撃	
	23	伊21	◎米タンカー		
	24	伊175		パルミラ島砲撃	
	24	伊23	◎米船		
	25	伊166	◎K16SS		
	25	伊19	◎米船		
	23-25	伊174		キングマンリーフ偵察	
	27	伊25	◎米タンカー		
	31	伊3		カウアイ島砲撃	
	31	伊2		マウイ島砲撃	
	31	伊1		ヒロ湾砲撃	
S17.1	5	伊156	◎英船		
	5	伊19		真珠湾航空偵察	
	6	伊156	◎蘭船		
	7	伊157	◎蘭船		
	8	伊156	◎蘭船		
	8	伊156	◎蘭船		
	9	伊165	◎蘭船		
	9	伊158	◎蘭船		
	11	伊20		サモア島砲撃/偵察	
	11	伊166	◎米船		
	12	伊6	◎サラトガCV		
	12	伊174		アリューシャン偵察	
	13	伊156	◎蘭船		
	15	伊165	◎印船		
	16	伊124	◎米船		
	16	伊124	◎パナマ船		
	15-18	伊20		スパ偵察	
	18	伊121	◎蘭船		
	20	伊159	◎ノルウェー		
	21	伊166	◎パナマ船		
	21	伊169		ミッドウェー偵察	
	22	伊164	◎蘭船		
	22	伊166	◎英船		
	23	伊172	◎米タンカー		
	24	伊22		フレンチフリゲート偵察	
	25	伊159			
	25	伊18		ミッドウェー偵察	
	26	伊24		ミッドウェー砲撃	
	28	伊164	◎英船		
	28	伊175		アトカ偵察	
	29	伊164	◎米船		
	30	伊164	◎日船		
	31	伊164	◎印船		

第1段作戦

■ハワイ作戦と特別攻撃

　開戦劈頭から潜水艦隊の活躍が期待されていたが、実際には緒戦から厳しい展開となった。

　ハワイ作戦ではおおよそ潜水部隊の兵力の半分、しかも新鋭潜水艦で真珠湾に厳重な配備を行なっていた。第1潜水部隊はオアフ島北東海面に配備され、機動部隊の掩護と敵出撃部隊の邀撃に当たった。巡潜型を主とした第2潜水部隊はオアフ島を中心にカウアイ島との間に3隻、モロカイ島との間に3隻配備し、それらを伊7潜が指揮する配備に就いた。第3潜水部隊はオアフ島南方海面に扇状に厳重に包囲する形で9隻が配備についた。

　このほか伊10潜と伊26潜は南太平洋方面及びアリューシャン方面への要地偵察任務に、伊19潜、伊21潜、伊23潜の3隻は南雲機動部隊の前後方の警戒任務に就いた。

　このように大型、新鋭潜水艦を中心にハワイを取り囲んで哨戒を実施したが、哨戒機や駆逐艦の活動が活発で、真珠湾を脱出する敵艦船の捕捉撃滅はほとんどできなかったばかりか、警戒厳重なため逆に航空機や駆逐艦に追われる結果に終わり、伊70潜が早くも撃沈されている。

　またハワイ作戦では丙型潜水艦5隻による特別攻撃隊が編成され、各々に甲標的が搭載された。【→P.173参照】

　5艇のうち岩佐艇（艇長：岩佐直治大尉）は湾内に進入し、魚雷を発射することに成功したが命中せず、逆に水上機母艦「カーチス」に発見され、駆逐艦「モナガン」の体当たりを受けて沈没した。同艇は艇内に遺体を残したまま引き揚げられ岸壁工事の基礎に埋められた。

　古野艇（艇長：古野繁實中尉）は駆逐艦「ウォード」に発見され攻撃を受けて沈没した。この攻撃は第1次攻撃隊の70分前に行なわれたため太平洋戦争で最初に攻撃を加えたのは米国ということになる。

　広尾艇（艇長：広尾彰少尉）は横舵が故障して発進が大幅に遅れた。よって水上航走で湾内に進入を試みたが不可能となり注水、脱出を図ったものの行方不明となった。戦後アメリカ軍がこれを発見。引き上げたのち、魚雷が装備されたままで危険な頭部を切断して日本に返還。前部を復元され、現在は江田島の海上自衛隊第1術科学校に展示されているものが本艇である。

　酒巻艇（艇長：酒巻和男少尉）はジャイロコンパスの故障が治らぬまま発進し、座礁。酒巻艇長と艇付の稲垣兵曹は脱出したが稲垣兵曹

各潜水部隊の編制

第1潜水部隊　第1潜水戦隊　司令官：佐藤勉少将
　4隻（伊9潜、伊15潜、伊17潜、伊25潜）
第2潜水部隊　第2潜水戦隊　司令官：山崎重暉少将
　7隻（伊1潜、伊2潜、伊3潜、伊4潜、伊5潜、伊6潜、伊7潜）
第3潜水部隊　第3潜水戦隊　司令官：三輪茂義少将
　9隻（伊8潜、伊74潜、伊75潜、伊68潜、伊69潜、伊70潜、伊71潜、伊72潜、伊73潜）

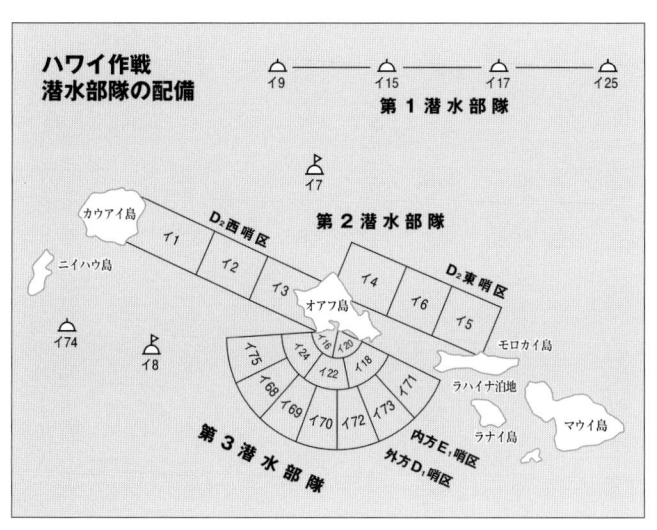

ハワイ作戦 潜水部隊の配備

第1潜水部隊：伊9、伊15、伊17、伊25
第2潜水部隊：D₂西哨区（伊1、伊2）、D₂東哨区（伊3、伊6、伊5）、伊4、伊7
第3潜水部隊：伊75、伊24、伊68、伊16、伊18、伊22、伊69、伊70、伊72、伊73、内方E₁哨区、外方D₁哨区、伊74、伊8

行動年表

年月	日	艦名	敵艦艇/商船撃沈戦果	要地砲撃/偵察/航空偵察	輸送/母潜
	31	伊162	○米タンカー		
S17.2	2	伊175		ナザン偵察	
	4	伊162	○英タンカー		
	4	伊156	○蘭船		
	4	伊155	○蘭船		
	7	伊155	○蘭船		
	9	伊169		ミッドウェー砲撃	
	13	伊25	○英船		
	14	伊166	○英船		
	15	伊165	○英船		
	17	伊25		シドニー航空偵察	
	20	伊165	○英船		
	22	伊158	○蘭船		
	24	伊9		真珠湾航空偵察	
	24	伊17		エルウッド砲撃	
	25	伊158	○蘭船		
	26	伊25		メルボルン航空偵察	
	27	伊153	○蘭船		
	28	伊158	○英タンカー		
	28	伊4	○蘭船		
	28	伊153	○蘭船		
S17.3	1	伊159	○蘭船		
	1	伊2	○蘭船		
	1	伊25		ホバート航空偵察	
	2	伊154	○蘭船		
	3	伊1	○蘭船		
	3	伊4		ココス島砲撃	
	4	伊19			フレンチフリゲート
	4	伊25			フレンチフリゲート
	7	伊25	○蘭船		
	8	伊25		ウェンリントン航空偵察	
	10	伊162	○英船		
	11	伊2	○英船		
	13	伊25		オークランド航空偵察	
	13	伊164	○ノルウェー		
	16	伊162	○英船		
	17	伊25		フィジー航空偵察	
	19	伊25		スバ航空偵察	
	21	伊162	○英タンカー		
	21	伊25		パゴパゴ偵察	
S17.4	2	伊6	○英船		
	3	伊7	○英船		
	6	伊4	○米船		
	7	伊3	○英船		
	7	伊6	○英船		
	8	伊3	○英船		
S17.5	4	伊21		ヌーメア監視	
	5	伊21	○米船		
	7	伊30		アデン航空偵察	
	7	伊21	○ギリシャ		
	8	伊30		ジブチ航空偵察	
	19	伊30		ザンジバル航空偵察	
	19	伊30		ダレスレム航空偵察	
	20	伊21		スバ航空偵察	
	20	伊30		モンバサ偵察	
	20	伊10		ダーバン航空偵察	
	23	伊29		シドニー航空偵察	
	24	伊21		オークランド航空偵察	
	25	伊9		キスカ・アムチトカ航空偵察	
	25	伊15		アダック島偵察	
	26	伊9		アダック島航空偵察	
	27	伊19		コジアク航空偵察	
	27	伊19		ニコルスキー偵察	
	29	伊19		ダッチハーバー偵察	
	29	伊21		シドニー航空偵察	
	30	伊19		ディゴスワレス航空偵察	
	30	伊16			ディゴスワレス特潜母艦
	30	伊20			ディゴスワレス特潜母艦
	31	伊22			シドニー特潜母艦
	31	伊24			シドニー特潜母艦
	31	伊27			シドニー特潜母艦
	30	甲標的	○ラミリーズBB		
	31	甲標的	○クタバルIX		
	31	甲標的	○ブリティッシュロイヤリティ		
S17.6	3	伊24	○豪船		
	4	伊27	○豪船		
	5	伊20	○パナマ船		
	5	伊168		ミッドウェー島砲撃	
	5	伊10	○米船		
	6	伊10	○米船		
	6	伊16	○ユーゴスラビア		
	7	伊168	○ヨークタウンCV		
	7	伊168	○ハマンSS		
	7	伊24		シドニー砲撃	

は戦死、酒巻艇長は意識不明のまま捕虜となってしまった。

横山艇（艇長：横山正治中尉）は岩佐艇同様に湾内に進入を果たしたが掃海艇に発見され、それでも魚雷を軽巡「セントルイス」に発射したが命中しなかった。その後の行動は永らく不明であったが、2009年にハワイ大学の潜水艇により発見された。

■マレー作戦

マレー作戦では12月9日に伊65潜、伊58潜が英戦艦2隻を発見し、航空部隊の大戦果に貢献したが、伊58潜はイギリス戦艦を襲撃できるチャンスに恵まれながら、発射管の故障などから魚雷を命中させることができなかった。12月25日には伊66潜がクチン沖でオランダの潜水艦K16を撃沈した。これが日本海軍潜水艦史上、敵艦を撃沈した最初の戦果である。

また、機雷潜水艦が活躍し、シンガポール東方やマニラ湾口に機雷を敷設。マニラ湾口では貨物船が2隻触雷、沈没している。

■ウェーク島攻略作戦

昭和16年12月、第7潜水戦隊はウェーク島攻略作戦に参加する。7潜戦は潜水母艦「迅鯨」を旗艦として、3個潜水隊の9隻はL型。これはいずれも大正時代に竣工した古いイギリス・ヴィッカーズ社の潜水艦であったが「総合的に極めて優秀」ということでまだ第一線で使われていた。

しかし、このウェーク島攻略作戦で悲劇が起きる。17日、洋上監視をしていた第33潜水隊と第26潜水隊が交代する際、通信の不手際から呂66潜に交代の命令が伝わっておらず、呂66潜の哨区に交代の呂62潜が配備に就き、あろうことか呂66潜に衝突してしまったのである。呂66潜はわずかな生存者を残して沈没。

またウェーク島攻略戦終了後、呂60潜がクェゼリンに帰投中、座礁して船体は切断、放棄された。呂60潜の場合人的被害はなかったが、敵と交えることなく貴重な潜水艦が2隻失われたのである。

■第1段作戦、その後

ハワイ作戦が終わるとオアフ島に散開配備していた第1潜水部隊に、機動部隊に配備されていた3隻が復帰、7隻となった。

12月10日にオアフ島東方で伊6潜が敵空母を発見したとの報告が入った。第1潜水戦隊はこれを追跡し先遣部隊と称してそのままアメリカ西海岸の交通破壊戦を実施した。シアトル、アストリア、サンフランシスコ、ロス、サンディエゴと10日間たらずであったが、9隻が配備に就き、撃沈5隻、撃破5隻の戦果を数えた。

12月25日要地陸上施設に対する砲撃を実施するように下令していたが、クリスマス当夜の砲撃をやめるよう指導されたので、行動燃料の関係で延期は断念せざるを得なかった。

大型潜水艦9隻に及ぶ大規模な兵力によるアメリカ西海岸での作戦はこれ以降行なわれることはなかった。

開戦以来、思うような戦果を挙げられずにいた潜水部隊にとって、伊6潜の活躍は朗報だった。ハワイ周辺の長期監視を行なっていた第2潜水戦隊の伊6潜はジョンストン島付近で空母「サラトガ」を発見。ただちに襲撃態勢を整えたが、距離が遠く4,300mから魚雷3本を発射、そのうち2本が命中。「サラトガ」は大破し、修理のため5ヶ月間戦場に復帰することができなかった。

12月末から翌昭和17年1月にかけて第4、第5、第6潜水戦隊（甲、乙、丙潜水部隊）は豪州北部、ジャワ近海、ベンガル湾、スマトラ南西岸、インド洋方面で交通破壊戦を行ない、4月までに約40隻、20万トンの商船を撃沈した。

昭和17年3月、K作戦が発動された。K作戦とは二式大艇2機によるハワイ空襲作戦である。しかしいかに4発の大型飛行艇でもマーシャル諸島からハワイまでは無補給では往復できない。そこでハワイ西方のフレンチフリゲート礁で伊15潜、伊19潜、伊26潜が待機し飛行艇に燃料補給を実施することとなった。

3月4日、潜水艦から無事補給を受けた2機の大艇はハワイ空襲に成功したが、天候の悪化により有効な爆撃を行なうことができなかった。

行動年表

年月	日	艦名	敵艦艇/商船撃沈戦果	要地砲撃/偵察/航空偵察	輸送/母潜
	7	伊16	◎ギリシャ		
	8	伊18	◎ノルウェー		
	8	伊20	◎ギリシャ		
	8	伊21		ニューカッスル砲撃	
	8	伊10	◎英船		
	8	伊26	◎米船		
	8-9	伊22		ウエリントン港偵察	
	9	伊24	◎英船		
	10	伊22		オークランド港偵察	
	11	伊20	◎英船		
	11	伊21	◎パナマ船		
	12	伊20	◎パナマ船		
	12	伊20	◎英船		
	12	伊16	◎ユーゴスラビア		
	14	伊17		ウニマク偵察	
	17-18	伊22		スバ偵察	
	18	伊22		オークランド港偵察	
	19	伊19		マクシン湾偵察	
	21	伊25	◎英船		
	21	伊26		バンクーバー島砲撃	
	22	伊25		アストリア砲撃	
	28	伊20	◎英船		
	28	伊20	◎英船		
	28	伊10	◎米潜		
S17.7	1	伊18	◎蘭船		
	1	伊16	◎スウェーデン		
	6	伊10	◎ギリシア船		
	8	伊18	◎英船		
	8	伊10	◎英船		
	9	伊32		ポートビク偵察	
	10	伊10	◎蘭船		
	15	伊7	◎米船		
	20	伊11	◎ギリシア		
	20	伊11	◎米船		
	21	伊169	◎蘭船		
	22	伊18		マサリンハーバー偵察	
	23	伊11	◎米船		
	23	伊16		マエ偵察	
	23	伊175	◎米船		
	26	伊16		ディエゴガルシャ偵察	
	28	伊171		パゴパゴ偵察	
	29	伊6		アトカ島偵察	
S17.8	2	伊175	◎英船		
	2	伊34	◎豪船		
	5	伊169		ポートラビ偵察	
	7	呂33	◎英船		
	9-11	伊122		ルンガ偵察	
	9-11	伊122		ツラギ偵察	
	12	伊123		ルンガ岬砲撃	
	12	呂34		ルンガ岬砲撃	
	14	伊121		ガ島砲撃	
	15-16	伊121		ルンガ偵察	
	15	伊122		バニコロ偵察	
	15	伊122		ラパイ偵察	
	15	伊122		マネベイ偵察	
	17	伊121		ルンガ偵察	
	18	伊121		ガ島砲撃	
	24	伊175	◎豪船		
	24	伊123			フロリダ島
	25	伊165	◎英船		
	25-26	呂34		ルンガ偵察	
	25-26	呂34		ツラギ偵察	
	28	伊175	◎仏船		
	29	伊19		ブラシオサ湾航空偵察	
	29	呂33	◎豪船		
	31	伊26	◎サラトガ CV		
	31	伊19		ヌデニ島爆撃	
	31	呂61	◎カスコ AVP		
S17.9	2	伊174		ルンガ泊地偵察	
	2	伊29	◎英船		
	5	伊172		ルンガ泊地偵察	
	9	伊25		オレゴン 爆撃	
	10	伊29	◎英船		
	11	伊175		ルンガ泊地偵察	
	12	伊31		ルデニ島航空偵察	
	12	伊31		ルデニ島砲撃	
	13	伊31		バニコロ航空偵察	
	15	伊25		オレゴン 爆撃	
	14-20	伊122			インデスペンサブル
	15	伊19	◎ワスプ CV		
	15	伊19	◎オブライエン DD		
	15	伊19	◎ノースカロライナ BB		
	15	伊12			搭乗員救助
	16	伊29	◎米船		
	18	伊166			特殊工作員

第2段作戦初期

■第8潜水戦隊の活躍

昭和17年3月に第8潜水戦隊が編成された。甲先遣支隊、乙先遣支隊、丙先遣支隊11隻で編成された潜水戦隊で、二手にわけ一隊は印度洋、アフリカ方面の交通破壊戦とマダガスカル島ディゴスワレスへの甲標的による特別攻撃、もう一隊は豪州方面での交通破壊戦とシドニーへの甲標的特別攻撃が実施された。

第8潜水戦隊　司令官：石崎 昇大佐（後に少将）

●甲先遣支隊　指揮官：8潜戦司令官直率
伊10潜、伊16潜、伊18潜、伊20潜、伊30潜、特設巡洋艦「報国丸」「愛国丸」

●乙先遣支隊　指揮官：第14潜水隊司令　勝田治夫大佐
伊27潜、伊28潜、伊29潜

●丙先遣支隊　指揮官：第3潜水隊司令　佐々木半九大佐
伊21潜、伊22潜、伊24潜

■甲先遣支隊の特別攻撃

甲先遣支隊は5月31日、ディゴスワレスに対し、伊16潜と伊20潜から甲標的を発進した。【→P.174参照】

秋枝艇、岩瀬艇はディゴスワレス湾に進入し、イギリス戦艦「ラミリーズ」及びイギリス油槽船「ブリティッシュ・ロイヤルティ」を撃破し、その後陸岸に乗り上げ、搭乗員は脱出に成功したが、陸路で潜水艦との会合点に向かう途中、イギリス軍捜索隊に発見され降伏せず戦死した。この搭乗員は伊20潜の艦長宛の書類を携行していたことから秋枝大尉、竹本1曹と言われている。岩瀬艇は潮流の影響で座礁、その後岩瀬少尉と高田2曹は行方不明になっている。

また、シドニー湾攻撃には、伊22潜、伊24潜、伊27潜の3隻が投入された。

シドニー湾突入では、先陣が中馬艇、次が伴艇、最後は松尾艇の順番で出撃した。しかし中馬艇はシドニー湾口で防潜網に絡まり、行動の自由を失って自爆。

次の伴艇は防潜網をうまくすり抜け魚雷を発射。アメリカ巡洋艦「シカゴ」の艦底を通過して岸壁に命中、停泊中の宿泊艦「クタバル」が沈没した。その後の伴艇の所在は長らく不明だったが、06年にシドニー北部沿岸で発見されている。

松尾艇は敵の哨戒艇からの集中攻撃を受け、松尾大尉、都竹2曹は自爆装置に点火、拳銃で自決した。

■ミッドウェー・アリューシャン作戦

昭和17年6月のミッドウェー作戦には、先遣部隊が11隻、フレンチフリゲート礁付近に2隻、レイサン島付近とミッドウェー島付近に各1隻、計15隻を投入した。そのうち第5潜水戦隊の7隻は真珠湾から出撃する敵艦隊を監視・襲撃する予定であったが配備が遅れ、敵艦隊が配備点を通り過ぎたあとであったため、目的を達することはできなかった。

ミッドウェー海戦では周知の通り、南雲機動部隊の空母4隻を全て失う大打撃を受けたが、「飛龍」の攻撃で損傷を受けた「ヨークタウン」を伊168潜が発見、500mまで接近して魚雷4本を発射、うち3本が「ヨークタウン」と横づけ中の駆逐艦「ハマン」にも命中して両艦とも撃沈した。

ミッドウェー作戦と即応して行なわれたアリューシャン作戦では、キスカ・アッツを占領して順調に推移したが、潜水艦の活躍の場は少なく、2隻、約1万トンを撃沈破したに留まった。

行動年表

年月	日	艦名	敵艦艇/商船撃沈戦果	要地砲撃/偵察/航空偵察	輸送/母潜
	23	伊29	◎米船		
	24	伊165	◎米船		
	27	伊2			ガ島
	27	伊3			ガ島
	29	伊4	◎米船		
	29	伊25		オレゴン航空爆撃	
S17.10	1	伊166	◎パナマ船		
	2	伊21		エスピリットサント航空偵察	
	3	伊7		エスピリットサント航空偵察	
	3	伊1			グトナイト島救助
	3	伊162	◎ソ連船		
	4	伊25	◎米タンカー		
	14-20	伊3			ウイクハム
	5	伊2			ウイクハム
	7	伊25	◎米タンカー		
	7	伊162	◎英船		
	7	伊2			ウイクハム
	8	伊7			ウイクハム
	12	伊25	◎ソ連潜		
	12	伊15			インデスペンサブル
	13	伊162	◎英船		
	14	伊7		エスピリットサント砲撃	
	19	伊19		ヌーメア偵察	
	20	伊176	◎チェスターCA		
	22	伊27	◎英船		
	23	伊7		エスピリットサント砲撃	
	25-27	伊122			インデスペンサブル
	29	呂34			特潜要員
S17.11	1	伊36		カントン島砲撃	
	2	伊8		エファテ島航空偵察	
	4	伊31		スバ航空偵察	
	4	伊9		ヌーメア航空偵察	
	7	伊20			ガ島特潜母艦
	7	伊7		エイビリットサント偵察	
	8	伊21	◎米船		
	10	伊7		ヌデニ偵察	
	10-12	伊122			インデスペンサブル
	11	伊16			ガ島特潜母艦
	11	伊31		パゴパゴ航空偵察	
	11	伊7		パニコロ航空偵察	
	12	伊9		エスピリットサント航空偵察	
	13	伊26	◎ジュノーCL		
	19	伊20			ガ島特潜母艦
	23	伊24			ガ島特潜母艦
	23	伊29	◎英船		
	23	伊166	◎英船		
	23	伊9			カミンボ
	25	伊17			ガ島
	27	伊16			ガ島特潜母艦
	27	伊17			カミンボ
	27	伊31			カミンボ
	28	伊3			カミンボ
	29	伊2			カミンボ
	30	伊4			ガ島
S17.12	3	伊29	◎ノルウェー		
	2	伊20			ガ島特潜母艦
	2	甲標的	◎アルチバAK		
	2	伊2			ガ島
	5	伊9			カミンボ
	6	伊24			ガ島特潜母艦
	6	伊8			カミンボ
	8	伊4			カミンボ
	9	伊35			キスカ
	9	伊2			カミンボ
	9	伊3			カミンボ
	10	伊34			キスカ
	13	伊16			ガ島特潜母艦
	17	伊176			ブナ
	20	伊25			ブナ
	24	伊32			ブナ
	26	伊121			ブナ
	26	伊21			カミンボ
	27	伊31			カミンボ
	27	伊25			ブナ
	29	伊32			ブナ
	30	伊19			カミンボ
	31	伊20			カミンボ
S18.1	1	伊35			キスカ
	3	伊36			カミンボ
	3	伊21			ブナ
	4	伊20		フィジー・サモア偵察	
	4	伊19			カミンボ
	5	伊18			ガ島
	6	伊9			カミンボ
	7	伊25			ブナ

■ガ島奪回作戦と戦果

昭和17年中盤になると潜水部隊は交通破壊戦、とくに印度洋での作戦の強化を企図し、8潜戦に加えて1潜戦、2潜戦をインド洋に投入。3潜戦を豪州方面に配備するほか、5潜戦は7月に解散され、第30潜水隊と伊8潜が南西方面艦隊付属となり、インド洋方面に作戦することになっていた。交通破壊戦参加戦力は30隻にも登る一大戦略構想であった。

しかし8月7日、突如としてアメリカ軍がガタルカナル島、ツラギ島に上陸を開始した。

アメリカ軍の本格的反抗の開始である。これにより予定されていた交通破壊戦を中止し、ソロモン方面に集結した潜水艦は、艦隊作戦支援、輸送、偵察、甲標的のルンガ泊地への突入など様々な作戦に使用されることとなる。

8月24日の第2次ソロモン海戦において先遣部隊は、ガ島南東海面及び一部ガ島付近に兵力を配備して敵艦船攻撃を命じたが、敵を見ることはあっても襲撃する機会に恵まれず、戦果は挙がらなかった。その中で31日には伊26潜が再度空母「サラトガ」を撃破している。

9月15日には、伊19潜が一度の雷撃で空母「ワスプ」を撃沈、戦艦「ノースカロライナ」を撃破、あわせて駆逐艦も撃沈するという驚異的な戦果を挙げた。艦長の木梨鷹一中佐はその後、遣独任務を遂行。惜しくも帰国寸前にバシー海峡で撃沈され戦死し、二階級特進の栄を受けている。

10月20日には伊176潜が重巡「チェスター」を撃破している。10月26日には南太平洋海戦が起き、先遣部隊は、サンタクルーズ諸島北方の敵艦隊を、一部をもってガ島南方の戦艦部隊を攻撃せよ、との命を受けたが敵を捕捉することはできなかった。

第3次ソロモン海戦では、伊26潜(横田稔艦長)がなんと再び同じ「サラトガ」を撃破し、続いて軽巡「ジュノー」を撃沈した。

こうしてガ島攻防戦における潜水艦作戦は8月7日のアメリカ軍上陸以来、第2次ソロモン海戦や南太平洋海戦に参加、11月の第3次ソロモン海戦にいたるまでの間、空母1隻撃沈、1隻撃破、戦艦1隻撃破、重巡1隻撃破、軽巡1隻撃沈という戦果を挙げた。とくに空母に対しては航空部隊の戦果を合わせて、一時は可動ゼロにまで追い込み、連合艦隊の作戦方針に大きく貢献したと言える。

しかし対船舶戦果においてはアメリカ潜水艦が62隻の輸送船舶を撃沈したのに対し、日本の潜水艦の戦果は6隻に留まった。これは日本潜水艦が艦隊の作戦に策応しての敵艦隊撃破を主眼としたのに対し、アメリカ潜水艦は日本の補給線を攻撃目標とした結果である。

■知られざるガ島甲標的作戦

昭和17年10月に甲標的母艦「千代田」は甲標的12隻を搭載して、トラックからショートランドに到着した。

潜水艦から甲標的を発進させ、ルンガ泊地のアメリカ輸送船襲撃作戦を実施するためである。出撃した乗員は攻撃を実施したのち甲標的を自沈させ、ガ島に上陸して迎えを待つというものであった。10月、11月に行なわれた作戦では8艇の甲標的がリンガ泊地に突入し、5艇の搭乗員が生還することができたが、戦果は輸送船2隻撃破と、その勇敢な行動に見合う戦果を挙げることはできなかった。
【→ P.176参照】

■アメリカ本土攻撃

これより先、昭和17年6月21日に第1潜水戦隊の伊25潜はカナダ・バンクーバー島に砲撃を加えた。さらにアメリカ本土爆撃の命を受け、米オレゴン州沿岸に到着、昭和17年9月9日と29日の2回に渡り、零式小型水偵からオレゴンの森林地帯に焼夷弾を投下、爆撃することに成功した。また伊17潜もエルウッド油田の砲撃を実施している。

アメリカ合衆国建国以来、正規軍でのアメリカ本土への空襲・砲撃に成功したのは日本海軍潜水艦だけである。

行動年表

年月	日	艦名	敵艦艇/商船撃沈戦果	要地砲撃/偵察/航空偵察	輸送/母潜
	7	伊20			カミンボ
	8	伊25			日竜丸救助
	8	伊36			ガ島
	9	伊32			ブナ
	9	伊34			キスカ
	9	伊19			カミンボ
	11	伊34			アッツ
	11	伊18			カミンボ
	11	伊24			ブナ
	12	伊9			ガ島
	13	伊25			ブナ
	13	伊16			ガ島
	14	伊32			ブナ
	17	伊36			ブナ
	17	伊21	○豪船		
	18	伊9			カミンボ
	18	伊21	○米タンカー		
	18	伊24			ブナ
	20	伊176			カミンボ
	21	伊165		ポートグレゴリー砲撃	
	22	伊2			ガ島
	22	伊20			エスペランス
	22	伊21	○米船		
	23	伊10		ヌーメア航空偵察	
	23	伊8		カントン砲撃	
	24	伊36			ブナ
	25	伊34			キスカ
	25	伊16			エスペランス
	25	伊21		シドニー航空偵察	
	25	伊9			カミンボ
	26	伊24			ブナ
	26	伊18			エスペランス
	27	伊2			カミンボ
	28	伊26			エスペランス
	28	伊17			ガ島
	29	伊121			インデペンサブル
	30	伊36			ラエ
	30	伊9			カミンボ
	30	伊8	○米船		
	31	伊8		カントン砲撃	
S18.2	1	伊24			ブナ
	5	伊36			ブナ
	8	伊21	○英船		
	10	伊21	○英船		
	10	伊24			ブナ
	11	伊8		サモア航空偵察	
	15	伊35			キスカ
	15	伊35			アッツ
	16	伊25		エスピリットサント航空偵察	
	16	伊36			ラエ
	17	伊24			ラエ
	20	伊8		フィジー偵察	
	21	伊11		ヌーメア航空偵察	
	22	伊36			ラエ
	23	伊24			ラエ
	25	伊169			キスカ
	25	伊171			キスカ
	27	伊17		フレデリック礁偵察	
S18.3	1	伊10	○米船		
	1	伊11		チェスターフィールド航空偵察	
	4	伊171			アッツ
	4	伊17			遭難者救助
	5	呂101			ラエ遭難者救助
	6	伊26			遭難者救助
	6	伊17			遭難者救助
	7	伊26			ラエ
	8	伊26			ラエ
	10	伊31			アッツ
	12	伊6		ブリスベーン偵察	
	13	呂103			ラエ
	13	伊169			キスカ
	13	伊31			キスカ
	18	伊168			キスカ
	21	伊20			ラエ
	21	伊27	○英船		
	27	伊17			ラエ
	29	伊5			ラエ
	30	伊122			ラエ
	31	伊31			キスカ
S18.4	1	伊16			ラエ
	1	伊168			キスカ
	1	伊169			キスカ
	2	伊31			アッツ
	3	伊20			ラエ
	4	伊177			シオ

▲カタパルト上でまさに射出直前の零式小型水偵。甲型、乙型の潜水艦に搭載されて太平洋やインド洋の要地偵察に活躍したほか、伊25潜搭載機はアメリカ本土爆撃を成功させた。

■潜水艦輸送

　潜水部隊にはさらなる困難な任務が待っていた。ガ島、ニューギニアへの物資輸送作戦である。潜水艦にとって輸送任務は危険であり、1度に輸送できる量にも限度がありガ島・ニューギニアでの総潜水艦輸送量は輸送船1隻分の輸送量よりも少なかった。

　それでも11月16日からガ島、ブナ方面への輸送作戦が開始され、12月9日までの期間で延べ13隻の潜水艦がガ島へ輸送を行ない、人員137名、糧食・弾薬194トンを運んだが、12月9日に伊3潜が魚雷艇に撃沈されたことを受け、以後中止となった。

　しかし、輸送船はもとより駆逐艦での輸送も困難になりつつある戦局の中で、再び潜水艦への輸送要請が強くなり、ニューギニア方面には12月16日、ガ島には26日から再び危険な輸送任務が始まった。少しでも確実に、より多くの物資を運ぶ工夫が様々考えられ、特殊潜航艇を改良して自発式の輸送筒「特型運貨筒」を開発、これを潜水艦に搭載して、目的地近くで発進させ、有人で物資を運ぶ方法や、無人で潜水艦に曳航される「運貨筒」、大砲を運ぶ「運砲筒」などが輸送作戦に投入された。

　こうしてガ島撤退が行なわれる昭和18年1月末までに、延べ26隻の潜水艦が投入され、人員790名、糧食・弾薬約374トンを輸送した。またニューギニア、ブナ方面には、2月10日まで輸送は続けられ、延べ21隻が参加、人員845名、糧食・弾薬約170トンが輸送された。

　その間にも、南太平洋、豪州あるいは印度洋、アラビア海、アデン海湾方面での交通破壊戦が続けられ、一定の戦果は挙がっていたが、いかんせん参加隻数に限りがあり、戦局に大きな影響を与えるには至らなかった。

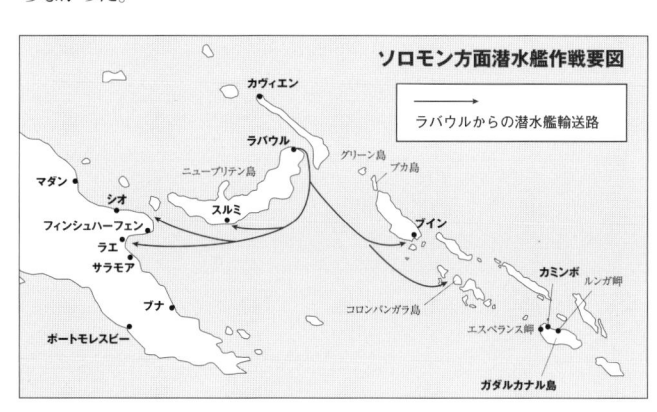

ソロモン方面潜水艦作戦要図

行動年表

年月	日	艦名	敵艦艇／商船撃沈戦果	要地砲撃／偵察／航空偵察	輸送／母潜
	5	伊31			キスカ
	5	伊6			ラエ
	6	伊5			ラエ
	9	伊20			ラエ
	9	伊35			キスカ
	9	伊6			ラエ
	13	伊5			ラエ
	15	伊168			アッツ
	15	伊168			キスカ
	15	伊20			ラエ
	17	伊6			ラエ
	18	伊122			ラエ
	18	伊31			アッツ
	18	伊168			キスカ
	20	伊20			コロンバンガラ
	22	伊5			ラエ
	24	伊26	◎豪船		
	24	伊6			ラエ
	25	伊168			キスカ
	26	伊122			ラエ
	26	伊177	◎英船		
	27	伊31			キスカ
	27	伊178	◎米船		
	28	伊29			チャンドラボーズ
	29	伊180	◎豪船		
	30	伊6			ラエ
S18.5	1	伊7			キスカ
	1	伊168			キスカ
	1	伊5			ラエ
	1	伊19	◎米船		
	2	伊35			キスカ
	2	伊19	◎米船		
	4	伊7			アッツ
	4	伊122			ラエ
	5	伊180	◎ノルウェー船		
	7	伊27	◎蘭船		
	7	伊6			ラエ
	9	伊5			ラエ
	10	伊31			アッツ
	12	伊31			キスカ
	12	伊122			ラエ
	12	伊35			アッツ
	12	伊34			キスカ
	12	伊27	◎豪船2		
	13	伊6			ラエ
	14	伊6			搭乗員救助
	14	伊177	◎英船		
	14	伊121			ラエ
	16	伊19	◎米船		
	18	伊25	◎米タンカー		
	21	伊6			ラエ
	21	伊35			アッツ
	23	伊38			ラエ
	23	伊17	◎マニラ船		
	24	伊5			ラエ
	25	伊122			ラエ
	26	伊121			ラエ
	27	伊7			キスカ
	28	伊6			ラエ
	29	伊38			ラエ
	30	伊21			キスカ
	30	伊121			キスカ
	31	伊5			ラエ
S18.6	3	伊121			ラエ
	3	伊9			キスカ
	3	伊27	◎米船		
	4	伊2			キスカ
	4	伊38			ラエ
	5	伊122			ラエ
	5	伊169		クルック湾偵察	
	5	伊24			キスカ
	6	伊175			キスカ
	9	伊7			キスカ
	9	伊34			キスカ
	9	伊169		アムチトカ偵察	
	10	伊169			キスカ
	10	伊121			ラエ
	11	伊21			キスカ
	11	伊38			サラモア
	11	伊171			キスカ
	12	伊122			ラエ
	16	伊156			キスカ
	16	伊37	◎英タンカー		
	16	伊174	◎米船		
	17	伊2			キスカ

第3段作戦

■昭和18年春頃の潜水部隊の状況

昭和18年3月における日本海軍の保有潜水艦数は、開戦から19隻を失ったが22隻が新造されていたため、64隻という状況であった。

ガ島撤退後、第6艦隊では各主要地域での交通破壊戦を作戦の主眼として、豪州やインド洋などで引き続き戦果を挙げつつあったものの、18年5月、アメリカ軍はアッツ島に上陸を開始した。これにより再び潜水艦はアリューシャン作戦に転用され、アッツ、キスカをめぐる作戦で延べ12隻が輸送や撤収作戦に使われ、3隻が犠牲になった。それは、伊7潜に代表されるようなアリューシャンの濃い霧の中でレーダーによる攻撃で沈没、あるいは損害を受けるというものであり、18年夏以降に展開される絶望的な潜水艦作戦の序章であった。

そのころ、インド洋では引き続き交通破壊戦の戦果が挙げられており、18年末まで約21隻の撃沈・撃破を数えていた。

昭和18年4月 潜水部隊編成

第6艦隊 香取

第1潜水戦隊	伊9潜
第2潜水隊	伊17潜、伊19潜、伊25潜、伊26潜
第15潜水隊	伊31潜、伊32潜、伊34潜、伊35潜、伊36潜
平安丸（特設潜水母艦）	

第3潜水戦隊	伊11潜
第12潜水隊	伊168潜、伊169潜、伊171潜、伊174潜、伊175潜、伊176潜
第22潜水隊	伊177潜、伊178潜、伊180潜
靖国丸（特設潜水母艦）	

第8潜水戦隊	伊10潜
第1潜水隊	伊16潜、伊20潜、伊21潜、伊24潜
第14潜水隊	伊8潜、伊27潜、伊29潜
日枝丸（特設潜水母艦）	

第1艦隊

第11潜水戦隊	伊37、伊38、呂35、呂104、呂105、筑紫丸

第5艦隊付属

第7潜水隊	伊2潜、伊5潜、伊6潜、伊7潜

南東方面艦隊

第7潜水戦隊	長鯨（潜水母艦）
第13潜水隊	伊121潜、伊122潜、呂34潜、呂100潜、呂101潜、呂102潜、伊103潜、呂106潜、呂107潜

南西方面艦隊

第30潜水隊	伊162潜、伊165潜、伊166潜
りおでじゃねろ丸	

呉鎮守府直轄

迅鯨	
第18潜水隊	伊153、伊154、伊155
第19潜水隊	伊156、伊157、伊158、伊159
第26潜水隊	呂62、呂67
第33潜水隊	呂63、呂64、呂68
	呂31

行動年表

年月	日	艦名	敵艦艇/商船撃沈戦果	要地砲撃/偵察/航空偵察	輸送/母潜
	17	伊175			キスカ
	19	伊37	◎米船		
	21	伊38			ラエ
	21	伊7			キスカ
	22	伊121			
	23	伊122			ラエ
	23	呂103	◎米船		
	24	伊27	◎英タンカー		
	25	伊36			キスカ
	28	伊27	◎ノルウェー船		
	28	伊38			ラエ
S18.7	2	伊122			ラエ
	5	伊27	◎米船		
	7	伊121			ラエ
	9	伊122			ラエ
	13	伊180	◎英船		
	14	伊180			神通救助
	15	伊19		エスピリットサント偵察	
	18	呂106	◎米LST		
	19	伊38			ラエ
	20	伊11	◎ホバート		
	20	伊19		ナンデ泊地偵察	
	22	伊10	◎ノルウェー船		
	23	伊176			ラエ
	26	伊38			ラエ
	27	伊121			ラエ
S18.8	1	伊38			ラエ
	3	伊121			ラエ
	4	伊180			ラエ
	6	伊176			ラエ
	8	伊38			ラエ
	9	伊177			ラエ
	10	伊122			ラエ
	10	伊17		エスピリットサント航空偵察	
	11	伊11	◎米船		
	11	伊19		ローサス偵察	
	12	伊176			ラエ
	14	伊19	◎米船		
	17	伊174			ラエ
	17	伊38			コロンバンガラ
	20	伊121			ラエ
	22	伊177			ラエ
	23	伊25		エスピリットサント航空偵察	
	24	伊176			ラエ
	26	伊174			ラエ
	29	伊176			ラエ
	30	伊38			ラエ
	31	伊20	◎米タンカー		
S18.9	2	伊174			ラエ
	3	伊177			ラエ
	6	伊176			ラエ
	7	伊27	◎米船		
	9	伊174			ラエ
	10	伊27	◎英船		
	12	伊38			ブイン
	12	伊39	◎米タンカー		
	12	伊177			ラエ
	14	伊10	◎ノルウェータンカー		
	17	伊176			フィンシュハーフェン
	20	伊10		ペリム航空偵察	
	21	伊177			フィンシュハーフェン
	24	呂105			搭乗員救助
	4	伊177			フィンシュハーフェン
	24	伊10	◎米船		
	25	伊32			ラエ
	27	伊38			スルミ
	29	伊180			フィンシュハーフェン
S18.10	1	伊176			フィンシュハーフェン
	2	伊10	◎ノルウエー船		
	2	伊174			シオ
	3	呂108	◎ヘンリーDD		
	5	伊38			スルミ
	5	伊10	◎ノルウェータンカー		
	7	呂106			スルミ
	7	伊180			シオ
	8	伊180		アント岬偵察	
	8	伊21		スバ偵察	
	9	呂105			スルミ
	10	伊177			シオ
	11	伊174			シオ
	11	伊37		ディゴスワレス航空偵察	
	12	伊176			シオ
	14	呂109			スルミ
	16	呂105			スコルミ
	17	伊36		真珠湾航空偵察	

■訪独任務

太平洋戦争の開戦後も日独の軍事協定に基づき、不足している物資や優れた技術などを人材を含めて交換する目的で、封鎖突破船、飛行機などによる両国間の連絡が試みられたが、連合国側の攻撃により次第にそれは実行不可能なものとなっていった。その結果、日独間の連絡は潜水艦による手段しか残されてなかったのである。

遣独潜水艦は全部で5隻が派遣されたが、伊34潜と伊52潜の2隻が往路で沈没、伊30潜と伊29潜の2隻が復路で沈没し、往復共に成功したのは伊8潜、ただ1隻だけであった。

最初の遣独潜水艦は伊30潜で、昭和17年8月6日にロリアン港に入港した。2週間の整備・休養ののち、8月22日にロリアンを出港、ドイツ海軍から譲りうけたエニグマ暗号機10基を搭載して日本に向った。帰路は順調な航海が続いたが、兵備局から、持ち帰ったエニグマ暗号機をシンガポールで陸揚げするように命ぜられ、同港に寄港した際に機雷に触れ沈没し、乗員13名が戦死した。

2番目の伊8潜は、昭和18年6月1日に呉を出港、ドイツから日本海軍へ譲渡される予定のUボート（U1224。のちの呂501潜）の回航員50余名を乗せドイツに向った。またドイツとの交換兵器も多数に登り、日本からは酸素魚雷、自動懸吊装置、最新式水上機や生ゴム、錫、タングステンなどが積み込まれ、ドイツからは最新式の20mm4連装機銃や、電波探知機、高速魚雷艇用の主機械を搭載して日本に向った。12月2日スンダ海峡を通過、5日にシンガポールに入港、21日に無事呉に入港した。唯一の完全成功である。

3番目は伊34潜である。伊34潜は昭和18年10月13日に呉を出港し、22日にシンガポールに入港。錫、生ゴム、タングステンなどを搭載して11月11日にペナンに向けて出航したが、13日にペナン港外でイギリスの潜水艦に雷撃され沈没した。それでも乗員14名が助かっている。

4番目は伊29潜である。11月5日呉を出港、シンガポールで小島秀雄少将以下便乗者16名を乗せ、ペナンに寄港することなく直接大西洋に向かい、翌昭和19年3月21日ロリアン入港を果たす。帰路は4月16日に小野田捨次郎大佐、陸軍中佐3名、巌谷英一技術中佐や野間口光雄技術少佐など技術士官、計14名を乗せ出港。7月14日にシンガポールに到着、便乗者はシンガポールから空路で日本に帰国。伊29潜は22日に同地を出港したが26日バシー海峡でアメリカ潜水艦の待ち伏せを受けて沈没した。

最後は伊52潜である。昭和19年3月10日に呉を出港した。本艦にとりこの遣独任務が初陣となった。シンガポールに寄港し、7名の技術者を乗せてスンダ海峡からインド洋に入り、喜望峰を通過して大西洋に入った。しかし6月24日、アメリカ護衛空母「ボーグ」の艦上機により撃沈されてしまった。

こうして前後5度に渡って行なわれた潜水艦による遣独任務は、結局完全成功は伊8潜の1隻のみで終わった。当時ドイツの技術力から学ぶことが多く、もっと早い段階から派遣任務を確実に実施していたならば、さらに貴重な技術が得られたのではないかと考えられ誠に残念である。

遣独潜水艦一覧

	艦名	往路	ドイツ着発	復路
第1次	伊30	S17.6.18 インド洋発（作戦従事後）	S17.8.6 ロリアン着 S17.8.22 ロリアン発	S17.10.8 ペナン着 S17.10.13 触雷沈没 シンガポール沖
第2次	伊8	S18.6.1 呉発 S18.7.6 インド洋発	S18.8.31 ロリアン着 S18.10.5 ロリアン発	S18.12.5 シンガポール着 S18.12.21 呉着
第3次	伊34	S18.10.13 呉発 S18.11.11 シンガポール発	S18.11.13 撃沈未着 ペナン港外	—
第4次	伊29	S18.11.5 呉発 S18.11.15 シンガポール発	S19.3.21 ロリアン着 S19.4.16 ロリアン発	S19.7.14 シンガポール着 S19.7.26 撃沈未帰投 バシー海峡
第5次	伊52	S19.3.10 呉発 S19.4.23 シンガポール発	S19.6.24 撃沈未着 大西洋	—

行動年表

年月	日	艦名	敵艦艇／商船撃沈戦果	要地砲撃／偵察／航空偵察	輸送／母潜
	17	伊38			スルミ
	17	伊16			シオ
	18	呂104			スルミ
	19	伊176			シオ
	21	伊177			シオ
	23	伊37	○ギリシャ船		
	24	伊10	○英船		
	24	呂108			スルミ
	25	伊38			スルミ
	25	伊16			シオ
	27	呂104			スルミ
	28	伊177			シオ
	30	伊176			シオ
	31	伊27		マルコルアトール偵察	
	31	伊38			シオ
S18.11	2	伊16			シオ
	4	伊177			シオ
	6	呂105			搭乗員救助
	7	伊38			シオ
	7	伊32		パゴパゴ偵察	
	7	呂105			スルミ
	10	伊27		ベサム泊地偵察	
	10	伊27	○英船		
	11	伊177			シオ
	11	伊21	○米船		
	13	呂104			搭乗員救助
	16	伊6			シオ
	17	伊37		モンバサ航空偵察	
	17	伊176	○コルビナSS		
	17	伊19		パールハーバー航空偵察	
	18	呂105			スルミ
	18	伊27	○英船		
	19	伊38			スルミ
	21	呂108			スルミ
	22	伊177			シオ
	24	伊177			夕霧救助
	25	伊175	○リスカムベイCVT		
	25	伊38			シオ
	26	伊181			夕霧救助
	27	伊16			シオ
	27	伊37	○ノルウェータンカー		
	27	伊27		セリム偵察	
	27	伊27		ペリス偵察	
	29	伊27	○ギリシャ船		
S18.12	2	伊27	○ギリシャ船		
	3	伊27	○英船		
	4	伊6			シオ
	5	伊177			シオ
	9	伊38			スルミ
	9	伊181			シオ
	10	呂105			スルミ
	14	呂110	○英船		
	16	伊181			ブカ
	16	伊109			ブイン
	17	伊177			シオ
	18	伊6			シオ
	21	伊26			インド要人救助
	22	伊38			シオ
	23	呂111	○英船		
	24	伊166			工作員セイロン救助
	25	伊177			シオ
	26	伊109			ブイン
	27	伊6			シオ
	28	呂104			スルミ
	28	伊26	○米船		
	30	伊177			カロベ
	31	伊36			スルミ
	31	伊11		フナフチ偵察	
	31	伊26	○英タンカー		
S19.1	1	伊26	○米船		
	7	伊181			ブカ
	8	伊6			イボキ
	9	伊177			マダン
	10	伊177			ガロベ
	14	呂42	○米タンカー		
	16	伊165	○英船		
	18	呂105			スルミ
	18	呂104			ガリ
	19	伊6			イボキ
	22	伊37	○米タンカー		
	22	伊171			ガリ
	25	伊41			スルミ
	28	呂105			スルミ
	28	呂109			ブイン
	30	伊6			イボキ

■ギルバート作戦

昭和18年11月19日、アメリカ軍はギルバート諸島、マキン・タラワに上陸を開始した。これを受けて日本海軍潜水艦部隊は9隻の潜水艦を同方面に向わせたが、これが大損害の始まりだった。

すでにアメリカ海軍は、大西洋でシステムとして構築したドイツUボートへの対潜戦術を、太平洋で展開しつつあった。すなわち、レーダーを装備した対潜哨戒機を搭載する護衛空母やレーダーを装備した駆逐艦で対潜部隊を編成し、ひとたびレーダーなどで目標を発見すればただちに駆逐艦で接近を開始し、仮に日本潜水艦が急速潜航により水中に隠れても、探知距離に差がない精度の高いソーナーで探知して追い続けることができた。

今日でも多用されているソノブイまで実用化に達しており、水中速度の遅い潜水艦を追い詰めた。一時的にうまく敵の裏をかけたとしても逃げおおせることは極めて困難で、潜水艦が1日かけて水中を逃げた距離を駆逐艦は30分で追いつくことができたからである。捕捉された潜水艦は爆雷のほか、ヘッジホッグという新型機雷に苦しめられた。

ギルバート作戦では第6艦隊は、まずタラワを重視し3隻、マキンに1隻の配備を急いだ。ところが意外にもマキンに急行した伊175潜が護衛空母「リスカムベイ」を撃沈したのである。魚雷は機関室後部の艦尾部分に命中し、航空機用爆弾庫を破壊、大爆発が起こり船体は二つに折れて沈没した。その戦死者数はアメリカ軍のマキン島攻略戦の死傷者を越えたと言われている。

しかしその後の戦果は挙がらず、逆に9隻投入された潜水艦は、伊35潜、伊39潜、伊21潜、伊19潜、伊40潜、呂38潜の順で沈没、伊169潜、伊174潜、伊175潜の3隻しか帰還しなかったのである。

■ナ散開線の悲劇

アメリカの次の反攻が西カロリン諸島パラオに来襲するものと判断した連合艦隊は、ニューアイルランド北方に2本の散開線を配置した。そのひとつが「ナ」散開線といわれるもので呂号潜水艦7隻を配備した。

ところがアメリカ軍は日本側の通信暗号を傍受、解読により配備地点をおおよそ特定し、散開線の特性を掌握してレーダーで探索を行ない、1隻1隻を探知、撃沈していった。その結果7隻中、呂106潜、呂104潜、呂105船、呂116潜、呂108潜の5隻が同じ駆逐艦に撃沈され、呂109潜と呂112潜は独自の判断で配備を違えて助かった。

■あ号作戦とレイテ沖海戦

昭和19年6月、あ号作戦発動に伴いマーシャル方面やカロリン諸島で作戦中の潜水艦を続々とマリアナ諸島方面に集中させることになり、マリアナ諸島周辺に8隻、3本の散開線に8隻が配備された。しかしながら、戦果が確認できず、逆に損害は甚大で、実に18隻の喪失を数えた。

また全般指揮のため第6艦隊司令部は昭和19年6月6日(アメリカ軍上陸9日前)に、サイパンに進出した。ところがすぐさまサイパン島にアメリカ軍が上陸したことにより、司令部は孤立のち玉砕、指揮がとれないばかりか、救出に向かった潜水艦が続けて犠牲になった。

10月の捷一号作戦(レイテ沖海戦)には14隻の潜水艦が投入されたが、護衛空母「サンティ」、防空巡洋艦「レノ」撃破、駆逐艦1隻撃沈にとどまり、逆に6隻の潜水艦を失った。

あ号作戦と捷一号作戦終了まで期間を通した日本海軍潜水艦の損害は甚大で、両作戦で47隻投入したもかかわらず、あ号作戦では戦果はなく、捷一号作戦では駆逐艦1隻撃沈、防空巡洋艦「レノ」の撃破に留まり、損失は実に24隻にも登った。

開戦以来、建造と損失のバランスでほぼ60隻の潜水艦保有を維持していた日本海軍潜水部隊も、これ以降30隻代に落ち込み、以後終戦までその兵力が回復することはなかった。

あ号作戦喪失潜水艦 17隻

呂106、呂104、呂116、呂118、呂105、伊6、伊10、呂111、呂42、伊36、呂44、伊114、呂117、伊184、伊185、伊55、呂48

捷1号作戦喪失潜水艦 7隻

呂47、伊177、伊26、伊54、伊45、伊41、伊46

行動年表

年月	日	艦名	敵艦艇／商船撃沈戦果	要地砲撃／偵察／航空偵察	輸送／母潜
S19.2	2	伊169			グリーン島
	3	伊185			グリーン島
	3	伊6			スルミ
	3	呂106			スルミ
	4	伊41			ブイン
	9	伊109			スルミ
	11	呂110	○英船		
	12	伊169			ブカ
	12	呂106			スルミ
	12	伊27	○英船		
	14	伊105			スルミ
	14	伊185			イボキ
	17	伊6			ロレンカウ
	20	伊41			ブイン
	22	伊37	○英タンカー		
	24	伊5			スルミ
	24	伊185			ブカ
	25	伊37	○英船		
	29	伊169			ブイン
S19.3	2	伊41			ラバウル
	2	伊41			トラック
	3	呂162	○英船		
	4-5	呂106		ブラウン偵察	
	5	伊5			スルミ
	11	呂44			ミレ島
	13	呂44		メジョロ島偵察	
	13	伊26	○米タンカー		
	16	呂111	○インド船		
	18	伊165	○英船		
	21	伊26	○ノルウェータンカー		
	23	伊36			ピンゲラップ島人員救助
	25	伊41			トラック・ラバウル
	26	伊8	○蘭船		
	29	伊26	○米船		
	30	伊8	○英船		
S19.4	2	伊2			ヒクソン湾
	7	伊41			ブイン
	8	伊38			ウエワク
	10	伊38			ホーランジャ
	12	伊38			ウエワク
	14	伊38			ホーランジャ
	22	伊36		メジョロ航空偵察	
S19.5	12	伊166			リー
	31	呂105			ウエワク
	31	伊41			クサイ島
S19.6	12	伊10		メジョロ島航空偵察	
	12	伊184			ミレ島
	24	伊41			グアム島人員救助
	28	伊45			グアム島
	29	伊8	○英船		
	30	伊36			トラック
S19.7	2	伊8	○米船		
	9	伊5			ポナペ
	9	伊26			グアム
	24	伊165			ビアク
S19.8		なし			
S19.9	7	伊361			ウェーキ島
	14	伊362			ナウル島
S19.10	3	呂41	○シェルトンDD		
	7	伊46		ウルシー偵察	
	24	伊56	○LST695		
	28	伊363			メレオン
	28	伊45	○エバーソールDD		
	29	伊361			ウェーキ島
	30	伊12	○米船		
	30	伊362			南鳥島
	31	伊363			トラック
S19.11	3	伊41	○ジュノー		
	6	呂113	○英船		
	6	伊367			南鳥島
	8	伊36			回天菊水隊母潜
	8	伊37			回天菊水隊母潜
	8	伊47			回天菊水隊母潜
	20	回天	○ミシシネワAO 菊水隊		
S19.12	14	伊366			パガン島
	17	伊367			ウェーキ
	17	伊363			南鳥島
	21	伊56			回天金剛隊母潜
	25	伊47			回天金剛隊母潜
	30	伊36			回天金剛隊母潜
	30	伊53			回天金剛隊母潜
	30	伊58			回天金剛隊母潜
S20.1	9	伊48			回天金剛隊母潜
	12	回天金剛隊	○マザマ		
	12	回天金剛隊	○ホンタスロス		

■回天作戦

　ここにいたり、もはや組織だった潜水艦戦を行なうことは困難となり、ついに11月、人間魚雷回天による「玄」作戦が開始された。

　11月18日、最初の回天隊、菊水隊12基の回天が3隻の潜水艦に搭載されて出撃した。11月20日、ウルシー泊地に突入した伊36潜、伊47潜から発進した回天合計5基が給油艦「ミシシネワ」を撃沈した。

　翌12月には、金剛隊が6隻の潜水艦で24基、昭和20年2月には硫黄島に千早隊3隻が14基を搭載して次々に出撃していった。その後も終戦までに硫黄島に神武隊8基、沖縄に多々良隊18基、天武隊12基、振武隊5基、轟隊18基、多聞隊33基が出撃した。

　回天戦は当初敵泊地に、20年4月以降は洋上において突入を図ったが、戦果の確認が難しく、戦後の調査をもってしても撃沈・撃破は7隻にとどまっている。その戦果の代償として母艦潜水艦が8隻沈没、812名が戦死、回天で出撃した搭乗員は80名にのぼった。
【→ P.181 参照】

■硫黄島と沖縄の戦い

　昭和20年2月19日、硫黄島にアメリカ軍が上陸した。それに対しすぐさま硫黄島に出撃できる潜水艦は伊44潜、伊368潜、伊370潜に呂43潜の4隻しかなく、伊号潜水艦3隻で回天攻撃隊である千早隊が編成され、呂43潜は硫黄島に向かうよう指示された。

　しかし、伊368潜、伊370潜、呂43潜は出撃後消息不明となり、伊44潜も40時間に渡る制圧を受けて、回天攻撃を断念帰投し、艦長が更迭されている。戦果は呂43潜が沈没する直前に駆逐艦1隻を撃沈したのみで、あらためて警戒厳重な敵艦隊に回天を突入させることの難しさを物語っている。

　沖縄の戦いでは3つの潜水部隊が出撃した。

　最初に出撃したのは伊8潜、呂41潜、呂49潜、呂56潜の4隻である。これを甲潜水部隊と称したが、戦果なく全滅している。続いて回天を搭載した多々良隊が沖縄に向かった。伊44潜、伊47潜、伊56潜、伊58潜で伊44潜と伊56潜は沈没、伊47潜は損傷帰投、伊58潜も襲撃の機会がないまま帰投している。

　最後に出撃したのは先遣部隊の呂号潜水艦3隻、呂46潜、呂50潜、呂109潜であるが、やはり呂46潜と呂109潜は沈没、呂50潜だけが奇跡的に生還している。ちなみに新型呂号潜水艦である、中型、小型36隻中、終戦まで生き残ったのはこの呂50潜、ただ1隻だけである。

　硫黄島、沖縄の戦いに潜水部隊は15隻の潜水艦を投入したが11隻が失われ、主な戦果は駆逐艦1隻撃沈だけだった。

■終戦

　昭和20年7月30日、多聞隊として回天を搭載してフィリピン沖を行動していた伊58潜が、テニアン島に原爆の部品を届けたのちに西に向かっていた重巡「インディアナポリス」を撃沈した。同艦が単独で行動していたことで、沈没の確認・発見が遅れたため多くの乗員が戦死しており、アメリカ海軍3大悲劇のひとつに数えられている。

　終戦近くに、当時世界最大の潜水艦潜特型が2隻ウルシーに向けて出撃した。伊400潜と伊401潜である。それぞれ3機の水上攻撃機「晴嵐」を搭載していた。しかしウルシーに到着する前に終戦となり作戦中止。日本に戻りアメリカに接収された。

　終戦時の残存潜水艦は別表のとおりだが、なかでも第一線の任務に耐えられる大型の潜水艦は、先の伊400潜、伊401潜の他、伊14潜、伊36潜、伊47潜、伊56潜、伊58潜のみという状況であった。

　伊363潜は昭和20年10月29日アメリカ軍の命により呉から佐世保に回航中宮崎沖で触雷沈没した。木原艦長以下、33名が艦と運命を共にした。

　その他の残存潜水艦は、アメリカ軍の命により洋上で爆破処分されることになった。最後の航海に出港する潜水艦のマストや潜望鏡には、乗員の手によって桜が多数飾られた。その様子はまるで洋上に咲く桜林のようであったと伝えられている。

（終）

行動年表

年月	日	艦名	敵艦艇/商船撃沈戦果	要地砲撃/偵察/航空偵察	輸送/母潜
	18	伊371			トラック
	22	伊361			ウェーキ
	25	伊371			メレオン
	28	伊369			南鳥島
	29	呂46	◎米輸送艦		
S20.2	10	呂50	◎LST577		
	10	呂46			パトリナオ搭乗員救助
	12	伊366			トラック
	12	伊366			父島
	16	伊366			メレオン
	21	呂43	◎レンサウDD		
	20	伊368			回天千早隊母潜
	20	伊370			回天千早隊母潜
	22	伊44			回天千早隊母潜
S20.3	13	伊363			南鳥島
	21	甲標的	◎レオショーDD		
	1	伊58			回天神武隊母潜
	2	伊36			回天神武隊母潜
	28	伊47			回天多々良隊母潜
	31	伊56			回天多々良隊母潜
	31	伊58			回天多々良隊母潜
S20.4	3	伊44			回天多々良隊母潜
	19	伊372			ウェーキ島
	20	波102			南鳥島
	20	波103			南鳥島
	20	伊47			回天天武隊母潜
	22	伊36			回天天武隊母潜
S20.5	1	伊369			メレオン
	5	伊367			回天振武隊母潜
	10	波104			南鳥島
	15	伊351			シンガポール
	24	伊361			回天轟隊母潜
	28	伊363			回天轟隊母潜
S20.6	4	伊36			回天轟隊母潜
	15	伊165			回天轟隊母潜
	24	伊36	◎LST513		
	28	波101			
	28	伊362			ウェーク島
S20.7	7	波102			南鳥島
	10	伊105			奄美大島
	14	伊53			回天多聞隊母潜
	16	伊58			回天多聞隊母潜
	19	伊47			回天多聞隊母潜
	19	伊367			回天多聞隊母潜
	24	回天	◎アンダーヒルDD		
	28	伊58	◎ウイリーDD		
	29-30	伊58	◎インディアナポリスCA		
S20.8	1	伊366			回天多聞隊母潜
	4	回天多聞隊		◎アールブイジョンソン	
	8	伊363			回天多聞隊母潜
	12	回天多聞隊		◎トーマスニッケルDD	

海没処分された潜水艦

伊予灘	呂57潜、呂39潜、呂62潜、呂63潜、伊153潜、伊154潜、伊155潜
清水	呂58潜
若狭湾	呂68潜、伊121
五島沖	伊158潜、伊156潜、伊157潜、伊159潜、伊162潜、伊36潜、伊47潜、伊52潜、伊58潜、伊366潜、伊367潜、伊402潜、呂50潜
ハワイ近海	伊14潜、伊400潜、伊401潜
向後岬	伊202潜

第6艦隊・潜水戦隊指揮官一覧

本表は潜水艦隊である第6艦隊の司令長官と各潜水戦隊の司令官を歴代一覧にまとめたものである。
併せて各潜水戦隊司令官総員の顔写真を掲載する。

●第6艦隊
昭和15年11月15日編成　昭和20年9月15日解隊

司令官氏名	兵学校期別	着任日	離任日
平田昇中将㉚	34	昭和15年11月15日	昭和16年 7月21日
清水光美中将	36	昭和16年 7月21日	昭和17年 3月16日
小松輝久中将㉘	37	昭和17年 3月16日	昭和18年 6月21日
高木武雄中将	39	昭和18年 6月21日	昭和19年 7月10日
三輪茂義中将㉚	39	昭和19年 7月10日	昭和20年 5月 1日
醍醐忠重中将㉞	40	昭和20年 5月 1日	昭和20年 9月15日

●第1潜水戦隊
大正8年4月1日編成　昭和14年11月15日解隊
昭和15年11月5日編成　昭和19年1月15日解隊

司令官氏名	兵学校期別	着任日	離任日
菅野勇七少将①	17	大正 8年 4月 1日	大正 8年12月 1日
松村純一少将	18	大正 8年12月 1日	大正10年12月 1日
今泉哲太郎少将③	25	大正10年12月 1日	大正11年12月 1日
黒瀬清一少将④	26	大正11年12月 1日	大正12年12月 1日
末次信正少将⑥	27	大正12年12月 1日	大正14年12月 1日
岸井孝一少将⑧	28	大正14年12月 1日	大正15年 3月20日
高橋律人少将⑦	28	大正15年 3月20日	大正15年12月 1日
湯池秀生少将⑫	30	大正15年12月 1日	昭和 3年12月10日
尾本知少将⑬	31	昭和 3年12月10日	昭和 5年12月 1日
藤吉俊少将⑮	31	昭和 5年12月 1日	昭和 6年12月 1日
大野寛少将⑯	32	昭和 6年12月 1日	昭和 7年11月15日
井上肇治少将⑲	33	昭和 7年11月15日	昭和 8年11月15日
平田晃少将㉑	34	昭和 8年11月15日	昭和10年 5月25日
出光萬兵衛少将⑳	33	昭和10年 6月 5日	昭和10年11月15日
下村正助少将㉒	35	昭和10年11月15日	昭和11年12月 1日
小松輝久少将㉘	37	昭和11年12月 1日	昭和12年12月 1日
熊岡譲少将㉔	36	昭和12年12月 1日	昭和13年11月15日
春日篤少将㉕	37	昭和13年11月15日	昭和14年11月15日	注1
鋤柄玉造少将㉗	37	昭和16年 5月 1日	昭和16年 8月11日
佐藤勉少将㉝	40	昭和16年 8月11日	昭和17年 4月15日
山崎重暉少将㊳	41	昭和17年 4月15日	昭和17年10月22日
三戸寿少将㊺	42	昭和17年10月22日	昭和18年 3月29日
古宇田武郎少将㉟	41	昭和18年 3月29日	昭和19年 1月15日

●第2潜水戦隊
大正11年12月1日編成　大正12年12月1日解隊
大正13年4月1日編成　昭和14年11月15日解隊
昭和15年11月15日編成　昭和17年8月20日解隊

司令官氏名	兵学校期別	着任日	離任日
今泉哲太郎少将③	25	大正11年12月 1日	大正12年12月 1日
河合退蔵少将⑤	27	大正13年 4月 1日	大正14年12月 1日
荒城二郎少将⑨	29	大正14年12月 1日	大正15年 8月20日
七田今朝一少将⑩	29	大正15年 8月20日	昭和 2年12月 1日
重岡信次郎少将⑪	30	昭和 2年12月 1日	昭和 4年11月30日
長谷川清少将⑭	31	昭和 4年11月30日	昭和 5年12月 1日
野邉田重興少将⑰	32	昭和 5年12月 1日	昭和 7年11月15日
和波豊一少将⑱	32	昭和 7年11月15日	昭和 9年11月15日
野村直邦少将㉓	35	昭和 9年11月15日	昭和10年11月15日
大田芳之介少将㊻	44	昭和10年11月15日	昭和12年12月 1日
高洲三二郎少将㉖	37	昭和12年12月 1日	昭和14年11月15日
山崎重暉少将㊳	41	昭和15年11月15日	昭和17年 2月 5日
市岡寿少将㊵	42	昭和17年 2月 5日	昭和17年 8月20日

●第3潜水戦隊
昭和12年12月1日編成　昭和13年6月20日解隊
昭和14年11月15日編成　昭和18年9月15日解隊

司令官氏名	兵学校期別	着任日	離任日
鋤柄玉造少将㉗	37	昭和12年12月 1日	昭和13年 6月20日
三輪茂義少将㉚	39	昭和14年11月15日	昭和17年 4月26日
河野千万城少将㊸	42	昭和17年 4月26日	昭和17年12月 5日
駒沢克己少将㊹	42	昭和17年12月 5日	昭和18年 9月15日

●第4潜水戦隊
昭和14年11月15日編成　昭和17年3月10日解隊

司令官氏名	兵学校期別	着任日	離任日
若林清作少将㉛	39	昭和14年 1月15日	昭和15年11月 1日
吉冨説三大佐㉜ 注2	39	昭和15年11月 1日	昭和17年 3月10日

●第5潜水戦隊
昭和15年5月1日編成　昭和17年7月10日解隊

司令官氏名	兵学校期別	着任日	離任日
鋤柄玉造少将	37	昭和15年 5月 1日	昭和15年11月15日
高塚省吾少将	38	昭和15年11月15日	昭和16年10月20日
醍醐忠重少将	40	昭和16年10月20日	昭和17年 7月10日

●第6潜水戦隊
昭和16年5月1日編成　昭和17年4月10日解隊

司令官氏名	兵学校期別	着任日	離任日
田中頼三大佐㊱	41	昭和16年 5月 1日	昭和16年 9月15日
河野千万城少将㊸	42	昭和16年 9月15日	昭和17年 4月10日

●第7潜水戦隊
昭和15年11月15日編成　昭和20年3月20日解隊

司令官氏名	兵学校期別	着任日	離任日
佐藤勉少将㉝	40	昭和15年11月15日	昭和16年 8月11日
大西新蔵大佐㊷	42	昭和16年 8月11日	昭和17年 6月 5日
吉冨説三少将㉜	39	昭和17年 6月 5日	昭和18年 1月12日
原田覚少将㊲	41	昭和18年 1月12日	昭和18年12月 4日
大和田芳之介少将㊻	44	昭和18年12月 4日	昭和20年 3月20日

●第8潜水戦隊
昭和17年3月10日編成　昭和20年2月20日解隊

司令官氏名	兵学校期別	着任日	離任日
石崎昇少将㊴	42	昭和17年 3月10日	昭和18年 8月19日
市岡寿少将㊵	42	昭和18年 8月19日	昭和19年 8月 4日
魚住治策少将㊶	42	昭和19年 8月 4日	昭和20年 2月20日

●第11潜水戦隊
昭和18年4月1日編成　昭和20年9月2日解隊

司令官氏名	兵学校期別	着任日	離任日
醍醐忠重少将㉞	40	昭和18年 4月 1日	昭和18年10月20日
石崎昇少将㊴	42	昭和18年10月20日	昭和19年12月21日
仁科宏造少将㊼	44	昭和19年12月21日	昭和20年 9月 2日

●呉潜水戦隊
昭和17年8月31日編成　昭和18年4月1日解隊
昭和18年12月1日編成　終戦

司令官氏名	兵学校期別	着任日	離任日
醍醐忠重少将㉞	40	昭和17年 8月31日	昭和18年 4月 1日
山崎重暉少将㊳	42	昭和18年12月 1日	昭和19年 7月10日	注3
醍醐忠重少将㉞	40	昭和19年 8月23日	昭和20年 5月 1日
市岡寿少将㊵	42	昭和20年 5月 1日	終戦

注1：昭和15年11月5日より昭和16年5月1日まで戦隊司令部を置かず第6艦隊直率
注2：昭和15年11月15日少将
注3：昭和19年7月10日より8月23日まで司令官空席

※表中、名前の後の○数字はp.201からの肖像写真番号を表す。

　右ページからの一連の潜水戦隊司令官の写真は、長年にわたり海軍将官の肖像写真を収集している夏川英二氏の協力により掲載できたもので、これまでにこういった形で歴代潜水戦隊司令官の写真が一同に会した例はない。

① 菅野勇七 少将
② 松村純一 少将
③ 今泉哲太郎 少将
④ 黒瀬清一 少将
⑤ 河合退蔵 少将
⑥ 末次信正 少将
⑦ 高橋律人 少将
⑧ 岸井孝一 少将
⑨ 荒城二郎 少将
⑩ 七田今朝一 少将
⑪ 重岡信次郎 少将
⑫ 湯池秀生 少将
⑬ 尾本 知 少将
⑭ 長谷川清 少将
⑮ 藤吉 晙 少将
⑯ 大野 寛 少将

⑰ 野邉田重興 少将　⑱ 和波豊一 少将　⑲ 井上肇治 少将　⑳ 出光萬兵衛 少将

㉑ 平田　晃 少将　㉒ 下村正助 少将　㉓ 野村直邦 少将　㉔ 熊岡　譲 少将

㉕ 春日　篤 少将　㉖ 高洲三二郎 少将　㉗ 鋤柄玉造 少将　㉘ 小松輝久 少将

㉙ 高塚省吾 少将　㉚ 三輪茂義 少将　㉛ 若林清作 少将　㉜ 吉冨説三 大佐

㉝ 佐藤 勉 少将
㉞ 醍醐忠重 少将
㉟ 古宇田武郎 少将
㊱ 田中頼三 大佐
㊲ 原田 覚 少将
㊳ 山崎重暉 少将
㊴ 石崎 晃 少将
㊵ 市岡 寿 少将
㊶ 魚住治策 少将
㊷ 大西新蔵 大佐
㊸ 河野千万城 少将
㊹ 駒沢克己 少将
㊺ 三戸 寿 少将
㊻ 大和田芳之介 少将
㊼ 仁科宏造 少将
平田 晃(左) 熊岡 譲(右)

潜水艦在籍表

本表は太平洋戦争中に在籍した艦について、その期間を一覧に現したものである。◎は竣工を、○は在籍を、△は予備艦や大規模な修理を、×は喪失を現しており、右端の数字は在籍月数合計を現す。なお、喪失は喪失認定された月を基本としている。

	艦名	型式	昭和16 12	17 1	2	3	4	5	6	7	8	9	10	11	12	18 1	2	3	4	5	6	7	8
1	伊1潜	巡潜1型	○	○	○	○	○	○	○	○	○	○	○	○	○	×	14						
2	伊2潜	巡潜1型	○	○	○	○	○	○	○	○	○	○	○	○	○	○	○	○	○	○	○	○	○
3	伊3潜	巡潜1型	○	○	○	○	○	○	○	○	○	○	○	○	×	13							
4	伊4潜	巡潜1型	○	○	○	○	○	○	○	○	○	○	○	○	○	×	14						
5	伊5潜	巡潜1型	○	○	○	○	○	○	○	○	○	○	○	○	○	○	○	○	○	○	○	○	○
6	伊6潜	巡潜2型	○	○	○	○	○	○	○	○	○	○	○	○	○	○	○	○	○	○	○	○	○
7	伊7潜	巡潜3型	○	○	○	○	○	○	○	○	○	○	○	○	○	○	○	○	○	○	×	19	
8	伊8潜	巡潜3型	○	○	○	○	○	○	○	○	○	○	○	○	○	○	○	○	○	○	○	○	○
9	伊9潜	甲型	○	○	○	○	○	○	○	○	○	○	○	○	○	○	○	○	○	○	×	19	
10	伊10潜	甲型	○	○	○	○	○	○	○	○	○	○	○	○	○	○	○	○	○	○	○	○	○
11	伊11潜	甲型							◎	○	○	○	○	○	○	○	○	○	○	○	○	○	○
12	伊12潜	甲型改1																					
13	伊13潜	甲型改2																					
14	伊14潜	甲型改2																					
15	伊15潜	乙型	○	○	○	○	○	○	○	○	○	○	○	○	×	13							
16	伊16潜	丙型	○	○	○	○	○	○	○	○	○	○	○	○	○	○	○	○	○	○	○	○	○
17	伊17潜	乙型	○	○	○	○	○	○	○	○	○	○	○	○	○	○	○	○	○	○	○	○	○
18	伊18潜	丙型	○	○	○	○	○	○	○	○	○	○	○	○	○	○	×						
19	伊19潜	乙型	○	○	○	○	○	○	○	○	○	○	○	○	○	○	○	○	○	○	○	○	○
20	伊20潜	丙型	○	○	○	○	○	○	○	○	○	○	○	○	○	○	○	○	○	○	○	×	
21	伊21潜	乙型	○	○	○	○	○	○	○	○	○	○	○	○	○	○	○	○	○	○	○	○	○
22	伊22潜	丙型	○	○	○	○	○	○	○	○	○	○	○	×	12								
23	伊23潜	乙型	○	○	×	3																		
24	伊24潜	丙型	○	○	○	○	○	○	○	○	○	○	○	○	○	○	○	○	○	○	×	19	
25	伊25潜	乙型	○	○	○	○	○	○	○	○	○	○	○	○	○	○	○	○	○	○	○	○	○
26	伊26潜	乙型	○	○	○	○	○	○	○	○	○	○	○	○	○	○	○	○	○	○	○	○	○
27	伊27潜	乙型					◎	○	○	○	○	○	○	○	○	○	○	○	○	○	○	○	○
28	伊28潜	乙型					◎	○	○	×	4												
29	伊29潜	乙型						◎	○	○	○	○	○	○	○	○	○	○	○	○	○	○	○
30	伊30潜	乙型						◎	○	○	○	○	×	9									
31	伊31潜	乙型							◎	○	○	○	○	○	○	○	○	○	○	×	13		
32	伊32潜	乙型					◎	○	○	○	○	○	○	○	○	○	○	○	○	○	○	○	○
33	伊33潜	乙型							◎	○	○	×	×	×	×	△	△	△	△	△	△	△	△
34	伊34潜	乙型									◎	○	○	○	○	○	○	○	○	○	○	○	○
35	伊35潜	乙型									◎	○	○	○	○	○	○	○	○	○	○	○	○
36	伊36潜	乙型										◎	○	○	○	○	○	○	○	○	○	○	○
37	伊37潜	乙型																◎	○	○	○	○	○
38	伊38潜	乙型														◎	○	○	○	○	○	○	○
39	伊39潜	乙型																	◎	○	○	○	○
40	伊40潜	乙型改1																				◎	○
41	伊41潜	乙型改1																					
42	伊42潜	乙型改1																					
43	伊43潜	乙型改1																					
44	伊44潜	乙型改1																					
45	伊45潜	乙型改1																					
46	伊46潜	丙型																					
47	伊47潜	丙型																					
48	伊48潜	丙型																					
49	伊52潜	丙型改																	◎	○	○	○	○	○
50	伊53潜	丙型改																					
51	伊54潜	乙型改2																					
52	伊55潜	丙型改																					
53	伊56潜	乙型改2																					
54	伊58潜	乙型改2																					
55	伊121潜	機雷潜	○	○	○	○	○	○	○	○	○	○	○	○	○	○	○	○	○	○	○	○	○
56	伊122潜	機雷潜	○	○	○	○	○	○	○	○	○	○	○	○	○	○	○	○	○	○	○	○	○
57	伊123潜	機雷潜	○	○	○	○	○	○	○	○	○	×	10										
58	伊124潜	機雷潜	○	×	2																			

※本表は太平洋戦争時に艦籍登録のあった艦（潜高小を除く）全てを掲げている。
　このうち実戦経験のない潜高型3隻、潜特型の伊402、独伊接収艦6隻、特中型1隻、L3型3隻、日本艦籍として実戦経験のない
　呂500、実戦歴のない潜輸小5隻、そして事故沈没の伊179の計21隻を除いた数156隻を実戦参加潜水艦数の根拠としている。

				19												20								残	
9	10	11	12	1	2	3	4	5	6	7	8	9	10	11	12	1	2	3	4	5	6	7	8		
																									伊1潜
○	○	○	○	○	○	○	○	×	30																伊2潜
																									伊3潜
																									伊4潜
○	○	○	○	○	○	○	○	○	○	×	32														伊5潜
○	○	○	○	○	○	○	○	○	×	31															伊6潜
																									伊7潜
○	○	○	○	○	○	○	○	○	○	○	○	○	○	○	○	○	○	○	×	41					伊8潜
																									伊9潜
○	○	○	○	○	○	○	○	○	○	×	32														伊10潜
○	○	○	○	○	○	×	23																		伊11潜
							◎	○	○	○	○	○	○	○	○	×	9								伊12潜
															◎	○	○	○	○	○	○	×	9		伊13潜
															◎	○	○	○	○	○	○			6	伊14潜
																									伊15潜
○	○	○	○	○	○	○	○	○	×	31															伊16潜
×	22																								伊17潜
																									伊18潜
○	○	○	○	○	×	27																			伊19潜
○	○	×	24																						伊20潜
○	○	○	×	25																					伊21潜
																									伊22潜
																									伊23潜
																									伊24潜
○	×	23																							伊25潜
○	○	○	○	○	○	○	○	○	○	○	○	×	36												伊26潜
○	○	○	○	○	○	×	27																		伊27潜
																									伊28潜
○	○	○	○	○	○	○	○	○	×	30															伊29潜
																									伊30潜
																									伊31潜
○	○	○	○	○	○	×	24																			伊32潜
△	△	△	△	△	△	△	○	○	×	6															伊33潜
○	○	×	16																						伊34潜
○	○	○	○	×	18																				伊35潜
○	○	○	○	○	○	○	○	○	○	○	○	○	○	○	○	○	○	○	○	○	○	○	○	36	伊36潜
○	○	○	○	○	○	○	○	○	○	○	○	○	○	○	×	22									伊37潜
○	○	○	○	○	○	○	○	○	○	○	○	○	○	○	×	24									伊38潜
○	○	○	×	9																					伊39潜
○	○	○	○	○	×	8																				伊40潜
◎	○	○	○	○	○	○	○	○	○	○	○	○	○	○	×	16									伊41潜
		◎	○	○	○	○	×	6																	伊42潜
		◎	○	○	○	×	5																			伊43潜
			◎	○	○	○	○	○	○	○	○	○	○	○	○	○	○	○	×	17					伊44潜
		◎	○	○	○	○	○	○	○	○	○	○	○	×	12										伊45潜
			◎	○	○	○	○	○	○	○	○	○	○	○	×	11									伊46潜
				◎	○	○	○	○	○	○	○	○	○	○	○	○	○	○	○	○	○	○	○	14	伊47潜
				◎	○	○	○	○	○	○	○	×	9												伊48潜
○	○	○	○	○	○	○	○	○	×	19															伊52潜
			◎	○	○	○	○	○	○	○	○	○	○	○	○	○	○	○	○	○	○	○	○	19	伊53潜
			◎	○	○	○	○	○	○	×	9														伊54潜
			◎	○	○	○	○	×	5																伊55潜
			◎	○	○	○	○	○	○	○	○	○	○	○	○	○	○	×	12						伊56潜
				◎	○	○	○	○	○	○	○	○	○	○	○	○	○	○	○	○	○	○	○	12	伊58潜
△	△	△	△	△	△	△	△	△	△	△	△	△	△	△	△	△	△	△	△	△	△	△	△	45	伊121潜
△	△	△	△	△	△	△	△	△	△	△	△	△	△	△	△	△	△	△	△	△	×	43			伊122潜
																									伊123潜
																									伊124潜

No	艦名	型式	昭和16/12	17/1	2	3	4	5	6	7	8	9	10	11	12	18/1	2	3	4	5	6	7	8
59	伊153潜	海大3型a	○	○	○	○	○	○	○	○	○	○	○	○	○	○	○	○	○	○	○	○	○
60	伊154潜	海大3型a	○	○	○	○	○	○	○	○	○	○	○	○	○	○	○	○	○	○	○	○	○
61	伊155潜	海大3型a	○	○	○	○	○	○	○	○	○	○	○	○	○	○	○	○	○	○	○	○	○
62	伊156潜	海大3型b	○	○	○	○	○	○	○	△	△	△	△	△	△	△	△	△	△	△	○	○	○
63	伊157潜	海大3型b	○	○	○	○	○	○	○	○	○	○	○	○	○	○	○	○	○	○	○	○	△
64	伊158潜	海大3型a	○	○	○	○	○	○	○	△	△	△	△	△	△	△	△	△	△	△	△	△	△
65	伊159潜	海大3型b	○	○	○	○	○	○	○	○	△	△	△	△	△	△	△	△	△	△	△	△	△
66	伊60潜	海大3型b	○	×	2																		
67	伊162潜	海大4型	○	○	○	○	○	○	○	○	○	○	○	○	○	○	○	○	○	○	○	○	○
68	伊164潜	海大4型	○	○	○	○	○	×															
69	伊165潜	海大5型	○	○	○	○	○	○	○	○	○	○	○	○	○	○	○	○	○	○	○	○	○
70	伊166潜	海大5型	○	○	○	○	○	○	○	○	○	○	○	○	○	○	○	○	○	○	○	○	○
71	伊168潜	海大6型a	○	○	○	○	○	○	○	○	○	○	○	○	○	○	○	○	○	○	○	○	○
72	伊169潜	海大6型a	○	○	○	○	○	○	○	○	○	○	○	○	○	○	○	○	○	○	○	○	○
73	伊70潜	海大6型a	×	1																			
74	伊171潜	海大6型a	○	○	○	○	○	○	○	○	○	○	○	○	○	○	○	○	○	○	○	○	○
75	伊172潜	海大6型a	○	○	○	○	○	○	○	○	○	○	○	×	12								
76	伊73潜	海大6型a	○	×	2																		
77	伊174潜	海大6型b	○	○	○	○	○	○	○	○	○	○	○	○	○	○	○	○	○	○	○	○	○
78	伊175潜	海大6型b	○	○	○	○	○	○	○	○	○	○	○	○	○	○	○	○	○	○	○	○	○
79	伊176潜	海大7型								◎	○	○	○	○	○	○	○	○	○	○	○	○	○
80	伊177潜	海大7型													◎	○	○	○	○	○	○	○	○
81	伊178潜	海大7型													◎	○	○	○	○	○	○	○	×
82	伊179潜	海大7型																		◎	×	2	
83	伊180潜	海大7型														◎	○	○	○	○	○	○	○
84	伊181潜	海大7型																		◎	○	○	○
85	伊182潜	海大7型																		◎	○	○	○
86	伊183潜	海大7型																					
87	伊184潜	海大7型																					
88	伊185潜	海大7型																					
89	伊201潜	潜高型																					
90	伊202潜	潜高型																					
91	伊203潜	潜高型																					
92	伊351潜	潜補型																					
93	伊361潜	丁型																					
94	伊362潜	丁型																					
95	伊363潜	丁型																					
96	伊364潜	丁型																					
97	伊365潜	丁型																					
98	伊366潜	丁型																					
99	伊367潜	丁型																					
100	伊368潜	丁型																					
101	伊369潜	丁型																					
102	伊370潜	丁型																					
103	伊371潜	丁型																					
104	伊372潜	丁型																					
105	伊373潜	丁型改																					
106	伊400潜	潜特型																					
107	伊401潜	潜特型																					
108	伊402潜	潜特型																					
109	伊501潜	戦利																					
110	伊502潜	戦利																					
111	伊503潜	戦利																					
112	伊504潜	戦利																					
113	伊505潜	戦利																					
114	伊506潜	戦利																					
115	呂31潜	特中型	△	△	○	○	○	○	○	○	○	○	○	○	○	○	○	○	○	○	○	○	○
116	呂33潜	海中5型	○	○	○	○	○	○	○	○	○	○	×	10									
117	呂34潜	海中5型	○	○	○	○	○	○	○	○	○	○	○	○	○	○	○	○	○	×	18		
118	呂35潜	中型																◎	○	○	○	○	○
119	呂36潜	中型																		◎	○	○	○
120	呂37潜	中型																			◎	○	○

				19												20								残	
9	10	11	12	1	2	3	4	5	6	7	8	9	10	11	12	1	2	3	4	5	6	7	8		
○	○	○	○	△	△	△	△	△	△	△	△	△	△	△	△	△	△	△	△	△	△	△	△	45	伊153潜
○	○	○	○	△	△	△	△	△	△	△	△	△	△	△	△	△	△	△	△	△	△	△	△	45	伊154潜
○	○	○	○	△	△	△	△	△	△	△	△	△	△	△	△	△	△	△	△	△	△	△	△	45	伊155潜
○	○	○	○	○	○	○	○	○	○	○	○	○	○	○	○	○	○	○	○	○	○	○	○	45	伊156潜
△	△	△	△	△	△	△	△	△	△	△	△	△	△	△	△	△	△	△	△	△	△	△	△	45	伊157潜
△	△	△	△	△	△	△	△	△	△	△	△	△	△	△	○	○	○	○	○	○	○	○	○	45	伊158潜
△	△	△	△	△	△	△	△	△	△	△	△	△	△	△	○	○	○	○	○	○	○	○	○	45	伊159潜
																									伊60潜
○	○	○	○	○	○	△	△	△	△	△	△	△	△	△	△	△	△	△	△	△	△	△	△	45	伊162潜
																									伊164潜
○	○	○	○	○	○	○	○	○	○	○	○	○	○	○	○	○	○	○	○	○	○	○	×	44	伊165潜
○	○	○	○	○	○	○	○	○	○	○	×	32													伊166潜
	×	22																							伊168潜
○	○	○	○	○	○	○	×	29																	伊169潜
																									伊70潜
○	○	○	○	○	○	×	28																		伊171潜
																									伊172潜
																									伊73潜
○	○	○	○	○	○	○	×	29																	伊174潜
○	○	○	○	○	○	×	28																		伊175潜
○	○	○	○	○	○	○	○	○	×	23															伊176潜
○	○	○	○	○	○	○	○	○	○	○	○	○	×	24											伊177潜
9																									伊178潜
																									伊179潜
○	○	○	○	○	○	○	○	○	×	17															伊180潜
○	○	○	○	○	○	×	11																		伊181潜
○	×	6																							伊182潜
	◎	○	○	○	○	○	○	○	×	8															伊183潜
	◎	○	○	○	○	○	○	○	○	×	10														伊184潜
◎	○	○	○	○	○	○	○	○	○	×	11														伊185潜
																◎	○	○	○	○	○	○	○	7	伊201潜
																◎	○	○	○	○	○	○	○	7	伊202潜
																					◎	○	○	3	伊203潜
															◎	○	○	○	○	○	×	7			伊351潜
								◎	○	○	○	○	○	○	○	○	○	○	○	○	×	14			伊361潜
								◎	○	○	○	○	○	○	○	○	×	10							伊362潜
									◎	○	○	○	○	○	○	○	○	○	○	○	○	○	○	14	伊363潜
										◎	○	○	○	×	6										伊364潜
											◎	○	○	○	×	5									伊365潜
										◎	○	○	○	○	○	○	○	○	○	○	○	○	○	13	伊366潜
										◎	○	○	○	○	○	○	○	○	○	○	○	○	○	13	伊367潜
											◎	○	○	○	○	○	○	○	×	8					伊368潜
												◎	○	○	○	○	○	○	○	○	○	○	○	11	伊369潜
													◎	○	○	○	○	×	7						伊370潜
													◎	○	○	○	○	×	6						伊371潜
															◎	○	○	○	○	○	○	○	×	9	伊372潜
																	◎	○	○	○	×	5			伊373潜
															◎	○	○	○	○	○	○	○	○	9	伊400潜
																◎	○	○	○	○	○	○	○	8	伊401潜
																						◎	○	2	伊402潜
																					○	○	○	4	伊501潜
																					○	○	○	4	伊502潜
																						○	○	2	伊503潜
																						○	○	2	伊504潜
																						○	○	2	伊505潜
																						○	○	2	伊506潜
○	○	○	○	△	△	△	△	△	△	△	△	△	△	△	△	△	△	△	△	△	△	△	△	45	呂31潜
																									呂33潜
																									呂34潜
○	×	8																							呂35潜
○	○	○	○	○	○	○	○	○	○	×	15														呂36潜
○	○	○	○	○	×	9																			呂37潜

	艦名	型式	昭和 16	17												18							
			月 12	1	2	3	4	5	6	7	8	9	10	11	12	1	2	3	4	5	6	7	8
121	呂38潜	中型																					◎	○
122	呂39潜	中型																						
123	呂40潜	中型																						
124	呂41潜	中型																						
125	呂42潜	中型																					◎	
126	呂43潜	中型																						
127	呂44潜	中型																						
128	呂45潜	中型																						
129	呂46潜	中型																						
130	呂47潜	中型																						
131	呂48潜	中型																						
132	呂49潜	中型																						
133	呂50潜	中型																						
134	呂55潜	中型																						
135	呂56潜	中型																						
136	呂57潜	L3型	△	△	△	○	○	○	○	○	○	○	○	○	○	○	○	○	○	○	○	○	○
137	呂58潜	L3型	△	△	△	○	○	○	○	○	○	○	○	○	○	○	○	○	○	○	○	○	○
138	呂59潜	L3型	△	△	△	○	○	○	○	○	○	○	○	○	○	○	○	○	○	○	○	○	○
139	呂60潜	L4型	×	1																				
140	呂61潜	L4型	○	○	○	○	○	○	○	○	○	○	×	10										
141	呂62潜	L4型	○	○	○	○	○	○	○	○	○	○	△	△	△	△	△	△	△	△	△	△	△
142	呂63潜	L4型	○	○	○	○	○	○	○	○	○	○	△	△	△	△	△	△	△	△	△	△	△
143	呂64潜	L4型	○	○	○	○	○	○	○	○	○	○	△	△	△	△	△	△	△	△	△	△	△
144	呂65潜	L4型	○	○	○	○	○	○	○	○	○	○	○	×	12									
145	呂66潜	L4型	×	1																				
146	呂67潜	L4型	○	○	○	○	○	○	○	○	○	○	△	△	△	△	△	△	△	△	△	△	△
147	呂68潜	L4型	○	○	○	○	○	○	○	○	○	○	△	△	△	△	△	△	△	△	△	△	△
148	呂100潜	小型										◎	○	○	○	○	○	○	○	○	○	○	○	○
149	呂101潜	小型											◎	○	○	○	○	○	○	○	○	○	○	○
150	呂102潜	小型											◎	○	○	○	○	○	○	○	○	○	×	8
151	呂103潜	小型											◎	○	○	○	○	○	○	○	○	○	○	×
152	呂104潜	小型													◎	○	○	○	○	○	○	○	○	○
153	呂105潜	小型													◎	○	○	○	○	○	○	○	○	○
154	呂106潜	小型												◎	○	○	○	○	○	○	○	○	○	○
155	呂107潜	小型												◎	○	○	○	○	○	○	○	○	○	×
156	呂108潜	小型																	◎	○	○	○	○	○
157	呂109潜	小型																	◎	○	○	○	○	○
158	呂110潜	小型																					◎	○	
159	呂111潜	小型																					◎	○	
160	呂112潜	小型																							
161	呂113潜	小型																							
162	呂114潜	小型																							
163	呂115潜	小型																							
164	呂116潜	小型																							
165	呂117潜	小型																							
166	呂500潜	譲渡																							
167	呂501潜	譲渡																							
168	波101潜	潜輸小																							
169	波102潜	潜輸小																							
170	波103潜	潜輸小																							
171	波104潜	潜輸小																							
172	波105潜	潜輸小																							
173	波106潜	潜輸小																							
174	波107潜	潜輸小																							
175	波108潜	潜輸小																							
176	波109潜	潜輸小																							
177	波111潜	潜輸小																							
	○（在籍月）		54	51	51	58	58	57	59	57	57	56	57	51	50	52	53	55	58	60	59	60	59	
	◎（竣工月）		0	0	4	0	1	2	1	0	3	2	2	1	4	2	2	3	3	3	2	4	1	
	△（予備艦等）		4	4	3	0	0	0	0	3	3	3	3	8	8	9	9	9	9	8	8	8	9	
	×（沈　没）		3	3	1	0	0	2	0	0	0	4	2	4	3	2	1	0	0	2	4	1	4	
			61	58	59	58	59	61	60	60	63	65	64	64	65	65	65	67	70	73	73	73	73	

	9	10	11	12	19/1	2	3	4	5	6	7	8	9	10	11	12	20/1	2	3	4	5	6	7	8	残	
	○	○	○	○	× 7																					呂38潜
	◎	○	○	○	○	○	× 7																			呂39潜
	◎	○	○	○	○	○	× 7																			呂40潜
			◎	○	○	○	○	○	○	○	○	○	○	○	○	○	○	○	× 17							呂41潜
	○	○	○	○	○	○	○	○	○	○	× 12															呂42潜
		◎	○	○	○	○	○	○	○	○	○	○	○	○	○	○	○	○	× 16							呂43潜
	◎	○	○	○	○	○	○	○	○	○	× 11															呂44潜
					◎	○	○	○	× 4																	呂45潜
				◎	○	○	○	○	○	○	○	○	○	○	○	○	○	○	○	× 16						呂46潜
				◎	○	○	○	○	○	○	○	○	○	× 11												呂47潜
					◎	○	○	○	× 5																	呂48潜
						◎	○	○	○	○	○	○	○	○	○	○	○	○	○	× 12						呂49潜
							◎	○	○	○	○	○	○	○	○	○	○	○	○	○	○	○	○	○	14	呂50潜
											◎	○	○	○	○	○	○	○	× 7							呂55潜
													◎	○	○	○	○	○	× 6							呂56潜
	○	○	○	○	○	○	○	○	○	○	○	○	○	○	○	○	○	○	△	△	△	△	△	△	45	呂57潜
	○	○	○	○	○	○	○	○	○	○	○	○	○	○	○	○	○	○	△	△	△	△	△	△	45	呂58潜
	○	○	○	○	○	○	○	○	○	○	○	○	○	○	○	○	○	○	△	△	△	△	△	△	45	呂59潜
																										呂60潜
																										呂61潜
	△	△	△	△	△	△	△	△	△	△	△	△	△	△	△	△	△	△	△	△	△	△	△	△	45	呂62潜
	△	△	△	△	△	△	△	△	△	△	△	△	△	△	△	△	△	△	△	△	△	△	△	△	45	呂63潜
	△	△	△	△	△	△	△	△	△	△	△	△	△	△	△	△	△	△	△	△	× 41					呂64潜
																										呂65潜
																										呂66潜
	△	△	△	△	△	△	△	△	△	△	△	△	△	△	△	△	△	△	△	△	△	△	△	△	45	呂67潜
	△	△	△	△	△	△	△	△	△	△	△	△	△	△	△	△	△	△	△	△	△	△	△	△	45	呂68潜
	○	○	× 15																							呂100潜
	○	× 13																								呂101潜
																										呂102潜
	11																									呂103潜
	○	○	○	○	○	○	○	○	○	× 17																呂104潜
	○	○	○	○	○	○	○	○	○	× 16																呂105潜
	○	○	○	○	○	○	○	○	○	× 18																呂106潜
	9																									呂107潜
	○	○	○	○	○	○	○	○	○	× 15																呂108潜
	○	○	○	○	○	○	○	○	○	○	○	○	○	○	○	○	○	○	○	× 26						呂109潜
	○	○	○	○	○	○	× 9																			呂110潜
	○	○	○	○	○	○	○	○	○	× 13																呂111潜
	◎	○	○	○	○	○	○	○	○	○	○	○	○	○	○	○	○	×								呂112潜
		◎	○	○	○	○	○	○	○	○	○	○	○	○	○	○	○	○	× 17							呂113潜
			◎	○	○	○	○	○	○	○	× 9															呂114潜
			◎	○	○	○	○	○	○	○	○	○	○	○	○	○	○	× 16								呂115潜
					◎	○	○	○	○	× 6																呂116潜
					◎	○	○	○	○	○	× 7															呂117潜
	○	○	○	○	○	○	○	○	○	○	○	○	○	○	○	○	○	○	○	○	○	○	○	○	24	呂500潜
						○	○	○	○	○	× 6															呂501潜
													◎	○	○	○	○	○	○	○	○	○	○	○	10	波101潜
														◎	○	○	○	○	○	○	○	○	○	○	9	波102潜
																	◎	○	○	○	○	○	○	○		波103潜
													◎	○	○	○	○	○	○	○	○	○	○	○	9	波104潜
															◎	○	○	○	○	○	○	○	○	○	7	波105潜
													◎	○	○	○	○	○	○	○	○	○	○			波106潜
															◎	○	○	○	○	○	○	○	○	○	7	波107潜
																		◎	○	○	○	○			4	波108潜
															◎	○	○	○	○	○	○	○			6	波109潜
																					◎	○			2	波111潜

	58	60	60	63	59	61	55	54	51	47	36	36	40	43	39	37	40	28	37	38	34	34	36	36
	6	3	5	2	5	3	2	1	5	2	3	4	3	2	3	5	2	5	2	1	1	2	0
	11	11	11	11	15	15	16	15	15	15	15	15	15	15	15	15	15	15	15	12	15	14	14	14
	2	4	3	2	2	3	9	4	4	9	13	3	0	0	6	5	2	4	6	4	4	2	3	2
	77	78	79	78	81	82	82	74	75	68	67	58	58	60	63	62	59	62	60	55	54	51	55	52

日本海軍潜水艦要目表

その1：太平洋戦争までの潜水艦

(凡例)
建造所： 横 ＝ 横須賀海軍工廠
　　　　 川崎 ＝ 川崎造船所
　　　　 ヴ ＝ 英ヴィッカーズ
　　　　 呉 ＝ 呉海軍工廠
　　　　 佐 ＝ 佐世保海軍工廠
　　　　 三菱 ＝ 三菱神戸造船所
　　　　 シ ＝ 仏シュナイダー

※発射管の項のうち、「上」と表記のあるものは水上式発射管を、「側」は舷側装備の発射管を表す

艦名 (大正13年改正後)	艦名 (大正8年改正後)	旧艦名	型式	排水量 (トン)	全長 (m)	全幅 (m)
－	第1潜水艦	第1潜水艇	ホランド	103	20.42	3.63
－	第2潜水艦	第2潜水艇	ホランド	103	20.42	3.63
－	第3潜水艦	第3潜水艇	ホランド	103	20.42	3.63
－	第4潜水艦	第4潜水艇	ホランド	103	20.42	3.63
－	第5潜水艦	第5潜水艇	ホランド	103	20.42	3.63
－	第6潜水艦	第6潜水艇	ホランド改	57	22.25	2.13
－	第7潜水艦	第7潜水艇	ホランド改	78	25.47	2.43
波号第1潜水艦	第8潜水艦	第8潜水艇	C1	286	43.33	4.14
波号第2潜水艦	第9潜水艦	第9潜水艇	C1	286	43.33	4.14
波号第3潜水艦	第10潜水艦	第10潜水艇	C2	291	43.33	4.14
波号第4潜水艦	第11潜水艦	第11潜水艇	C2	291	43.33	4.14
波号第5潜水艦	第12潜水艦	第12潜水艇	C2	291	43.33	4.14
波号第6潜水艦	第13潜水艦	第13潜水艇	川崎	304	38.63	3.84
波号第7潜水艦	第16潜水艦	第16潜水艇	C3	290	43.73	4.14
波号第8潜水艦	第18潜水艦	第17潜水艇	C3	290	43.73	4.14
波号第9潜水艦	第14潜水艦	第14潜水艇	S	480	58.60	5.18
波号第10潜水艦	第15潜水艦	第15潜水艇	S	450	56.74	5.21
呂号第1潜水艦	第18潜水艦	－	F1	689	65.58	6.07
呂号第2潜水艦	第21潜水艦	－	F1	689	65.58	6.07
呂号第3潜水艦	第31潜水艦	－	F2	689	65.58	6.07
呂号第4潜水艦	第32潜水艦	－	F2	689	65.58	6.07
呂号第5潜水艦	第33潜水艦	－	F2	689	65.58	6.07
呂号第11潜水艦	第19潜水艦	－	海中1	720	69.19	6.35
呂号第12潜水艦	第20潜水艦	－	海中1	720	69.19	6.35
呂号第13潜水艦	第23潜水艦	－	海中2	740	70.10	6.10
呂号第14潜水艦	第22潜水艦	－	海中2	740	70.10	6.10
呂号第15潜水艦	第24潜水艦	－	海中2	740	70.10	6.10
呂号第16潜水艦	第37潜水艦	－	海中3	772	70.10	6.12
呂号第17潜水艦	第34潜水艦	－	海中3	772	70.10	6.12
呂号第18潜水艦	第35潜水艦	－	海中3	772	70.10	6.12
呂号第19潜水艦	第36潜水艦	－	海中3	772	70.10	6.12
呂号第20潜水艦	第38潜水艦	－	海中3	772	70.10	6.12
呂号第21潜水艦	第39潜水艦	－	海中3	772	70.10	6.12
呂号第22潜水艦	第40潜水艦	－	海中3	772	70.10	6.12
呂号第23潜水艦	第41潜水艦	－	海中3	772	70.10	6.12
呂号第24潜水艦	第42潜水艦	－	海中3	772	70.10	6.12
呂号第25潜水艦	第43潜水艦	－	海中3	772	70.10	6.12
呂号第26潜水艦	第45潜水艦	－	海中4	805	74.22	6.12
呂号第27潜水艦	第58潜水艦	－	海中4	805	74.22	6.12
呂号第28潜水艦	第59潜水艦	－	海中4	805	74.22	6.12
呂号第29潜水艦	第68潜水艦	－	特中	852	74.22	6.12
呂号第30潜水艦	第69潜水艦	－	特中	852	74.22	6.12
呂号第31潜水艦	第70潜水艦	－	特中	852	74.22	6.12
呂号第32潜水艦	第71潜水艦	－	特中	852	74.22	6.12
呂号第51潜水艦	第25潜水艦	－	L1	886	70.59	7.16
呂号第52潜水艦	第26潜水艦	－	L1	886	70.59	7.16
呂号第53潜水艦	第27潜水艦	－	L2	893	70.59	7.16
呂号第54潜水艦	第28潜水艦	－	L2	893	70.59	7.16
呂号第55潜水艦	第29潜水艦	－	L2	893	70.59	7.16
呂号第56潜水艦	第30潜水艦	－	L2	893	70.59	7.16
○1	(U125)	－	戦利	1,163	82.00	7.40
○2	(U46)	－	戦利	725	65.00	6.20
○3	(U55)	－	戦利	786	65.20	6.40
○4	(UC90)	－	戦利	491	56.50	5.50
○5	(UC99)	－	戦利	491	56.50	5.50
○6	(UB125)	－	戦利	512	55.90	5.80
○7	(UB143)	－	戦利	523	55.90	5.80
伊号第51潜水艦	第44潜水艦	－	海大1	1,390	91.44	8.81
伊号第152潜水艦	－	－	海大2	1,390	100.85	7.64

艦名	機関	速度（ノット）水上/水中	備砲（cm×数）	発射管 艦首/艦尾	計画年	建造所	竣工	除籍	掲載ページ
第1潜水艇	オットー式ガソリン	8/7	−	1/0	M37	横	M38. 7.31	T10. 4.30	P12
第2潜水艇	オットー式ガソリン	8/7	−	1/0	M37	横	M38. 9. 5	T10. 4.30	P12
第3潜水艇	オットー式ガソリン	8/7	−	1/0	M37	横	M38. 9. 5	T10. 4.30	P12
第4潜水艇	オットー式ガソリン	8/7	−	1/0	M37	横	M38.10. 1	T10. 4.30	P12
第5潜水艇	オットー式ガソリン	8/7	−	1/0	M37	横	M38.10. 1	T10. 4.30	P12
第6潜水艇	スタンダード式ガソリン	8.5/4	−	1/0	M37	川崎	M39. 4. 5	T 9.12. 1	P14
第7潜水艇	スタンダード式ガソリン	8.5/4	−	1/0	M37	川崎	M39. 4. 5	T 9.12. 1	P14
波号第1潜水艦	ヴィッカーズ式ガソリン	12/8.5	−	2/0	M37	ヴ	M42. 2.26	S 4. 4. 1	P16
波号第2潜水艦	ヴィッカーズ式ガソリン	12/8.5	−	2/0	M37	ヴ	M42. 3. 9	S 4. 4. 1	P16
波号第3潜水艦	ヴィッカーズ式ガソリン	12/8.5	−	2/0	M37	呉	M44. 8.21	S 4. 4. 1	P17
波号第4潜水艦	ヴィッカーズ式ガソリン	12/8.5	−	2/0	M37	呉	M44. 8.26	S 4. 4. 1	P17
波号第5潜水艦	ヴィッカーズ式ガソリン	12/8.5	−	2/0	M37	呉	M44. 8.31	S 4. 4. 1	P17
波号第6潜水艦	スタンダード式ガソリン	10/8	−	2/0	M37	川崎	T 1. 9.30	S 4. 4. 1	P18
波号第7潜水艦	ヴィッカーズ式ガソリン	12/8.5	−	2/2上	T4	呉	T 5.10.31	S 4. 4. 1	P19
波号第8潜水艦	ヴィッカーズ式ガソリン	12/8.5	−	2/2上	T4	呉	T 6. 2.20	S 4. 4. 1	P19
波号第9潜水艦	シュナイダー式石油	16.5/10	5×1	2/2上	M40	呉	T 9. 4.20	S 4. 4. 1	P21
波号第10潜水艦	シュナイダー式石油	17/10	5×1	2/3上	M40	シ/呉	T 6. 7.20	S 4. 4. 1	P21
呂号第1潜水艦	フィアット式ディーゼル	17.8/8.2	7.5×1	3/2	T4	川崎	T 9. 3.31	S 7. 4. 1	P22
呂号第2潜水艦	フィアット式ディーゼル	17.8/8.2	7.5×1	3/2	T4	川崎	T 9. 4.20	S 7. 4. 1	P22
呂号第3潜水艦	フィアット式ディーゼル	14.3/8	8×1	3/2	T6	川崎	T11. 7.15	S 7. 4. 1	P23
呂号第4潜水艦	フィアット式ディーゼル	14.3/8	8×1	3/2	T6	川崎	T11. 5. 5	S 7. 4. 1	P23
呂号第5潜水艦	フィアット式ディーゼル	14.4/8	8×1	3/2	T6	川崎	T11. 3. 9	S 7. 4. 1	P23
呂号第11潜水艦	ズルザー式2号	18.2/9.1	8×1	4/2側	T5	呉	T 8. 7.31	S 7. 4. 1	P24
呂号第12潜水艦	ズルザー式2号	18.2/9.1	8×1	4/2側	T5	呉	T 8. 9.18	S 7. 4. 1	P24
呂号第13潜水艦	ズルザー式2号	16.5/8.5	8×1	4/2側	T6	呉	T 9. 9.30	S 8. 9. 1	P25
呂号第14潜水艦	ズルザー式2号	16.5/8.5	8×1	4/2側	T6	呉	T10. 2.17	S 8. 9. 1	P25
呂号第15潜水艦	ズルザー式2号	16.5/8.5	8×1	4/2側	T6	呉	T10. 6.30	S 8. 9. 1	P25
呂号第16潜水艦	ズルザー式2号	16.5/8.5	8×1	4/2側	T6	呉	T11. 4.29	S 8. 9. 1	P26
呂号第17潜水艦	ズルザー式2号	16.5/8.5	8×1	4/2側	T6	呉	T10.10.20	S11. 4. 1	P26
呂号第18潜水艦	ズルザー式2号	16.5/8.5	8×1	4/2側	T6	呉	T10.12.15	S11. 4. 1	P26
呂号第19潜水艦	ズルザー式2号	16.5/8.5	8×1	4/2側	T6	呉	T11. 3.15	S11. 4. 1	P26
呂号第20潜水艦	ズルザー式2号	16.5/8.5	8×1	4/2側	T6	横	T11. 2. 2	S 9. 9. 1	P26
呂号第21潜水艦	ズルザー式2号	16.5/8.5	8×1	4/2側	T6	横	T11. 2. 2	S 9. 9. 1	P26
呂号第22潜水艦	ズルザー式2号	16.5/8.5	8×1	4/2側	T7	横	T11.10.10	S 9. 9. 1	P26
呂号第23潜水艦	ズルザー式2号	16.5/8.5	8×1	4/2側	T7	横	T12. 4.28	S10. 4. 1	P26
呂号第24潜水艦	ズルザー式2号	16.5/8.5	8×1	4/2側	T7	佐	T 9.11.30	S10. 4. 1	P26
呂号第25潜水艦	ズルザー式2号	16.5/8.5	8×1	4/2側	T7	佐	T10.10.25	S11. 4. 1	P26
呂号第26潜水艦	ズルザー式2号	16/8.5	8×1	4/0	T7	佐	T12. 1.25	S15. 4. 1	P32
呂号第27潜水艦	ズルザー式2号	16/8.5	8×1	4/0	T7	横	T13. 7.31	S15. 4. 1	P32
呂号第28潜水艦	ズルザー式2号	16/8.5	8×1	4/0	T7	佐	T12.11.30	S15. 4. 1	P32
呂号第29潜水艦	ズルザー式2号	13/8.5	12×1	4/0	T7	川崎	T12. 9.15	S11. 4. 1	P33
呂号第30潜水艦	ズルザー式2号	13/8.5	12×1	4/0	T7	川崎	T13. 4.29	S17. 4. 1	P33
呂号第31潜水艦	ズルザー式2号	13/8.5	12×1	4/0	T7	川崎	S 2. 5.10	S20. 5.25	P33
呂号第32潜水艦	ズルザー式2号	13/8.5	12×1	4/0	T7	川崎	T13. 5.31	S17. 4. 1	P33
呂号第51潜水艦	ヴィッカーズ式ディーゼル	17/10.2	8×1	4/2	T6	三菱	T 9. 6.30	S15. 4. 1	P27
呂号第52潜水艦	ヴィッカーズ式ディーゼル	17/10.2	8×1	4/2	T6	三菱	T 9.11.30	S 7. 4. 1	P27
呂号第53潜水艦	ヴィッカーズ式ディーゼル	17.3/10.4	8×1	4/2	T6	三菱	T10. 3.10	S15. 4. 1	P28
呂号第54潜水艦	ヴィッカーズ式ディーゼル	17.3/10.4	8×1	4/2	T6	三菱	T10. 9.10	S15. 4. 1	P28
呂号第55潜水艦	ヴィッカーズ式ディーゼル	17.3/10.4	8×1	4/2	T6	三菱	T10.11.15	S15. 4. 1	P28
呂号第56潜水艦	ヴィッカーズ式ディーゼル	17.3/10.4	8×1	4/2	T6	三菱	T11. 1.16	S15. 4. 1	P28
○1	マン式ディーゼル	11.5/8	15×2	4/0	−	−	T 7. 9. 4	−	P29
○2	マン式ディーゼル	15.2/9.7	10.5×1	4	−	−	T 4.12.17	−	P30
○3	マン式ディーゼル	17.1/9.1	10.5×1	4	−	−	T 5. 6. 8	−	P30
○4	マン式ディーゼル	11.5/6.6	10.5×1	3	−	−	T 7. 7.15	−	P30
○5	マン式ディーゼル	11.5/6.6	10.5×1	3	−	−	T 7. 9.20	−	P31
○6	ベンツ式ディーゼル	13.9/7.6	8.8×1	5	−	−	T 7. 5.18	−	P31
○7	ベンツ式ディーゼル	13.5/7.5	10.5×1	5	−	−	T 7.10. 3	−	P31
伊号第51潜水艦	ズルザー式2号	18.4/8.4	12×1	6/2	T7	呉	T13. 6.20	S15. 4. 1	P34
伊号第52潜水艦	ズルザー式3号	20.1/7.7	12×1、8×1	6/2	T12	呉	T14. 5.20	S17. 8. 1	P35

日本海軍潜水艦要目表
その２：太平洋戦争参加艦

伊号、呂号、波号の番号順。ただし、未成艦については割愛した。
機雷潜、海大型のうち、100番台の数字を付与された艦はその後の艦名で掲載している

（凡例）
建造所：川崎＝川崎造船所、呉＝呉海軍工廠、横＝横須賀海軍工廠、佐＝佐世保海軍工廠、三菱＝三菱神戸造船所、三井＝三井玉野造船所
本籍：横＝横須賀鎮守府、佐＝佐世保鎮守府、呉＝呉鎮守府、舞＝舞鶴鎮守府
機関：ラ式＝ラウシェンバッハ式、ズ式＝ズルザー式、（Ｄはディーゼル形式エンジンを表す）

艦名	型式	排水量(トン)	全長(m)	全幅(m)	機関	速度(ノット)水上/水中	備砲(cm×数)	発射管数(艦首/艦尾)	計画年次	建造所	竣工	本籍	喪失日	場所	掲載ページ
伊1潜	巡潜1	1,970	97.50	9.22	ラ式2号	18.8/8.1	14×2	4/2	T12	川崎	T15.3.10	横	S18.1.29	カミンボ	P38
伊2潜	巡潜1	1,970	97.50	9.22	ラ式2号	18.8/8.1	14×2	4/2	T12	川崎	T15.7.24	横	S19.5.4	ニューアイルランド	P38
伊3潜	巡潜1	1,970	97.50	9.22	ラ式2号	18.8/8.1	14×2	4/2	T12	川崎	T15.11.30	横	S17.12.9	カミンボ	P39
伊4潜	巡潜1	1,970	97.50	9.22	ラ式2号	18.8/8.1	14×2	4/2	T12	川崎	S4.12.24	横	S18.1.5	ガ島	P40
伊5潜	巡潜1	1,970	97.50	9.22	ラ式2号	18.8/8.1	14×2	4/2	T12	川崎	S7.7.31	横	S19.7.19	サイパン	P40
伊6潜	巡潜2	1,900	98.50	9.06	艦本1号甲7	21/7.5	12.7×1	4/2	①	川崎	S10.5.15	横	S19.6.30	サイパン	P43
伊7潜	巡潜3	2,231	109.30	9.10	艦本1号甲10	23/8	14連×1	6/0	②	呉	S12.3.31	横	S18.6.2	キスカ	P45
伊8潜	巡潜3	2,231	109.30	9.10	艦本1号甲10	23/8	14連×1	6/0	②	川崎	S13.12.5	横	S20.4.15	沖縄	P46
伊9潜	甲	2,434	113.70	9.55	艦本2号10	23.5/8	14×1	6/0	③	呉	S16.2.13	横	S18.6.15	キスカ	P49
伊10潜	甲	2,434	113.70	9.55	艦本2号10	23.5/8	14×1	6/0	③	川崎	S16.10.31	佐	S19.7.2	サイパン	P49
伊11潜	甲	2,434	113.70	9.55	艦本2号10	23.5/8	14×1	6/0	④	川崎	S17.5.16	呉	S19.3.20	モリス諸島	P50
伊12潜	甲改1	2,390	113.70	9.55	艦本22号10	17.7/6.2	14×1	6/0	追	川崎	S19.5.25	横	S20.1.31	中部太平洋	P51
伊13潜	甲改2	2,620	113.70	11.70	艦本22号10	16.7/5.5	14×1	6/0	追	川崎	S19.12.16	佐	S20.8.1	トラック	P53
伊14潜	甲改2	2,620	113.70	11.70	艦本22号10	16.7/5.5	14×1	6/0	⑤	川崎	S20.3.14	横	残存		P53
伊15潜	乙	2,198	108.70	9.30	艦本2号10	23.6/8.0	14×1	6/0	③	呉	S15.9.30	横	S17.12.5	ガ島	P55
伊16潜	丙	2,184	109.30	9.10	艦本2号10	23.6/8.0	14×1	8/0	③	呉	S15.3.30	横	S19.6.25	ソロモン	P85
伊17潜	乙	2,198	108.70	9.30	艦本2号10	23.6/8.0	14×1	6/0	③	横	S16.1.24	横	S18.10.24	豪州	P55
伊18潜	丙	2,184	109.30	9.10	艦本2号10	23.6/8.0	14×1	8/0	③	佐	S16.1.31	横	S18.2.11	ガ島	P85
伊19潜	乙	2,198	108.70	9.30	艦本2号10	23.6/8.0	14×1	6/0	③	三菱	S16.4.28	横	S19.2.2	ギルバート	P56
伊20潜	丙	2,184	109.30	9.10	艦本2号10	23.6/8.0	14×1	8/0	③	三菱	S15.9.26	横	S18.11.18	エスピリットサント	P86
伊21潜	乙	2,198	108.70	9.30	艦本2号10	23.6/8.0	14×1	6/0	③	川崎	S16.7.15	横	S18.11.24	ギルバート	P57
伊22潜	丙	2,184	109.30	9.10	艦本2号10	23.6/8.0	14×1	8/0	③	川崎	S16.3.10	横	S17.11.12	ソロモン	P87
伊23潜	乙	2,198	108.70	9.30	艦本2号10	23.6/8.0	14×1	6/0	③	横	S16.9.27	横	S17.2.28	ハワイ	P58
伊24潜	丙	2,184	109.30	9.10	艦本2号10	23.6/8.0	14×1	8/0	③	佐	S16.10.31	横	S18.6.11	キスカ	P87
伊25潜	乙	2,198	108.70	9.30	艦本2号10	23.6/8.0	14×1	6/0	③	三菱	S16.10.15	横	S18.10.24	フィジー	P58
伊26潜	乙	2,198	108.70	9.30	艦本2号10	23.6/8.0	14×1	6/0	④	呉	S16.11.6	横	S19.11.21	比島	P59
伊27潜	乙	2,198	108.70	9.30	艦本2号10	23.6/8.0	14×1	6/0	④	佐	S17.2.24	呉	S19.5.15	インド洋	P61
伊28潜	乙	2,198	108.70	9.30	艦本2号10	23.6/8.0	14×1	6/0	④	三菱	S17.2.6	横	S17.5.16	トラック	P63
伊29潜	乙	2,198	108.70	9.30	艦本2号10	23.6/8.0	14×1	6/0	④	横	S17.2.27	横	S19.7.26	バシー海峡	P63
伊30潜	乙	2,198	108.70	9.30	艦本2号10	23.6/8.0	14×1	6/0	④	呉	S17.2.28	呉	S17.10.13	昭南	P66
伊31潜	乙	2,198	108.70	9.30	艦本2号10	23.6/8.0	14×1	6/0	④	横	S17.5.30	呉	S18.5.14	アッツ島	P67
伊32潜	乙	2,198	108.70	9.30	艦本2号10	23.6/8.0	14×1	6/0	④	佐	S17.4.26	呉	S19.3.24	マーシャル	P68
伊33潜	乙	2,198	108.70	9.30	艦本2号10	23.6/8.0	14×1	6/0	④	三菱	S17.6.10	呉	S19.6.13	瀬戸内	P68

艦名	型式	排水量(トン)	全長(m)	全幅(m)	機関	速度(ノット)水上/水中	備砲(cm×数)	発射管数(艦首/艦尾)	計画年次	建造所	竣工	本籍	喪失日	場所	掲載ページ
伊34潜	乙	2,198	108.70	9.30	艦本2号10	23.6/8.0	14×1	6/0	④	佐	S17.8.31	呉	S18.11.13	ペナン	P70
伊35潜	乙	2,198	108.70	9.30	艦本2号10	23.6/8.0	14×1	6/0	④	三菱	S17.8.31	呉	S19.1.10	ギルバート	P70
伊36潜	乙	2,198	108.70	9.30	艦本2号10	23.6/8.0	14×1	6/0	④	横	S17.9.30	呉	残存		P71
伊37潜	乙	2,198	108.70	9.30	艦本2号10	23.6/8.0	14×1	6/0	④	呉	S18.3.10	呉	S19.12.6	パラオ	P73
伊38潜	乙	2,198	108.70	9.30	艦本2号10	23.6/8.0	14×1	6/0	④	佐	S18.1.31	呉	S19.12.6	パラオ	P74
伊39潜	乙	2,198	108.70	9.30	艦本2号10	23.6/8.0	14×1	6/0	④	佐	S18.4.22	横	S19.2.20	ギルバート	P74
伊40潜	乙改1	2,230	108.70	9.30	艦本1号甲10	23.5/8.0	14×1	6/0	急	呉	S18.7.31	横	S19.2.21	ギルバート	P76
伊41潜	乙改1	2,230	108.70	9.30	艦本1号甲10	23.5/8.0	14×1	6/0	急	呉	S18.9.18	横	S19.12.2	比島	P76
伊42潜	乙改1	2,230	108.70	9.30	艦本1号甲10	23.5/8.0	14×1	6/0	急	呉	S18.11.3	横	S19.4.27	アドミラルティ島	P77
伊43潜	乙改1	2,230	108.70	9.30	艦本1号甲10	23.5/8.0	14×1	6/0	急	佐	S18.11.5	横	S19.4.8	トラック	P77
伊44潜	乙改1	2,230	108.70	9.30	艦本1号甲10	23.5/8.0	14×1	6/0	急	横	S19.1.31	横	S20.5.2	沖縄	P77
伊45潜	乙改1	2,230	108.70	9.30	艦本1号甲10	23.5/8.0	14×1	6/0	急	佐	S18.12.28	横	S19.11.21	比島	P78
伊46潜	丙	2,184	109.30	9.10	艦本2号10	23.6/8.0	14×1	8/0	急	佐	S19.2.29	横	S19.12.2	比島	P89
伊47潜	丙	2,184	109.30	9.10	艦本2号10	23.6/8.0	14×1	8/0	急	佐	S19.7.10	横	残存		P89
伊48潜	丙	2,184	109.30	9.10	艦本2号10	23.6/8.0	14×1	8/0	急	佐	S19.9.5	横	S20.1.21	ウルシー	P91
伊52潜(Ⅱ)	丙改	2,095	108.70	9.30	艦本22号10	17.7/6.5	14×1	6/0	追	横	S18.12.28	横	S19.8.2	ビスケー湾	P93
伊53潜	丙改	2,095	108.70	9.30	艦本22号10	17.7/6.5	14×1	6/0	追	呉	S19.2.20	呉	残存		P93
伊54潜	乙改2	2,140	108.70	9.30	艦本22号10	17.7/6.5	14×1	6/0	追	横	S19.3.31	呉	S19.11.20	比島	P81
伊55潜	丙改	2,184	108.70	9.30	艦本22号10	17.7/6.5	14×1	6/0	追	呉	S19.4.20	呉	S19.7.15	サイパン	P94
伊56潜	乙改2	2,140	108.70	9.30	艦本22号10	17.7/6.5	14×1	6/0	追	横	S19.6.8	呉	S20.5.2	沖縄	P81
伊58潜	乙改2	2,140	108.70	9.30	艦本22号10	17.7/6.5	14×1	6/0	追	横	S19.9.7	呉	残存		P82
伊121潜	機潜	1,142	85.20	7.52	ラ式1号	14.9/6.5	14×1	4/0	T12	川崎	S2.3.31	呉	残存		P122
伊122潜	機潜	1,142	85.20	7.52	ラ式1号	14.9/6.5	14×1	4/0	T12	川崎	S2.10.28	呉	S20.6.10	日本海	P123
伊123潜	機潜	1,142	85.20	7.52	ラ式1号	14.9/6.5	14×1	4/0	T12	川崎	S3.4.28	横	S17.9.1	ガ島	P124
伊124潜	機潜	1,142	85.20	7.52	ラ式1号	14.9/6.5	14×1	4/0	T12	川崎	S3.12.10	横	S17.1.20	ポートダーウィン沖	P124
伊152潜	海大2	1,390	100.85	7.64	ズ式3号	20.1/7.7	12×1	6/2	T12	呉	T14.5.20	呉	残存		P35
伊153潜	海大3a	1,535	100.58	7.98	ズ式3号	20/8	12×1	6/2	T12	呉	S2.3.20	呉	残存		P96
伊154潜	海大3a	1,535	100.58	7.98	ズ式3号	20/8	12×1	6/2	T12	佐	S2.12.15	呉	残存		P96
伊155潜	海大3a	1,535	100.58	7.98	ズ式3号	20/8	12×1	6/2	T12	呉	S2.9.5	呉	残存		P96
伊156潜	海大3b	1,635	101.00	7.90	ズ式3号	20/8	12×1	6/2	T12	呉	S4.3.31	呉	残存		P100
伊157潜	海大3b	1,635	101.00	7.90	ズ式3号	20/8	12×1	6/2	T12	呉	S4.12.24	呉	残存		P100
伊158潜	海大3a	1,535	100.58	7.98	ズ式3号	20/8	12×1	6/2	T12	横	S3.3.15	呉	残存		P96
伊159潜	海大3b	1,635	101.00	7.90	ズ式3号	20/8	12×1	6/2	T12	横	S5.3.31	呉	残存		P100
伊60潜	海大3b	1,635	101.00	7.90	ズ式3号	20/8	12×1	6/2	T12	佐	S4.12.24	佐	S17.1.17	スンダ海峡	P100
伊61潜	海大4	1,635	97.70	7.80	ラ式2号	20/8.5	12×1	4/2	T12	三菱	S4.4.6	佐	S16.10.2	日本海	P103
伊162潜	海大4	1,635	97.70	7.80	ラ式2号	20/8.5	12×1	4/2	T12	三菱	S5.4.24	佐	残存		P103
伊63潜	海大3b	1,635	101.00	7.90	ズ式3号	20/8	12×1	6/2	T12	佐	S3.12.20	佐	S14.2.2	豊後水道	P100
伊164潜	海大4	1,635	97.70	7.80	ラ式2号	20/8.5	12×1	4/2	T12	呉	S5.8.30	佐	S17.5.25	南洋諸島	P103
伊165潜	海大5	1,575	97.70	8.20	ズ式3号	20.5/8.2	10×1	4/2	S5	呉	S7.12.1	佐	S20.7.29	マリアナ	P106
伊166潜	海大5	1,575	97.70	8.20	ズ式3号	20.5/8.2	10×1	4/2	S5	佐	S7.11.10	佐	S19.7.17	マラッカ海峡	P107
伊67潜	海大5	1,575	97.70	8.20	ズ式3号	20.5/8.2	10×1	4/2	S5	三菱	S7.8.8	佐	S15.8.29	南鳥島沖	P107

艦名	型式	排水量(トン)	全長(m)	全幅(m)	機関	速度(ノット)水上/水中	備砲(cm×数)	発射管数(艦首/艦尾)	計画年次	建造所	竣工	本籍	喪失日	場所	掲載ページ
伊168潜	海大6a	1,400	104.70	8.20	艦本1号8	23.0/8.2	10×1	4/2	①	呉	S9.7.31	呉	S18.9.10	ラバウル北方	P109
伊169潜	海大6a	1,400	104.70	8.20	艦本1号8	23.0/8.2	10×1	4/2	①	三菱	S10.9.28	呉	S19.4.4	トラック	P110
伊70潜	海大6a	1,400	104.70	8.20	艦本1号甲8	23.0/8.0	10×1	4/2	①	佐	S10.11.9	呉	S16.12.10	ハワイ	P110
伊171潜	海大6a	1,400	104.70	8.20	艦本1号8	23.0/8.2	10×1	4/2	①	川崎	S10.12.24	呉	S19.3.12	ブカ	P111
伊172潜	海大6a	1,400	104.70	8.20	艦本1号8	23.0/8.2	10×1	4/2	①	川崎	S12.1.7	呉	S17.11.27	ガ島	P111
伊73潜	海大6a	1,400	104.70	8.20	艦本1号甲8	23.0/8.0	10×1	4/2	①	川崎	S12.1.7	呉	S17.1.27	ハワイ	P112
伊174潜	海大6b	1,420	105.00	8.20	艦本1号甲8	23.0/8.2	12×1	4/2	②	佐	S13.8.15	呉	S19.4.13	トラック南方	P114
伊175潜	海大6b	1,420	105.00	8.20	艦本1号甲8	23.0/8.2	12×1	4/2	②	三菱	S13.12.18	呉	S19.3.26	ケゼリン	P114
伊176潜	海大7	1,630	105.50	8.25	艦本1号28	23.1/8.0	12×1	6/0	④	呉	S17.8.4	呉	S19.6.11	ソロモン	P117
伊177潜	海大7	1,630	105.50	8.25	艦本1号28	23.1/8.0	12×1	6/0	④	川崎	S17.12.28	佐	S19.11.18	パラオ	P117
伊178潜	海大7	1,630	105.50	8.25	艦本1号28	23.1/8.0	12×1	6/0	④	三菱	S17.12.26	佐	S18.8.4	ソロモン	P118
伊179潜	海大7	1,630	105.50	8.25	艦本1号28	23.1/8.0	12×1	6/0	④	川崎	S18.6.18	佐	S18.7.14	瀬戸内海	P118
伊180潜	海大7	1,630	105.50	8.25	艦本1号28	23.1/8.0	12×1	6/0	④	横	S18.1.15	佐	S19.5.20	コジャック	P118
伊181潜	海大7	1,630	105.50	8.25	艦本1号28	23.1/8.0	12×1	6/0	④	呉	S18.5.24	佐	S19.3.1	ニューギニア	P119
伊182潜	海大7	1,630	105.50	8.25	艦本1号28	23.1/8.0	12×1	6/0	④	横	S18.5.10	佐	S18.10.22	エスピリットサント	P119
伊183潜	海大7	1,630	105.50	8.25	艦本1号28	23.1/8.0	12×1	6/0	④	川崎	S18.10.3	佐	S19.5.28	中部太平洋	P120
伊184潜	海大7	1,630	105.50	8.25	艦本1号28	23.1/8.0	12×1	6/0	④	横	S18.10.15	佐	S19.7.12	サイパン	P120
伊185潜	海大7	1,630	105.50	8.25	艦本1号28	23.1/8.0	12×1	6/0	④	横	S18.9.23	佐	S19.7.12	サイパン	P120
伊201潜	潜高	1,070	79.00	5.80	マ式1号	15.8/19.0	機銃	4/0	戦	呉	S20.2.2		残存		P141
伊202潜	潜高	1,070	79.00	5.80	マ式1号	15.8/19.0	機銃	4/0	戦	呉	S20.2.14		残存		P141
伊203潜	潜高	1,070	79.00	5.80	マ式1号	15.8/19.0	機銃	4/0	戦	呉	S20.5.29		残存		P141
伊351潜	潜補	2,650	111.00	10.15	艦本22号10	15.8/6.3	機銃	4/0	追	呉	S20.1.28	呉	S20.7.31	南支那海	P126
伊361潜	丁	1,440	73.50	8.90	艦本23号乙8	13.0/6.5	機銃	2/0	⑤	呉	S19.5.25	横	S20.6.25	沖縄	P128
伊362潜	丁	1,440	73.50	8.90	艦本23号乙8	13.0/6.5	機銃	2/0	⑤	三菱	S19.5.23	横	S20.2.15	カロリン	P128
伊363潜	丁	1,440	73.50	8.90	艦本23号乙8	13.0/6.5	機銃	2/0	⑤	呉	S19.7.8	横	残存		P129
伊364潜	丁	1,440	73.50	8.90	艦本23号乙8	13.0/6.5	機銃	2/0	⑤	三菱	S19.6.14	横	S19.11.2	内南洋	P129
伊365潜	丁	1,440	73.50	8.90	艦本23号乙8	13.0/6.5	機銃	2/0	⑤	横	S19.8.1	横	S19.12.10	小笠原	P130
伊366潜	丁	1,440	73.50	8.90	艦本23号乙8	13.0/6.5	機銃	2/0	⑤	三菱	S19.8.3	横	残存		P130
伊367潜	丁	1,440	73.50	8.90	艦本23号乙8	13.0/6.5	機銃	2/0	⑤	三菱	S19.8.15	佐	残存		P130
伊368潜	丁	1,440	73.50	8.90	艦本23号乙8	13.0/6.5	機銃	2/0	⑤	横	S19.8.25	佐	S20.3.14	硫黄島	P131
伊369潜	丁	1,440	73.50	8.90	艦本23号乙8	13.0/6.5	機銃	2/0	⑤	横	S19.10.9	佐	残存		P131
伊370潜	丁	1,440	73.50	8.90	艦本23号乙8	13.0/6.5	機銃	2/0	⑤	三菱	S19.9.4	佐	S20.3.24	硫黄島	P132
伊371潜	丁	1,440	73.50	8.90	艦本23号乙8	13.0/6.5	機銃	2/0	⑤	三菱	S19.10.2	佐	S20.3.12	トラック	P132
伊372潜	丁	1,440	73.50	8.90	艦本23号乙8	13.0/6.5	機銃	なし	戦	横	S19.11.8	佐	S20.7.18	横須賀	P132
伊373潜	丁改	1,660	74.00	8.90	艦本23号乙8	13.0/6.5	機銃	なし	戦	横	S20.4.14	横	S20.8.14	東支那海	P133
伊400潜	潜特	3,530	122.00	12.00	艦本22号10	18.7/6.5	14×1	8/0	⑤	呉	S19.12.30	呉	残存		P138
伊401潜	潜特	3,530	122.00	12.00	艦本22号10	18.7/6.5	14×1	8/0	⑤	佐	S20.1.8	呉	残存		P138
伊402潜	潜特	3,530	122.00	12.00	艦本22号10	18.7/6.5	14×1	8/0	⑤	佐	S20.7.24	呉	残存		P138
伊501潜	UIXD2	1,616	87.58	7.50	マン式D	19.2/6.9	10.5X1	6/0	接収	独	S17.5.9		残存		P168
伊502潜	UIXD2	1,616	87.58	7.50	マン式D	19.2/6.9	10.5X1	6/0	接収	独	S18.10.7		残存		P168
伊503潜	マルチェロ	1,060	73.10	8.15	フィアット式D	17.4/8.0	10X2	8/0	接収	伊	S14.9.23		残存		P169

艦名	型式	排水量(トン)	全長(m)	全幅(m)	機関	速度(ノット)水上/水中	備砲(cm×数)	発射管数(艦首/艦尾)	計画年次	建造所	竣工	本籍	喪失日	場所	掲載ページ
伊504潜	マルコニー	1,191	76.04	7.91	アドリアティコ式D	18.0/8.0	10X1	8/0	接収	伊	S15.5.15		残存		P169
伊505潜	UXB	1,763	89.80	9.20	ゲルマニア式D	17.0/7.0	10.5X1	2/0	接収	独	S17.12.12		残存		P170
伊506潜	UXD1	1,610	87.58	7.50	ゲルマニア式D	18.3/6.9	機銃	なし	接収	独	S17.9.5		残存		P170
呂33潜	海中5	700	73.00	6.70	艦本21号8	19.0/8.2	8×1	4/0	①	呉	S10.10.7	舞	S17.9.1	ポートモレスビー	P145
呂34潜	海中5	700	73.00	6.70	艦本21号8	19.0/8.2	8×1	4/0	①	三菱	S12.5.31	舞	S18.5.2	ソロモン	P145
呂35潜	中型	960	80.50	7.05	艦本22号10	19.8/8.0	8×1	4/0	臨	三菱	S18.3.25	舞	S18.10.2	エスピリットサント	P153
呂36潜	中型	960	80.50	7.05	艦本22号10	19.8/8.0	8×1	4/0	臨	三菱	S18.5.27	舞	S19.7.12	サイパン	P153
呂37潜	中型	960	80.50	7.05	艦本22号10	19.8/8.0	8×1	4/0	臨	佐	S18.6.30	舞	S19.2.17	エスピリットサント	P153
呂38潜	中型	960	80.50	7.05	艦本22号10	19.8/8.0	8×1	4/0	臨	三菱	S18.7.24	舞	S19.1.2	ギルバート	P153
呂39潜	中型	960	80.50	7.05	艦本22号10	19.8/8.0	8×1	4/0	臨	三菱	S18.9.12	舞	S19.3.5	ウォッゼ	P153
呂40潜	中型	960	80.50	7.05	艦本22号10	19.8/8.0	8×1	4/0	臨	三菱	S18.9.28	舞	S19.3.28	ギルバート	P154
呂41潜	中型	960	80.50	7.05	艦本22号10	19.8/8.0	8×1	4/0	臨	三菱	S18.11.26	舞	S20.4.15	沖縄	P154
呂42潜	中型	960	80.50	7.05	艦本22号10	19.8/8.0	8×1	4/0	臨	佐	S18.8.31	舞	S19.7.12	サイパン	P154
呂43潜	中型	960	80.50	7.05	艦本22号10	19.8/8.0	8×1	4/0	臨	三菱	S18.12.16	舞	S20.3.14	硫黄島	P154
呂44潜	中型	960	80.50	7.05	艦本22号10	19.8/8.0	8×1	4/0	急	三井	S18.9.13	舞	S19.7.12	サイパン	P155
呂45潜	中型	960	80.50	7.05	艦本22号10	19.8/8.0	8×1	4/0	急	三菱	S19.1.11	舞	S19.5.20	トラック	P155
呂46潜	中型	960	80.50	7.05	艦本22号10	19.8/8.0	8×1	4/0	急	三井	S19.2.19	舞	S20.5.2	沖縄	P155
呂47潜	中型	960	80.50	7.05	艦本22号10	19.8/8.0	8×1	4/0	急	三菱	S19.1.31	舞	S19.11.2	パラオ	P155
呂48潜	中型	960	80.50	7.05	艦本22号10	19.8/8.0	8×1	4/0	急	三菱	S19.3.31	舞	S19.7.15	サイパン	P156
呂49潜	中型	960	80.50	7.05	艦本22号10	19.8/8.0	8×1	4/0	急	三井	S19.5.19	舞	S20.4.15	沖縄	P156
呂50潜	中型	960	80.50	7.05	艦本22号10	19.8/8.0	8×1	4/0	急	三井	S19.7.31	舞	残存		P157
呂55潜	中型	960	80.50	7.05	艦本22号10	19.8/8.0	8×1	4/0	急	三井	S19.9.30	舞	S20.3.1	比島	P157
呂56潜	中型	960	80.50	7.05	艦本22号10	19.8/8.0	8×1	4/0	追	三井	S19.11.15	舞	S20.4.15	沖縄	P157
呂57潜	L3	889	72.72	7.16	ヴィッカーズ式D	17.1/9.1	8X1	4/0	T7	三菱	T11.7.30	呉	残存		P146
呂58潜	L3	889	72.72	7.16	ヴィッカーズ式D	17.1/9.1	8X1	4/0	T7	三菱	T11.11.25	呉	S20.9.15		P146
呂59潜	L3	889	72.72	7.16	ヴィッカーズ式D	17.1/9.1	8X1	4/0	T7	三菱	T12.3.20	呉	S20.11.20		P146
呂60潜	L4	988	76.20	7.38	ヴィッカーズ式D	15.7/8.6	12×1	6/0	T7	三菱	T12.9.17	佐	S16.12.29	ケゼリン	P148
呂61潜	L4	988	76.20	7.38	ヴィッカーズ式D	15.7/8.6	8×1	6/0	T7	三菱	T13.2.9	佐	S17.9.1	ナザン湾	P148
呂62潜	L4	988	76.20	7.38	ヴィッカーズ式D	15.7/8.6	8×1	6/0	T7	三菱	T13.7.24	舞	残存		P148
呂63潜	L4	988	76.20	7.38	ヴィッカーズ式D	15.7/8.6	8×1	6/0	T7	三菱	T13.12.20	舞	残存		P149
呂64潜	L4	988	76.20	7.38	ヴィッカーズ式D	15.7/8.6	8×1	6/0	T7	三菱	T14.4.30	舞	S20.4.12	瀬戸内海	P149
呂65潜	L4	988	76.20	7.38	ヴィッカーズ式D	15.7/8.6	8×1	6/0	T7	三菱	T15.6.30	佐	S17.11.4	キスカ	P150
呂66潜	L4	988	76.20	7.38	ヴィッカーズ式D	15.7/8.6	8×1	6/0	T7	三菱	S2.7.28	佐	S16.12.17	ウェーキ	P150
呂67潜	L4	988	76.20	7.38	ヴィッカーズ式D	15.7/8.6	8×1	6/0	T7	三菱	T15.12.15	佐	残存		P150
呂68潜	L4	988	76.20	7.38	ヴィッカーズ式D	15.7/8.6	8×1	6/0	T7	三菱	T14.10.29	舞	残存		P151
呂100潜	小型	525	60.90	3.51	艦本24号6	14.2/8.0	機銃	4/0	臨	呉	S17.9.23	横	S18.11.25	ブーゲンビル	P159
呂101潜	小型	525	60.90	3.51	艦本24号6	14.2/8.0	機銃	4/0	臨	川崎	S17.10.31	横	S18.10.11	ソロモン	P159
呂102潜	小型	525	60.90	3.51	艦本24号6	14.2/8.0	機銃	4/0	臨	川崎	S17.11.7	横	S18.6.2	ニューギニア	P159
呂103潜	小型	525	60.90	3.51	艦本24号6	14.2/8.0	機銃	4/0	臨	川崎	S17.10.21	呉	S18.8.10	ソロモン	P159
呂104潜	小型	525	60.90	3.51	艦本24号6	14.2/8.0	機銃	4/0	臨	川崎	S18.2.25	呉	S19.6.25	アドミラルティ	P160

艦名	型式	排水量(トン)	全長(m)	全幅(m)	機関	速度(ノット)水上/水中	備砲(cm×数)	発射管数(艦首/艦尾)	計画年次	建造所	竣工	本籍	喪失日	場所	掲載ページ
呂105潜	小型	525	60.90	3.51	艦本24号6	14.2/8.0	機銃	4/0	臨	川崎	S18.3.5	呉	S19.6.25	アドミラルティ	P160
呂106潜	小型	525	60.90	3.51	艦本24号6	14.2/8.0	機銃	4/0	臨	川崎	S17.12.26	佐	S19.6.25	アドミラルティ	P160
呂107潜	小型	525	60.90	3.51	艦本24号6	14.2/8.0	機銃	4/0	臨	呉	S17.12.26	佐	S18.8.1	ソロモン	P160
呂108潜	小型	525	60.90	3.51	艦本24号6	14.2/8.0	機銃	4/0	臨	川崎	S18.4.20	佐	S19.6.25	アドミラルティ	P161
呂109潜	小型	525	60.90	3.51	艦本24号6	14.2/8.0	機銃	4/0	急	川崎	S18.4.29	佐	S20.5.7	沖縄	P161
呂110潜	小型	525	60.90	3.51	艦本24号6	14.2/8.0	機銃	4/0	急	川崎	S18.7.6	佐	S19.3.15	ベンガル湾	P162
呂111潜	小型	525	60.90	3.51	艦本24号6	14.2/8.0	機銃	4/0	急	川崎	S18.7.19	佐	S19.7.12	サイパン	P162
呂112潜	小型	525	60.90	3.51	艦本24号6	14.2/8.0	機銃	4/0	急	川崎	S18.9.14	呉	S20.2.20	比島	P162
呂113潜	小型	525	60.90	3.51	艦本24号6	14.2/8.0	機銃	4/0	急	川崎	S18.10.12	呉	S20.2.20	比島	P163
呂114潜	小型	525	60.90	3.51	艦本24号6	14.2/8.0	機銃	4/0	急	川崎	S18.11.20	呉	S19.7.12	サイパン	P163
呂115潜	小型	525	60.90	3.51	艦本24号6	14.2/8.0	機銃	4/0	急	川崎	S18.11.30	横	S20.2.21	比島	P163
呂116潜	小型	525	60.90	3.51	艦本24号6	14.2/8.0	機銃	4/0	急	川崎	S19.1.21	横	S19.6.25	アドミラルティ	P163
呂117潜	小型	525	60.90	3.51	艦本24号6	14.2/8.0	機銃	4/0	急	川崎	S19.1.31	横	S19.7.12	サイパン	P163
呂500潜	UIXC	1,120	76.76	6.76	マン式D	18.3/7.3	10.5X1	4/2	譲渡	独	S18.9.16	呉	残存		P165
呂501潜	UIXC40	1,144	76.76	6.86	マン式D	18.3/7.3	10.5X1	4/2	譲渡	独	S19.2.15	横	S19.8.26	大西洋	P166
波101潜	潜輸小	370	44.50	6.10	中速400型D	10.0/5.0	機銃	なし	戦	川崎	S19.11.22	呉	残存		P135
波102潜	潜輸小	370	44.50	6.10	中速400型D	10.0/5.0	機銃	なし	戦	川崎	S19.12.6	呉	残存		P135
波103潜	潜輸小	370	44.50	6.10	中速400型D	10.0/5.0	機銃	なし	戦	川崎	S20.2.3	呉	残存		P135
波104潜	潜輸小	370	44.50	6.10	中速400型D	10.0/5.0	機銃	なし	戦	三菱	S19.12.1	呉	残存		P135
波105潜	潜輸小	370	44.50	6.10	中速400型D	10.0/5.0	機銃	なし	戦	川崎	S20.2.15	呉	残存		P135
波106潜	潜輸小	370	44.50	6.10	中速400型D	10.0/5.0	機銃	なし	戦	三菱	S19.12.15	呉	残存		P135
波107潜	潜輸小	370	44.50	6.10	中速400型D	10.0/5.0	機銃	なし	戦	三菱	S20.2.7	呉	残存		P135
波108潜	潜輸小	370	44.50	6.10	中速400型D	10.0/5.0	機銃	なし	戦	川崎	S20.5.6	呉	残存		P135
波109潜	潜輸小	370	44.50	6.10	中速400型D	10.0/5.0	機銃	なし	戦	三菱	S20.3.10	呉	残存		P136
波111潜	潜輸小	370	44.50	6.10	中速400型D	10.0/5.0	機銃	なし	戦	三菱	S20.7.13	呉	残存		P136
波201潜	潜高小	320	53.00	4.00	中速400型D	11.8/13.9	機銃	2/0	戦	佐	S20.5.31		残存		P143
波202潜	潜高小	320	53.00	4.00	中速400型D	10.5/13	機銃	2/0	戦	佐	S20.5.31		残存		P143
波203潜	潜高小	320	53.00	4.00	中速400型D	10.5/13	機銃	2/0	戦	佐	S20.6.26		残存		P143
波204潜	潜高小	320	53.00	4.00	中速400型D	10.5/13	機銃	2/0	戦	佐	S20.6.25		残存		P143
波205潜	潜高小	320	53.00	4.00	中速400型D	10.5/13	機銃	2/0	戦	佐	S20.7.10		残存		P143
波207潜	潜高小	320	53.00	4.00	中速400型D	10.5/13	機銃	2/0	戦	佐	S20.8.14		残存		P143
波208潜	潜高小	320	53.00	4.00	中速400型D	10.5/13	機銃	2/0	戦	佐	S20.8.4		残存		P143
波209潜	潜高小	320	53.00	4.00	中速400型D	10.5/13	機銃	2/0	戦	佐	S20.8.4		残存		P143
波210潜	潜高小	320	53.00	4.00	中速400型D	10.5/13	機銃	2/0	戦	佐	S20.8.11		残存		P143
波216潜	潜高小	320	53.00	4.00	中速400型D	10.5/13	機銃	2/0	戦	佐	S20.8.16		残存		P143

艦別行動・戦果一覧表

本表は太平洋戦争において実戦参加した潜水艦各艦がいかなる作戦に従事し戦果をあげたかについてを一覧にまとめたものである。
なお、表中の戦果は年度別に表記し、全て相手国資料で確認が取れるものだけを掲載している。

(凡例)
　◎は撃沈、○は撃破を表す。
　敵艦艇戦果の項目のうちCVは空母、CVTは護衛空母、BBは戦艦、CAは重巡、CLは軽巡、DDは駆逐艦、SSは潜水艦、AVPは飛行艇母艦、IXは宿泊艦、AKは輸送艦、LSTは揚陸艦をそれぞれ表す。
　敵商船戦果は相手国名を表記した。米：アメリカ、英：イギリス、蘭：オランダ、豪：オーストラリア、仏：フランス、印：インド、ソ：ソ連、パナ：パナマ、ノル：ノルウェー、ギリ：ギリシャ、ユーゴ：ユーゴスラビア、スウェ：スウェーデン
　要地砲撃や輸送など地名の後ろの数字は、実施回数を表す。

艦名	敵艦艇戦果					敵商船戦果					要地砲撃	要地偵察	航空偵察	輸送	救助	母潜	
	16年	17年	18年	19年	20年	16年	17年	18年	19年	20年						甲標的	回天
伊1							◎蘭 ◎米				ヒロ湾				グトナイト島		
伊2							◎蘭 ◎英				カウアイ島			ガ島3 ウイクハム3 カミンボ4 キスカ3			
伊3							◎英 ◎英				カウアイ島			ガ島 ウイクハム カミンボ2			
伊4						◎ノル	◎蘭 ◎米 ◎米				ココス島			ガ島 カミンボ			
伊5														ラエ8 スルミ2 ポナペ			
伊6		○CV					◎英 ◎英					アトカ島 ブリスベーン		ラエ9 シオ4 イボキ3 スルミ ロレンカウ	搭乗員		
伊7							◎蘭 ◎英 ◎米				エスピリットサント2 ヌデニ	エイビリットサント	真珠湾 エスピリットサント バニコロ	キスカ4 アッツ			
伊8								◎蘭 ◎英 ◎英 ◎米			カントン2	フィジー	エファテ島 サモア	カミンボ ★遣独			
伊9							◎米						真珠湾 キスカ・アムチトカ アダック島 ヌーメア エスピリットサント	カミンボ5 ガ島 キスカ			
伊10		◎米SS				◎パナ	◎米 ◎米 ◎英 ◎ギリ ◎英 ◎蘭	◎米 ◎米 ◎ノル ◎ノル ◎米 ◎ノル ◎ノル ◎英						ダーバン デイゴスワレル ヌーメア ベリム メジュロ島			
伊11			○ホバート					◎ギリ ◎米	◎米				フナフチ チェスターフィルド	ヌーメア			
伊12								◎米 ◎米						ラエ2	搭乗員2		
伊14														トラック			
伊15												アダック島		インデスペンサブル			
伊16							◎ユーゴ ◎ギリ ◎ユーゴ ◎スウェ					マイ ディエゴガルシャ		ガ島 エスペランス ラエ シオ4		真珠湾 ディエゴスワレス	
伊17							◎米 ◎米	◎マニラ			エルウッド	ウニマク フレデリック礁	エスピリットサント	ガ島2 カミンボ	遭難者2		
伊18							◎ノル ◎蘭 ◎英					ミッドウェー マサリンハーバー		ガ島 カミンボ エスペランス		真珠湾	
伊19		◎CV ◎DD ○BB					◎米 ◎米	◎米 ◎米 ◎米			ヌデニ島	ニコルスキー ダッチハーバー マクシン湾 ヌーメア エスピリットサント	真珠湾 ブラシオ湾 パールハーバー	フレンチフリゲート カミンボ3			

艦名	敵艦艇戦果					敵商船戦果					要地砲撃	要地偵察	航空偵察	輸送	救助	母潜	
	16年	17年	18年	19年	20年	16年	17年	18年	19年	20年						甲標的	回天
伊19												ナンデ泊地 ローサス					
伊20							◎バナ ◎ギリ ◎英 ◎バナ ◎英 ◎英 ◎英	◎米			サモア島	サモア島 スバ フィジー・サモア		カミンボ2 エスペランス ラエ6 コロンバンガラ		真珠湾 ディゴスワレス ガ島	
伊21						◎米 ◎米	◎米 ◎ギリ ◎バナ ◎米	◎豪 ◎米 ◎米 ◎英 ◎英 ◎米			ニューカッスル	ヌーメア監視 スバ	スバ オークランド シドニー エスピリットサント シドニー	カミンボ ブナ キスカ2			
伊22											ジョンストン島	フレンチフリゲート ウエリントン港 オークランド港2 スバ				真珠湾 シドニー	
伊23						◎米 ◎米	◎豪 ◎英										
伊24											ミッドウェー シドニー			ブナ4 ラエ2 キスカ		真珠湾 シドニー ガ島	
伊25		◎ソSS				◎米 ◎米	◎英 ◎英 ◎米 ◎米	◎米			アストリア	パゴパゴ	シドニー ホバート ウェンリントン オークランド フィジー スバ コジアク オレゴン3 エスピリットサント2	フレンチフリゲート ブナ4		日竜丸	
伊26		◎CV ◎CL				◎米	◎米	◎豪 ◎米 ◎英	◎米 ◎米 ◎ノル ◎米		バンクーバー島			エスペランス ラエ2 グアム	遭難者 インド要人		
伊27							◎豪 ◎豪 ◎英	◎英 ◎蘭 ◎米 ◎英 ◎ノル ◎米 ◎米 ◎英 ◎英 ◎英 ◎ギリ ◎ギリ ◎英	◎英			マルコルアトール ベリム泊地 セリム ベリス				シドニー	
伊29							◎英 ◎英 ◎米 ◎米 ◎英 ◎ノル						シドニー	チャンドラボーズ ★遣独			
伊30												モンバサ	アデン ジブチ ザンジバル ダレサレム	★遣独			
伊31											ルデニ島		ルデニ島 バニコロ スバ パゴパゴ	カミンボ2 キスカ5			
伊32												ポートピク パゴパゴ		ブナ5			
伊34														キスカ5 アッツ ★遣独			
伊35														キスカ5			

艦名	敵艦艇戦果					敵商船戦果					要地砲撃	要地偵察	航空偵察	輸送	救助	母潜	
	16年	17年	18年	19年	20年	16年	17年	18年	19年	20年						甲標的	回天
伊35														アッツ3			
伊36					○LST						カントン島		パールハーバー メジュロ	カミンボ ガ島 ブナ3 ラエ3 キスカ スルミ トラック			菊水隊 金剛隊 神武隊 天武隊 轟隊 轟隊
伊37								○英 ○米 ○ギリ ○ノル	○英 ○英					ディゴスワレス モンバサ			菊水隊
伊38														ラエ10 コロンバンガラ サラモア ブイン スルミ6 シオ4 ウエワク2 ホーランジャ2			
伊39								○米									
伊41														スルミ ブイン3 ラバウル2 トラック2	グァム島		
伊44																	千早隊 多々良隊
伊45			○DD											グァム島			
伊47																	菊水隊 金剛隊 多々良隊 天武隊 多聞隊
伊48																	金剛隊
伊52														★遺独			
伊53																	金剛隊 多聞隊
伊56			○LST														金剛隊 多々良隊
伊58				○DD ○CA													金剛隊 神武隊 多々良隊 多聞隊
伊121		○蘭									ガ島2	ルンガ2		ブナ インデペンサブル ラエ9			
伊122												ルンガ ツラギ バニコロ ラバイ マネベイ		インデスペンサブル3 ラエ11			
伊123											ルンガ岬			フロリダ島			
伊124						○英	○米 ○パナ										
伊153							○蘭 ○英										
伊154							○蘭										
伊155							○蘭 ○蘭										
伊156						○蘭	○英 ○蘭 ○蘭 ○蘭 ○蘭 ○蘭							キスカ			
伊157							○蘭										
伊158							○蘭 ○蘭 ○蘭 ○蘭 ○英										

艦名	敵艦艇戦果					敵商船戦果					要地砲撃	要地偵察	航空偵察	輸送	救助	母潜	
	16年	17年	18年	19年	20年	16年	17年	18年	19年	20年						甲標的	回天
伊159						○ノル ○米 ○蘭											
伊162						○米 ○英 ○英 ○蘭 ○英 ○ソ ○英 ○英		○英									
伊164						○蘭 ○英 ○米 ○印 ○印 ○ノル											
伊165						○蘭 ○印 ○英 ○英 ○英 ○米	○英 ○英				ポートグレコリー			ビアク		轟隊	
伊166	○SS					○米 ○バナ ○英 ○英 ○バナ ○英					クチン			特殊工作員 リー	工作員セイロン		
伊168		○CV ○SS									ミッドウェー島			キスカ6 アッツ			
伊169							○蘭				ミッドウェー	ミッドウェー ポートラビ クルック湾 アムチトカ		キスカ4 グリーン島 ブカ ブイン			
伊171											ジョンストン島	パゴパゴ		キスカ2 アッツ ガリ			
伊172						○米	○米					マウイ島 ハワイ島 ルンガ泊地					
伊73											ジョンストン島						
伊174								○米				キングマンリーフ アリューシャン ルンガ泊地		ラエ4 フィンシュハーフェン シオ2			
伊175			○CVT			○米	○米 ○英 ○豪 ○仏				カルフィ島 パルミラ島	アトカ ナザン ルンガ泊地		キスカ2			
伊176		○CA	○SS											ブナ カミンボ ラエ5 フィンシュハーフェン2 シオ3			
伊177								○英 ○英						シオ10 ラエ4 フィンシュハーフェン カロベ2 マダン	夕霧救助		
伊178							○米										
伊179														ラエ			
伊180							○豪 ○ノル ○豪 ○英					アント岬		ラエ フィンシュハーフェン シオ	神通救助		
伊181														シオ ブカ2	夕霧救助		
伊184														ミレ島			
伊185														グリーン島 イボキ			

艦名	敵艦艇戦果					敵商船戦果					要地砲撃	要地偵察	航空偵察	輸送	救助	母潜	
	16年	17年	18年	19年	20年	16年	17年	18年	19年	20年						甲標的	回天
伊185														ブカ			
伊351														シンガポール			
伊361														ウェーキ島3			轟隊
伊362														ナウル島			
													南鳥島			
													ウェーク島			
伊363														トラック			轟隊
													メレヨン			多聞隊
													南鳥島2			
伊366														バガン島			多聞隊
													トラック			
													メレヨン			
伊367														南鳥島			振武隊
													ウェーキ			多聞隊
伊368																	千早隊
伊369														南鳥島			
													父島			
													メレヨン			
伊370																	千早隊
伊371														トラック			
													メレオン			
伊372														ウェーキ島			
呂33							○英										
							○豪										
呂34							○豪				ルンガ岬	ルンガ		特潜要員			
												ツラギ					
呂36															ピンゲラップ島		
呂37								○米									
呂41		○DD												クサイ島			
呂42								○米									
呂43			○DD														
呂44												メジュロ島		ミレ島			
呂46									○米			ウルシー		パトリナオ			
呂50				○LST													
呂61	○AVP																
呂64											ハラウンド島						
											ベーカー島						
呂101															ラエ遭難者		
呂103							○米							ラエ			
呂104														スルミ3	搭乗員		
													ガリ				
呂105														スルミ8	搭乗員		
													ウエワク	搭乗員			
呂106		○LST											ブラウン	スルミ3			
呂108		○DD												スルミ2			
呂109														スルミ2			
													ブイン3				
呂110							○英	○英									
呂111							○英	○印									
呂113								○英									
波101														南鳥島			
波102														南鳥島2			
波103														南鳥島			
波104														南鳥島			
波105														奄美大島			
回天								○米									
回天									○米								
回天									○米								
回天			○DD														
回天			○DD														
回天			○DD														
甲標的	○BB																
甲標的	○IX																
甲標的	◎ブリティッシュロイヤリティ																
甲標的	○AK																
甲標的			○DD														

参考資料 / 参考文献

『ああ伊号潜水艦』板倉光馬 / 著 潮書房光人社
『伊 17 潜奮戦記』原 源次 / 著 朝日ソノラマ
『伊 25 出撃す』槙 幸 / 著 潮書房光人社
『伊 166 潜水艦 鎮魂の海』鶴亀 彰 / 著 学研
『伊号 58 帰投せり』橋本以行 / 著 河出書房
『伊号潜水艦』坂本金美 / 著 サンケイブックス
『海軍水雷史』海軍水雷史刊行会 / 編 原書房
『海軍造船技術概要』牧野茂・福井静夫 / 共著 原書房
『「回天」とその青春群像』上原光晴 / 著 翔雲社
『海底十一万里』稲葉通宗 / 著 朝日ソノラマ
『艦長たちの軍艦史』外山操 / 著 潮書房光人社
『写真 日本の軍艦 潜水艦』潮書房光人社
『深海の使者』吉村 昭 / 著 文春文庫
『世伝 佐久間艇長』法本義方 / 著
『世界の艦船別冊 日本潜水艦史』海人社
『戦史叢書 潜水艦史』防衛研究所 / 著 朝雲新聞社
『戦史叢書 海軍軍戦備』防衛研究所 / 著 朝雲新聞社
『潜水艦』堀元美 / 著 原書房
『潜水艦隊』井浦祥二郎 / 著 朝日ソノラマ
『潜水艦気質 よもやま物語（正続）』槙 幸 / 著 潮書房光人社
『潜水艦』福田一郎 / 著 河出書房
『総員起シ』吉村 昭 文春文庫
『鎮魂の海（決戦特殊潜航艇）』佐々木半九・今和泉喜次郎 / 共著 図書出版社
『特殊潜航艇』佐野大和 / 著 図書出版社
『日本潜水艦戦史』坂本金美 / 著 図書出版社
『どん亀艦長青春記』板倉光馬 / 著 潮書房光人社
『日本海軍潜水艦史』木俣滋郎 / 著 図書出版社
『日本海軍史 将官履歴』海軍歴史保存会 / 編 第一法規出版
『日本潜水艦物語』福井静夫 / 著 潮書房光人社
『日本潜水艦の技術と戦歴（雑誌丸 戦争と人）』潮書房光人社
『日本海軍全艦艇史』福井静夫 / 著 KK ベストセラーズ
『日本海軍艦艇写真集 潜水艦』呉市海事歴史科学館 / 編 ダイヤモンド社
『日本の軍艦 12 潜水艦』潮書房光人社
『日本の潜水艦』潮書房光人社
『人間魚雷回天特別攻撃隊』全国回天会 / 編 ザメディアジョン
『米機動部隊を奇襲せよ』南部伸清 / 著 潮書房光人社
『幻の潜水空母』佐藤次男 / 著 潮書房光人社
『ああ特殊潜航艇』特潜会 / 編
『伊号第八潜水艦史』伊八潜史刊行会 / 編
『伊 36 潜思い出の記』伊 36 潜刊行会 / 編
『伊 366 潜水艦戦記』鉄鯨会 / 編
『桜医会名簿』桜医会
『海軍機関学校名簿』
『海軍義済会員名簿』海軍義済会
『海軍現役士官名簿』国立国会図書館 防衛研究所 / 蔵
『海軍兵学校出身者（生徒）名簿』海軍兵学校出身者（生徒）名簿作成委員会 / 編

『海軍潜水学校史』潜水艦教育訓練隊 / 編
『回天特別攻撃隊 写真集』全国回天会 / 編
『公文備考』国立公文書館 / 蔵
『潜水艦関係者名簿』潜水艦関係者名簿刊行会 / 編
『鉄の棺』渡辺博史 / 著（私家版）
『日本海軍潜水艦戦史』日本海軍潜水艦戦史刊行会 / 編
『特潜会会員名簿』特潜会 / 編
『メインタンクブロー』呉鎮潜水艦戦没者顕彰会 / 編
『浴恩会名簿』浴恩会
「我国潜水艦の揺籃時代」重岡信次郎 / 著
「特潜会報」特潜会
「どん亀話」福田一郎 / 著
「海軍辞令公報」防衛研究所 / 蔵
「潜水艦行動表」防衛研究所 / 蔵
「日本海軍戦史 潜水艦作戦」渋谷龍 / 著 防衛研究所 / 蔵
「伊呂波会記念誌（20 年、25 年、30 年、35 年度）」伊呂波会 / 編
「アデン海湾決死の船団襲撃」小平邦紀
「丁型潜水艦の戦歴と七十期」小平邦紀
「菊水隊回天のウルシー攻撃」小瀧利春
「菊水隊三六潜回天の発進」小瀧利春
「菊水隊伊三七潜の戦闘」小瀧利春
「潜水空母」佃 慶夫
「潜水艦教育の思い出」今井賢二
「潜水艦殊勲甲査定標準」海軍功績調査部作成 防衛研究所 / 蔵
「生き残り潜水艦乗り」細谷孝至

▼国破れて旧式どん亀ここにあり。終戦直後の昭和20年9月25日、佐世保港に繋留中の呂号第31潜水艦の姿。昭和2年に竣工した本艦は老朽のため、太平洋戦争中はもっぱら予備艦の配置であったが、一時は敵機動部隊来攻に備えて哨戒任務に就いたこともあった。その後は再び予備艦となり昭和20年5月に除籍。昭和21年4月5日に佐世保湾外で海没処分された。

写真・談話・資料提供／執筆協力者一覧　（敬称略）

浅村 敦、在塚喜久、泉 五郎、伊藤久三、伊藤 進、今西三郎、今井賢二、植田一雄、上原光晴、大田和雄、蒲田久男、河崎春美、河村嘉宏、川野晄明、桑島齊三、小平邦紀、小灘利春、佐丸幹夫、左近允尚敏、竹内釼一、寺本正義、鳥巣建之助、夏川英二、名村英俊、南部伸清、西岡英也、野尻勝馬、引地正明、細谷孝至、本田徳生、松下太郎、山田 穣
東郷会、伊呂波会、潮書房光人社、大和ミュージアム

お礼のことば～あとがきにかえて～

　本書は20年ほど前に、伊呂波会（いろはかい）という日本海軍潜水艦出身者の交友会に入会することを許された筆者が、多くの潜水艦乗りへの貴重な体験談の取材や入手できた資料を基に、東郷会の機関誌『東郷』に3年に渡り連載を続けている『潜水艦エピソード集』を大幅に加筆・増補して1冊にまとめたものである。

　太平洋戦争の海戦史においては「敵艦艇の撃沈にこだわるあまり戦果が挙がらなかった。船舶への攻撃を実施していればよかったのに」などと、とかく日本海軍潜水艦の不振が論じられることが多いが、それすらが「敵艦艇撃沈を夢見る者」の評価であることが、文中や併載した資料からもおわかりいただけたことと思う。敵船舶の撃沈数は決して少なくはなく、その他任務の成功例は枚挙にいとまがない。過小評価されすぎてきたのである。

　賢明な読者諸兄にはそれが充分にご理解いただけたことだろう。

　最後に、本書の執筆・編集に際し、伊呂波会や東郷会の関係者の皆様に多大なご指導、ご協力をいただいたことに深い感謝を表したいと思います。また素晴しいイラストを提供いただいた胃袋豊彦氏、編集いただいたアートボックスの吉野泰貴氏にも、その努力に感謝を表したいと思います。

平成22年8月15日
勝目純也

【著者】

勝目純也 (かつめ・じゅんや)

昭和34年(1959年)、神奈川県鎌倉市に生まれる。

曾祖父は海軍大将 野間口兼雄。親族に多数の陸海軍人がおり、幼少の頃からとくに海軍に興味を持って育った。社会人になってから本格的に海軍史に興味を覚え、主に潜水艦戦史を専門に研究を続けてきた。

現在は株式会社リコーに勤務のかたわら、東郷会機関誌『東郷』、学研『歴史群像』や新人物往来社『歴史読本』などに潜水艦関連の研究著作を発表している。

・日本海軍潜水艦出身者交友会『伊呂波会』事務局長
・潜水艦殉国者慰霊祭連絡会委員
・東郷会常務理事

The Submarine of The Imperial Japanese Navy
日本海軍の潜水艦
その系譜と戦歴全記録

発行日	2010年10月14日 初版 第1刷
著者	勝目純也
カラーイラスト	胃袋豊彦
本文艦型図	胃袋豊彦
地図作成	宮永忠将
装丁・デザイン	梶川義彦
発行人	小川光二
発行所	株式会社 大日本絵画 〒101-0054 東京都千代田区神田錦町1丁目7番地 TEL.03-3294-7861 (代表) http://www.kaiga.co.jp
企画／編集	株式会社アートボックス 〒101-0054 東京都千代田区神田錦町1丁目7番地 錦町一丁目ビル4階 TEL.03-6820-7000 (代表) http://www.modelkasten.com/
編集担当	吉野泰貴／関口巌
印刷	大日本印刷株式会社
製本	株式会社ブロケード

Copyright © 2010 株式会社 大日本絵画
本誌掲載の写真、図版、記事の無断転載を禁止します。

ISBN978-4-499-23033-9 C0076

内容に関するお問合わせ先：03 (6820) 7000 (株) アートボックス
販売に関するお問合わせ先：03 (3294) 7861 (株) 大日本絵画